Konstruktionsbücher

Herausgeber Professor Dr.-Ing. K. Kollmann, Karlsruhe

21

Föttinger-Kupplungen und Föttinger-Getriebe

Konstruktion und Berechnung

Von

Dipl.-Ing. Ernst Kickbusch

Berlin

Mit 224 Abbildungen

Springer-Verlag Berlin Heidelberg GmbH

1963

ISBN 978-3-642-52435-6 ISBN 978-3-642-52434-9 (eBook)
DOI 10.1007/978-3-642-52434-9

Ursprünglich erschienen bei Springer-Verlag OHG., Berlin/Göttingen/Heidelberg 1963
Softcover reprint of the hardcover 1st edition 1963

Library of Congress Catalog Card Number: 62-21639

Zum Geleit

Nicht nur „Bücher haben ihre Schicksale", die ihnen verwandten Erfindungen nicht minder! Weder ihre Anwendungsgebiete, die sie — wenn überhaupt welche — schließlich finden werden, lassen sich auch nur im Entferntesten voraussehen, noch auch die Formen ihrer konstruktiven Verwirklichung; vor allem aber nicht die verwickelten Kreuz-, Quer- und Abhängigkeitsverbindungen, die sich zwischen Erfinder, Herstellern, Mitarbeitern und Nachfolgern im Laufe der Zeit entwickeln, insbesondere, wenn diese Zeit zwei Weltkriege überdeckt. Ganz zu schweigen auch von der Abschätzung des voraussichtlichen wirtschaftlichen Erfolges.

Föttingers „Flüssigkeits-Getriebe" DRP Nr. 221422 vom 24. Juni 1905 ist dafür ein besonders lehrreiches Beispiel. Es entstand so: Dampfturbinen und von ihnen angetriebene Schiffspropeller verlangen der sehr verschiedenen Dichten der sie durchströmenden Medien wegen ebenso sehr verschiedene optimale Drehzahlen. Zahnradgetriebe hielt man zu Beginn dieses Jahrhunderts für die in Frage kommenden Leistungen und Drehzahlen nicht für beherrschbar. Erst ab etwa 1910 bewies Charles PARSONS das Gegenteil. — Man suchte daher nach anderen Lösungen, so in den Jahren 1903 bis 1905 die Seeschiffswerft „Stettiner Maschinenbau A. G. Vulcan" zusammen mit der AEG nach turbo-elektrischen Lösungen; jedoch erwiesen sich diese bei dem damaligen Stand der Technik „als viel zu platzraubend, schwer und unwirtschaftlich".

Da schlug der 1899 als 23jähriger junger Diplom-Ingenieur der Elektrotechnik in den Vulcan eingetretene Hermann FÖTTINGER vor, statt dessen ein auf der Wirkung der kinetischen Energie einer strömenden Flüssigkeit beruhendes, nur wenig Platz beanspruchendes und sogar umsteuerbares (!) Untersetzungs-Getriebe zu bauen, für das er Ende 1906 in einer an seine Direktion gerichteten Denkschrift einen Mindestwirkungsgrad von 80%, ja vielleicht sogar bis über 90% voraussagte! Fürsorglich war schon vorher das oben genannte Grundpatent vom Vulcan angemeldet und auf den Namen Dr. Hermann FÖTTINGER erteilt worden. Unter Verantwortung des damaligen Maschinenbau-Direktors, des späteren Prof. Dr.-phil. Dr.-Ing. E. h. und technischen Vorstandes der Deschimag Bremen Georg BAUER wurde 1907 mit der Konstruktion und dem Bau eines Probegetriebes begonnen und damit Wilhelm SPANNHAKE betreut; dies obwohl kein Geringerer als Prof. A. STODOLA, Zürich, den von FÖTTINGER erwarteten Übertragungs-Wirkungsgrad von mindestens 80% als völlig utopisch bezeichnet hatte. Das Probegetriebe ergab 1908 einen maximalen Wirkungsgrad von fast 83%! Daraufhin wurden viele solcher Getriebe, erst vom Stettiner, dann vom Hamburger Vulcan für Schiffsantriebe geliefert; mit den vier 35000 PS-Getrieben für das im ersten Weltkrieg verlorengegangene Schlachtschiff „Wiesbaden" erreichte diese Entwicklung bei 91% Wirkungsgrad ihren Höhepunkt — und zugleich ihr jähes Ende: die Zahnradgetriebe hatten gesiegt, wenigstens für Wasserfahrzeuge. Dagegen sprang der Föttinger-Wandler nun auf Landfahrzeuge über, so auf Lokomotiven und Triebwagen — hier war es auf Anregung von FÖTTINGER schon ab 1930 insbesondere die Firma J. M. Voith, Heidenheim — sowie auf Kraftwagen. Die vielen Millionen PS, die heute in solchen Landfahrzeugen installiert sind, beruhen ausnahmslos auf dem von FÖTTINGER 1905 erfundenen Prinzip und diese Anwendung hat ihn keineswegs überrascht.

Nicht so erging es ihm aber mit einem anderen Anwendungsgebiet: ein sozusagen rudimentärer Sonderfall eines Turbo-*Wandlers* ist die Turbo-*Kupplung* bzw. die Kupplungswirkung eines Wandlers durch Inaktivierung der moment-übersetzenden Wirkung seines Leitapparates, dies allerdings nur mit unbefriedigenden Kupplungseigenschaften. In dem Föttinger-Grundpatent ist die Möglichkeit, aus dem Wandler durch Fortlassen des Leitapparates eine Kupplung zu schaffen, zwar erwähnt, aber sie wird dort als von untergeordneter Bedeutung bezeichnet und dieser Meinung war auch anderthalb Jahrzehnte lang die technische Leitung des Vulcan! Doch ließ sich das Patentbüro des Vulcans hierdurch keineswegs beirren und meldete vorsichtshalber ein besonderes Kupplungs-Patent an und dieses (DRP Nr. 238804) wurde auch tatsächlich erteilt und zwar mit dem gleichen Datum wie das Wandler-Grundpatent jedoch diesmal auf den Namen Vulcan! Hier war also der gewiß seltene Fall eingetreten, daß ein Erfinder den von seiner Erfindung erfaßbaren Umfang von vornherein als kleiner beurteilte, als es andere tun und als er es tatsächlich später werden sollte!

Von hier aus startete nun auf dem Hamburger Vulcan (als erstem Rechtsnachfolger des Stettiner) in den ersten Jahren nach dem ersten Weltkrieg, nachdem Föttinger-Wandler für Schiffsantriebe weggefallen waren, eine zweite ganz neue und andersartige Entwicklung. In mühevollen Jahren wurden neue Schaufelungen erarbeitet, die unerwarteterweise von denen der Wandler stark abweichen müssen, wenn befriedigende Kupplungseigenschaften erreicht werden sollen. Die hierbei erzielten Erfolge erkannte der nunmehr bekehrte FÖTTINGER 1924 mit den Worten an:

„Die neue Lösung der Vulcan-Werke Hamburg, über die im folgenden berichtet wird, ist in stiller, jahrelanger Ingenieurarbeit seit 1919, hauptsächlich durch die Initiative und Energie ihres maschinenbaulichen Direktors Dr.-Ing. E. h. BAUER und seines leider zu früh verstorbenen Mitarbeiters, stellv. Direktor F. KRAMER, unter den schwierigsten materiellen und ideellen Verhältnissen des Werkes und des Vaterlandes geschaffen und mit hohen Opfern entwickelt worden. Es ist dem Verfasser eine angenehme Ehrenpflicht, mit Dank hervorzuheben, daß er ohne spezielle Mitarbeit vor eine fertige Sache gestellt worden ist, deren Gesamtidee und Einzelheiten vom Ingenieurstabe der Vulcanwerft ausgebildet sind."

Bis zu seinem Ausscheiden aus dem Vulcan im Herbst 1924 war hier insbesondere der spätere Professor HANS KLUGE beteiligt, dem die gesamte Maschinenkonstruktion des Hamburger Vulcan unter G. BAUER unterstand.

Von diesen Vulcan-Kupplungen wurden bis 1952 für Schiffsantriebe 78 Stück mit zusammen 270000 PS geliefert und zwar in der Form eines mit der Vulcan-Kupplung zu einem Vulcan-„Getriebe" organisch zusammengebauten Zahnradgetriebes. Weit größer ist die Zahl der von dem mit dem Vulcan verbundenen britischen Ingenieur HAROLD SINCLAIR für andere Zwecke als Schiffsantrieb entwickelten und patentierten Kupplungstypen, so auch für den Automobilantrieb.

Für diese fand SINCLAIR ab 1930 Lizenznehmer in England, USA, Frankreich, Italien und auch in Deutschland, wo die Kupplungsfertigung ab 1934 in Ergänzung des schon früher begonnenen Wandlerbaues aufgenommen worden ist. Bis heute sind von den Sinclair'schen Lizenznehmern etwa 10 Millionen Kupplungen geliefert worden.

Bei der Antithese hie „Föttinger-Wandler", dort „Vulcan-Kupplung" spielt eine Rolle ganz besonderer Art eine dritte Anwendung, das Trilok-Getriebe, entwickelt und gebaut von Klein, Schanzlin & Becker A. G. (KSB) Frankenthal; die diesem zugrunde liegende Idee wird außerdem bei sehr vielen in riesigen Stückzahlen mit Turbowandlern ausgerüsteten amerikanischen Kraftwagen verwendet.

Bei ihm kann in einem einzigen Kreislauf zwischen Wandler- und Kupplungswirkung beliebig hin und her gewechselt werden, insbesondere auch automatisch; d. h. es ist Föttinger-Wandler und Föttinger-Kupplung zugleich! Der Abschnitt 3.2 dieses Buches zeigt viele hierfür existierende Varianten, dort ist auch FÖTTINGERS lobendes Urteil aus dem Jahre 1937 für das auf dem Spannhake-Grundpatent DRP 558445 vom 14. 6. 1929 beruhende Getriebe wiedergegeben; er nennt seine „Freunde und früheren Mitarbeiter SPANNHAKE und KLUGE" die Entwerfenden für das Trilok-Getriebe. (Der Unterzeichnete Dritte im Bunde der Trilok war 1937 nicht mehr an der TH Karlsruhe).

Daß es noch mehr als die obengenannten drei „Zweige" des Föttingerbereichs gibt, zeigt das vorliegende Buch. Bei der immensen Vielfalt der Erzeugnisse ist es einem Einzelnen wohl kaum möglich, alles Dazugehörige und Wichtige zu erfassen: Möge durch das Folgende eine glückliche Ergänzung der schon vorhandenen Literatur erarbeitet sein.

K. v. Sanden

Inhaltsverzeichnis

Zusammenstellung der Abkürzungen und Bezeichnungen[1,2]

c [m/s] Strömungsgeschwindigkeit (Absolutgeschwindigkeit)
d [m] Durchmesser, bei nicht kreisförmigem Profil als hydraulischer Durchmesser $d = 4\,\frac{F}{U}$ definiert
F [m²] Fläche, insbesondere Querschnittfläche
g [m/s²] Erdbeschleunigung
H, h [m] Förderhöhe, Energiehöhe, mit Index auch Verlusthöhe
i Verhältniszahl, als Index irgendein Glied
i_m Momentenverhältnis, $\frac{M_T}{M_P}$ (Wandlung)
i_{ma} Anfahrwandlung
i_n Drehzahlverhältnis $\frac{n_T}{n_P}$
k Kupplungspunkt
l [m] Länge, besonders eines Stromfadens
L Leitrad, auf Abbildungen und als Index
M [kpm] Drehmoment
m Winkelkenngröße $\cot \beta$
m als Index Meridiankomponente
N [PS] Leistung
n [u/min] Drehzahl
P Pumpe, auf Abbildungen und als Index
P u. P' dimensionslose Beiwerte der Ein- und Ausgangsleistung gemäß jeweiliger Definition im Text
r [m] Radius
Re REYNOLDSsche Zahl $Re = \frac{v \cdot d}{\nu}$
S [kp] Schub
T Turbine, auf Abbildungen und als Index
U [m] Umfang
u [m/s] Umfangsgeschwindigkeit (als Index: auf u bezogen, in Richtung u)
v [m/s] Körpergeschwindigkeit
V [m³/s] Volumen pro Zeiteinheit
W [kp] Widerstand
w [m/s] Relativgeschwindigkeit
β ∢° Winkel im Strömungsdreieck gem. Textdefinition
γ Wichte
η Wirkungsgrad
μ_P u. μ_T dimensionslose Kenngröße von Momenten gemäß der jeweils gegebenen Definition
ν kinematische Zähigkeit
ϱ Dichte, in besonders angegebenen Fällen auch Radienverhältnis
λ Reibungsbeiwert
ζ Stoßbeiwert
φ Liefergrad $\frac{C_m}{u_2}$
ψ Druckzahl $\frac{2\,g\,H}{u_2^2}$
ω Winkelgeschwindigkeit

[1] Sofern bei Literaturzitaten andere Ausdrücke vorkommen, wird im Text besonders darauf hingewiesen.

[2] Die in diesem Buch angeführten mathematischen Beziehungen sind im allgemeinen als Größengleichungen geschrieben. Einige in der täglichen Praxis besonders häufig verwendete Formeln sind als Zahlenwertgleichungen mitgeteilt. In diesem Fall sind die zu verwendenden Einheiten besonders angegeben.

1. Entstehung und Entwicklung

Nur wenige Dinge der Technik kann man so eindeutig auf das schöpferische Wollen und Handeln eines einzelnen zurückführen, wie die hydrodynamischen Wandler und Kupplungen.

So fand es allgemein Zustimmung, als der Vorstand des VDI zur 75. Wiederkehr des Geburtstages von Hermann Föttinger am 9. 2. 1952 beschloß, den bedeutenden Menschen und Ingenieur dadurch zu ehren, daß die Flüssigkeitsgetriebe

Abb. 1/1. KSB-Trilok-Wandler — ein Föttinger-Getriebe nach dem Trilok-Prinzip

und Flüssigkeitskupplungen, die auf Föttingers Gedanken der unmittelbaren Verbindung von Pumpe und Turbine zurückgehen, als „Föttinger-Getriebe" und „Föttinger-Kupplung" zu bezeichnen.

Föttinger-Wandler, wie man die „Föttinger-Getriebe" mit einem anderen gebräuchlichen Namen bezeichnet, sind hydrodynamische, stufenlose Getriebe, bei denen das abgegebene Drehmoment sich selbsttätig unter entsprechender Änderung der Abtriebsdrehzahl dem jeweiligen Belastungszustand anpaßt.

Föttinger-Kupplungen sind hydrodynamische Kupplungen, die das aufgenommene Drehmoment ungeändert an die Arbeitsmaschine weitergeben. Bei konstanter Antriebsdrehzahl steigt mit wachsender Belastung der Drehzahlschlupf.

Die ursprüngliche Anwendung des Wandlers als Untersetzungsgetriebe zwischen Turbine und Schiffspropeller mußte wegen der Entwicklung der überlegenen Zahnradvorgelege aufgegeben werden, obwohl 1918 bereits der beachtliche Wirkungsgrad von 93% erreicht wurde.

Ein bedeutender Aufschwung für die Föttinger-Aggregate kam über die Kupplung, die als verschleißfeste Anfahr- und Sicherheitskupplung wirkt und sich wie

Abb. 1/2a. Porsche-KSB-Automobilgetriebe
1 Trilok-Getriebe; *2* Vorwärtsfahrt; *3* Rückwärtsfahrt; *4* Gas; *5* Bremse; *6* Motor

der Wandler hervorragend zum Antrieb von Maschinen und Fahrzeugen eignet, die unter schwierigen Arbeitsbedingungen häufig anfahren müssen oder zum Blockieren neigen. Von besonderer Bedeutung ist ferner die hervorragende Schwingungsdämpfung der Föttinger-Übertragungen.

Im Jahre 1928 schlossen sich drei Professoren der Technischen Hochschule Karlsruhe, Spannhake, Kluge und von Sanden zusammen, um die Möglichkeiten zu untersuchen, die das Föttinger-Getriebe für die Diesellokomotive bietet.

Dieser Arbeitskreis nannte sich Trilok-Gemeinschaft und erhielt für seine wichtige Aufgabe Mittel aus der Notgemeinschaft der deutschen Wissenschaft. Bei diesen Arbeiten wurde als Fortentwicklung des Föttinger-Getriebes der nach der Gemeinschaft benannte Trilok-Wandler geschaffen und durch das Deutsche Reichspatent Nr. 558445 vom 18. 6. 1929 geschützt. Föttinger hat sich sehr anerkennend über diese Leistung ausgesprochen[1].

Abb. 1/1 zeigt die heutige Ausführungsform eines Föttinger-Getriebes der Trilok-Bauweise. Der Wandler kann dabei an das Motorgehäuse angeflanscht werden, wobei die Einleitung der Energie etwa über eine elastische Mitnehmerscheibe erfolgt. Das bemerkenswerte dieser Ausführung liegt darin, daß das Leitrad nicht gehäusefest angeordnet ist, sondern sich dort nur über einen Freilauf ab-

[1] Vgl. Abschn. 3.21.

stützt. Ursprünglich war es ein Gesperre, das je nach Bedarf das Leitrad mit dem Turbinenläufer oder mit dem Gehäuse verband.

Das Getriebe vereint durch diese Maßnahme die vorteilhaften Eigenschaften des Föttinger-Wandlers mit denen einer Föttinger-Kupplung. Der Übergang vom

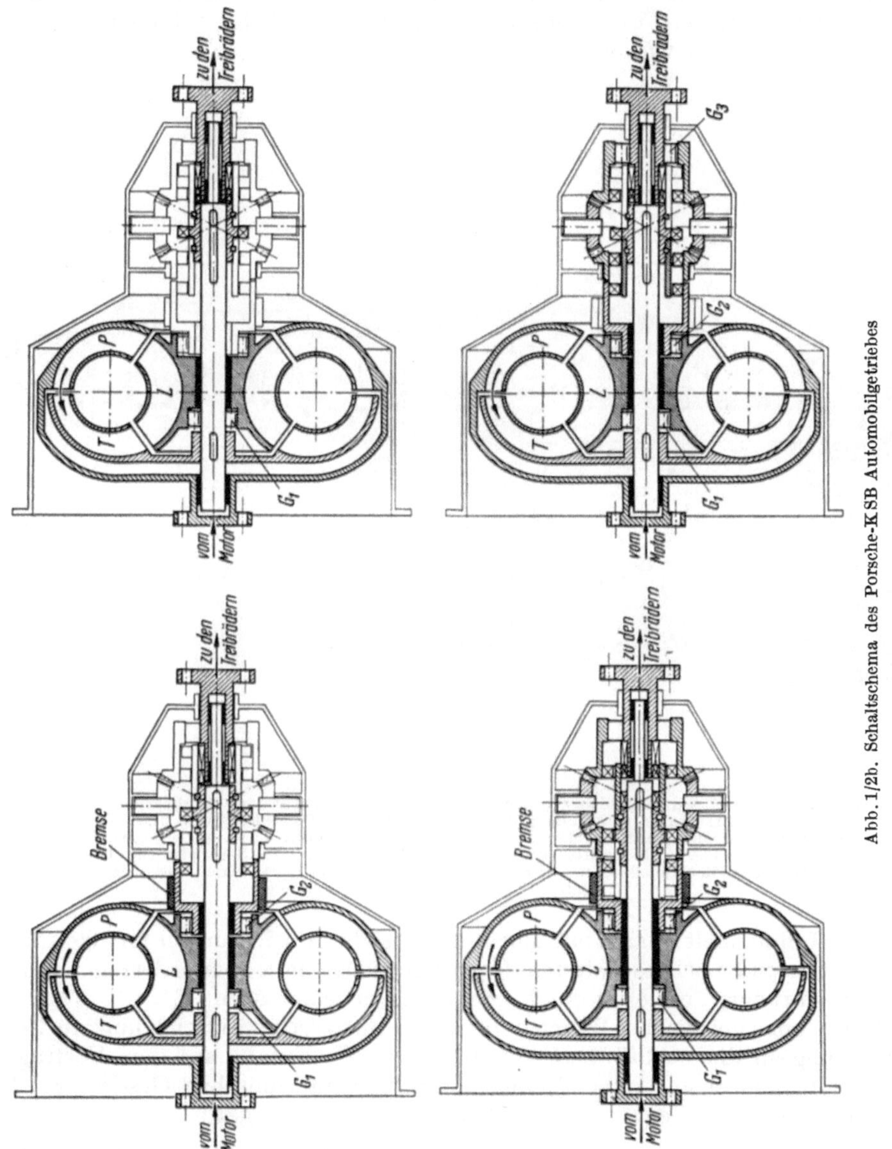

Abb. 1/2b. Schaltschema des Porsche-KSB Automobilgetriebes

Wandler- zum Kupplungsbereich und umgekehrt erfolgt selbsttätig und stoßfrei: Eigenschaften eines idealen Fahrzeuggetriebes. So finden wir den Trilok-Wandler auch als Grundlage für viele Kraftfahrzeuggetriebe.

Schon 1934 wurde das Porsche-KSB-Getriebe auf dieser Basis vorgestellt (Abb. 1/2a). Man war damit der Entwicklung weit vorausgeeilt. Rückwärtsgang und Berggang liefen schon über ein Planetengetriebe und zur Vergrößerung der Anfahrwandlung ließ man das Leitrad rückwärts rotieren.

1939 bemühte sich die bekannte amerikanische Automobilfabrik Chrysler um Lizenzen für Trilok-Wandler, aber durch den Krieg fiel eine vielversprechende deutsche Entwicklung im Weltmaßstab aus. Die Initiative lag von nun an hauptsächlich im Lande des Automobils, den USA, wo in der Folge Millionen von Wandler-Getrieben gebaut wurden.

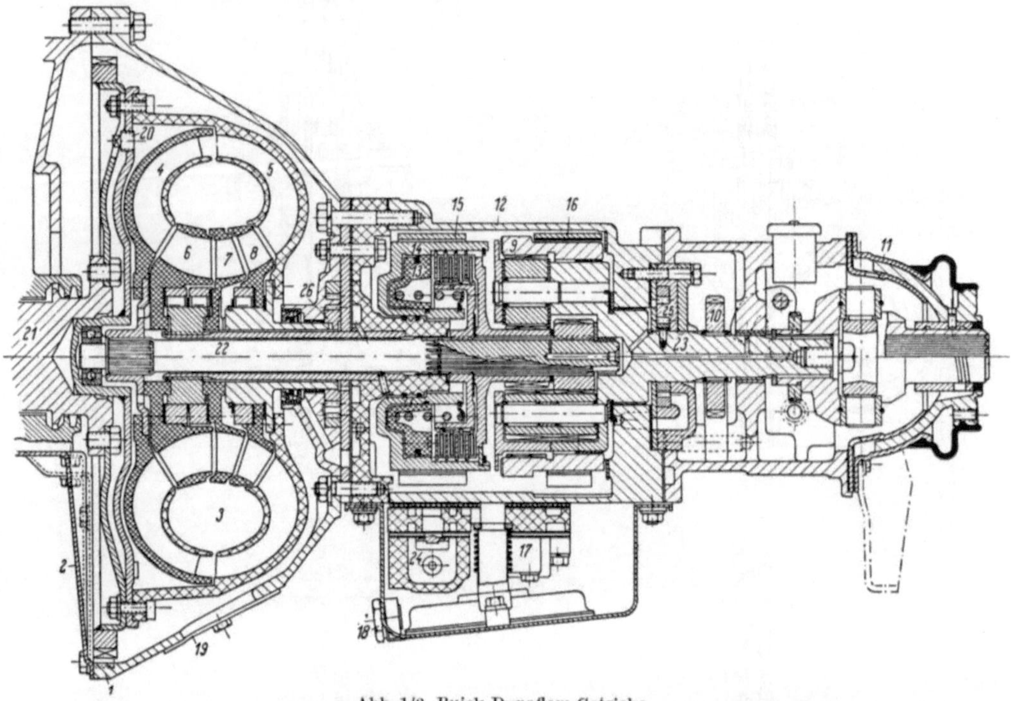

Abb. 1/3. Buick-Dynaflow-Getriebe

1 Umwandlergehäuse; *2* Schwungradzugangsdeckel; *3* Umwandler; *4* Turbine; *5* Primärpumpe; *6* Sekundärleitrad; *7* Primärleitrad; *8* Sekundärpumpe; *9* Planetenaggregat; *10* Parkiersperrad und Parkiersperrklinke; *11* Hinteres Gehäuselager und Kardanglocke; *12* mittleres Getriebegehäuse; *13* Kupplungskolben; *14* Kupplung; *15* „Langsam"-Bremsrad; *16* „Rückwärts"-Bremsband; *17* Ventilkasten; *18* Ölablaßzapfen; *19* Umwandlerzugangsdeckel; *20* Umwandlerölablaßzapfen; *21* Kurbelwelle; *22* Hauptwelle; *23* Getriebeausgangswelle; *24* Servos; *25* hintere Ölpumpe; *26* vordere Ölpumpe

Zum Teil handelt es sich um sehr umfangreiche Einrichtungen mit vielstufigen Kreisläufen und nachgeschalteten Umlaufgetrieben mit komplizierten automatischen Schaltungen, wie etwa das bekannte Getriebe der Abb. 1/3.

Einen eindrucksvollen Rahmen für diese historische Entwicklung dürfte die Erinnerung an die Schlußworte von Hermann Föttinger auf dem Vortrag abgeben, mit dem er auf einer Tagung der Schiffbautechnischen Gesellschaft 1909 den „Transformator" einer breiten Öffentlichkeit bekanntgab:

„Meine Herren, Sie haben jedenfalls gesehen, daß es sich um eine sowohl in theoretischer wie in praktischer und konstruktiver Richtung außerordentlich interessante Neuerung handelt. Im Gegensatz zur Dampfturbine, deren Grundsysteme aus dem Ausland zu uns gekommen sind und die erst, nachdem sie im *Ausland* gefördert worden war, in Deutschland eine alles übertreffende Vervollkommnung erfahren hat – im Gegensatz dazu ist diese Neuerung ganz auf deutschem Boden entstanden und gefördert worden. Ich möchte nur noch meine Bitte wiederholen: Ersparen Sie uns, daß uns erst vom Ausland der Wert der Sache gezeigt wird und unterstützen Sie diese deutsche Ingenieurarbeit!"

2. Föttinger-Kupplungen

2.1 Grundgleichung und Kennlinien

2.11 Schlupf- und Drehmomentenverhalten

Die ersten Entwürfe der Föttinger-Kupplungen machen es anschaulich, daß die Anregung zur Erfindung von einem räumlich getrennten System von Pumpe und Turbine ausging.

Abb. 2/1 zeigt die vom Erfinder gestaltete Form mit einem Toruskörper als innere Stromführung. Bei späteren Ausführungen fehlt dieser Leitwulst meistens.

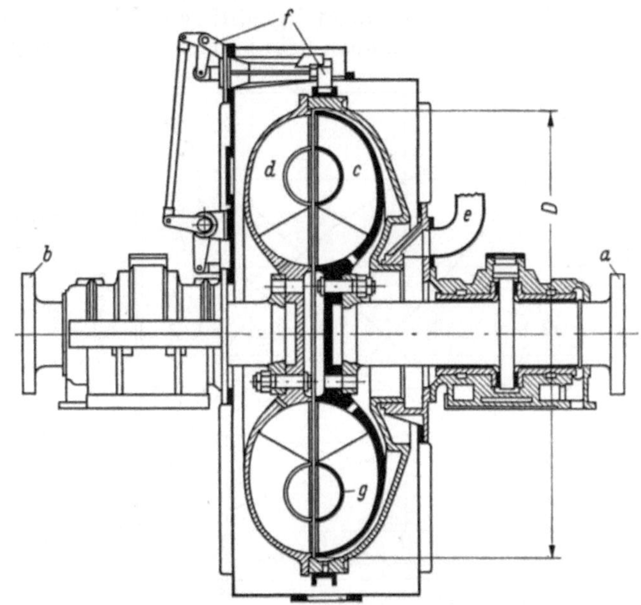

Abb. 2/1. Föttinger-Vulcan-Schiffs-Kupplung
a Antriebseite; *b* Abtriebseite; *c* Pumpenrad; *d* Turbinenrad; *e* Einfüllöffnung; *f* Entleerungsvorrichtung; *g* Leitwulst; *D* Profildurchmesser

Im Gegensatz zum Wandler gibt es bei der Kupplung nur zwei wirksame Teile, Pumpen- und Turbinenrad. Oft ist dabei lediglich die Verwendung für die zutreffende Bezeichnung entscheidend, sofern nicht eine vorgeschriebene Kupplungscharakteristik besondere Ausführungsformen erforderlich macht.

Konstruktiv gehört zum System noch eine mit einem der Räder verbundene Gehäuseschale. Das so gebildete umlaufende Gehäuse gibt günstige Reibungs- und Spaltverluste für die energieübertragende Flüssigkeit und gestattet eine bequeme Abdichtung.

Denkt man sich die Kupplung mit Arbeits- und Antriebsmaschine verbunden, so folgt aus dem Satz der Elementarmechanik vom Gleichgewicht der Kräfte, daß das Moment an der Turbinenwelle gleich dem an der Pumpenwelle sein muß.

$$M_P = M_T \qquad (2/1)$$

Von der äußeren Luftreibung wird dabei abgesehen. Gl. (2/1) gilt dann exakt und unabhängig etwa von der Gestalt der Räder, der Ausbildung der Beschaufelung und einschließlich aller inneren Verluste. Die Luftreibung beträgt etwa 0,5% der Auslegungsleistung.

Durch Vergleich von Eingangs- zu Ausgangsleistung ergibt sich der Wirkungsgrad

$$\eta = \frac{M_T \cdot \omega_T}{M_P \cdot \omega_P} = \frac{n_T}{n_P} = i_n \qquad (2/2)$$

Der Drehzahlunterschied zwischen An- und Abtrieb ist der Schlupf s, der meistens als Verhältnis zu n_P definiert wird.

$$s = \frac{n_P - n_T}{n_P} = 1 - \frac{n_T}{n_P} = 1 - \eta = 1 - i_n \qquad (2/3)$$

Aus den Gln. (2/2) und (2/3) folgt die gebräuchliche Formel für den Wirkungsgrad

$$\eta = 1 - s \tag{2/4}$$

Die Gln. (2/2) und (2/4) gelten von 0 bis zu einem Grenzwert von etwa 0,97 oder 0,985, je nach der Auslegung.

Die Wirksamkeit der Kupplung beruht auf dem Energieaustausch zwischen den beiden Rädern. Laufen sie in gleichem Drehsinn gleich schnell um, so bestände bei völliger Symmetrie keine Energiedifferenz, also auch kein Energieaustausch, und es würde infolgedessen auch kein Moment übertragen werden.

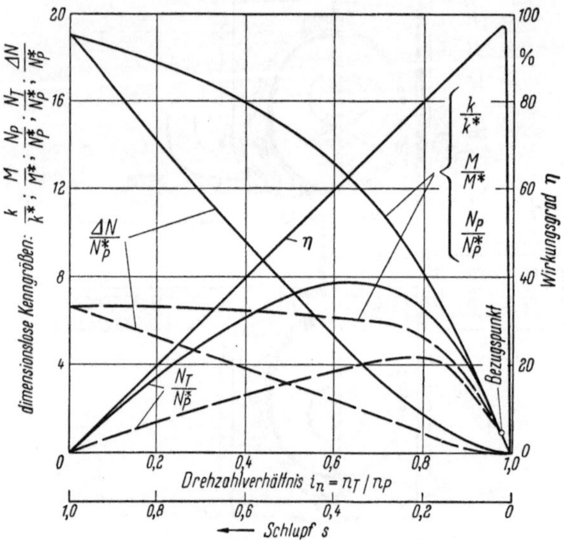

Abb. 2/2. Kennlinien von zwei verschiedenen Föttinger-Kupplungen

In der Nähe des Synchronlaufs von Pumpen- und Turbinenrad wird das Übertragungsmoment sehr klein. Hierbei ist es nicht mehr zulässig, das stets vorhandene Reibungsmoment zu vernachlässigen. Gl. (2/1) gilt nicht mehr, dagegen die ungekürzte Formel der Gl. (2/2):

$$\eta = \frac{M_T \cdot \omega_T}{M_P \cdot \omega_P}$$

und mit $M_T \to 0$ ($M_P \neq 0$!) gilt auch $\eta \to 0$.

Für konstante Pumpendrehzahl sind charakteristische Kurven einer Kupplung in Abb. 2/2 dargestellt.

Bei hohem Schlupf kann ein vielfach größeres Moment als im Auslegungspunkt übertragen werden. Kann dieses von der Antriebsmaschine nicht aufgebracht werden, so wird sie in der Drehzahl gedrückt. Wesentliche Baumaßnahmen gelten der zweckmäßigen Beeinflussung dieses mitunter unerwünschten Verhaltens.

Um diese Einflüsse besser übersehen zu können, sollen zunächst die Strömungsvorgänge näher betrachtet werden.

2.12 Strömungsvorgänge in einer Föttinger-Kupplung und die Grundgleichung

Die ursprüngliche Idee Föttingers war, die wesentlichen Verluste in einem Energieübertragungssystem, bestehend aus Kreiselpumpe und Turbine, zu vermeiden. Er schuf in seinem „Transformator" ein ideales hydrodynamisches System, in dem An- und Abtrieb durch das Impulsmoment oder den Drall eines Flüssigkeitsstromes unter Wegfall sämtlicher Leitungen, Diffusoren und Spiralgehäuse kraftschlüssig asynchron gekuppelt sind.

Zum Impulsaustausch zwischen den Rädern ist ein Flüssigkeitsaustausch notwendig. Dieser kommt durch den Energieunterschied zustande, der bei der asynchronen Bewegung auftritt. In erster Linie liegt die Energie im Fliehkraftdruck. Bei Gleichlauf wird er in Pumpe und Turbine bei gleichen Abmessungen dieser Teile gleich groß. Es besteht dann kein Anlaß zum Flüssigkeitsaustausch, der sich im Idealfall in Form einer spiralförmigen räumlichen Strömung darstellen läßt.

Bei Gleichlauf rotiert also das Ganze wie eine starre Masse, ohne daß ein Drehmoment übertragen werden kann.

Erst wenn ein Drehzahlunterschied und damit eine Druckdifferenz zwischen den Rädern vorhanden ist, wird die Flüssigkeitsmasse dadurch umgetrieben. Es findet ein Impulsaustausch und eine Kraftübertragung statt. Diese kann immer nur zur langsamer laufenden Seite hin erfolgen. Übersteigt die Turbinendrehzahl die der Pumpe, dann erscheinen im Diagramm negative Momente. Ein vollständiges Diagramm dieser Art zeigt Abb. 2/3.

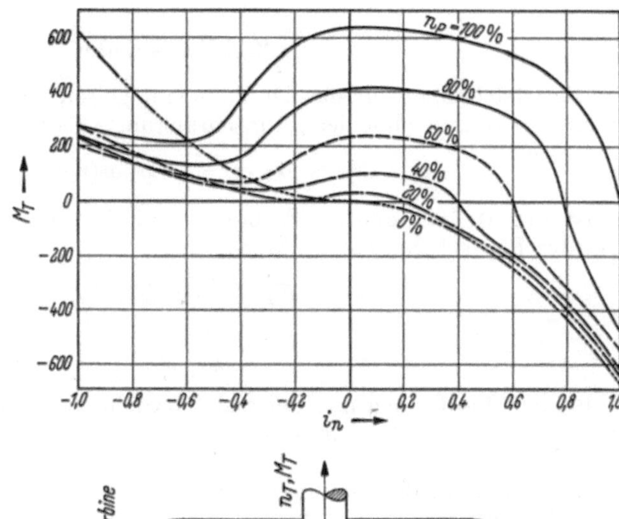

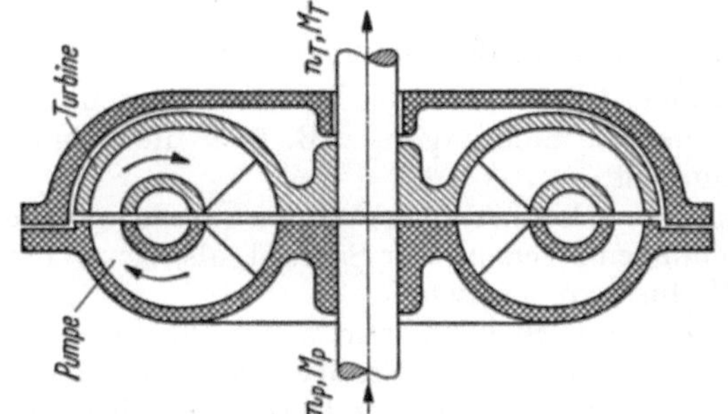

Abb. 2/3. Vollständiges Übertragungsdiagramm einer Föttinger-Kupplung (nach [13i])

Hier sind auch negative Werte für das Verhältnis $i_n = \frac{n_T}{100}$ eingetragen. Physikalisch bedeutet dieses, daß das Sekundärrad in entgegengesetztem Umlaufsinn angetrieben wird. Der Schlupf s wird dann größer als 1.

Schon aus Abb. 2/2 geht hervor, daß bei gleichbleibender Antriebsdrehzahl n_P das übertragene Drehmoment mit dem Schlupf zunächst stark, dann schwächer zunimmt. Es steigt bei $i_n = 0$ etwa auf den 25fachen Betrag der Auslegung.

Der höchste Übertragungswirkungsgrad hängt von der Auslegung ab, d. h. von der Wahl von Kupplungsdurchmesser und Drehzahl für die Übertragung eines bestimmten Moments. Er kann ohne weiteres bei 97–98% liegen. Wählt man η jedoch kleiner, so wird die Kupplung wegen des in diesem Bereich noch steilen Anstieges von $\frac{M}{M^*}$ erheblich kleiner im Durchmesser.

Im Pumpenrad erfährt die Flüssigkeit einen Drallzuwachs, der in der Turbine wieder entzogen wird. Für beide Räder gilt die aus dem Flächensatz abzuleitende Eulersche Turbinengleichung.

$$M_P = V \cdot \varrho \cdot (r_1 c_{u1} - r_2 c_{u2}) \tag{2/5}$$

$$M_T = V \cdot \varrho \cdot (r_3 c_{u3} - r_4 c_{u4}) \tag{2/6}$$

Man beachte, daß bei einer Föttinger-Kupplung, bei der Pumpen- und Turbinenrad sich wie in der Abb. 2/1 gegenüberstehen c_{u1} gleich c_{u4} und c_{u2} gleich c_{u3} sein muß, da in der Eulerschen Turbinengleichung die Umfangskomponenten der Absolutgeschwindigkeit, c_u, sich auf den Zustand unmittelbar vor dem Eintritt, bzw. unmittelbar nach dem Austritt aus dem Rad beziehen. Wegen der

Symmetrie der Ausführung entsprechen sich auch die Bezugsradien r_i. Die übrigen Glieder sind in Gln. (2/5) und (2/6) identisch.

Damit wird

$$M_P = M_T,$$

was bereits durch die Gleichgewichtsbetrachtung, die zu Gl. (2/1) führte, festgestellt wurde.

2.13 Die Kennlinien

Die Gleichungen für das Drehmoment gelten, da sie auf dem Impulssatz beruhen, exakt und ohne jede Einschränkung. Man kann von ihnen zur Leistung übergehen:

$$N_P = M_P \cdot \omega = \dot{V} \cdot \varrho \cdot \omega \, (r_1 c_{u1} - r_2 c_{u2}) \tag{2/7}$$

Es ist zweckmäßig, den im Turbinen- und Kreiselpumpenbau gebräuchlichen Begriff der Förderhöhe[1] einzuführen:

$$N_P = \dot{V} \cdot \gamma \cdot H_P$$

$$H_P = \frac{\omega}{g} \cdot (r_1 c_{u1} - r_2 c_{u2}) \tag{2/8}$$

Bei den Bauformen mit Leitwulst bezieht man die Werte r_i und c_{ui} auf einen „mittleren Stromfaden" und erzielt im allgemeinen mit dieser Annahme brauchbare Ergebnisse.

Zu vollständigen Kennlinien kommt man durch Rechnung nur, wenn man $\dot{V}$ berechnet. $\dot{V}$ könnte auch eliminiert werden, da es selbst nur bei gewissen grundsätzlichen Betrachtungen, z. B. über die Schnelläufigkeit [9] der Räder, von Bedeutung ist.

c_{u1} ist nach einer vorstehenden Überlegung gleich c_{u4}, d. h. in den vorstehenden Gleichungen erscheint der Schlupf, also der Wirkungsgrad, und es wird notwendig, die Verluste zu erfassen.

Bei Wandlern kann man mit recht guter Näherung durch Ansätze über Reibungswiderstände und Stoßverluste vollständige Kennlinien errechnen. Darauf wird bei Behandlung dieser Getriebe noch näher eingegangen werden, hier soll in einem vereinfachten Verfahren über Werte, die man leicht messen kann, eine Abschätzung der umlaufenden Flüssigkeitsmenge vorgenommen werden.

Es wird dabei angenommen, daß die Ein- und Austrittswinkel der Schaufeln 90° sind, was heutzutage für die Mehrzahl der Föttinger-Kupplungen zutreffen dürfte.

Dann ist $c_u \approx u$, und wenn man beachtet, daß c_{u1} gleich c_{u4} ist, so gilt auch, daß $c_{u2} \approx i_n \cdot u_1$ ist.

Gl. (2/7) wird zweckmäßig umgeformt:

$$M = V \cdot \varrho \cdot (r_2 u_2 - r_1 i_n u_1)$$

$$M = V \cdot \varrho \cdot r_2^2 \cdot \omega \left(1 - i_n \frac{(r_1)^2}{r_2}\right)$$

$$V \cdot \varrho = \frac{M}{r_2^2 \, \omega \, (1 - i_n \cdot i_r^2)} \tag{2/9}$$

[1] Eigentlich handelt es sich um die auf 1 kg Arbeitsflüssigkeit entfallende Arbeit, die spezifische Schaufelarbeit mkg/kg. Durch die Einführung des neuen Einheitensystems ergibt sich hier eine andere Dimension.

In Abb. 2/4a ist aus der vorhergehenden Darstellung der Linie des Moments für n_P gleich 100% herausgezeichnet und mit Hilfe der eben entwickelten Beziehungen der Funktionsverlauf von $V \cdot \varrho$ dargestellt.

Die Aussage der Gleichung ist hier sehr anschaulich: V und M verlaufen ähnlich.

Man beachte, daß die Darstellung auf Messungen des Momentverlaufs beruht. Die Rechnung ist nicht ganz zuverlässig, gibt aber einen Einblick in die Vorgänge.

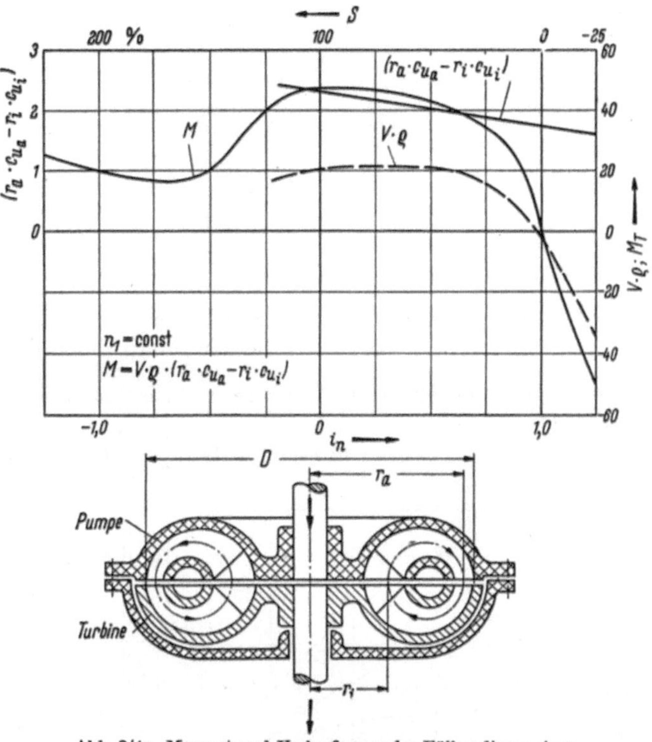

Abb. 2/4a. Moment und Umlaufmasse des Füllmediums einer Föttinger-Kupplung

Für $i_n = 1$, also für Gleichlauf, muß mit $M = 0$ auch V Null werden. Bei negativen i_n-Werten wird V kleiner, wird aber nach Gl. (2/9) nicht gleich Null. Bei $i_n = -1$ rotieren Pumpen- und Turbinenrad gleich schnell entgegengesetzt; dann sollte nach einer ersten Überlegung wegen der Gleichheit der Zentrifugalkräfte V gleich Null werden. Daß dieses nicht der Fall ist, bringt zum Ausdruck, daß die Vorstellungen über die Physik der Strömungsvorgänge in der Kupplung durch die Vereinfachung nicht mehr ganz der Wirklichkeit entsprechen. Es findet offenbar ein untergeordneter Energieaustausch statt.

Die Unvollkommenheit der Theorie veranlaßt den Praktiker, die wesentlichen Größen der Kupplung mit einer einfachen Formel zu berechnen.

Er setzt

$$N = k \cdot \gamma \cdot D^5 \left(\frac{n_1}{100}\right)^3 \qquad (2/10)$$

Die Wahl von k bestimmt die Größe der Kupplung bzw. den Schlupf. Wird letzterer mit 2–5% zugelassen, so erhält k den Wert 1 bis 2,5 für D in Meter und N in PS bei der später angegebenen Abhängigkeit. (γ = Wichte der Füllflüssigkeit.)

Beim Anschreiben der Gl. (2/10) begnügt man sich mit der Überlegung, daß bei allen Kreiselmaschinen die Leistung der dritten Potenz der Drehzahl und der fünften des Durchmessers proportional ist. Eine Ableitung aus der Eulerschen Turbinengleichung gibt einen besseren Einblick und soll gleichzeitig dazu benutzt werden, die vorteilhafte Darstellung mit dimensionslos gemachten Größen an einem einfachen Beispiel einzuführen.

$$N = M\omega = V\varrho\omega(r_1 c_{u1} - r_2 c_{u2})$$
$$N = k_1 V\omega \Delta r c_u$$
$$V = F c_m$$
$$V = k_2 r \frac{b}{r} \cdot r \frac{c_m}{u} \cdot u$$
$$V = k_3 r^3 \omega$$
$$c_u = \frac{c_u}{u} \cdot u$$
$$c_u = k_4 \cdot r \cdot \omega$$
$$N = k_5 r^5 \omega^3$$
$$N = \gamma k D^5 \left(\frac{n}{100}\right)^3$$ (in PS bei geeigneter Wahl von k und bei den früher genannten Bedingungen)

Bei Berücksichtigung der Beziehung zwischen Leistung und Moment wird das letztere:

$$M = 7{,}162\, k\gamma \left(\frac{n_1}{100}\right)^2 D^5 \text{ [mkp]} \tag{2/11}$$

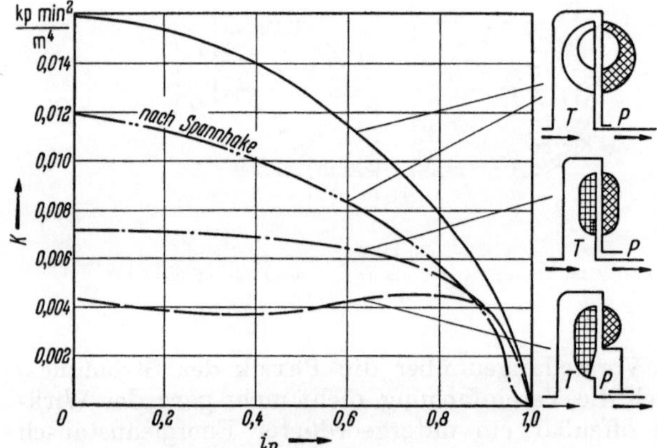

Abb. 2/4b. k-Werte für Föttinger-Kupplungen

Der Wert k wird aus Messungen an ausgeführten Kupplungen bestimmt. In der Abb. 2/4b sind Angaben darüber nach verschiedenen Firmen und Autoren zusammengestellt. Die Größe ist nicht unabhängig von der konstruktiven Gestaltung der Kreisläufe und der Schaufelzahl. Voraussetzung ist volle Füllung der Kupplung und eine mittlere Dichte des Umlaufmediums. Ebenso wie M ist k von i_n abhängig und wird daher über i_n als Abszisse aufgetragen.

In der Literatur findet man auch andere Größenordnungen für k, z. B. entsprechend der Definitionsgleichung $k = \frac{M}{n^2 \cdot D^5}$.

Eine andere Überschlagsformel, die ohne zugehörige Kurve für den Faktor gleich den Schlupf s berücksichtigt, ist von MARTYRER [6] angegeben

$$M = k \cdot s \cdot \varrho \cdot n_I^{*2} \cdot D^5$$

$k = 2$–3, wobei der höhere Wert bei großer Schaufelzahl, geringer Zähigkeit des Füllmediums, kleinem Leitwulst und kleinem Radienverhältnis i_r genommen wird. Für g in m/s² ergibt sich n_I^* in $s^{-1} \cdot g$ erscheint beim Ausrechnen als Dimensionsfaktor. Im Diagramm stellt die Formel über dem Schlupf eine Gerade dar, anstatt der Kurve Abb. 2/4b. Die Abweichung von der Wirklichkeit kann recht erheblich werden.

Zu genaueren Ergebnissen, die in einem weiten Bereich zwischen $i_n = -1$ bis $i_n = +1$ gelten, kann man nur kommen, wenn die Strömung in der Kupplung näher untersucht wird und die Stoß- und Reibungsverluste einigermaßen zuverlässig bestimmt werden.

In der Arbeit [*38*] ist angegeben, daß Prof. OESTERLEN in seinen Vorlesungen eine Berechnung nach der Stromfadentheorie benutzte und aus der Differenz der theoretischen Energiehöhen die Verlusthöhe ohne Berücksichtigung der Minderleistung [*9a*] berechnete. Während nun PFLEIDERER [*9a*] diese Verlusthöhe proportional dem Quadrat des Umlaufstromes setzt, ohne Zahlenangaben über den Proportionalitätsfaktor zu machen, führt OESTERLEN die Berechnung der Reibungsverluste über den hydraulischen Durchmesser auf die Rohrreibungsformeln zurück. Für den Reibungsverlustbeiwert gibt er $\lambda = 0{,}4$ an, wobei eine Abhängigkeit von einer einzuführenden REYNOLDSschen Zahl besteht.

Es gibt noch andere theoretische Untersuchungen, bei denen mehr oder weniger verständliche Annahmen getroffen werden. Die dabei abgeleiteten Kennlinien tragen aber den wirklichen Verhältnissen nur unvollkommen Rechnung. Brauchbare Ergebnisse, die reproduzierbar sind, liegen in der schon genannten Dissertation [*38*] vor.

Auch hier wird der mittlere Stromfaden betrachtet und Annahmen über den Strömungsverlauf gemacht. Es wird ausdrücklich festgestellt, daß die mit Faktoren aus Versuchswerten korrigierten Berechnungen nur für die untersuchte Kupplung gelten, aber es werden auch für den Einfluß der Schaufelzahl und für eine Änderung des Leitwulstes Kurventafeln gebracht.

Während Kupplungen heute überwiegend schon wegen der einfacheren Herstellung ohne einen von der Füllflüssigkeit umströmten Toruskörper ausgeführt werden, beziehen sich die fraglichen Überlegungen und die Mehrzahl der Versuche auf Ausführungen mit Leitwulst. Was sich TIMM [*38*] dabei über die Strömung in der Kupplung und ihre mögliche Erfassung vorgestellt hat, sei nachstehend zitiert, da man nur so zu einer kritischen Würdigung der Ergebnisse kommen kann:

„Grundsätzlich kann man sich jede Strömung in viele einzelne Stromfäden zerlegt denken, wobei die Zerlegung nur nach der einen Bedingung erfolgt, daß durch die Wand jedes Stromfadens keine Flüssigkeit hindurchtritt. Bei einer stationären Strömung liegen die Stromfäden zeitlich fest. Sie geben die Bahn der Flüssigkeitsteilchen an. So erhält man einen guten Überblick über den Strömungsverlauf. Erfolgt eine Strömung in relativ langen, wenig gekrümmten, engen Kanälen, so sind die einzelnen Stromfäden einander fast gleich. Man kann die Strömung im ganzen Kanal durch einen „mittleren" Stromfaden ersetzen, dessen Verlauf der Kanalmittellinie entspricht. So kommt man zu einer relativ einfachen Berechnungsmethode für Strömungsmaschinen.

Sind die Kanäle kurz und weit, so kann man die Berechnung für mehrere Stromfäden getrennt durchführen. Andererseits ist es möglich, auch bei diesen Kanälen mit nur einem mittleren Stromfaden zu rechnen, wenn man weiß, wie man ihn legen muß, um zum richtigen Ergebnis zu kommen."

Wegen der Vielfalt der möglichen Kanalformen und wegen stets auftretender Sekundärströmungen erscheint die Bestimmung dieser „richtigen" Lage des mittleren Stromfadens recht schwierig. Es ist deshalb sinnvoller, sich für eine geometrisch einfach zu bestimmende Lage zu entscheiden und die Abweichungen zwischen Rechen- und Versuchsergebnissen durch Korrekturfaktoren zu berücksichtigen. Ihr Abweichen von der Zahl 1 gibt einen gewissen Anhalt für den physikalischen Gehalt der Berechnungsmethode.

Föttinger-Kupplungen werden heute mit sehr großer Schaufelzahl ausgeführt; sieht man außerdem einen recht hohen Leitwulst vor, so erhält man Kanäle, für die die Stromfadenrechnung vernünftige Ergebnisse verspricht. Wegen der hohen Schaufelzahl ist die Schaufelbelastung so gering, daß Rotationssymmetrie vorausgesetzt werden kann. Damit genügt die Betrachtung eines Stromfadens für die Gesamtheit aller in Umfangsrichtung danebenliegenden Stromfäden, die zusammen einen schlauchähnlichen Hohlring bilden. Der größte dieser Hohlringe liegt außen am Radboden an, der kleinste am Leitwulst. Die Form des Leitwulstes ergibt sich aus der Forderung, die Relativgeschwindigkeit über die Kanallänge konstant zu halten, um Diffusorverluste zu vermeiden. Dann muß der Strömungsquerschnitt zwischen Leitwulst und Radboden an jeder Stelle gleich sein.

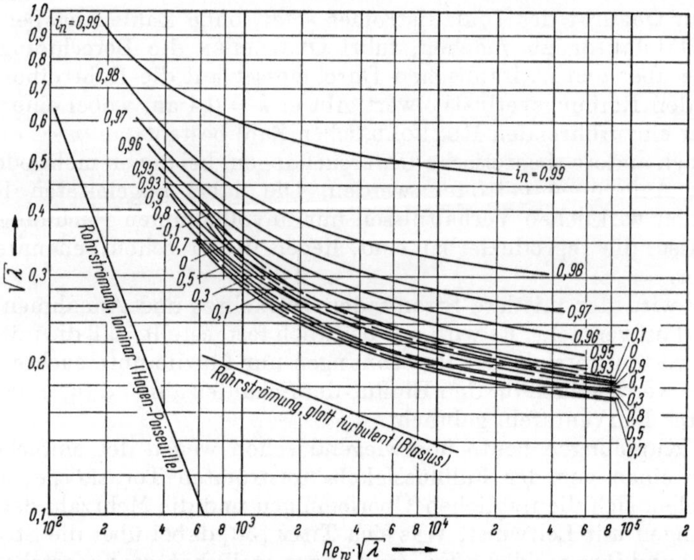

Abb. 2/5. Durchflußbeiwerte für Föttinger-Kupplungen nach Versuchsergebnissen [38]

Es würde zu weit führen, auf die Aufstellung der Gleichungen genauer einzugehen. Zur Auswertung des Versuchsmaterials ist es aber notwendig, die Ergebnisse zu bringen und den Berechnungsgang anzugeben.

Das übertragene Drehmoment wird

$$M = K \cdot \varrho \cdot \omega_I^2 \cdot D^5$$

Der dimensionslose Faktor ist dabei

$$K = \frac{\pi \cdot r_m^3 (1 - r_L)\left(1 + r_L - \dfrac{z \cdot \sigma}{\pi}\right)}{32 \sqrt{\lambda} \cdot \sqrt{\tau}} \cdot (1 - i_n \cdot \varrho_m^2) \cdot$$

$$\cdot \sqrt{2 (1 - i_n)(1 - i_n \cdot \varrho_m^2) - \varrho_m^2 (1 - i_n)^2 - (1 - i_n)^2}$$

$\sqrt{\lambda}$ wird aus dem Versuchsdiagramm in Abb. 2/5 in Anhängigkeit von $Re_w \cdot \sqrt{\lambda}$ für das betreffende Drehzahlverhältnis i_n entnommen. Minderleistungsbeiwerte und Stoßfaktoren, die in K enthalten sind, wurden gleich Eins gesetzt.

Re_w ist die REYNOLDSsche Zahl bezogen auf die Kanäle und die Relativgeschwindigkeit in ihnen gemäß

$$Re_w = \frac{W \cdot 4 \cdot F}{D \cdot U}$$

τ ist ein für die Form der Kupplung charakteristischer Beiwert, in dem nur geometrische Größen enthalten sind:

$$\tau = \frac{L_m \cdot U}{4 \cdot F}$$

Die verwendeten Bezeichnungen weichen z. T. von den eingangs definierten ab. Es bedeutet:

z die Schaufelzahl

$\sigma = \frac{s}{R_{aa}}$ die bezogene Schaufelstärke

R_{aa} den wirksamen Außendurchmesser

$r_m = \frac{r_m}{R_{aa}}$ den bezogenen Radius des mittleren Stromfadens außen

$r_L = \frac{R_{aL}}{R_{aa}}$ den bezogenen größten Radius des Leitwulstes

$\varrho_m = \frac{R_{mi}}{R_{ma}}$ das Verhältnis des kleinsten zum größten Achsabstand des mittleren Stromfadens

$\varrho_k = \frac{r_{ii}}{R_{aa}}$ das Verhältnis des kleinsten zum größten Achsabstand

$\varrho_l = \frac{R_{il}}{R_{al}}$ das Verhältnis des kleinsten zum größten Achsabstand des Leitwulstes

L_m die Länge des mittleren Stromfadens eines Kanals

λ den Reibungsbeiwert analog dem für die Rohrströmung

Die Kurventafel Abb. 2/5 läßt die Zusammenhänge erkennen. Es ist interessant zu sehen, daß die Widerstandsbeiwerte wesentlich über denen, die für die Rohrströmung gelten, liegen.

Insbesondere muß auf das erhebliche Ansteigen des Widerstandes bei Annäherung an die synchrone Drehzahl der beiden Teile der Kupplung hingewiesen werden. Bereits Föttinger und Spannhake war diese Erscheinung bekannt, die auch mit der Tatsache zusammenhängen dürfte, daß bei kleinem Schlupf das übertragene Drehmoment hinter dem nach den üblichen Methoden berechneten zurückbleibt.

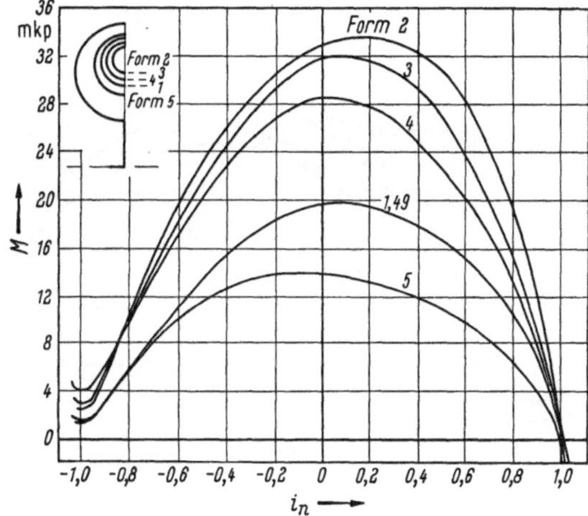

Abb. 2/6. Einfluß der Änderung der Leitwulstgröße auf das Übertragungsverhalten einer Föttinger-Kupplung [38]

Föttinger nahm eine Art von Überturbulenz bei kleiner Relativgeschwindigkeit als Ursache an und empfahl zur Verminderung dieser unerwünschten Erscheinung die Erhöhung der Schaufelzahl. Auf seine Anregung wurden auch Untersuchungen durchgeführt, die aber zu keinem befriedigenden Ergebnis führten [2d].

Es laufen neuere Arbeiten zur Klärung dieser wichtigen Frage, aus denen sehr weitreichende Kenntnisse über das Strömungsverhalten bei derartigen Grenzzuständen gewonnen werden könnten. Leider liegen Ergebnisse z. Z. noch nicht vor.

Es ist angebracht, darauf hinzuweisen, daß der Einfluß der verschiedenen Faktoren auf den Durchflußbeiwert natürlich eine Sache des rechnerischen Ansatzes ist. Wohl sind die Werte von den aufgenommenen Meßergebnissen abgeleitet, gemessen wird aber lediglich das Drehmoment. Abb. 2/6 zeigt z. B. dessen Änderung mit der Leitwulstgröße. In dieser Abbildung findet man links oben auch die Angaben über die Form der im einzelnen untersuchten Ausführungen.

Ebenso grundlegend sind Abb. 2/7 und Abb. 2/8, die den Einfluß der Schaufelzahl und der Zähigkeit des Arbeitsmediums auf das Übertragungsverhalten der Föttinger-Kupplung zeigen.

In [*38*] werden noch einige andere Fragen, die sich bei der Beschäftigung mit dem Thema von selbst ergeben, beantwortet, wie z. B. die Wirkung eines schaufellosen Zwischenraumes und des Radspaltes, sowie die Minderleistung durch Zurückbleiben der Arbeitsflüssigkeit gegenüber der durch die Beschaufelung gegebenen Vorschrift im Sinne der einschlägigen Ausführungen von PFLEIDERER [*9a*].

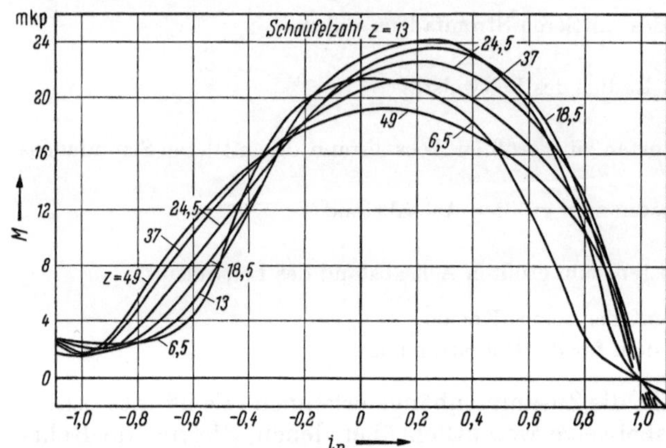

Abb. 2/7. Einfluß der Schaufelzahl auf das Übertragungsverhalten einer Föttinger-Kupplung (nach [*38*])

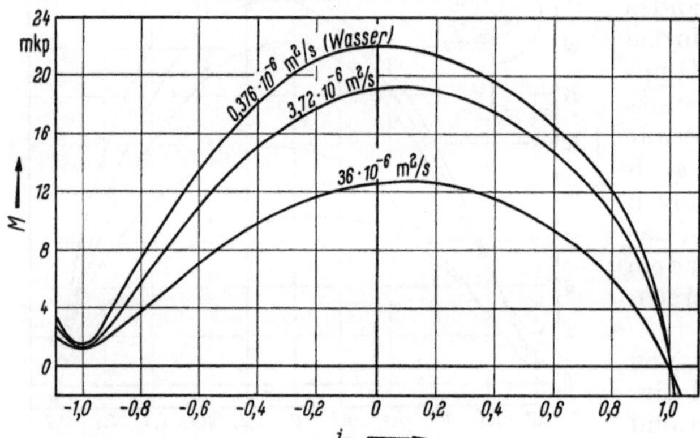

Abb. 2/8. Einfluß der Zähigkeit des Arbeitsmediums auf das Übertragungsverhalten einer Föttinger-Kupplung

Die Minderleistung ist bei einer so großen Schaufelzahl, wie sie heute bei Föttinger-Kupplungen verwendet wird, (bei den besprochenen Versuchen z. B. 49 Schaufeln) sehr gering. Bei den Messungen [*38*] brachte eine Verlängerung der radialen Schaufeln am Austritt keine Erhöhung des Drehmoments, sondern durch größere Reibungsverluste eine Verkleinerung. Durch Zurücksetzen der Schaufeln gegenüber dem Leitwulst fällt das übertragbare Drehmoment mit wachsender Länge des schaufellosen Raumes nur in der Nähe des Festbremspunktes ganz wenig ab. Bei $i_n = -1$ steigt es sogar etwas an. In diesem Betriebspunkt ist eine hydrodynamische Drehmomentübertragung nicht möglich, wenn die Kupplungsräder symmetrisch sind. Das gemessene Drehmoment kann also nur durch Zähigkeitswirkung übertragen werden. Diese setzt sich zusammen aus dem Anteil der Scheibenreibung und dem Anteil, der durch das Vorbeistreichen der Schaufelkanten aneinander hervorgerufen wird. Obgleich die Bewegung mit sehr großer Relativgeschwindigkeit erfolgt, zeigt das bei allen Formen gemessene sehr kleine Drehmoment bei $i_n = -1$, daß der Zähigkeitsanteil gering ist.

Die Veränderung der Radspaltweite bringt nur bei sehr kleinem Spalt, wohl durch Rückwirkung des folgenden Schaufelgitters, eine geringe Verkleinerung des Drehmoments. Bei Spaltvergrößerung von 2 auf 7 mm sind keine Drehmomentunterschiede festzustellen, so daß die Vernachlässigung des Spaltverlustes bei der Kupplungsberechnung gerechtfertigt erscheint.

Diese Untersuchungen sind am Platz, um in das Wesen der Föttinger-Kupplung einzudringen und die physikalischen Gesetze zu erkennen, unter denen sich der Vorgang darin abspielt.

Aus den Ergebnissen könnte man auch folgern, daß man von der wirklichen Kenntnis noch weit entfernt ist. Neuere Messungen über die Strömungsverhältnisse, die allerdings noch nicht abgeschlossen vorliegen, scheinen zu beweisen, daß die bisherigen Annahmen sich in wesentlichen Punkten nicht bestätigen. Bei dieser Lage der Dinge ist es nicht verwunderlich, daß man in der Praxis bei Neuentwürfen im allgemeinen auf die Überschlagsformel, Gl. (2/7), zurückgreift, und sich darauf einstellt, auf Meßergebnissen fußend andere Größen nach den Ähnlichkeitsgesetzen zu entwickeln.

2.2 Beeinflussung des Übertragungsverhaltens der Föttinger-Kupplungen

2.21 Konstruktive Beeinflussung der Momentenlinie

Für die spätere Untersuchung über die Wechselwirkung zwischen Maschine und Kupplung müssen zunächst die konstruktiven Maßnahmen zur Änderung der Charakteristik erörtert werden.

Selten wird die Aufgabe so gestellt sein, daß das Auslegungsmoment bei einem Schlupf übertragen werden soll, der kleiner als 1% ist. Es ist ebenso trivial wie unwirtschaftlich, dieses dann durch Vergrößerung der Kupplung erreichen zu wollen. Einen mathematischen Hinweis zu einer besseren Lösung gibt Gl. (2/5). Bei sonst gleicher Ausführung wird das Moment mit der Differenz in der Klammer größer.

Die Überlegung, die zu Gl. (2/9) führte, machte es deutlich, daß diese Vergrößerung der Klammerdifferenz von einem möglichst kleinen Wert des Quotienten $\frac{r_1}{r_2}$ abhängt. Einen gleichsinnigen Effekt kann man auch durch Austrittswinkel beim Pumpenrad größer als 90° erzielen.

Weit häufiger besteht die Aufgabe darin, wegen sonst zu großer Drückung[1] der Antriebsmaschine, oder allgemeiner gesagt, um einen leichten Anlauf zu erzwingen, das Übertragungsmoment bei kleinem i_n zu verringern.

Bauarten ohne Leitwulst sind wesentlich billiger in der Herstellung. Sie geben bei ähnlichen Ausführungen allerdings einen größeren Anstieg des Moments bei großem Schlupf. Da diese Eigenschaft aber sowieso durch besondere Mittel beeinflußt werden muß, ist sie für die grundsätzliche Beurteilung nicht ausschlaggebend.

Alle Maßnahmen zur Verringerung des Anfahrmoments, die nicht Teilfüllung benutzen, gehen von der Tatsache aus, daß im Anfahrbereich und überhaupt bei größerem Schlupf, die Umlaufmenge der Betriebsflüssigkeit größer ist als im Auslegungspunkt. Wenn man also in den Kreislauf Strömungshindernisse einbaut, dann muß diese Behinderung bei großen Mengen entsprechend den hydrodynamischen Widerstandsgesetzen quadratisch ansteigen.

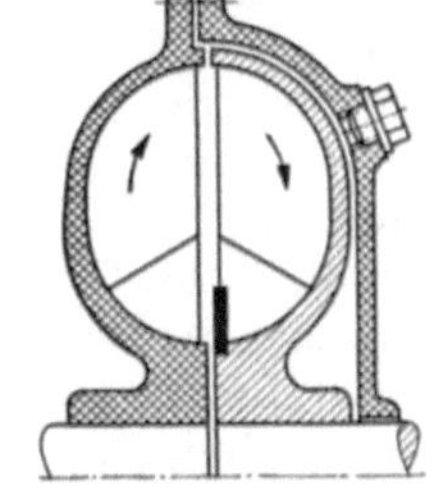
Abb. 2/9. Beeinflussung des Übertragungsverhaltens einer Föttinger-Kupplung durch eingebauten Drosselring

Das einfachste Mittel ist also Einbau einer Drosselscheibe nach Abb. 2/9. Als Ergebnis dieser und ähnlicher Maßnahmen kann die gestrichelte Kurve in Abb. 2/2 angesehen werden.

Etwas organischer erreicht die Firma Twin Disc den Effekt durch einen schlanken, langgestreckten Kreislauf. Der erhebliche Unterschied zwischen r_1 und r_2

[1] s. Abschn. 2.32.

ergibt schon bei geringer Drehzahldifferenz der beiden Räder ein starkes Übertragungsmoment. Dieses steigt mit wachsendem Schlupf aber in viel geringerem Maße an, da die dann bedeutend größere Umlaufmenge die Umlaufwiderstände im Quadrat fühlbar macht.

Der Hersteller gibt für diese Kupplung als weiteren Vorteil an, daß der seitlich flache Umlauf Größe und Gewicht der Kupplung beträchtlich reduziert und daß gleichzeitig die Füllmenge verkleinert wird.

Abb. 2/10. Beeinflussung des Übertragungsverhaltens einer Föttinger-Kupplung durch Überleiten des Füllmediums bei Anfahrbedingungen in einen Sekundärraum

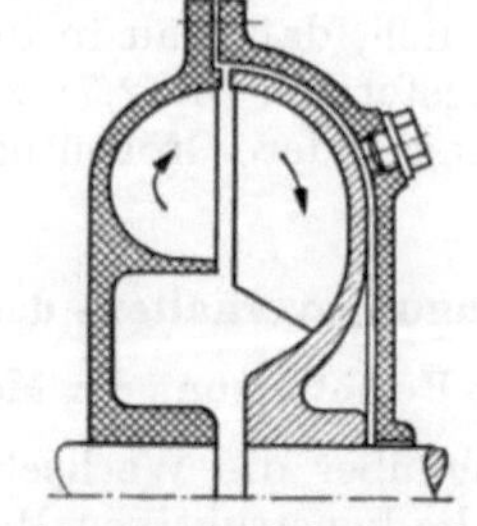

Abb. 2/11. Beeinflussung des Übertragungsverhaltens einer Föttinger-Kupplung durch Einströmen des Füllmediums bei Anfahrbedingungen in einen Stauraum

Die Einrichtungen, die die Kupplungen nach Abb. 2/10 und 2/11 aufweisen, haben beim Anfahren Teilfüllung oder Durchmischung der Umlaufflüssigkeit mit Luft zum Ziel.

Auf der Turbinenseite in Abb. 2/10 befindet sich eine Entlüftungskammer, die durch besondere Kanäle mit dem Inneren des Ringwulstes verbunden ist. Durch Zusammenwirken mit der Störplatte wird bei Inbetriebnahme zunächst eine Ölmenge in diese Luftkammer geleitet. Die dort verdrängte Luft vermischt sich mit dem Betriebsöl. Rotiert die Turbine gleichfalls, dann wird in bekannter Weise Luft und Flüssigkeit separiert, und das gewünschte Moment beim Auslegungspunkt ist gewährleistet.

Abb. 2/11 zeigt eine andere Methode für einen ähnlichen Zweck.

Unter Anfahrbedingungen, d. h. bei langsam laufendem Turbinenrad, drückt der kräftige Umlauf von der schnell rotierenden Pumpe her die zirkulierende Flüssigkeit am Muschelumfang der Turbine in einen freien Raum an der Nabe. Das ist mit anderen Mitteln ein ähnlicher Effekt wie bei Abb. 2/10. Neben einer Erhöhung des Strömungswiderstandes tritt gleichzeitig eine teilweise Entleerung des Arbeitsraumes ein.

Es genügt auch schon, zwischen den beiden Beschaufelungen und ihren Führungswänden im inneren Bereich Ausschnitte vorzusehen, um den übermäßigen Anstieg der Momentenkurve für den Bereich $i_n \to 0$ zu verhindern.

Eine andere wirkungsvolle Methode, um die Umlaufmenge zu verringern ist die Vermehrung der Radschaufeln. Mit der Vergrößerung der Schaufelanzahl wird gleichzeitig der verbleibende Zirkulationsraum und damit die Umlaufmenge beschränkt. Die Umlaufmenge ist aber Träger des Impulsaustausches, und die gesamte übertragbare Leistung wird mit ihr kleiner.

Bei aus Blechteilen gefertigten Kupplungen können auch einzelne Schaufelkanäle blindgesetzt werden. Das kann je nach der Teilung jeder 2., 3. oder auch 4. sein.

Bei Änderungen der Kreisläufe zur Beeinflussung des Flüssigkeitsumlaufs kann man das Ergebnis nicht immer abschätzen, so daß bei der großen Zahl der Möglichkeiten letzten Endes der Versuch entscheidet.

Besondere Wirkungen sind mit beweglichen Abdeckungen möglich. Diese Methode setzt ebenso wie die vorbeschriebene der Abdichtung einzelner Kanäle eine Kupplung mit innerem Führungswulst voraus. Unter Federeinwirkung stehende Platten verengen beim Anfahren den Turbinenaustritt. Durch diese Drosselung wird nur ein geringes Moment entsprechend dem lokalen Austausch am Pumpenaustritt und Turbineneintritt auch bei $i_n = 0$ übertragen. Erst wenn das Turbinenrad stärker rotiert, werden die Abdeckplatten durch die Zentrifugalkraft entgegen der Federwirkung vom Turbinenaustritt in den Bereich des Führungswulstes gedrückt. Der nunmehr frei zirkulierende Strom bewirkt, jetzt durch die schon gestiegene Turbinendrehzahl gebremst, die allmähliche Entwicklung des normalen Übertragungsmoments der Kupplung.

Eine konstruktive Abwandlung dieses Gedankens, bei der gleichfalls ein gefedertes Steuerglied vorhanden ist, zeigt Abb. 2/12.

Wenn aus gießtechnischen Gründen größere Schaufelstärken notwendig sind, die bei großer Schaufelzahl den Zirkulationsraum sehr einengen, verringert man entweder die Schaufelzahl oder kürzt alle Schaufelblätter, bzw. die einer regelmäßigen Auswahl in Nabennähe.

Die Mehrzahl der heutigen Kupplungen weist radial gestellte Schaufeln auf, die außerdem senkrecht auf der Fläche

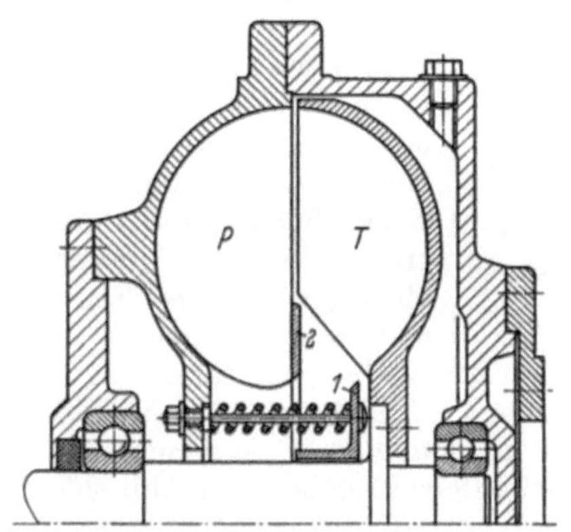

Abb. 2/12. Gefederter Ringschieber (*1*) und Drosselring (*2*) zur Änderung des Anlaufverhaltens einer Föttinger-Kupplung

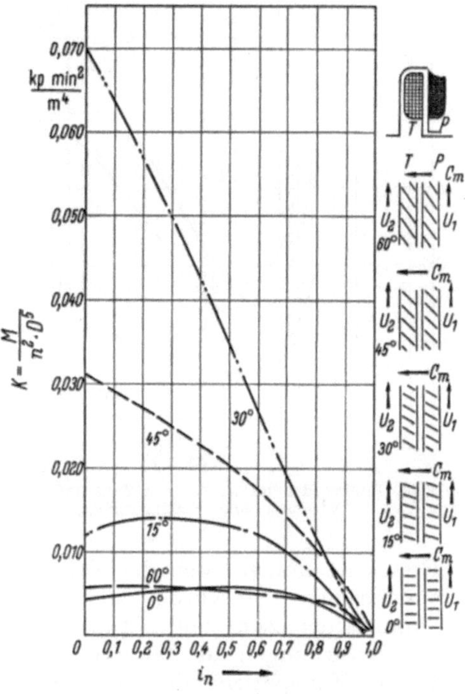

Abb. 2/13. Der Einfluß schräg gestellter Schaufeln auf das Übertragungsverhalten einer Föttinger-Kupplung (nach [*5f*])

stehen, die normal zur Achse liegt. Bei gegossenen Kupplungen ergibt sich damit auch ein einfaches Herstellungsverfahren. In der Veröffentlichung [*5f*] hat FÖRSTER die Auswirkungen einer Schrägstellung der Schaufeln zur Mittelebene angegeben. Abb. 2/13 zeigt, daß die Größe des Kupplungsfaktors wesentlich beeinflußt wird. Dabei haben alle untersuchten Kupplungen gleichen Durchmesser und gleiche Form, nur die Schaufeln sind um einen gewissen Winkel zur Achse gedreht.

Die ausgezogene Kurve gilt für die bisher betrachtete Form, bei der der Winkel zwischen Schaufelfläche und Achse 0° beträgt. Das Drehen der Schaufeln etwa um ihre Vorderkante ergibt einen Anstieg des k-Wertes für $i_n \to 0$, bis etwa bei 30° ein Größtwert erreicht wird. Beim Weiterdrehen sinkt k für $i_n \to 0$ wieder ab, und für einen Winkel von 60° ist etwa der Zustand wie für 0° erreicht. Beachtenswert ist dabei auch das Verhalten im Betriebspunkt. Hier sind die besten Werte für 45° gemessen worden.

Es muß betont werden, daß die dargestellten Ergebnisse sich nur auf den speziellen Fall beziehen, aber sicher mit gewissen Vorbehalten auch verallgemeinert werden können. Leider liegen diese Messungen nur für eine Drehrichtung vor.

Während für einen Winkel von 0° und symmetrische Kupplungen beide Drehrichtungen gleichwertig sind, ist dies bei schräggestellten Schaufeln keineswegs der Fall. Es besteht dann ein großer Unterschied der Kupplungsfaktoren k für Vorwärts- und Rückwärtsfahrt. Die Unterschiede werden so groß, daß Kupplungen mit stark geneigten Schaufeln nahezu als Freiläufe anzusehen sind.

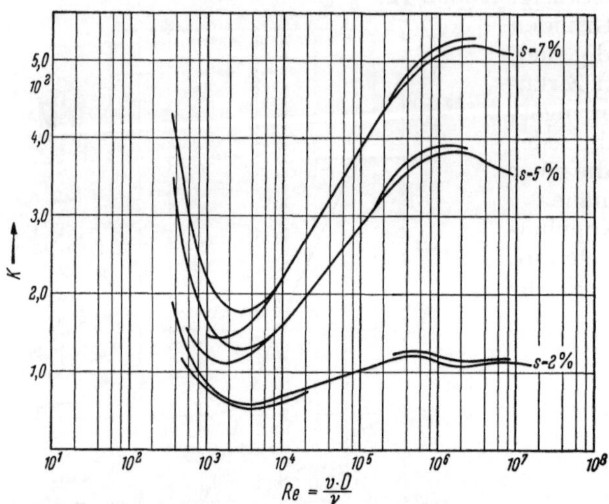

Abb. 2/14. Einfluß der REYNOLDSschen Zahl auf das Übertragungsverhalten einer Föttinger-Kupplung

Man macht von diesem Verhalten Gebrauch, wenn vorwiegend in bestimmten Betriebsbereichen gefahren wird, z. B. bei Schaltkupplungen. Ein Beispiel der Anwendung dafür liegt in dem bekannten Hydramatik-Getriebe vor [*5f*].

Für die Übertragungsfähigkeit der Föttinger-Kupplung spielen so viele Einflüsse eine Rolle, daß von einer genauen Vorausberechnung der Kennlinien meistens Abstand genommen werden muß und daß ein wesentliches Plus der Hersteller in ihrem umfangreichen Erfahrungs- und Versuchsmaterial liegt.

Dieses ist immer noch der Fall, obwohl bereits viele grundsätzliche Untersuchungen angestellt wurden, als deren Ergebnis z. B. Abb. 2/14 den Einfluß der REYNOLDSschen Zahl zeigt. Andere damit in ursächlichem Zusammenhang stehende Auswirkungen der Zähigkeit und der Schaufelzahl geben die Abb. 2/7 und 2/8 wieder. Für spezielle Anwendungen kann alles nur mit gebührender Vorsicht verallgemeinert werden, da bei der Fülle der Variationsmöglichkeiten bei allen Experimenten gewisse Einschränkungen gemacht werden mußten.

2.22 Kupplung mit veränderlicher Füllung als Drehzahlwandler

Die bisherigen Betrachtungen zeigen, daß die Fähigkeit der Föttinger-Kupplung, ein Drehmoment zu übertragen, eine Funktion der Umlaufmenge ist. Einige der im vorhergehenden Abschnitt geschilderten Maßnahmen zur Beeinflussung der Kupplungswerte beruhten bereits auf dieser Erkenntnis. Das wirksamste Mittel ist natürlich, die Füllmenge zu regeln.

Die ursprünglichen Bestrebungen gingen von vollständiger Füllung und Entleerung aus. Die verwendeten Konstruktionen sind zahlreich. Unter ihnen ist das bereits vor 50 Jahren ausgebildete Verfahren bemerkenswert, durch einen Ringschieber am Umfang Auslaßöffnungen zu steuern (Abb. 2/1).

Zu einer richtigen Regelung kam es jedoch erst durch das Patent von H. SINCLAIR[1] über das feststehende Schöpfrohr. Während man damit ein festes Füllungs-

[1] DRP 556351. Patentiert vom 26. 9. 1929 ab. Anmeldungspriorität in Großbritannien vom 17. 10. und 16. 11. 1926 wurde in Anspruch genommen.

verhältnis nur durch Drosselung des ständigen Zulaufs einhalten konnte, brachte 1933 ein Patent von Föttinger[1] den entscheidenden Fortschritt. Nach 30 Jahren trat der ursprüngliche Erfinder mit einem beachtenswerten Beitrag wieder vor die Öffentlichkeit. Er brachte das bewegliche Schöpfrohr, das später in anderer technischer Ausbildung als Schwenkschöpfrohr bekannt wurde.

Eine Industrieausführung der Regelkupplung mit Schwenkrohr zeigt Abb. 2/15; die Föttinger-Kupplung wird damit zum stufenlos regelbaren Drehzahlwandler.

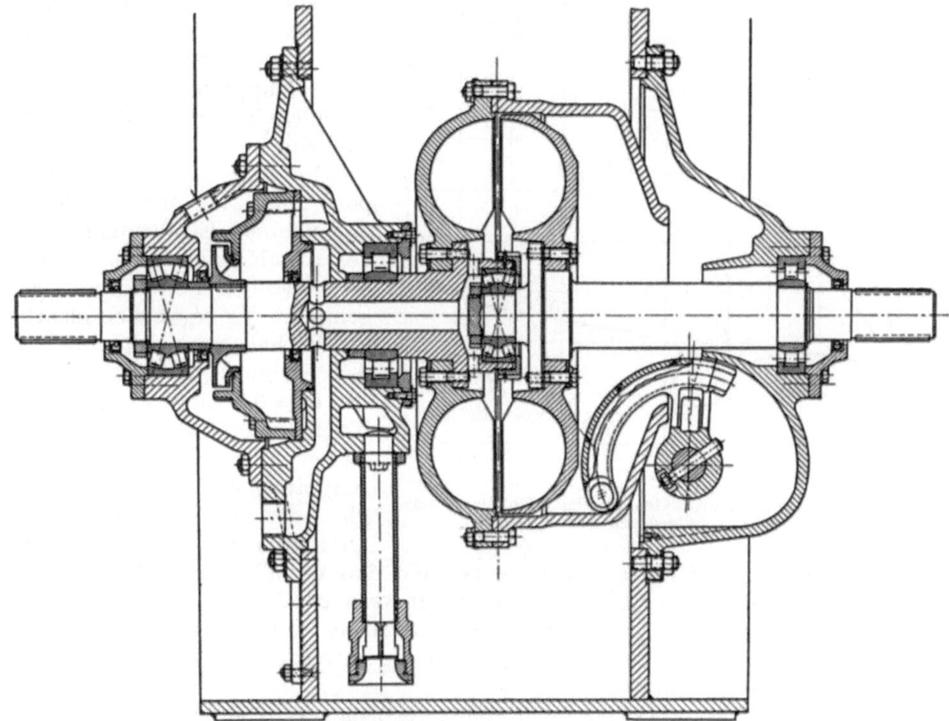

Abb. 2/15. Föttinger-Kupplung als schöpfrohrgesteuerter Drehzahlwandler

Das Schöpfrohr kann bei dieser Ausführung mehr oder weniger tief in den mit dem Pumpenrad umlaufenden Ringraum eindringen. Der Förderdruck ist wegen der Umlaufgeschwindigkeit in diesem Raum erheblich, und es ist leicht, jetzt den Ablauf so zu gestalten, daß der Spiegel im Ringraum durch die Stellung des Schöpfrohres bestimmt ist. Wegen der offenen Kommunikation der Räume ist damit auch die für die Übertragung maßgebliche Füllung gleichsinnig geändert.

Die mit diesem Verfahren zwangsläufig verbundene Zirkulation der Betriebsflüssigkeit ist sowieso erwünscht und notwendig, um die durch den Schlupf bedingte Verlustwärme abzuführen. Der Kreislauf vom Schöpfrohr zurück zur Kupplung wird dazu über einen Ölkühler geführt.

2.23 Instabiles Verhalten der Drehzahlwandler

Schon frühzeitig wurde beobachtet, daß die Übertragungsfähigkeit der Kupplung nicht über den ganzen Bereich eindeutig durch die Füllung bestimmt ist. Es treten Pendelungen auf.

[1] DRP 652784 und 657583 vom 8. 7. 1933.

Dem Bericht einer amerikanischen Kommission, die 1945 bei deutschen Firmen Erfahrungen auswertete, ist Abb. 2/16 entnommen. Schon bei 89% Füllung macht sich eine gewisse Unstetigkeit bemerkbar, die mit abnehmender Füllung immer stärker wird.

Bei 67% Füllung ist das Übertragungsmoment auf 30% zurückgegangen, aber bei $i_n = 0{,}52$ ist eine sehr ausgeprägte Störung vorhanden, die je nach den Verhältnissen mehr oder weniger unangenehme Betriebsschwierigkeiten verursacht. Es erfordert viel Versuchsarbeit, um eine Kupplung mit gleichmäßigem Regelverhalten zu entwickeln.

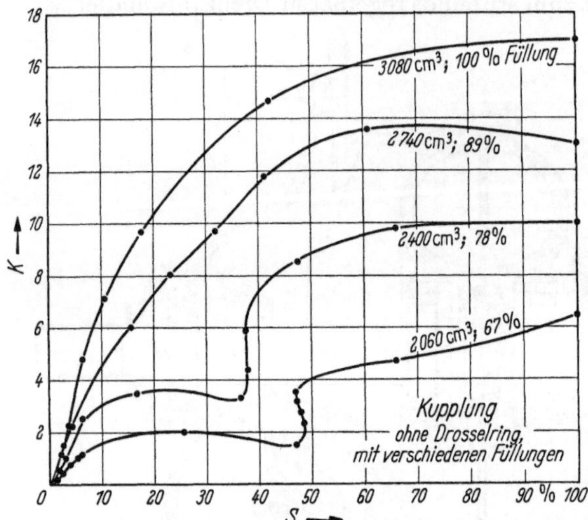

Abb. 2/16. Übertragungsverhalten einer Föttinger-Kupplung ohne Drosselring bei verschiedenen Füllmengen

Die American Blower Corporation hatte etwa 1950 unangenehme Erfahrungen mit der Kombination ihrer Gebläse mit Föttinger-Regelkupplungen gemacht. Es ergab sich instabiles Verhalten unabhängig von der Stellung des Schöpfrohres bei $i_n \approx 0{,}8$ bis 0,75. Die Turbinendrehzahl schwankte dabei zwischen 2 Werten, d. h. die Kupplung war in der Lage, bei gleicher Füllung das gleiche Drehmoment bei unterschiedlichem Schlupf zu übertragen. Dieses entspricht den Verhältnissen, die durch die beiden unteren Kurven in Abb. 2/16 dargestellt werden.

Die andere Möglichkeit, daß nämlich bei konstanter Teilfüllung und konstanten Schlupfwerten unterschiedliche Momente übertragen werden können, sei in diesem Zusammenhang nur erwähnt.

Die American Blower Corporation stellte fest, daß Verdrängergebläse, die bei konstantem Gegendruck gleichbleibendes Drehmoment bedingen, in der Antriebskombination mit drehzahlhaltendem Motor und Föttinger-Regelkupplung mit instabiler Charakteristik etwa nach Abb. 2/16 tatsächlich 2 Drehzahlen fuhren. Sie pendelten zwischen 2 unterschiedlichen Arbeitszuständen und gaben zu Betriebsstörungen Anlaß.

Im Auftrage der betroffenen Gesellschaft führte W. Spannhacke eine Untersuchung des Phänomens durch [*2f*]. Wegen sehr vereinfachten Annahmen ist das Ergebnis vielleicht anfechtbar, aber das Beispiel zeigt mindestens, wie man solche Dinge überhaupt anfassen kann. Aus diesem Grunde seien die Überlegungen und der Rechnungsgang nachstehend erläutert.

Es wird eine idealisierte Kupplung nach Abb. 2/17 betrachtet. Bei Teilfüllung bildet sich eine freie Oberfläche aus, die für $i_n = 1$ ein koaxialer Zylinder ist. Dabei findet kein Impulsaustausch und keinerlei Flüssigkeitsumlauf statt.

Bei Schlupf wird ein Moment übertragen. Das Arbeitsmedium muß in der Kupplung zirkulieren. Durch die unterschiedliche Drehzahl von Pumpen- und Turbinenrad stellen sich bei ihnen verschieden hohe Fliehkraftdrücke ein.

Nun sind bei geringem Schlupf auch die Verluste klein, und der Unterschied der Fliehkräfte muß im dynamischen Gleichgewicht zu Stärkedifferenzen des Flüssigkeitsringes führen, da am gleichen Umfang wegen der gemachten Voraussetzungen Druckgleichgewicht besteht.

Beim Flüssigkeitsaustausch über den Spalt zwischen den Rädern hinweg treten stoßartige Geschwindigkeitsänderungen auf. Es dürfte die Annahme zutreffen, daß hier die von der ungleich starken Zentrifugalkraft herrührende Energiedifferenz verzehrt wird.

Die Beobachtung, daß bei konstanter Primärdrehzahl und gleichem Schlupf verschiedene Drehmomente möglich sind, oder auch umgekehrt gleiche Drehmomente bei unterschiedlichem Schlupf, wie dieses in Abb. 2/16 zum Ausdruck kommt, kann so erklärt werden, daß Änderungen im Füllungsgrad von Pumpe und Turbine auftreten.

Mathematisch würde das bedeuten, daß das Verhältnis $\frac{R_1}{R_2}$ der in der Zeichnung angegebenen Radien mit verschiedenen Werten den aufgestellten Gleichgewichtsbedingungen gerecht werden würde.

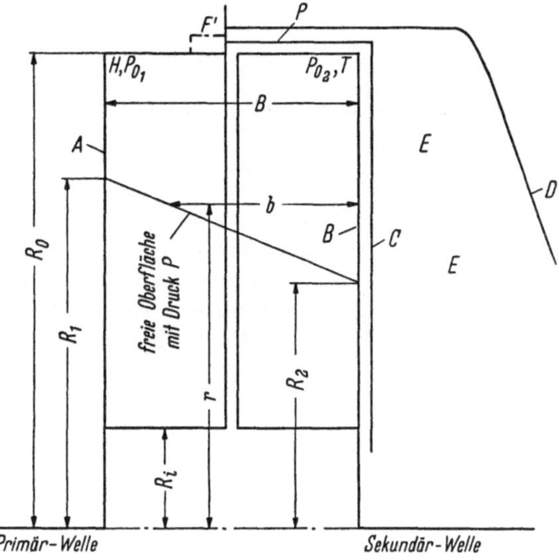

Abb. 2/17. Idealisierte Kupplung mit veränderlicher Füllung

Mit den ständig gebrauchten Benennungen und den in der Abb. 2/17 angegebenen Bezeichnungen wird:

$$V = \int_{R_2}^{R_1} 2r \cdot \pi \cdot b \cdot dr + (R_0^2 - R_1^2)\pi B \tag{2/12}$$

das Volumen der Arbeitsflüssigkeit in der Kupplung, das durch die Grenzfläche der Kupplungshälften und die freie Oberfläche eingeschlossen wird.

$$b = B\frac{r - R_2}{R_1 - R_2}$$

$$V = \frac{\pi B}{3}[3R_0^2 - (R_1^2 + R_1 \cdot R_2 + R_2^2)] \tag{2/13}$$

Das Gesamtvolumen der Kupplung ist

$$V_{\text{ges}} = \pi B (R_0^2 - R_1^2)$$

Der Füllungsgrad ist

$$\varepsilon = \frac{V}{V_{\text{ges}}}$$

$$V = \varepsilon R_0^2 \pi B\left[1 - \left(\frac{R_i}{R_0}\right)^2\right] \tag{2/14}$$

man substituiert

$$\varepsilon\left[1 - \left(\frac{R_i}{R_0}\right)^2\right] = m$$

und erhält mit Gln. (2/13) und (2/14)

$$R_1^2 + R_1 R_2 + R_2^2 = 3R_0^2(1 - m) \tag{2/15}$$

Eine zweite unabhängige Gleichung gewinnt man aus Beziehungen für den Druck am Radumfang.

Ist p ein beliebiges Potential, so gilt für den Druckzuwachs durch die Schleuderwirkung

$$p_{01} - p = \frac{\varrho}{2} \cdot (R_0^2 - R_1^2)\,\omega_2^2 \tag{2/16}$$

und

$$p_{02} - p = \frac{\varrho}{2} \cdot (R_0^2 - R_2^2)\,\omega_2^2 \tag{2/17}$$

durch Subtraktion der Gl. (2/17) von (2/16) ergibt sich

$$p_{01} - p_{02} = \frac{\varrho}{2} \cdot [(R_0^2 - R_1^2)\,\omega_1^2 - (R_0^2 - R_2^2)\,\omega_2^2] \tag{2/18}$$

Diese Druckdifferenz bewirkt den Flüssigkeitsaustausch, muß also gleich der Summe der auftretenden Verluste sein. Bei der ungeordneten Austauschbewegung wird es sich dabei vornehmlich um Stoßverluste bei Überwindung des Geschwindigkeitssprunges zwischen Pumpen- und Turbinenrad handeln. Für diesen Energieverlust gilt die BORDA-CARNOTsche Formel:

$$p_{01} - p_{02} = \frac{\varrho}{2} \cdot R_0^2 \cdot (\omega_1 - \omega_2)^2 \tag{2/19}$$

Durch Gleichsetzung von Gl. (2/18) und Gl. (2/19) wird

$$R_1^2\,\omega_1^2 - R_2\,\omega_2^2 = 2\,R_0^2\,\omega_1^2\left(\frac{\omega_2}{\omega_1} - \frac{\omega_2}{\omega_1}^2\right) \tag{2/20}$$

und unter Berücksichtigung, daß $\frac{\omega_2}{\omega_1} = i_n$ ist, erhält man

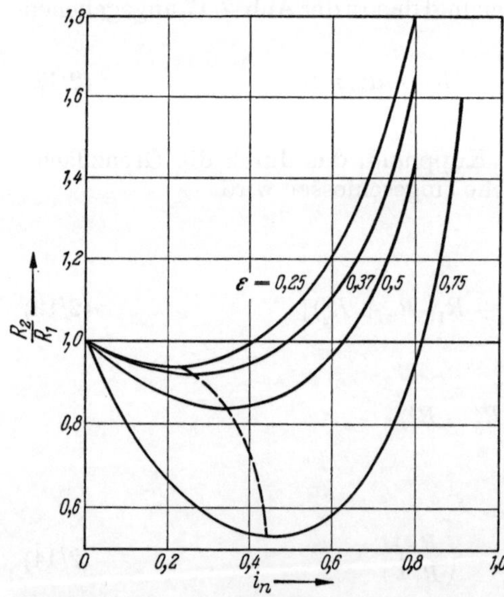

Abb. 2/18. Pendelungen bei teilweise gefüllter Föttinger-Kupplung

$$R_1^2 - i_n^2\,R_2^2 = 2\,R_0^2\,i_n(1 - i_n) \tag{2/21}$$

und weiter

$$\frac{R_2}{R_1} = \alpha \pm \sqrt{\alpha^2 + \beta} \tag{2/22}$$

wo

$$\alpha = \frac{1 - i_n}{2 + i_n(1 - 3m)}$$

und

$$\beta = \frac{3(1 - m) - 2\,i_n(1 - i_n)}{i_n(2 + i_n(1 - 3m))}$$

sind.

Gl. (2/22) gibt zwei Wurzeln für das Verhältnis $\frac{R_2}{R_1}$. Das Ergebnis läßt sich also in der eingangs erwähnten Weise deuten. Man kann den funktionellen Zusammenhang der Größen am besten in der Kurvendarstellung Abb. 2/18 übersehen. Hier ist $\frac{R_2}{R_1}$ über i_n für vier Werte von ε aufgetragen.

Wie weit die Gleichungen bei diesem Ansatz den tatsächlichen physikalischen Gegebenheiten Rechnung tragen, oder ob das Ergebnis nur einen Sonderfall erfaßt, muß dahingestellt bleiben. Es ist auf dem Prüfstand beobachtet worden, daß bei der Schwankung des Moments auch eine Pendelung der Flüssigkeitsoberfläche im Schöpfrohrraum stattfand. Dieses würde zur Berücksichtigung einen anderen Ansatz der Gleichungen erfordern.

2.3 Bauformen, Auswahl und Anwendung der Föttinger-Kupplungen

2.31 Allgemeine Anwendung und Auswahl der Föttinger-Kupplungen

Aus der charakteristischen Übertragungsart der Föttinger-Kupplung, lediglich durch Impulsaustausch eines strömenden Mediums, ergibt sich eine Reihe von Vorzügen. Die wesentlichsten sind:

Auffangen von Stoßbelastungen,
Dämpfung von Drehschwingungen,
beliebiges Herunterregeln der Drehzahl der Antriebsmaschine ohne Gefahr des „Abwürgens“ eines Verbrennungsmotors,
Drehzahlregelung innerhalb der Leistung des für das Umlaufmedium zu verwendenden Kühlers,
entlastetes Anfahren.

Diese Möglichkeiten erschließen ein breites Anwendungsgebiet, das sich tatsächlich über die gesamte Technik erstreckt. Hier nur einige Beispiele:
Ziehbankantriebe, Formmaschinen, Plattenförderer, Hammerantrieb, Pressen, Gebläse, große Bohrwerke und Drehbänke, schwere Scheren, Siebanlagen, Fördermaschinen, Bandförderer, Brikettpressen, Mischmaschinen, Rüttler, Aufzüge, Hebewerke und Krane, Gummikalander, Rührwerke, Trommelöfen, Trockner, Extraktoren, Färberei- und Textilmaschinen, sowie solche für die Nahrungs- und Genußmittelindustrie und die Abwassertechnik.

Sehr wesentlich ist die Anwendung von Föttinger-Kupplungen als Drehzahlregler beim Antrieb von Kesselspeisepumpen.

Den vielseitigen Anforderungen entsprechend sind mannigfache Bauformen entwickelt worden. Um jedoch die gewünschten Vorteile tatsächlich zu erlangen, ist sowohl eine sorgfältige Auswahl und vor allem das Abstimmen auf die Antriebsmaschine als auch auf den Energieverbraucher vonnöten.

Dabei sind im wesentlichen drei Gesichtspunkte zu berücksichtigen:

Die Antriebsmaschinen. Sie haben ihre jeweils besondere Charakteristik. Ihre Momentenlinie, besonders beim Anlaufen, ist ebenso wichtig wie ihr Verhalten unter Last.

Die Arbeitsmaschinen. Ihr Anlauf, manchmal auch der Auslauf, sind von entscheidender Bedeutung für die Kupplungsbestimmung.

Die Wärmekapazität. Die normale Kupplung arbeitet mit einer festen Füllung und führt die dem Schlupf entsprechende Wärme über die Oberfläche ab. Ihre Wärmeaufnahmefähigkeit ist also begrenzt und muß mit der später im Betrieb anfallenden Verlustwärme in Einklang gebracht werden.

Die Hersteller von Föttinger-Kupplungen legen meistens Wert darauf, ihre Kunden bei der Auswahl zu beraten; mindestens aber sind ausreichende Verkaufsunterlagen nötig, da die einfache Kennzeichnung nach Leistung und Drehzahl keineswegs ausreicht. Gewöhnlich werden alle erforderlichen Angaben als vollständige Kennlinien in Diagrammen vorgelegt.

Zu diesen Kurventafeln gehört zunächst das Kennfeld, wie es Abb. 2/19 zeigt. Darin sind über der Primärdrehzahl die für die einzelnen Schlupfbeträge gemessenen Übertragungsmomente aufgetragen. Die Kurvenschar wird durch die sehr wichtige Kurve für $i_n = 0$ und von der Abszissenachse für $i_n = 1$ begrenzt. Es sollte sich in der Praxis um wirkliche Prüfstandsergebnisse handeln, wobei das Drehmoment bei verschiedenen Drehzahlen und konstantem Schlupf gemessen wurde.

Die Kupplung überträgt das Moment ungeändert. Man kann den späteren Arbeitsbereich feststellen, wenn man in dieses Kupplungskennfeld die Momentenlinie der Antriebsmaschine einträgt.

Die typischen Momenten- und Leistungslinien einer Verbrennungsmaschine zeigt Abb. 2/20. Da die Kupplung nur die Nettoleistung fortleitet, muß man eine entsprechende Korrektur vornehmen. Vom Bruttobetrag muß die Antriebskraft für den Eigenbedarf der Maschine, also für Kühlgebläse, Pumpe, Generator und sonstiges abgezogen werden. Die so erhaltene Kurve des Nettomoments der Verbrennungsmaschine ist in Abb. 2/19 eingetragen.

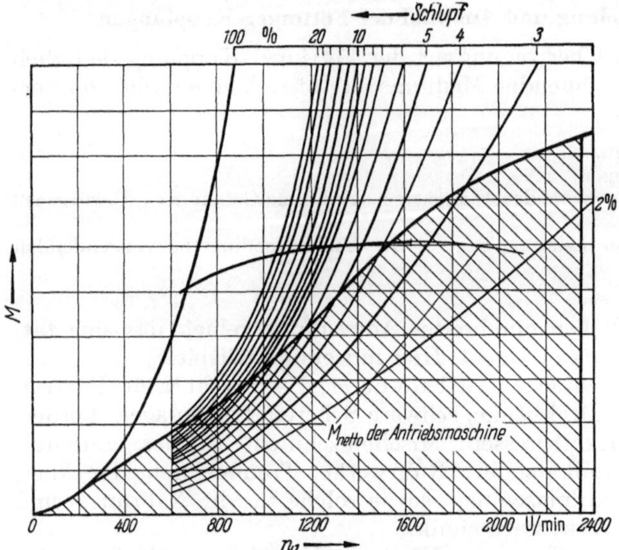

Abb. 2/19. Kennfeld einer Föttinger-Kupplung

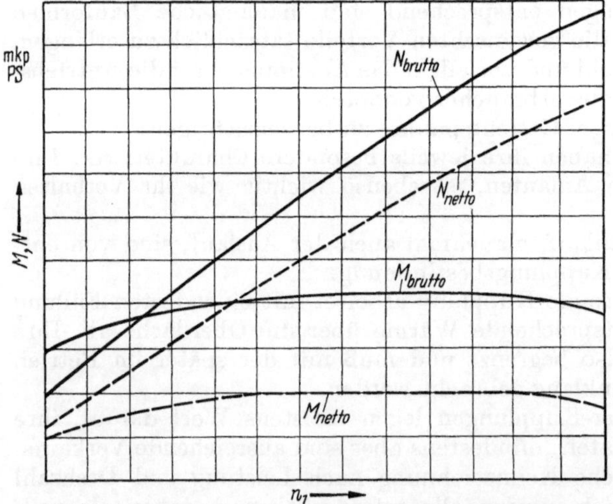

Abb. 2/20. Typische Kennlinien einer Verbrennungskraftmaschine

Jeder Schnittpunkt dieser Kurve mit einer der Kurven der Kupplung ist ein möglicher Betriebszustand, für den Wirkungsgrad und Abtriebsdrehzahl mit dem Schlupf festliegen.

Die günstigen Punkte mit gutem Wirkungsgrad liegen im behandelten Beispiel im schraffierten Bereich. Dieses so gekennzeichnete Feld berücksichtigt die Wärmekapazität der Kupplung, die darin bei Dauerbetrieb ohne Gefahr einer unzulässigen Erwärmung arbeiten kann.

Trotzdem ist diese Kupplung für die Maschine mit der Kennung[1] nach Abb. 2/20 ungeeignet, und zwar wegen der Anfahrbedingungen.

Die Momentenlinie des Verbrennungsmotors schneidet die Kupplungskurve für $i_n = 0$ bei einer Primärdrehzahl von 660 UpM. Die Ordinate dieses Punktes liegt weit unterhalb des Drehmomentmaximums, d. h. dieses kann nicht ausgenutzt werden. Bei entsprechenden Anlaufbedingungen der Arbeitsmaschine

[1] „Kennung“ nach einem Vorschlag von Prof. P. KOESSLER für die Drehmomentcharakteristik von Verbrennungsmotoren eingeführt. Dazu gehört dann der Begriff „Kennungswandler“ für zugehörige Übersetzungsgetriebe.

würde bei dieser Kupplung der Motors stark „gedrückt" werden; allerdings ist dieses Drücken der Drehzahl im Fahrzeugbetrieb mitunter erwünscht.[1]

Die Kupplung ist für diese Maschine zu „groß". Man braucht sie an sich nicht kleiner zu dimensionieren, da dadurch gleichzeitig der Schlupf bei Normallast erhöht, der Wirkungsgrad also herabgesetzt wird. Es ist aber notwendig, die Kupplung in bezug auf ihre Übertragungsfähigkeit bei großem Schlupf zu beeinflussen.

Man erhält dann die Kurvenschar in Abb. 2/21, wobei es an sich gleichgültig ist, welche der früher erörterten Maßnahmen zu dieser Änderung der Momentaufnahme geführt haben.

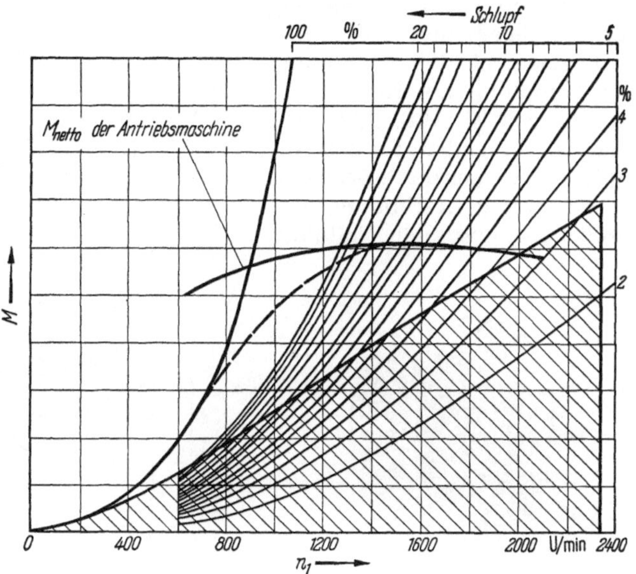

Abb. 2/21. Kennfeld einer ähnlichen Föttinger-Kupplung wie in Abb. 2/19. Durch konstruktive Maßnahmen wurde die Übertragungsfähigkeit im Bereich kleiner i_n herabgesetzt

Wird die Netto-Momentkurve des Motors nun in gleicher Weise in Abb. 2/21 eingetragen, läßt sich erkennen, daß nunmehr auch im Anfahrbereich günstige Bedingungen vorliegen. Bei 895 UpM kann der Motor bei stehendem Abtrieb jetzt ein Drehmoment entfalten, das nicht weit unter dem maximalen liegt.

Die volle Leistung steht bei 3% Schlupf und 2100 UpM primär zur Verfügung, und es kann auch bei 0 UpM abtriebsseitig ohne Gefahr eine Kraft übertragen werden. Es wird jetzt also der Bereich von abtriebsseitig 0 bis 2035 UpM umspannt, und es ist unmöglich, den Motor „abzuwürgen"!

Ein großer Teil des Arbeitsbereiches liegt allerdings außerhalb des schraffierten Feldes; sofern dieser Teil aber nur kurzzeitig, etwa bei Anfahrbedingungen, benutzt wird, ist es gefahrlos.

Der gewonnene Drehzahlbereich dient der Betriebssicherheit und vermindert eine mögliche stoßartige Steigerung des Antriebsmomentes aus den Reserven des Schwungrades.

Instruktiv ist auch eine Betrachtung des Anfahrens, wenn der Motor im Leerlauf arbeitet und die Arbeitsmaschine noch eine mechanische Hauptkupplung hat. Wird diese betätigt, so kommt zunächst das geringe Moment zur Auswirkung, das durch die Föttinger-Kupplung übertragen werden kann. Unter seinem Einfluß wird alle Lose in Ketten und Zahnbetrieben beseitigt und damit eine evtl. von dort herkommende Ursache zu Stößen ausgeschaltet. Gibt man nun Gas, so wird das Moment gleichmäßig ansteigen und der Kurve $i_n = 0$ folgen. Dieser Vorgang ist unabhängig davon, in welchem Maß man den Primärmotor beschleunigt.

Falls der Kraftbedarf der angenommenen Arbeitsmaschine bei geringer Dreh-

[1] s. Abschn. 2.42, 3.153 und 3.32.

zahl klein ist, so können sich auch durch stärkere Beschleunigung andere Kurvenverläufe einstellen. Es ist z. B. möglich, daß die gestrichelte Linie gefahren wird.

Eine universelle Anwendung für den allgemeinen Maschinenbau gestattet die Ausbildung der Kupplung als Keilriemenscheibe gemäß Abb. 2/22. Ihre Vorzüge, besonders für den Anlauf, entsprechen den erörterten.

Zur ersten Bestimmung der Größenordnung der katalogmäßig gehandelten Kupplungen braucht man nicht die vollständigen Kennlinien, sondern benutzt die von den Lieferanten aufgestellten Leistungsfelder, wie ein solches Abb. 2/23 zeigt. Im doppeltlogarithmischen Feld ist hier über der Primärdrehzahl die Antriebsleistung aufgetragen; die Kupplungen ordnen sich zwanglos in geradlinig begrenzten Bereichen entsprechend ihrem Durchmesser ein.

Abb. 2/22. Föttinger-Kupplung mit Keilriemenscheibe der Twin Disc Clutch Company

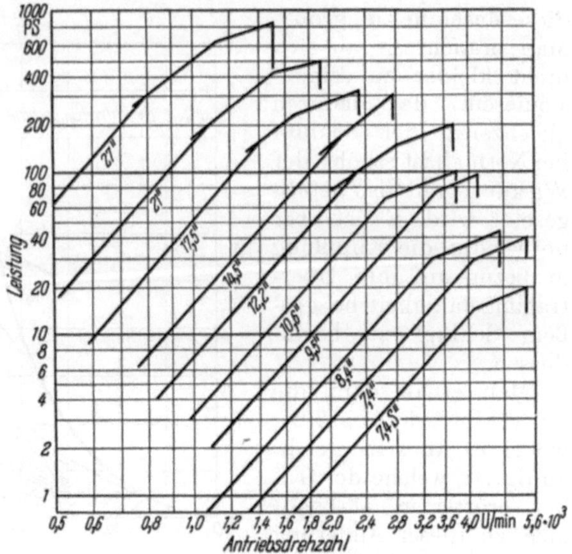

Abb. 2/23. Auswahldiagramm für Föttinger-Kupplungen

Sehr bedeutungsvoll ist die Anwendung von Föttinger-Kupplungen in Getrieben für den Fahrzeugbau. Auf sie wird im Zusammenhang mit der Erörterung von Wandlergetrieben noch eingegangen. Dort wird auch ausführlich die Frage der Wärmeabfuhr und der Kühlung behandelt, und das Grundsätzliche über die konstruktive Ausbildung der Gehäuse, der Wellen und der Lagerung gesagt.

2.32 Drehzahlwandler zur Frequenzregelung bei Bahngeneratoren

Föttinger war ursprünglich Elektroingenieur, und seine Untersuchungen über Schiffspropellerantriebe durch schnellaufende Dampfturbinen berücksichtigten auch die elektrische Übertragung durch Einsatz von Generatoren und Elektromotoren. Er stellte fest, daß der hydraulische Antrieb wirtschaftlich überlegen war und erst durch Zahnradvorgelege großer Leistung abgelöst werden konnte.

Es ist interessant, die wirtschaftliche Überlegenheit von Föttinger-Getrieben gegenüber Anordnungen von elektrisch geregelten Generatoren und Motoren auch auf anderen Gebieten festzustellen. In den Patentschriften [*46*] werden Einrichtungen zur Erzielung eines willkürlich regelbaren Leistungsaustausches zwischen zwei Wechselstromnetzen gleicher oder verschiedener Frequenz nach Erfindung von F. Marguerre und W. Spannhake beschrieben, bei denen ausdrücklich als patentbegründender Vorteil gegenüber dem Stand der Technik die Einfachheit der Anordnung und die wirtschaftliche Überlegenheit hervorgehoben werden. Die Erfindung hat sich in der Praxis später bei vielen Anwendungsfällen bewährt.

Als Stand der Technik ist die schon bei Patenterteilung vollkommen durchgebildete elektrische Lösung beschrieben, die aus Synchron- und Asynchronumformern besteht, wobei der natürliche Schlupf der Asynchronmaschine durch Einführung von zusätzlichen Spannungen in den Rotor beeinflußt wird.

Nach [*46*] kann man die Kupplung von Wechselstromnetzen gleicher oder verschiedener Frequenz mit einfachen Synchronmaschinen ermöglichen, wenn man zwischen den beiden Synchronmaschinen eine regelbare Föttinger-Kupplung anordnet.

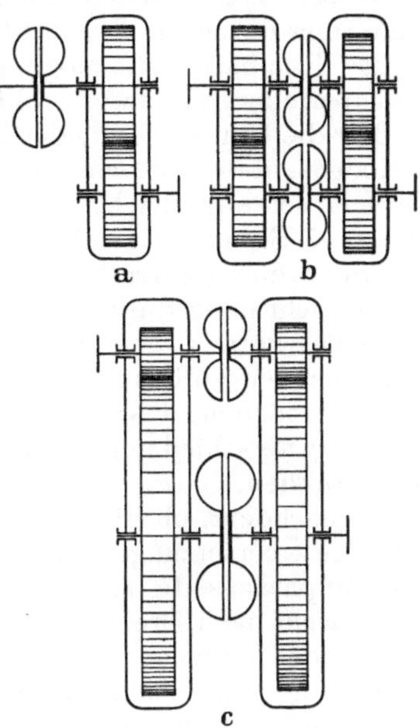

Abb. 2/24a—c. Getriebeschema mit Föttinger-Kupplungen als Drehzahlwandler für die Kupplung von Wechselstromnetzen gleicher oder verschiedener Frequenz mit einfachen Synchronmaschinen

Der Ausgleich für den Schlupf, durch den die getriebene Welle immer langsamer läuft als die antreibende, wird dabei in einfachster Weise durch ein Zahnradgetriebe bewirkt.

Abb. 2/24 zeigt unter a) schematisch ein Ausführungsbeispiel für den Fall, daß die Leistung immer nur in einer Richtung übertragen werden soll. Ist eine Umkehrung des Kraftflusses zu berücksichtigen, so wird die zentralsymmetrische Anordnung b) der gleichen Abbildung vorgeschlagen, während man in c) den Fall vorgesehen hat, daß gleichzeitig ein festes Übersetzungsverhältnis eingebaut ist. Dieses ist besonders gut anwendbar bei Bahngeneratoren, die bei Speisung aus einem 50-Perioden-Netz die übliche Frequenz von $16^2/_3$ Hz verlangen.

Eine ähnliche Aufgabe liegt vor, wenn es sich nicht um eine Energieübertragung aus einem normalen Drehstromnetz von 50 Hz ins Bahneinphasennetz mit $16^2/_3$ Hz handelt, sondern wenn eine gemeinschaftliche Energieerzeugung von einer Kraftmaschine für beide Netze stattfinden soll, z. B. wenn eine Dampfturbine einen Drehstrom- und einen Einphasen-Generator gemeinschaftlich antreibt. Die natürliche Charakteristik der Abhängigkeit der Drehzahl der über einen Drehzahlwandler angetriebenen Maschine von der Last ist bei konstanter Drehzahl der Primärmaschine in dem schmalen Anwendungsfeld praktisch eine gerade Linie. Durch Änderung der Füllung ergibt sich die Schar der Kurven *c* in Abb. 2/25. In der Regel werden noch andere Kraft-

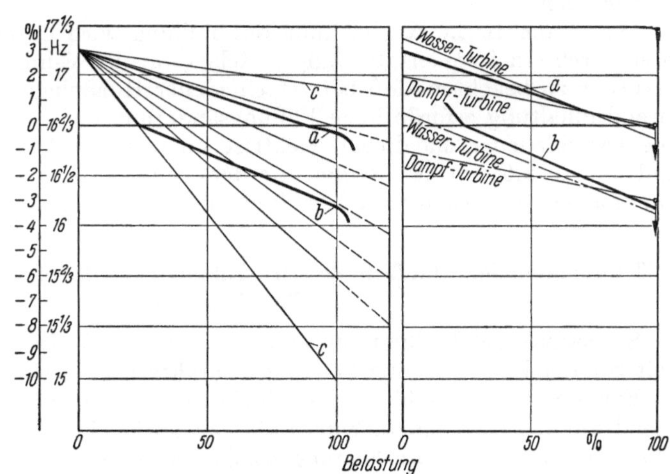

Abb. 2/25. Kurvenscharen für die Frequenzangleichung bei Bahngeneratoren mit Hilfe von regelbaren Föttinger-Kupplungen

maschinen auf das Bahnnetz arbeiten, z. B. Dampf- oder Wasserturbinen mit Charakteristiken wie etwa rechts in der gleichen Abbildung.

Diesen Verhältnissen müssen die Charakteristiken der Kraftmaschinen oder Umformer durch die Drehzahlwandler angepaßt werden, wobei die Energieabgabe in das Einphasennetz möglichst unabhängig von den Schwankungen der Drehstromperiodenzahl bleiben sollte.

Für die Untersuchung der Verhältnisse kann man die Änderung der Drehstromperiodenzahl der Schwankung der Einphasenperiodenzahl gleichsetzen. Daß es für die Übersetzung gleichgültig ist, ob man von 49 auf $16^2/_3$ Hz umformt oder von 50 auf 17 Hz, ist leicht einzusehen.

Die Erhöhung der Sekundärperiodenzahl setzt natürlich von vornherein eine Berücksichtigung durch entsprechende Wahl der Übersetzung des mechanischen Getriebes voraus, und da wegen der mit dem Schlupf der Föttinger-Kupplung zunehmenden Verluste eine Regelung durch die Kupplung allein nicht in beliebigem Umfang möglich ist, wird in [*46*] die Verwendung von Doppelgetrieben vorgesehen, wobei die verschieden gestuften Übersetzungen mit eigenen Drehzahlwandlern versehen werden.

Je nachdem, ob die eine oder die andere Kupplung gefüllt wird, gilt das zugehörige Übersetzungsverhältnis, und es ist möglich, auch erhöhte Frequenzen auf der Einphasenseite zu erreichen oder Energieübertragungen in der Richtung Einphasen- nach Drehstrom, ohne übergroße Verluste zu verwirklichen.

Für den einfachen Fall der Energieübertragung nur nach einer Richtung und Anordnung eines einzigen Drehzahlwandlers kann man nach Abb. 2/25 Parallelbetrieb mit gleichmäßiger Verteilung der Belastungsschwankungen durchführen, wenn man die Charakteristik c des Drehzahlwandlers so nimmt, daß ihre Neigung etwa mit a übereinstimmt.

Dieses läßt sich nicht mehr ermöglichen, wenn die Frequenz der Einphasenseite heruntergeht, also etwa bei b liegt. Hier muß die Kupplung in ihrer natürlichen Frequenzlage mit zunehmender Last gehoben werden, d. h. nachdem sie bei kleinen Belastungen weitgehend entleert worden war, muß sie mit zunehmender Last gefüllt werden.

Die automatische Angleichung der Füllung wird durch einen Fliehkraftregler oder durch ein frequenzabhängiges Relais auf der Einphasenseite bewirkt. Es ist natürlich zu beachten, daß bei verschiedener Höhenlage der Charakteristik die zu ihrer Einhaltung erforderliche Füllungsänderung nicht dem gleichen Gesetz folgt. Die verschiedenen möglichen elektrischen oder mechanischen Korrekturimpulse und die Ausbildung der Regler, die den Einfluß der Drehstromfrequenz unwirksam machen, brauchen an dieser Stelle nicht weiter diskutiert zu werden.

2.33 Eine besondere Bauform des Drehzahlwandlers für den Antrieb von Höhenladern für Flugmotoren[1]

Selbstansaugende Flugmotoren oder solche mit Bodenladern haben in Abhängigkeit von der Flughöhe eine Leistungscharakteristik gemäß a in Abb. 2/26.

Für dieselben Maschinen mit Höhenladeeinrichtung gilt b, wobei die entsprechend mit N_L bezeichnete Kurve die zugehörige Laderleistung darstellt. Von der Flughöhe abhängige Motorleistungen bei verschiedenem Laderantrieb zeigt Abb. 2/27. Man sieht, daß man bei Verwendung von einfachen, regelbaren hydrodynamischen

[1] Nach einer bisher nicht veröffentlichten Arbeit von Prof. Kollmann, Karlsruhe. Die Untersuchung bezieht sich auf Flugmotorenentwicklungen der Firma Daimler-Benz AG, ist aber von grundsätzlicher Bedeutung.

Kupplungen nach FÖTTINGER der idealen Leistungslinie des Motors mit stufenloser Drehzahlangleichung des Laders an die jeweilige Förderlinie recht nahe kommt.

Bei einer Abschaltmöglichkeit bei etwa 30% Schlupf läßt sich z. B. bei einer Volldruckhöhe von 7 km das ganze Gebiet von 2 km Flughöhe aufwärts mit stufen-

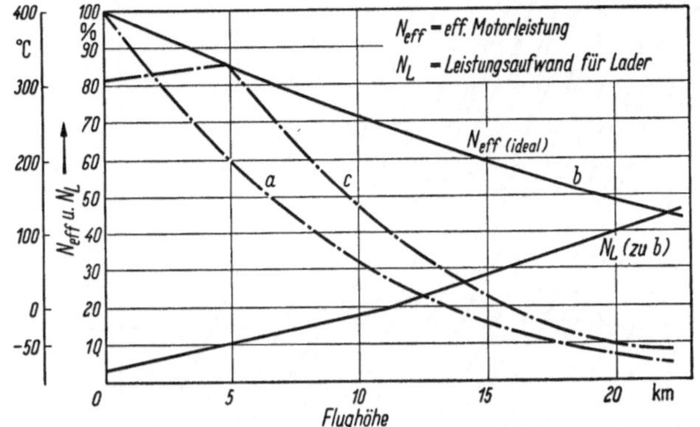

Abb. 2/26. Höhenleistungen von Flugmotoren (nach KOLLMANN)

a Leistungsverlauf für Motor mit Bodenlader (oder selbstsaugend); *b* Grenzleistung bei idealer Ladereinrichtung; *c* Leistungsverlauf für Motor mit Lader für 5 km Volldruckhöhe

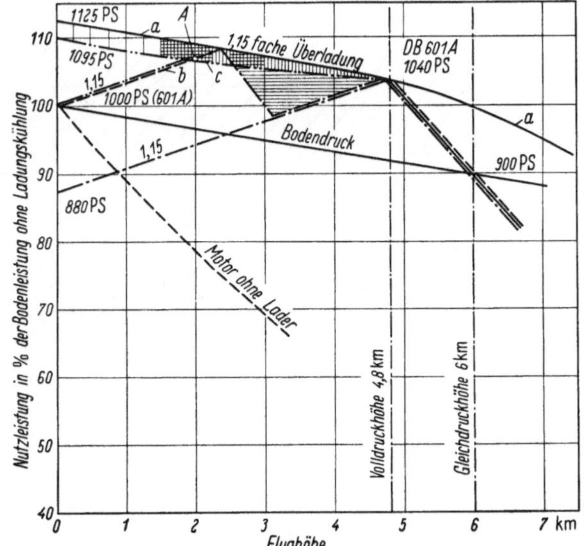

Abb. 2/27. Motorleistung bei verschiedenem Laderantrieb (nach KOLLMANN)

a —— Ideallinie, stufenlose Drehzahlregelung; *C* —·· — stufenlose Schlupfregelung; *b* —·— starrer Antrieb (Drosselregelung); ---- zweigängiges Wechselgetriebe; *A* = automatischer Zuschaltpunkt der hydr. Kupplung

loser Drehzahlregelung überbrücken. Es liegt im Bereich des möglichen, durch weitere geeignete konstruktive Mittel den Abschaltbereich der Kupplung so zu erweitern, daß stufenlose Regelung vom Boden bis zu sehr großen Volldruckhöhen erreicht werden kann.

Da die von der Kupplung zu übertragende Leistung mit der dritten Potenz der Drehzahl und der fünften Potenz des größten Durchmessers des verschaufelten

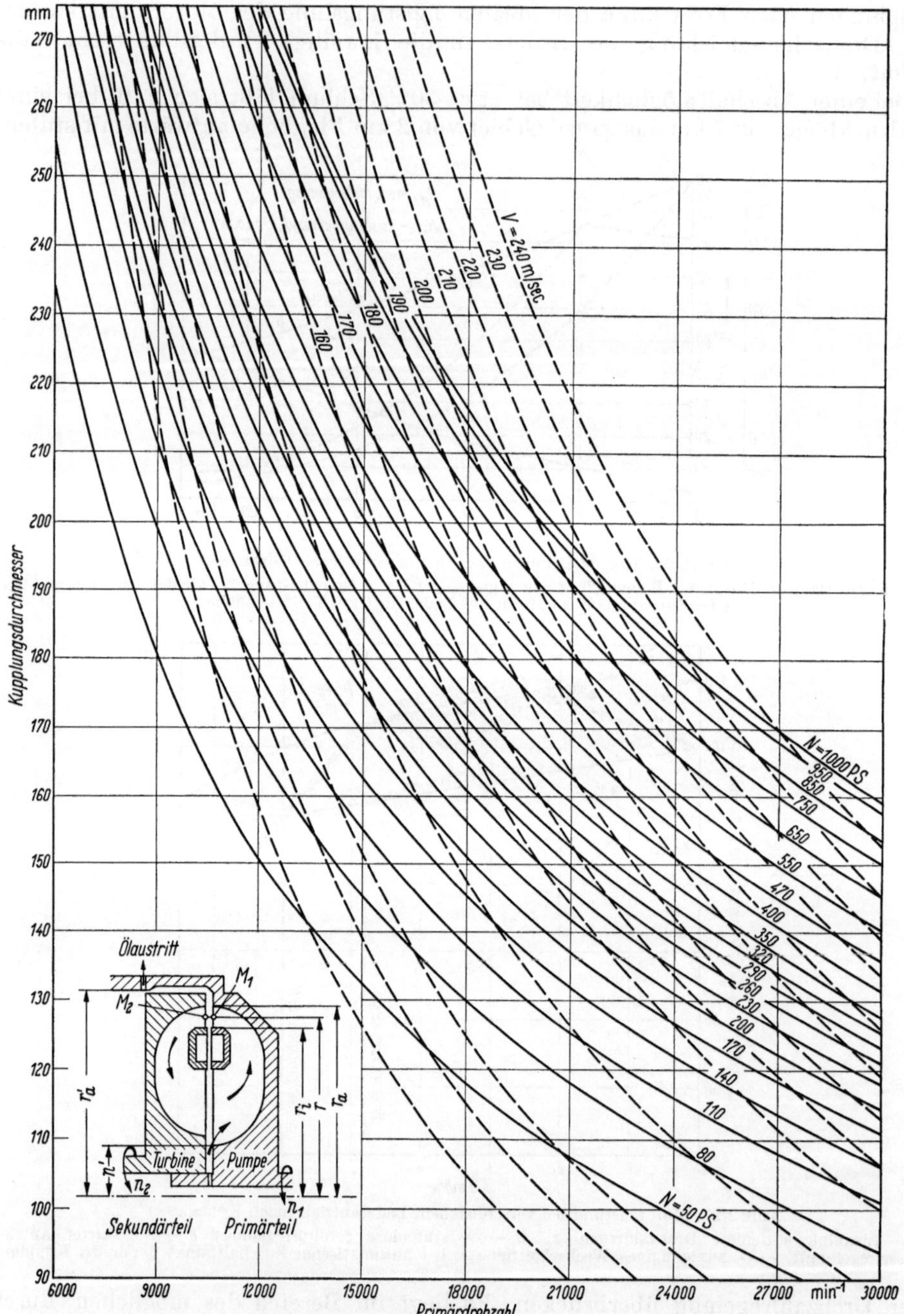

Abb. 2/28. Kurvenblatt zur Dimensionierung hydrodynamischer Laderkupplungen (nach KOLLMANN)
Die Daten gelten für die Einzelkupplung. Es gelten die Formeln: 1. $N_{PS} = K \left(\frac{n}{100}\right)^3 \left(\frac{D}{100}\right)^5$ $K = 0{,}36$ für Einzelkupplung, $K = 0{,}72$ für Doppelkupplung, n = Drehzahl/min, D = Hydr.-ø in cm.
2. Verlustleistung: $N_v = N_1 - N_2 = \left(\frac{1}{\eta} - 1\right) \cdot N_2 \quad \eta = \frac{n_2}{n_1}$

Kreislaufes zunimmt, kommt man auch bei großen Leistungen für Lader größerer Förderhöhen zu kleinen Abmessungen der Kupplung, wenn man sie mit der vollen Laderdrehzahl laufen läßt.

In Abb. 2/28 lassen sich die erforderlichen Kupplungsgrößen herauslesen, wenn Leistung und Drehzahl bekannt sind. Die in Abb. 2/29 gezeigte Föttinger-Kupplung ist für einen 2stufigen Lader entwickelt und überträgt bei einer Primärdrehzahl von 26700 UpM eine Laderleistung von 480 PS mit einem Schlupf von 2%. Die Konstruktion ist in der Schnittzeichnung Abb. 2/30 zu erkennen.

Abb. 2/29. Föttinger-Kupplung für Höhenlader, 480 PS, 26700 U/min

Bei einer einfachen Kupplung ergab sich ein Axialschub gemäß Abschn. 2.51; die hier gezeichnete Doppelkupplung ist demgegenüber in bezug auf die Kräfte innerhalb des Gehäuses völlig ausgeglichen und weist auch die übrigen Vorzüge auf, die an der obenbezeichneten Stelle für diese Bauart angeführt werden.

Es ist bemerkenswert für die Schaufelkanäle, daß sie fertig in Feinstgesenken in die Kupplungsschalen eingeschlagen sind, so daß eine Bearbeitung nicht erforderlich wurde. Wegen der hohen Umfangsgeschwindigkeiten ergeben sich aus den Fliehkräften und dem Öldruck (Abb. 2/32) für das Kupplungsgehäuse und die Kupplungsdeckel sehr hohe Beanspruchungen.

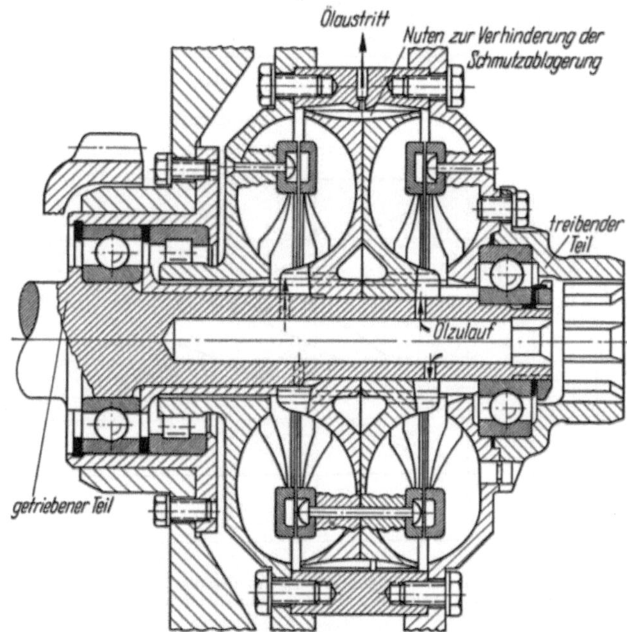

Abb. 2/30. Hydrodynamische Doppelkupplung nach FÖTTINGER (nach KOLLMANN). Antriebsleistung 480 PS, Drehzahl 26700 U/min, max. ⌀ 150 mm

Die Kurve des Kupplungsfaktors K, die von der Füllflüssigkeit und der Schaufelform abhängig ist, steigt im Bereich kleinen Schlupfes außerordentlich steil an. Das bedeutet, daß die Kupplung gegen Leistungsänderungen unempfindlich ist. Der Konstrukteur hat somit einen gewissen Spielraum bei der Dimensionierung. Trotz dieser steilen Charakteristik wirkt die Kupplung bedingt schwingungsdämpfend und schont deshalb vor- und nachgeschaltete Konstruktionselemente.

Die Abänderung der Sekundärdrehzahl erfolgt durch Regelung der in die

Kupplung strömenden Ölmenge; die Verhältnisse sind in den Abb. 2/31 und 2/32 dargestellt. Bei Unterschreitung einer bestimmten Öldurchflußmenge nimmt der Schlupf mit der Verringerung der Ölfüllung zu. Die Grenze für das Abschalten der Kupplung, d. h. der größte zulässige Schlupf, richtet sich nach der zulässigen höchsten Ölaustrittstemperatur, die nach Erfahrungen 180—200 Grad nicht überschreiten sollte, da sonst Zerfallerscheinungen im Öl zu befürchten sind. Praktisch konnte die Abschaltung bis zu etwa 30% Schlupf getrieben werden, wobei etwa 22% der vollen Laderleistung als Verlust in Form von Wärme abgeführt werden muß. Das sind erhebliche Wärmemengen, die bei großen Laderleistungen zusätzliche Ölkühler bedingen. Um die Vergrößerung der für den Schmierstoffkreislauf des Motors vorgesehenen Ölkühler zu vermeiden (als Füllmedium der Kupplung diente das Motorschmieröl!), kann das aus der Kupplung austretende Öl in einem getrennten Wärmetauscher, der an das Kühlsystem des Kühlstoffkreislaufes des Motors angeschlossen ist, gekühlt werden.

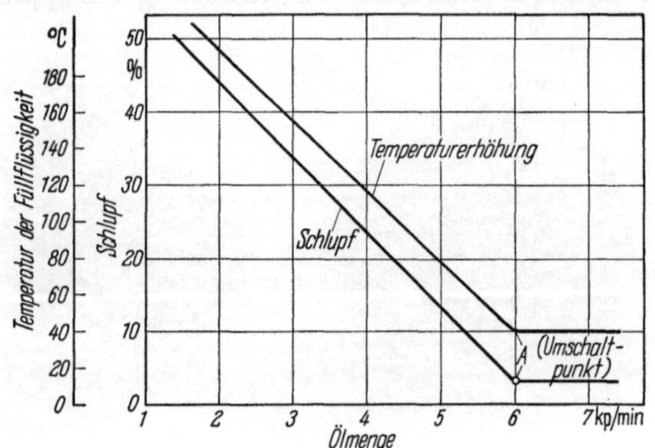

Abb. 2/31. Öldurchsatz, Schlupf und Temperaturerhöhung für die Föttinger-Kupplung

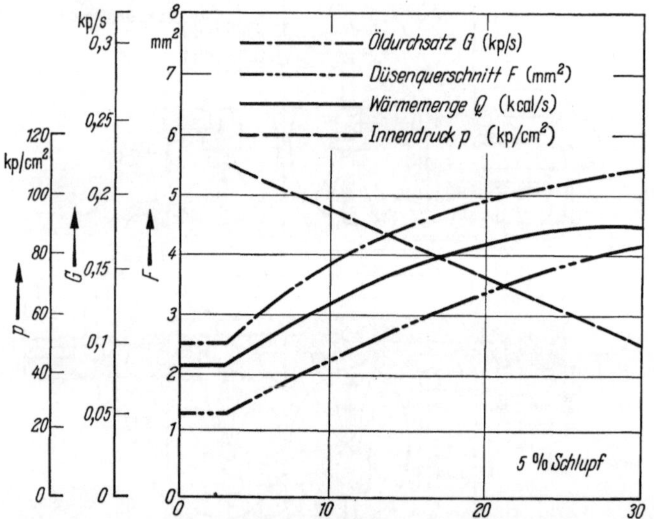

Abb. 2/32. Öldurchsatz und Düsenquerschnitt für die Föttinger-Kupplung Abb. 2/30 bei konstanter Ölaufheizung (nach KOLLMANN)

Der Umstand, daß bei derartigen schlupfgeregelten Kupplungen die abzuführende Wärmemenge in dem praktisch zur Anwendung kommenden Regelbereich um so größer ist, je größer der Schlupf, je kleiner also der Öldurchsatz ist, führt zu dem Gedanken, die *Austrittsöffnung* so zu steuern, daß sich die ausfließende Ölmenge mit zunehmendem Schlupf vergrößert. Dabei kann man erreichen, daß die Ölaustrittstemperatur t_a bzw. die Ölaufheizung Δt über den ganzen Regelbereich konstant bleibt (Abb. 2/32). Derartige Steuerorgane sind aber schwer unterzubringen und in ihren Kräften kaum zu beherrschen, daher ist es in dem gezeigten Fall zweckmäßig, die einfachste Form der ungesteuerten offenen Düse beizubehalten und sich auf den Regelbereich von 30% größten Schlupfes zu beschränken.

In der Abb. 2/33 ist ein Vorschlag dargestellt, das Kupplungsöl über ein schwenkbares Schöpfrohr dem Kupplungsgehäuse zu entnehmen. Durch diese Maßnahme wird erreicht, daß die durch die Kupplung strömende Ölmenge automatisch um so kleiner wird, je kleiner der Schlupf ist, auf den die Kupplung eingestellt wurde. Es wird also die Differenz der Öltemperatur in der Kupplung, also auch die Ölaustrittstemperatur aus dem Schwenkrohr, konstant gehalten werden können. Bei dieser Konstruktion ergibt sich die Schwierigkeit, daß sich im Schmierstoff vorhandene schwere Teilchen, wie Metallspäne, Koks, Blei und dergleichen absetzen, da die Ausflußöffnung nicht am größten Umfang der Kupplung angeordnet werden kann. Für den Kupplungskreislauf muß also Spezialöl verwendet werden, das vom Schmierstoffkreislauf des Motors völlig unabhängig ist; es ist aber ein ganz besonderer Vorteil der angewandten hydrodynamischen Kupplung, daß die Füllflüssigkeit unmittelbar dem Schmierstoffkreislauf des Motors entnommen werden kann.

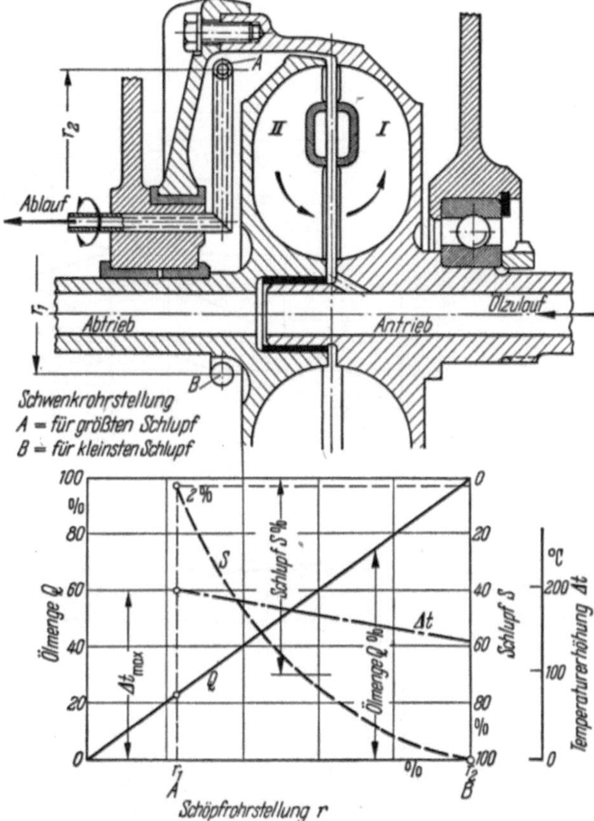

Abb. 2/33. Föttinger-Kupplung mit Füllungsregelung durch schwenkbares Schöpfrohr (nach KOLLMANN)

Auf die besonderen Einrichtungen zur Verhinderung des Verschmutzens der Kupplung sei noch kurz hingewiesen (Abb. 2/30).

a) Die inneren Kupplungsschalen sind am Außendurchmesser mit breiten, scharfkantigen, etwa 15 mm breiten Einfräsungen als Wirbelkammern ausgestattet, deren größte Tiefe etwa 3 mm beträgt.

b) Der Ausflußquerschnitt der Abströmdüse für das Füllöl ragt über den größten Innendurchmesser der Außenschale der Kupplung um etwa 1 mm hervor. Dadurch soll verhindert werden, daß die innere Ausströmbohrung von etwa 1 mm ∅ sich mit Schmutz zusetzt.

c) Der Spalt zwischen dem Außendurchmesser der inneren Kupplungsschale und der vorstehenden Düsenfläche darf 0,4—0,6 mm nicht überschreiten.

d) Der Innendurchmesser des äußeren Kupplungsgehäuses ist leicht konisch zur Austrittsdüse hin ausgeführt.

e) Die Ausflußöffnung ist in der Bohrung so abzustufen, daß die den Öldurchfluß bestimmende kleine Bohrung nur etwa 2 mm lang ist. Hierdurch wird gleichzeitig das gleichmäßige Betriebsverhalten der Kupplung in der Serie außerordentlich gefördert.

Sehr wichtig ist, daß bei der Konstruktion derartiger Kupplungen darauf Rücksicht genommen wird, daß:

a) für eine einwandfreie Entlüftung der Kupplung gesorgt wird,

b) genügend Überströmquerschnitt vorhanden ist, aus dem Überschußöl aus der Kupplung austreten kann.

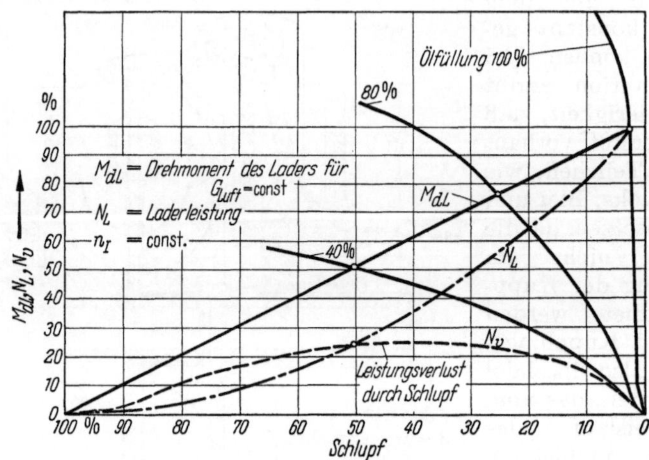

Abb. 2/34. Betriebsverhalten des Drehzahlwandlers bei verschiedener Füllung (nach KOLLMANN)

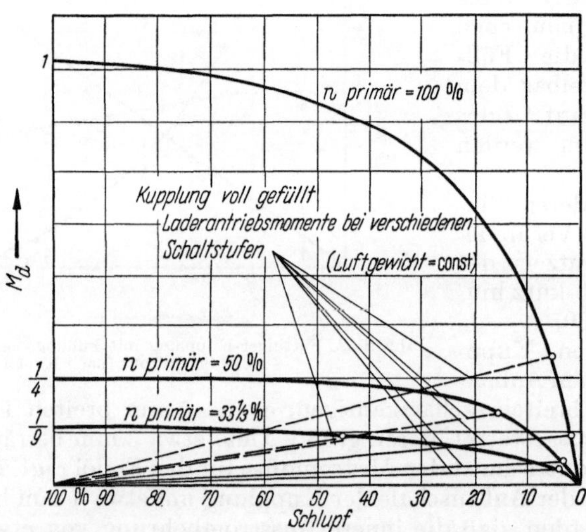

Abb. 2/35. Betriebspunkte des Drehzahlwandlers bei verschiedenen Primärdrehzahlen (nach KOLLMANN)

Über das Verhalten der Kupplung bei Primärdrehzahl gibt Abb. 2/34 Aufschluß. Bei vollgefüllter Kupplung nimmt das *kuppelnde Moment* mit dem Quadrat der Drehzahl ab, dagegen verringert sich das *Ladermoment* nur im Verhältnis der Drehzahl. Weitere Einblicke geben die Abb. 2/35 und 2/36.

Der Schlupf der Kupplung muß demnach mit abnehmender Primärdrehzahl, also bei absinkender Motordrehzahl, zunehmen, und zwar um so mehr, je größer der Schlupf bei voller Laderdrehzahl und maximaler Leistung ist. Daraus geht hervor, daß es zweckmäßig ist, die Abmessungen der Kupplung nicht zu knapp zu wählen, damit beim vollen Drehmoment wirklich kleinste Schlupfwerte erreicht werden.

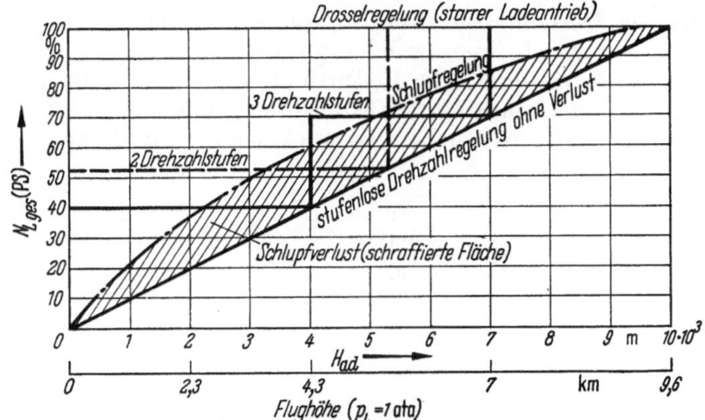

Abb. 2/36. Vergleich der Leistungen von Höhenladern bei verschiedenen Regelungsarten (nach KOLLMANN)

Die Regelung erfolgt abhängig von der Flughöhe über eine Barometerdose, die den Steuerschieber einer Ölzuteilpumpe beeinflußt. Das Ganze stellt eine sinnvolle Lösung für einen gesteuerten Antrieb bei schwierigen Betriebsbedingungen durch eine Föttinger-Kupplung als Drehzahlwandler dar.

2.4 Rückwirkung der Föttinger-Kupplung auf Antriebsmaschinen

2.41 Zusammenarbeit mit Verbrennungsmotoren

Eine der wichtigsten Arbeiten gleicherweise für den planenden Ingenieur wie für den Hersteller ist die Untersuchung des Zusammenarbeitens von Kupplung und Antriebsmaschine.

Die hydrodynamische Kupplung ist ganz im Gegensatz zu den bekannten Bauarten mechanischer Getriebe von bestimmender Bedeutung für die Ausnutzung und das Arbeitsverhalten der Vergaser- und Dieselmotoren. Fehlschläge in der Anwendung sind darauf zurückzuführen, daß man das Zusammenarbeiten von Motor und Föttinger-Kupplung in einzelnen Fällen nicht von vornherein sorgfältig genug untersucht hat.

Für die Untersuchung des Zusammenwirkens von Antriebsmotor und Föttinger-Kupplung muß immer sowohl die Drehmomentschlupflinie der Kupplung bei einer gewissen Antriebsdrehzahl, als auch die Kurve für das Motordrehmoment über der Motordrehzahl n_1 zur Verfügung stehen. Als Ergebnis der Ausarbeitung soll dann

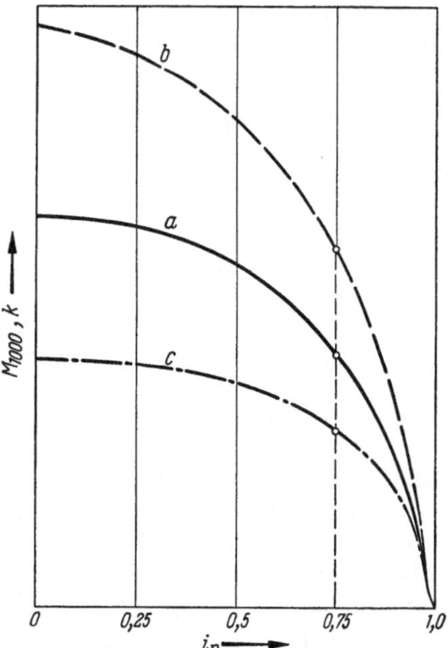

Abb. 2/37. Momentenlinien von Föttinger-Kupplungen gleichen Durchmessers verschiedener konstruktiver Ausbildung

über der Abtriebsdrehzahl die Drehzahl des Motors, das Eingangs- bzw. Ausgangsmoment, Leistung und Wirkungsgrad dargestellt werden können.

Abb. 2/37 zeigt drei verschiedene Momentlinien von Kupplungen, die grundsätzlich den gleichen Durchmesser D haben können, bei denen jedoch der Verlauf der k-Linie für $i_n \to 0$ durch irgendwelche der vorbeschriebenen Maßnahmen geändert sein soll. Als Bezeichnung für die Ordinate ist sowohl k als auch M_{1000} eingezeichnet, da die Werte bis auf Maßstabsfaktoren grundsätzlich gleich sind. Zum Nachweis geht man von der früher benutzten Gleichung für (k) aus:

$$k = \frac{M_1}{\left(\frac{n_1}{100}\right)^2 \cdot D^5 \cdot 7{,}16}$$

Es ist

$$\frac{M_1}{M_{1000}} = \left(\frac{n_1}{1000}\right)^2$$

$$M_1 = \left(\frac{n_1}{100}\right)^2 \cdot 10^{-2} \cdot M_{1000}$$

und

$$k = \frac{M_{1000} \cdot 10^{-2}}{D^5 \cdot 7{,}16} = \text{const} \cdot M_{1000}.$$

Vermöge der Gleichung zwischen k und M_1 kann zu der Kurve des Vollastmotordrehmoments a für den der Kupplung nach Kennlinie Abb. 2/37 zugehörigen Durchmesser D zu jedem Wertepaar M_1, n_1 und k ermittelt werden, was zu der Kurve $M_{\text{Mot. red}}$ in Abb. 2/38 führt. Bei gleichem D sind für die vorgegebenen k-Werte und die so be-

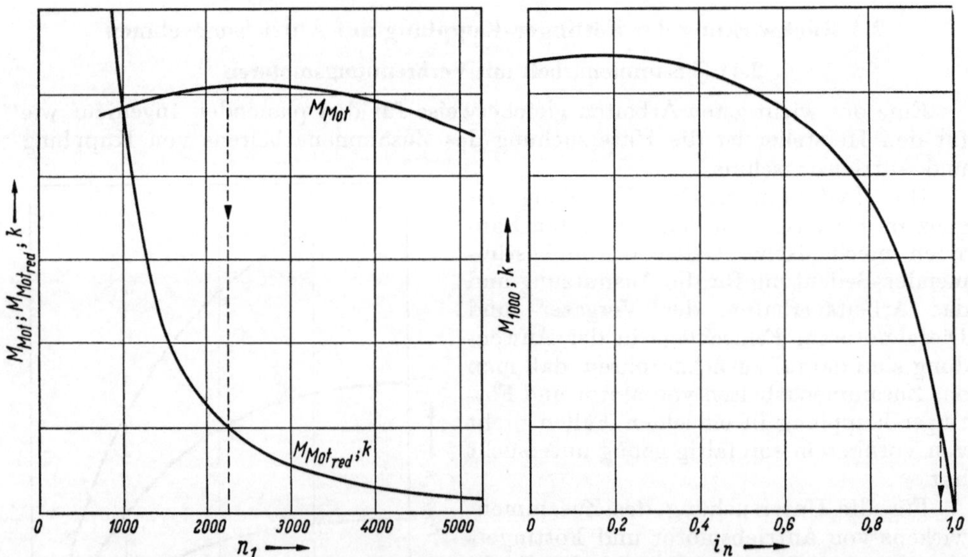

Abb. 2/38. Hilfskurven zur Ermittlung der Zusammenarbeit von Föttinger-Kupplung und Motor

rechneten M_{1000} gleiche Maßstäbe festzulegen und die Kurve der Kupplungskennlinie in Abb. 2/38 entsprechend Abb. 2/37 über dem Schlupf bzw. über i_n aufzutragen.

Abb. 2/38 mit den nebeneinanderstehenden Kurven für Motor und Kupplung gestattet nun, ohne die Parabelscharen der Abb. 2/19 und 2/21 zu jedem Paar M_1, n_1 über die Kurve $M_{\text{Mot. red}}$ auf die k-Linie der Kupplung den zugehörigen Schlupf s anzugeben. Der Weg ist dort durch den Pfeilzug markiert.

$M_{Mot.\,red}$ wird in der Literatur „Motorhilfskennlinie" genannt oder auch „auf 1000 reduzierte Motormomentlinie". In letzterem Fall wählt man ihren Maßstab passend und vergleicht sie mit der M_{1000}-Kurve der Kupplung. Die „passende" Wahl des Maßstabes ergibt sich dadurch, daß man das Motordrehmoment punktweise durch $\left(\frac{n_1}{1000}\right)^2$ dividiert.

Es ist schon vorgeschlagen worden, zeichnerisch zu einer Kurve des Schlupfs über der Motordrehzahl zu gelangen. Diese Arbeit mit dem Zirkel erscheint jedoch keineswegs dem Verfahren überlegen zu sein, mit dem Rechenschieber mit wenigen Einstellungen, nachdem mit Abb. 2/38 der Schlupf bei den einzelnen Werten des Motormoments über n_1 festliegt, die Abhängigkeit der Größen von n_2 festzuhalten.

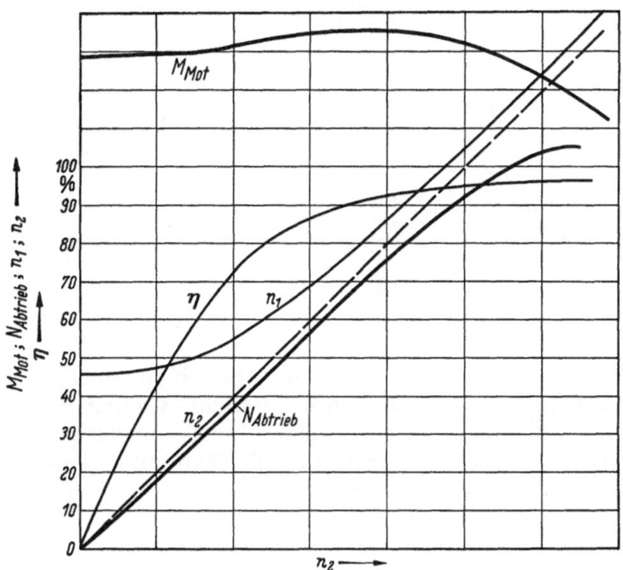

Abb. 2/39. Zusammenarbeitskurve einer Föttinger-Kupplung mit einem Verbrennungsmotor

Bei einem Fahrzeug ist n_2 der Fahrgeschwindigkeit v proportional. Man hat damit also einen Überblick über die sich bei verschiedenen Geschwindigkeiten ergebenden interessanten Werte: Primärdrehmoment, Motordrehzahl und Wirkungsgrad. Abb. 2/39 stellt das Ergebnis dar.

2.42 Die Drehzahldrückung

Der Begriff der Drehzahldrückung führt erfahrungsgemäß zu Schwierigkeiten. Die Bezeichnung ist wohl auch nicht glücklich gewählt, hat sich aber bei ihrer Bedeutung für Fahrzeugantriebe mit Föttinger-Wandlern so eingeführt, daß man sie in Kauf nehmen muß. Ihr Wesen erkennt man vielleicht am deutlichsten in Abb. 2/40. Hier ist aus dem bekannten Parabelfeld für die Kupplung a aus Abb. 2/37 die Kurve für $i_n = 0{,}75$ mit einer passenden Drehmomentkurve des Motors eingezeichnet, und dazu zwei Parabeln von gleichem i_n für die Kupplungen b und c. Während die Parabel der Kupplung a die Momentenlinie des Motors entsprechend einer Antriebsdrehzahl n_a schneidet, verlangt Kupplung b bei dieser Drehzahl, die bei gleichem Schlupf i_n einer bestimmten Abtriebsdrehzahl, also z. B. einer festgelegten Fahrzeuggeschwindigkeit entspricht, ein Antriebsdrehmoment, das der Motor nicht hergeben kann. Der Motor wird von ihr auf die Drehzahl n_b „gedrückt". Umgekehrt kann er bei der Kupplung c auf die Drehzahl n_c hochlaufen. Wenn man hier noch Schwierigkeiten wegen der Annahme einer bestimmten Abtriebs-

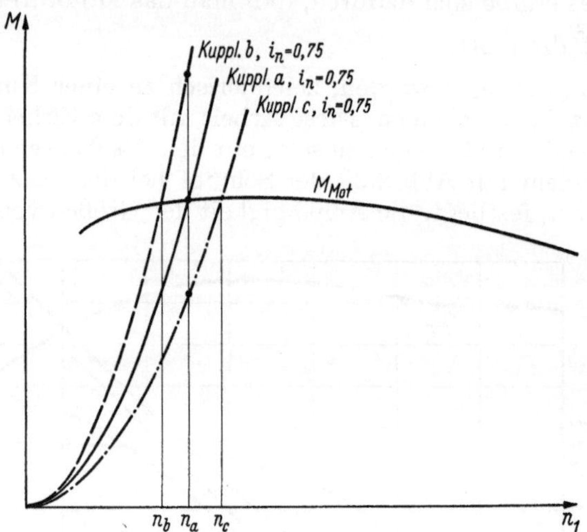

Abb. 2/40. Die „Drückung" bei einem Motor mit Föttinger-Kupplungen verschiedener Charakteristik

geschwindigkeit hat, so kann man sich diese Kurven zweckmäßig für $i_n = 0$ eintragen, wo die Verhältnisse bei stillstehendem Abtrieb eindeutig sein dürften.

Schon bei der Kupplung, die das Moment nicht wandelt wie das eigentliche Föttinger-Getriebe, sieht man den Unterschied im Arbeitsverhalten mit und ohne Drückung besonders bei einem Fahrzeugantrieb. Handelt es sich um einen elastischen Motor mit großen Reserven, wird die Drückung beim Anfahren erwünscht sein, um mit geringerer Leistung in diesem Punkt auszukommen.

2.43 Zusammenarbeit mit Elektromotoren

Der Drehstromasynchronmotor mit Käfiganker ist eine billige, robuste und sehr zuverlässige Antriebsmaschine. Obwohl bereits viel und mit Erfolg dafür getan worden ist, sie auch bezüglich ihrer Anlaufbedingungen allen Anforderungen entsprechend auszubilden, gibt es in dieser Hinsicht noch manche Schwierigkeiten. Hier hilft in fast allen Fällen eine geeignet ausgewählte Föttinger-Kupplung. Abb. 2/41 zeigt als „A" die Anlaufkurve eines Asynchronmotors. Das Moment liegt beim Einschalten, sofern genügend Spannung an den Klemmen zur Verfügung steht, bereits bei 150% desjenigen bei Vollast und steigt bis zum Kippmoment weiter an. Danach fällt es mit zunehmender Drehzahl und erreicht den Normalwert bei der Schlupfdrehzahl, für die die Maschine ausgelegt wurde. Im Synchronlauf würde das Moment verschwinden. Es besteht also eine gewisse Ähnlichkeit mit dem Verhalten der Föttinger-Kupplung.

Es ist wichtig, eine Kupplung zu wählen, deren Anlaufparabel nicht zu steil ist und die Motorkurve nach Möglichkeit im Scheitel des Kippmomentes schneidet.

Hat man es z. B. mit einer Arbeitsmaschine zu tun, bei der große Beschleunigungskräfte aufzubringen sind, wie etwa bei einer Zentrifuge, dann kann auf diese Art das volle Kippmoment wirken, da der Motor Gelegenheit hat, die entsprechende Drehzahl zu erreichen. Die Übertragungsfähigkeit der Kupplung entwickelt sich mit zunehmender Primärdrehzahl zwischen B und C, d. h. bis zum Schnittpunkt der Linien. Von diesem Punkt an überträgt die Kupplung das eingeleitete Drehmoment. Die Linie $B\,C$ ist die Momentenparabel der Kupplung für $i_n = 0$, bei C

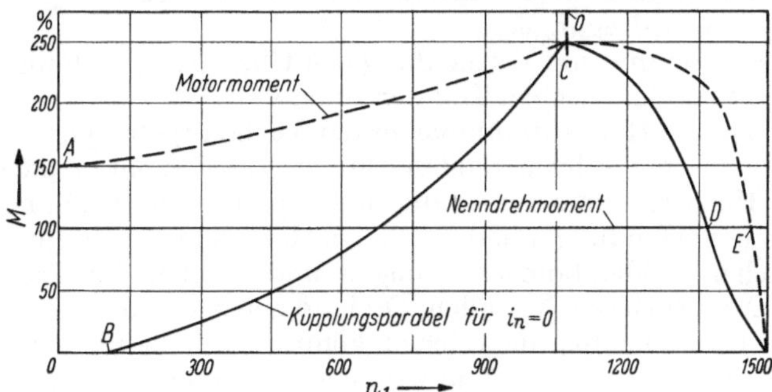

Abb. 2/41. Föttinger-Kupplung und Asynchronmotor

steht also die Arbeitsmaschine noch still, erst von C bis D nimmt die Abtriebsseite Drehzahl auf. Der Motor erreicht bei E seine Grenzdrehzahl und das entsprechende Normalmoment; die Abtriebsseite bleibt um den Kupplungsschlupf zurück.

Abb. 2/42 gibt die zugehörigen Stromwerte und den Vergleich mit einer starren Kupplung. Wenn man als Maßstab für die Abszisse die Zeit aufträgt, dann gibt das Feld zwischen der Stromaufnahme „mit starrer Kupplung" und „mit hydraulischer Kupplung" die ersparte Leistung und die damit ersparte Stromwärme wieder.

Die Abb. 2/42 ist Unterlagen der Firma J. M. Voith entnommen. In diesen Werbeschriften [*51*] sind die Hauptvorteile der Turbokupplung in Verbindung mit Elektromotoren in folgenden 10 Punkten recht instruktiv zusammengefaßt:

1. Unbelastetes Anfahren des Kurzschlußläufermotors, auch bei belasteter oder gar blockierter Arbeitsmaschine.
2. Ausnutzung des Motorkippmoments für das Anfahren, wobei der Motor dieses bei ausreichender Kühlung und verminderter Stromaufnahme entwickeln kann.

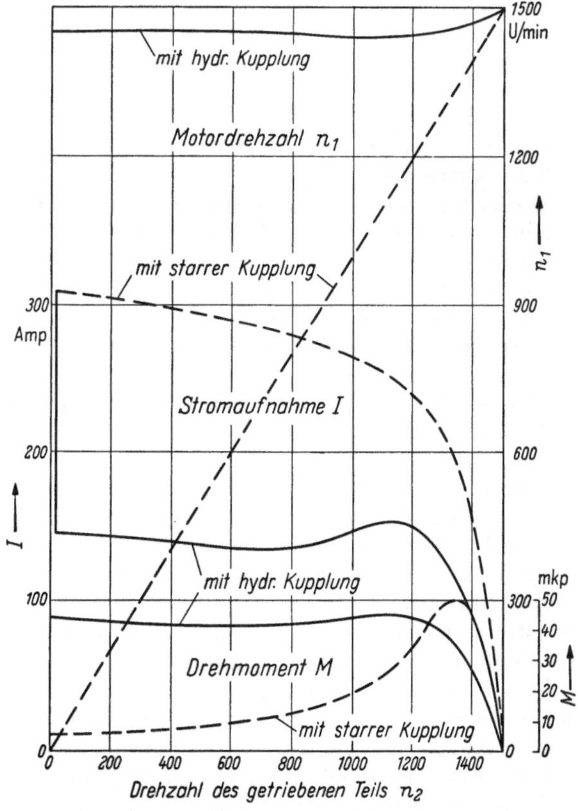

Abb. 2/42. Vergleichswerte von Moment, Stromaufnahme und Drehzahl bei einem Asynchronmotor mit hydrodynamischer und mit starrer Kupplung

3. Besonders leichtes Anfahren auch bei starkem Spannungsabfall, wenn die Kupplung mit Füllverzögerung ausgerüstet ist.

4. Einfachste Schaltgeräte für den Motor und Nutzbarmachung aller Vorteile des billigen und betriebssicheren Kurzschlußläufermotors infolge der günstigen Anfahr- und Betriebsbedingungen.

5. Sanfte Lastaufnahme und Vermeidung von Überbeanspruchungen und Stößen im mechanischen und elektrischen Teil der Anlage.

6. Das übertragbare Höchstdrehmoment der Turbokupplung ist genau begrenzt. Keine Abhängigkeit von schwankenden Reibungskoeffizienten oder dergleichen. Einstellung des Höchstdrehmomentes durch entsprechende Ölfüllung.

7. Keine feste Verbindung, sondern dauernder kleiner Schlupf vorhanden, so daß bei plötzlichen Widerstandsänderungen und Stößen die Triebwerksmassen gegenüber den Motormassen bei allen Drehmomenten und nicht erst beim Erreichen des Höchstmomentes ausweichen können. Die beträchtlichen Schwungmassen des Motors werden praktisch unwirksam. Ausgezeichnete Schwingungs- und Stoßdämpfung.

8. Bei Blockierung kann der Motor für eine gewisse Zeit unter vollem Drehmoment weiterlaufen bis das Abschalten durch den Motorschutzschalter erfolgt.

9. Selbsttätiger Belastungsausgleich bei Mehrmotorenantrieben, notfalls durch Anpassung der Füllung der Turbokupplungen.

10. Sicherheit gegen Überhitzung bei Überbeanspruchung und Mißbrauch durch Schmelzsicherung gewährleistet. Günstige Kühlung, da die Schlupfwärme durch die Betriebsflüssigkeit sich über die ganze Oberfläche gleichmäßig verteilt und nicht nur an einer bestimmten Stelle mit hoher Temperatur entsteht.

Die Kupplung gestattet, die Leistungsfähigkeit der Elektromotoren voll auszunutzen. Es ist nicht mehr nötig, die Motoren wegen der Anfahrbedingungen zu groß zu bestimmen.

Dieser Umstand macht es aber notwendig, das wirkliche Verhalten der Arbeitsmaschine und ihren Energiebedarf für den Anlauf zu studieren. Zu groß bestimmte Elektromotoren verderben nicht nur den $\cos\varphi$ des Betriebes, sondern haben auch ungünstige Schutzbedingungen, da die elektrischen Sicherungen gegen Überlast, Anlaufstöße oder Auslaufkomplikationen bei einem überdimensionierten Motor nicht so empfindlich reagieren wie bei einem genau auf den Bedarf zugeschnittenen.

Die Stoßfreiheit, welche die Föttinger-Kupplung für Last und Antrieb verbürgt, gestattet das sofortige Reversieren. Tatsächlich kehrt dabei der Motor seine Drehrichtung um, ehe die Lastseite zum Stillstand kommt. Durch entsprechende kurzzeitige Schaltbetätigung kann eine Arbeitsmaschine rasch und dabei sanft zum Stillstand gebracht werden.

Es gibt noch mancherlei Arten von elektrischen Antriebsmaschinen. Ihre unterschiedlichen Charakteristiken müssen jeweils untersucht werden, wenn es gilt, sie mit Hilfe einer hydrodynamischen Kupplung auf verschiedene Arbeitsmaschinen abzustimmen. Da das Verfahren aber im Grund immer das gleiche bleibt, braucht hier nicht näher darauf eingegangen zu werden.

Von besonderer Bedeutung wegen der hervorragenden Stellung der Wärmeenergie ist die Berücksichtigung der Verhältnisse im Kesselhaus. Die stark wechselnden Anforderungen machen die Regelung aller an der Dampferzeugung beteiligten Einrichtungen zu einer wesentlichen Aufgabe.

Kohle, Verbrennungsluft und Kesselspeisewasser, um nur die wichtigsten zu nennen, müssen dem jeweiligen Bedarf angepaßt werden. In den meisten Fällen würde dieses am zweckmäßigsten durch Änderung der Drehzahl zu bewirken sein.

Der robuste Betrieb verlangt einfache und störungsunempfindliche Maschinen. So finden wir meistens Drehstrom-Kurzschlußankermaschinen vor, die man wegen der Nähe großer Stromerzeugungs- und Wandlungseinheiten auch dann oft noch ohne Rücksicht auf den Anlaufstromstoß einschalten kann, wenn es sich um erhebliche Leistungen handelt.

Ihre anerkannten Vorzüge sind jedoch mit der gleichzeitig zu stellenden Forderung nach bequemer Drehzahlregelung nicht zu vereinbaren. In der Drehzahl regelbare Elektromotoren dieser Größe sind nicht nur sehr teuer, sondern entbehren auch der gewünschten Einfachheit.

Es wäre natürlich möglich, Zahnradwechselgetriebe anzuordnen oder Kreiselmaschinen abzudrosseln. Besonders die letztere Maßnahme hat man auch früher in erheblichem Ausmaß angewendet. Aber seitdem auch beim Großerzeuger für den Eigenbedarf der Verkaufswert der Kilowattstunde berücksichtigt wird, bemüht man sich um wirtschaftlichere Lösungen. Mitunter unterstützen auch andere Gesichtspunkte dieses Bestreben, so die Tatsache, daß gedrosselt laufende Saugzugventilatoren besonders starke Korrosionen aufweisen.

Als das einfachste Mittel zur Drehzahlregelung führte sich gerade in Kesselhäusern die Turboregelkupplung ein, wie sie hier als pumpen- oder schöpfrohrgesteuertes Übertragungsorgan in ihrer spezifischen Wirksamkeit beschrieben wurde.

Bei allen Maschinen, die bei unterschiedlichen Drehzahlen gleiche Antriebsmomente verlangen, also bei Wanderrosten, Kolbenpumpen, Elevatoren oder Förderbändern, kann die Regelkupplung ihren Platz nur durch ihre Einfachheit und Betriebssicherheit behaupten, da die Antriebsleistung bei gleichbleibendem Moment und gleichbleibender Primärdrehzahl konstant bleiben muß. Es handelt sich bei dieser Kategorie aber durchweg um Maschinen mit unbedeutendem Kraftbedarf, so daß die rein betrieblichen Gesichtspunkte für die Wahl ausreichen.

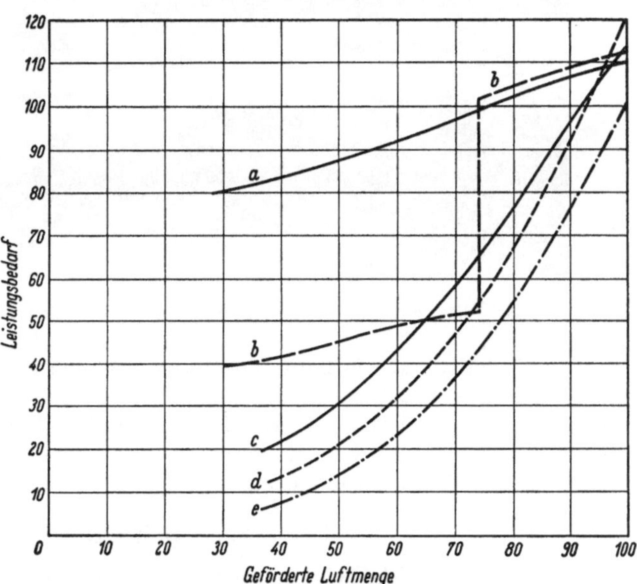

Abb. 2/43. Leistungsbedarf eines Ventilators bei verschiedenartiger Regelung

a Eindrehzahlmotor mit Drosselregelung
b Zweidrehzahlmotor mit Drosselregelung
c Eindrehzahlmotor mit Turboregelkupplung
} Leistungsbedarf an Motorklemmen
d Drehstromkommutatormotor
e Kraftverbrauch an der Ventilatorwelle bei Drehzahlregelung

Ganz anders liegen die Verhältnisse bei allen Kreiselmaschinen. Während die Drosselregelung bei ihnen vollen Verlust bedeutet, tritt bei Drehzahlregelung auch bei verschlechtertem Kupplungswirkungsgrad eine erhebliche Energieeinsparung ein. Der Grund liegt darin, daß das Antriebsmoment dieser Maschinen mit dem Quadrat der Drehzahl abnimmt.

Die Auswirkung verschiedener Reglungsarten ist an dem Beispiel eines Ventilators in Abb. 2/43 zu erkennen.

Über der zu fördernden Luftmenge ist jeweils der Leistungsverbrauch an den Motorklemmen aufgetragen.

Die Kurve *e* zeigt den Leistungsverbrauch eines ideal und verlustlos geregelten Ventilators, der ungedrosselt läuft. Über dieser Idealkurve liegt die bei Verwendung eines Drehstromkommutatormotors *d*. Sie überschneidet wegen des schlechteren Wirkungsgrades dieser Motorenbauart gegenüber dem Kurzschlußankermotor bei Vollast die anderen Kurven. Die ausgezogene Linie macht dann deutlich, wie günstig die Antriebskombination Asynchronmotor und Regelkupplung in diesem Fall ist (*c*). Linienzug *b* stellt die Verhältnisse bei Verwendung eines polumschaltbaren Motors dar, während *a* Drosselregelung bei drehzahlkonstantem Antrieb zeigt.

Abb. 2/44. Antrieb von Kesselspeisepumpen über Drehzahlwandler von J. M. Voith

Ähnliche Verhältnisse wie beim Ventilator ergeben sich beim Antrieb der Kesselspeisepumpen. Abb. 2/44 zeigt eine Gruppe von Kesselspeisepumpen mit Regelkupplungen in einem Kraftwerk. Durch die gesetzlichen Bestimmungen über die vorzusehenden Reserven wird dort manches besonders ungünstig. Hier sollte man versuchen, Regelwandler einzusetzen.

2.5 Axialkraft

2.51 Freie Axialkraft bei einer Einzelkupplung

Eine Föttinger-Kupplung ist letzten Endes ein mit Flüssigkeit gefülltes rotierendes Gehäuse. Da sich der Druck in der Flüssigkeit allseitig auswirkt, verursacht die Zentrifugalwirkung auf die Kupplungsfüllung auch Axialkräfte. Schneidet man gemäß Abb. 2/45 von der rotierenden Flüssigkeit eine Scheibe von der Breite *b* heraus und betrachtet das Gleichgewicht eines Teilchens im Ausschnitt $d\varphi$ in der Größe

$$dm = \varrho \cdot r \cdot d\varphi \cdot b \cdot dr \tag{2/23}$$

so muß die Zentrifugalkraft

$$dZ = dm \cdot r \cdot \omega^2 \tag{2/24}$$

mit dem Druck dp auf der Außenfläche $b \cdot r d\varphi$ im Gleichgewicht stehen:

$$\varrho \cdot \omega^2 \cdot b \cdot d\varphi \cdot r^2 \cdot dr = dp \cdot b \cdot r \cdot d\varphi \quad (2/25)$$

$$dp = \varrho \cdot \omega^2 \cdot r \cdot dr \quad (2/26)$$

und der Gesamtdruck an der Stelle r wird:

$$p = \varrho \cdot \omega^2 \int_{r_i}^{r} \cdot r \cdot dr = \frac{\varrho}{2} \cdot \omega^2 (r^2 - r_i^2) \quad (2/27)$$

Es ergibt sich ein mit r^2 wachsender Druck und somit die bekannte parabolische Verteilung, wie man sie z. B. in einem mit Wasser gefüllten rotierenden Gefäß mit freier Oberfläche nach Eintreten des Beharrungszustandes beobachten kann.

Auf ein Ringelement

$$dF = 2\pi \cdot r \cdot dr \quad (2/28)$$

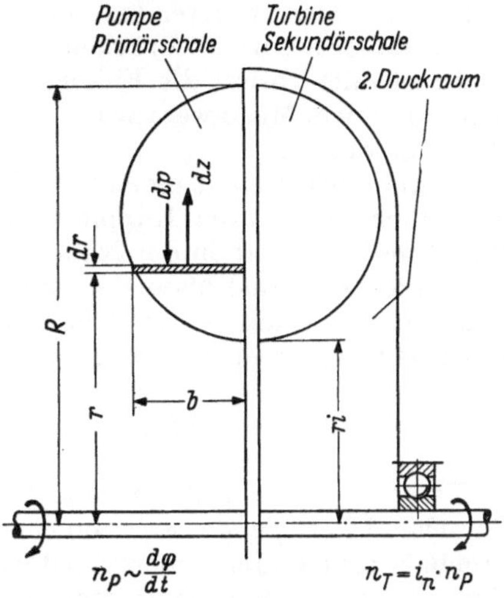

Abb. 2/45. Skizze zur Berechnung der Axialkraft

wirkt die Axialkraft

$$dP = p \cdot dF = \frac{\varrho}{2} \cdot \omega^2 (r^2 - r_i^2) \cdot 2\pi \cdot r \cdot dr \quad (2/29)$$

und die Gesamtkraft als Integral von r_i bis R

$$P = \varrho \cdot \omega^2 \cdot \pi \int_{r_i}^{R} (r^2 - r_i^2) \cdot r \cdot dr \quad (2/30)$$

$$P = \frac{\pi}{4} \cdot \varrho \cdot \omega^2 (R^2 - r_i^2)^2 \quad (2/31)$$

Für die Primärseite geschrieben

$$P_1 = \frac{\pi}{4} \cdot \varrho \cdot \omega^2 \left[R^2 \left(1 - \frac{r_i}{R}\right)^2 \right]^2 \quad (2/32)$$

Die analoge Überlegung ergibt für die Sekundärschale bei geometrischer Ähnlichkeit eine Kraft P_2

$$P_2 = \frac{\pi}{4} \cdot \varrho \cdot i_n^2 \cdot \omega^2 \left[R^2 \left(1 - \frac{r_i}{R}\right)^2 \right]^2 \quad (2/33)$$

Die Gln. (2/32) und (2/33) ergeben für die Primär- und Sekundärseite unterschiedliche Drücke. Es ist das das gleiche Druckgefälle, welches als Ursache für die Zirkulation des Füllmediums angesprochen wurde. Der Potentialunterschied kann durch dynamische Kräfte aufrecht erhalten werden. Um zu einer statischen Kraft auf die beiden Kupplungsscheiben zu kommen, deren Größe für die Bemessung der Lager entscheidend ist, betrachten wir Abb. 2/45.

Für den gewöhnlich vorkommenden Fall, daß eine mit der Pumpe umlaufende Schale die Turbine mit einschließt, ergibt sich ein zweiter Druckraum und eine von hier herrührende Druckkraftkomponente sowohl auf der Rückseite der Sekundärschale als auch auf den mit dem Pumpenrad fest verbundenen Gehäuseteil.

Am Umfang dürfte der Druck in diesem Raum gleich dem vom Primärrad her erzeugten sein. Zur Nabe wird er entsprechend den vorherigen Überlegungen durch die entgegenwirkenden Zentrifugalkräfte abgebaut werden. Sofern man die Winkelgeschwindigkeit gleich ω_1 ansetzt, ergibt sich ein Druckverlauf identisch mit Gl. (2/32) und damit eine resultierende Kraft $\Delta P = P_1 - P_2$ nach Gl. (2/32) und (2/27), die die beiden Räder zusammendrücken will.

Tatsächlich rotiert die Flüssigkeit im Ringraum hinter der Sekundärschale jedoch mit einem Mittelwert zwischen ω_1 und ω_2; der Druck würde danach langsamer abgebaut werden.

Gewöhnlich besteht eine offene Verbindung mindestens durch Bohrungen zwischen dem Inneren der Kupplung und dem besagten rückwärtigen Ringraum, so daß Druckgleichheit in der Nähe von r_i herrschen wird. Dadurch nähern sich die tatsächlichen Verhältnisse der ursprünglichen Annahme, so daß man als freie resultierende Axialkraft zwischen den beiden Rädern in guter Übereinstimmung mit Versuchen ansetzen kann:

$$\Delta P = \frac{\pi}{4} \cdot \varrho \cdot R^4 \left[1 - \left(\frac{r_i}{R}\right)^2\right]^2 \cdot \omega^2 (1 - i_n^2) \qquad (2/34)$$

Es ist angebracht, das Resultat mit einer gewissen Skepsis zu betrachten. Die einfachen Überlegungen ergaben einen Ansatz, der schnell zu einem übersichtlichen Ergebnis führte. Man könnte jedoch manches einwenden, z. B. daß die aus der Umlenkung der Meridianströmung herrührenden dynamischen Kräfte nicht berücksichtigt wurden, daß der Spalt die Verteilung der Strömungskräfte beeinflußt und daß die unterschiedlichen Verhältnisse beim Ein- und Austritt der Flüssigkeit in Turbine und Pumpe wesentliche Bedeutung haben werden.

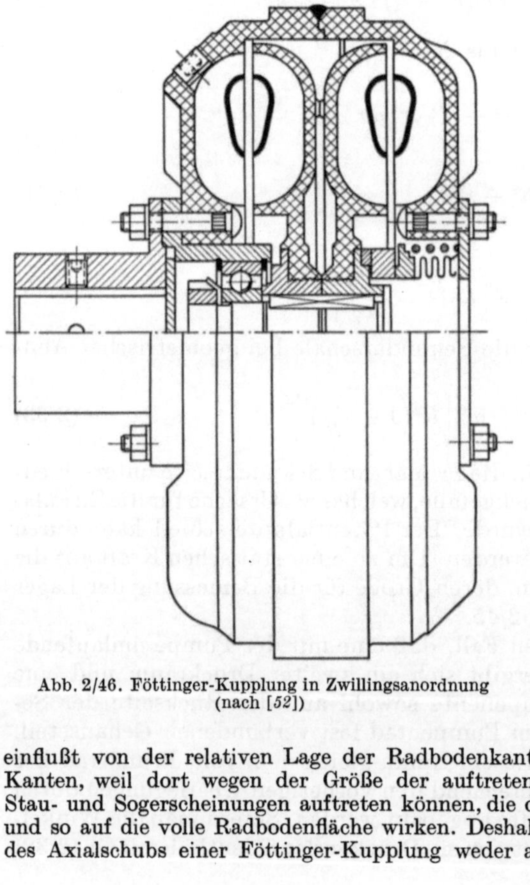

Abb. 2/46. Föttinger-Kupplung in Zwillingsanordnung (nach [*52*])

In der schon früher erwähnten Dissertation [*38*] sind die Berechnungen bei Berücksichtigung aller erfaßbaren Einflüsse durchgeführt und Formeln entwickelt worden, die als exakt gelten können. Es zeigte sich jedoch bei der experimentellen Nachprüfung, daß die Übereinstimmung von ganz anderen Faktoren viel stärker beeinflußt wurde. So ergab sich, daß geringe Abweichungen in den Abmessungen des größten Durchmessers von Pumpe und Turbine das Resultat vollständig umwarfen. Dabei lagen diese Maßabweichungen durchaus im Rahmen einer üblichen Herstellungstoleranz und wurden überhaupt erst entdeckt, als man den Ursachen der Abweichungen nachspürte.

Es wird daher in [*38*] abschließend festgestellt:

„Der gemessene Axialschub wird bei größerem Schlupf wesentlich beeinflußt von der relativen Lage der Radbodenkanten zueinander und von der Form dieser Kanten, weil dort wegen der Größe der auftretenden Relativgeschwindigkeiten erhebliche Stau- und Sogerscheinungen auftreten können, die dem Gehäusespaltraum aufgeprägt werden und so auf die volle Radbodenfläche wirken. Deshalb ist eine sehr genaue Vorausbestimmung des Axialschubs einer Föttinger-Kupplung weder aus Messungen an ähnlichen Kupplungen, noch durch Berechnung möglich. Es muß mit einem erheblichen Streubereich gerechnet werden."

Bei hohen Drehzahlen ergeben sich große absolute Werte für die Axiallagerbelastung, die nicht immer mit Kugellagern beherrschbar sind. Die Firma Twin Disc vermeidet durch eine Zwillingsausbildung nach Abb. 2/46 grundsätzlich wesentliche Axialkräfte. Die Firma betont, daß dieses besonders bei großen Einheiten vorteilhaft ist, da durch die Verdoppelung ein geringerer Außendurchmesser gewählt werden kann. Nach Gl. (2/10) geht der Durchmesser allerdings mit der fünften Potenz ein, so daß die Zwillingsanordnung nur eine Verkleinerung um etwa $\sqrt[5]{2}=1{,}15$ also um 15% bringt.

Diese Verkleinerung ist trotzdem sehr wirksam, da sowohl der Innendruck besser beherrscht werden kann als auch die Beanspruchung aller Konstruktionsteile durch die Fliehkräfte bei verminderter Umfangsgeschwindigkeit. Bei Grenzfällen kann dieses für die Wahl des Materials ausschlaggebend sein.

2.6 Der Schlupfverlust der Föttinger-Kupplung

Ist N_1 die von der Antriebsmaschine unter Berücksichtigung des Wirkungsgrades der Anordnung aufzubringende Primärleistung und N_2 die Leistung der Arbeitsmaschine hinter der Föttinger-Kupplung, so ist die Verlustleistung ΔN, die in Wärme umgesetzt wird.

$$\Delta N = N_1 - N_2 = M\,(n_1 - n_2) \tag{2/35}$$

und mit dem Drehzahlverhältnis i_n

$$\Delta N = M\, n_1 (1 - i_n) \tag{2/36}$$

Handelt es sich um eine Arbeitsmaschine mit von der Drehzahl unabhängigem Antriebsmoment, so ergibt sich im Diagramm über i_n eine von $N = M \cdot n_1$ für $i_n = 0$ bis $i_n = 1$ stetig zu Null abfallende Gerade. Dieses deckt sich mit der Überlegung, daß der maximale Verlust natürlich bei $\eta = 0$ auftreten muß.

Die Mehrzahl der Arbeitsmaschinen, insbesondere aller Kreiselmaschinen, erfordern jedoch ein mit der Drehzahl steigendes Moment und dadurch tritt eine wesentliche Verschiebung ein.

Allgemein kann man das erforderliche Moment jeder Arbeitsmaschine durch eine Potenzreihe darstellen:

$$M = a_p \cdot n_2^p + a_q n_2^q + \cdots\cdots + a_s \cdot n_2^s$$

wobei a und p verschiedene Koeffizienten und Exponenten darstellen. Für die hier vorzunehmende Betrachtung wird es, wie überhaupt für die weitaus zahlreichsten Fälle, genügen, sich auf das erste Glied der Reihe zu beschränken. Dann wird:

$$\Delta N = a\, i_n^p \cdot n_1^{p+1} (1 - i_n) \tag{2/37}$$

Der interessierende Wert von i_n für $\Delta N_{\max}$ ergibt sich aus:

$$\frac{d\Delta N}{d i_n} = a n_1^{p+1}\, p \cdot i_n^{p-1} - (p+1)\, i_n^p = 0 \tag{2/38}$$

zu

$$i_n \Delta N_{\max} = \frac{p}{p+1} \tag{2/39}$$

und die Größe der Verlustleistung an dieser Stelle

$$\Delta N_{\max} = a \cdot n_1^{p+1} \left(\frac{p}{p+1}\right)^p \frac{1}{p+1} \tag{2/40}$$

Für viele Kreiselmaschinen ist $p = 2$. Dann liegt das Maximum der Verlustleistung also bei $n_1 = \frac{2}{3} n_1$ und hat die Größe $\Delta N_{\max} = a \cdot n_1^3 \cdot \frac{4}{27}$. Der Verlauf der Schlupfwärme über i_n und die übrigen interessierenden Werte für eine Kreiselmaschine zeigt Abb. 2/47.

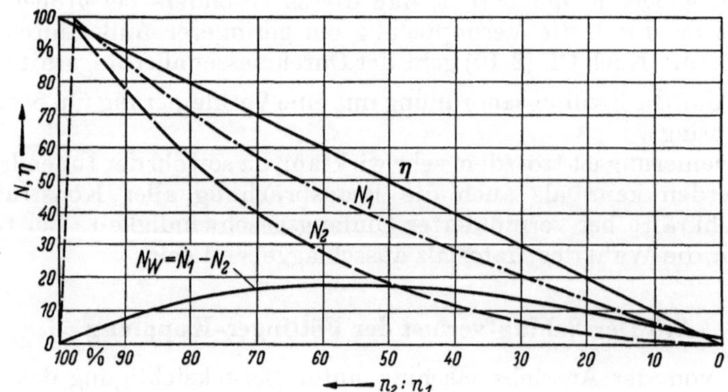

Abb. 2/47. Verlauf der Schlupfwärme bei Drehzahlregelung eines Ventilators mit Schlupfkupplung

Die Schlupfleistung ΔN wird in Wärme umgesetzt, und sofern die Rechnung ergibt, daß die Wärmeabfuhr durch die Oberfläche bei Eigenkühlung durch Ventilation nicht ausreicht, muß die Füllflüssigkeit über einen Wärmeaustauscher umgepumpt werden.

Bei schöpfrohrgesteuerten Drehzahlwandlern ist die Umlaufenergie für den Kühlerkreislauf vorhanden, bei normalen Kupplungen müßte eine besondere Pumpe vorgesehen werden.

Der Wärmeanfall und die damit zusammenhängenden Fragen spielen bei Föttinger-Getrieben noch eine weit größere Rolle und werden in Abschn. 3.46 behandelt.

3. Föttinger-Getriebe

3.1 Grundgleichungen und Kennlinien

3.11 Aufgabe und Ziel

W. Spannhake äußerte bereits 1949 [*2c*], daß die hydrodynamischen Getriebe vorbestimmt wären, eine zweckentsprechende Ergänzung der Verbrennungskraftmaschinen für die Mehrzahl ihrer Anwendungen zu sein, wenn sie nur noch eine Kleinigkeit weiter entwickelt werden könnten. Wohl hat man bei den sehr erheblichen Umsatzzahlen in der amerikanischen Automobilindustrie gewaltige Anstrengungen in dieser Richtung gemacht und mit großem Versuchsaufwand und mit theoretischen Arbeiten auch bekannter Deutscher beachtliche Erfolge erzielt; aber im Grunde genommen ist man nicht wesentlich weitergekommen, als Föttinger mit seinen Mitarbeitern bereits vor 50 Jahren war. Damals wurde bei der ersten Versuchsausführung bereits 85% Wirkungsgrad bei einem 2-Stufen-System erreicht. Später wurden bei großen Einheiten auch 93% erzielt. Zu denken gibt es aber, daß eine gleichzeitig mit dem ersten 2stufigen „Transformator" für Vorwärtsfahrt gebaute 1stufige Ausführung für Rückwärtsfahrt es nur auf 70% brachte. Bei der letzteren Ausführung lenkte ein gleich hinter dem Pumpenrad angeordneter Leitapparat die Strömung um, während man sonst die Turbinenstufe folgen ließ.

Daraus sollte man wohl schließen, daß die schnelle Absolutströmung im Leitapparat erhebliche Verluste verursacht.

Trotz vieler Arbeiten der Industrie und von wissenschaftlichen Forschungsinstituten aller Länder, insbesondere auch in Deutschland, und einer großen Zahl spezieller Untersuchungen ist über die Verteilung der Strömung über die Querschnitte noch wenig bekannt, und damit ist es schwierig, Ansätze zu finden, um noch eine weitere Wirkungsgradsteigerung zu erzielen.

Die Anwendung des Impulssatzes, der selbst frei von Einschränkungen ist und ohne Rücksicht auf auftretende Verluste gilt, führt schon zu recht beachtlichen Ergebnissen und gibt über evtl. Zusammenhänge bereits einen gewissen Überblick. Daher seien diese Überlegungen vorausgeschickt und unter Anwendung dimensionsloser Kennwerte Beziehungen allgemeiner Art hergestellt.

3.12 Die Vorausberechnung der Kennlinien und die Charakteristik von Föttinger-Wandlern in dimensionsloser Darstellung

Ein QH-Diagramm mit Wirkungsgradkurven gibt einen guten Einblick in das Verhalten einer Kreiselpumpe. Seine rein theoretische Ausarbeitung ist gar nicht so einfach, und es wird in der Praxis daher meistens durch Umrechnung von Meßergebnissen ähnlicher ausgeführter Maschinen ermittelt.

Bei einem hydrodynamischen Drehmomentwandler sind die Verhältnisse wesentlich unübersichtlicher, da das Zusammenwirken von mindestens je einem Pumpen-, Turbinen- und Leitrad eine starke gegenseitige Beeinflussung bedingt. Es liegt auch nicht so viel Erfahrungsmaterial vor, wie bei Kreiselpumpen.

Schon die richtige Auswertung von Messungen ist schwierig, da man ja nicht wie bei einer Pumpe oder Turbine Förderhöhe, Liefermenge und Leistung mißt, sondern gewöhnlich nur die An- und Abtriebsmomente und deren Leistungen.

Der Arbeitsbereich der einzelnen Wandlerorgane umspannt dazu ein weit größeres Gebiet, als gewöhnlich bei einer Pumpe verlangt wird. Im Anfahrbereich, also bei einer Drehzahl der Turbine nahe Null, erwartet man eine mehr oder weniger große Wandlung des Drehmomentes, dann einen bestimmten Verlauf der Aufnahme mit Rücksicht auf eine erwünschte oder zu vermeidende „Drückung" der Antriebsmaschine, hohen Wirkungsgrad in einem breiten Bereich und das Einhalten bestimmter Bedingungen bei der Annäherung von Primär- und Sekundärdrehmoment. Bei Trilok-Wandlern wird dann noch der „Kupplungspunkt" für 1 oder 2 Leiträder vorgeschrieben.

Der entwerfende Konstrukteur kann sich nur über ihn interessierende Beziehungen ohne großen Aufwand eine Vorstellung verschaffen, wenn er von dimensionslosen Diagrammen der hier diskutierten Art ausgeht. Auch für den Versuchsingenieur sind sie von Bedeutung, da die inneren Zusammenhänge zutage treten.

Aus dem Kreiselpumpenbau sind die dimensionslosen Kenngrößen ψ und φ bekannt. ψ, die sogenannte „Druckzahl", definiert als

$$\psi = \frac{2gH}{u_2^2}$$

und φ, der „Liefergrad", als

$$\varphi = \frac{c_m}{u_2}$$

Aus dem Impulssatz ergibt sich für das Pumpenrad die auf 1 kp Betriebsmedium entfallende Arbeit H_p

$$H_p = \frac{1}{g}\,(u_2 c_{u2} - u_1 c_{u1}) \tag{3/1}$$

Da der Impulssatz ohne jede Einschränkung gilt, ist H_p unabhängig davon, welche Druckhöhenverluste im Rad etwa infolge von Zähigkeitseinflüssen auftreten. Es ist nur wichtig, die richtigen Werte für die Geschwindigkeiten einzusetzen. Oft wird hier zunächst angenommen, daß man es mit unendlich vielen und

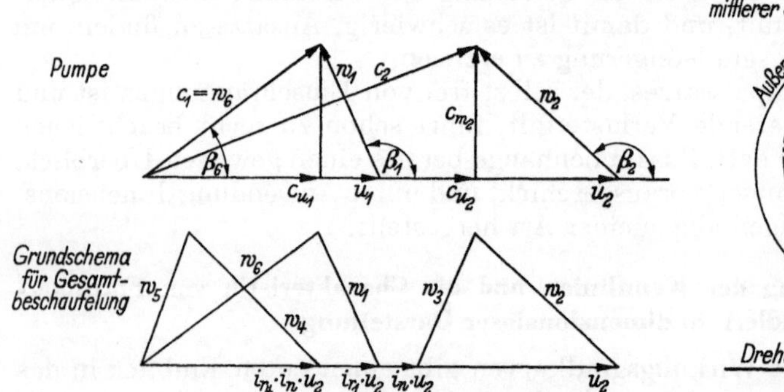

Abb. 3/1. Strömungsdreiecke für Wandler (nach Abb. 2)

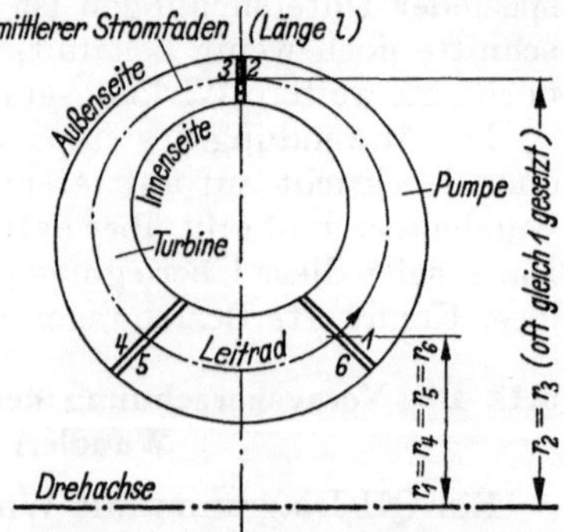

Abb. 3/2. Schema eines dreigliederigen Föttinger-Wandlers

unendlich dünnen Schaufeln zu tun hat. Dann ist die Strömung durch die bekannten Strömungsdreiecke für Ein- und Austritt Abb. 3/1 eindeutig bestimmt. Außerdem betrachten wir nur einen einfachen Trilok-Wandler in der Ausführung nach Abb. 3/2 und legen im folgenden die dort angegebenen Verhältnisse zugrunde.

Es ist $\quad c_{u2} = u_2 + c_{m2} \cot\beta_2; \quad c_{u1} = c_{u6} \quad$ und $\quad u_1 = i_{r1} \cdot u_2 = i_{r6} \cdot u_2$

damit wird

$$H_p = \frac{u_2}{g}(u_2 + c_{m2}\cot\beta_2 - i_{r6}\cdot c_{u6}) = \frac{u_2^2}{g}\left(1 + \frac{c_{m2}}{u_2}\cdot\cot\beta_2 - i_{r6}\cdot\frac{c_{u6}}{u_2}\right) \tag{3/2}$$

Beachtet man, daß aus dem analogen Dreieck für das Leitrad für $u_6 = 0 \;\; c_{u6} = c_{m6} \cot\beta_6$ wird und schreibt

$$\frac{c_{u6}}{u_2} = \frac{c_{m6}}{c_{m2}}\cdot\frac{c_{m2}}{u_2}\cot\beta_6$$

so folgt bei gleichzeitiger Erweiterung mit 2

$$H_p = \frac{u_2^2}{2g}\left(2 + 2\varphi\cot\beta_2 - 2\,i_{r6}\,\varphi\cot\beta_6\,\frac{c_{m6}}{c_{m2}}\right) \tag{3/3}$$

Nach der Definitionsgleichung für ψ und bei Zusammenfassung der wandlereigenen Festwerte $\cot\beta_2$ und $\cot\beta_6 \frac{c_{m6}}{c_{m2}}$ in die Konstanten m_2 und m_6, wobei man noch $\frac{c_{m6}}{c_{m2}}$ gleich 1 setzt, kann man schreiben:

$$\psi_p = 2 + (2m_2 - 2i_{r6}\,m_6)\,\varphi \tag{3/4}$$

Die Anwendung der gleichen Formeln auf die Fallhöhe der Turbine ergibt bei gleichzeitiger Beachtung, daß

$$\frac{u_4}{u_2} = \frac{r_4\,\omega_T}{r_2\,\omega_P} = i_{r4}\cdot i_n \quad \text{ist}$$

$$\psi_T = i_n[2 - 2\cdot i_{r4}^2\,i_n + (2m_2 - 2\,i_{r4}\,m_4)\,\varphi] \tag{3/5}$$

Es ist ferner

$$\eta = \frac{N_T}{N_P} = \frac{\gamma V H_T}{\gamma V H_P} = \frac{M_T \omega_T}{M_P \omega_P} = \frac{i_n M_T}{M_P} = i_n \cdot i_m$$

wenn man $\frac{M_T}{M_P} = i_m$ einführt.

$$i_m = \frac{H_T}{H_P \cdot i_n} = \frac{\psi_T}{i_n} \cdot \frac{1}{\psi_P} \tag{3/6}$$

Damit ergibt sich die sehr wichtige Beziehung zwischen dem Moment des Antriebes und des Abtriebes, die sogenannte „Wandlung“:

$$i_m = \frac{2 - 2\, i_{r4}^2\, i_n + (2\, m_2 - 2\, i_{r4}\, m_4)\,\varphi}{2 + (2\, m_2 - 2\, i_{r6}\, m_6)\,\varphi} \tag{3/7[1]}$$

Zähler und Nenner stellen Gerade im ψ-φ-Diagramm dar, der Zähler eine Schar von Geraden mit dem Parameter i_n (Abb. 3/3).

Es ist noch zu beachten, daß ψ für $\varphi = 0$ den Grenzwert 2 erreicht, was ohne weiteres aus Gl. (3/4) hervorgeht. Die Gerade ψ_P schneidet die Abzisse bei einem Wert, dessen Größe

$$\varphi_{\psi=0} = \frac{1}{m_2 - i_{r6}\, m_6} \tag{3/8}$$

dem Kehrwert des Koeffizienten von φ entspricht, also eine Funktion der Radien und Winkel der Beschaufelung des Wandlers ist. Von der Wahl dieser Größen hängt es ab, ob man vernünftige Werte erhält. Nicht jede Kombination gibt überhaupt einen Schnittpunkt.

Für ein Beispiel seien die Verhältnisse der Abb. 3/3 zugrunde gelegt, wobei die Werte der nachstehenden Tabelle gelten:

$i_{r1} = 0{,}55$	$\cot\beta_1 = -0{,}25 = m_1$	$n_P = 1000$ U/min
$i_{r2}^* = 0{,}90$	$\cot\beta_2 = -0{,}45 = m_2$	$D_P = 370\ \varnothing$
$i_{r3} = 1{,}0$	$\cot\beta_3 = +0{,}4 = m_3$	$D_2 = 350\ \varnothing$
$i_{r4} = 0{,}55$	$\cot\beta_4 = -1{,}65 = m_4$	$b_2 = 20$ mm
$i_{r5} = 0{,}55$	$\cot\beta_5 = 0 = m_5$	γ Öl $= 850$ kp/m³
$i_{r6} = 0{,}55$	$\cot\beta_6 = +1{,}633 = m_6$	

Dann gilt:

$$\frac{\psi_T}{i_n} = 2 - 0{,}605\, i_n + 0{,}915\,\varphi$$

$$\psi_P = 2 - 2{,}7\,\varphi$$

Das würde für ψ_P die gestrichelte Linie in Abb. 3/5 ergeben. Man muß hier beachten, daß das Beispiel reale Verhältnisse wiedergeben soll. Die Pumpe erreicht diese Linie, die etwa $H_{th\infty}$ im Kreiselpumpenbau entspricht, nicht. Während man bei der Turbine die Abweichung gewöhnlich nicht zu berücksichtigen braucht, muß bei der Pumpe die Minderleistung [*9*] in Anrechnung kommen. Dieses geschieht hier durch eine Parallelverschiebung um 10%. Praktisch entspricht dieses der Annahme der Tabelle, daß $i_{r2}^* = 0{,}9$ ist. Dann wird folgerichtig, wenn man den entgegengesetzten Wirkungssinn durch das Vorzeichen berücksichtigt:

$$-\frac{\psi_T}{i_n} = 1{,}8 - 0{,}605\, i_n + 0{,}915\,\varphi \tag{3/9}$$

$$\psi_P = 1{,}8 - 2{,}7\,\varphi \tag{3/10}$$

[1] Das ψ-φ-Diagramm Abb. 3/4 und seine Diskussion beruhen auf bisher unveröffentlichten Arbeiten von E. G. Finke.

Bei den drei Variablen ergibt sich eine einparametrige Schar von Lösungen. Um zu eindeutigen Werten zu kommen, ist eine weitere Beziehung erforderlich, die aus der sogenannten Bilanzgleichung hervorgeht.

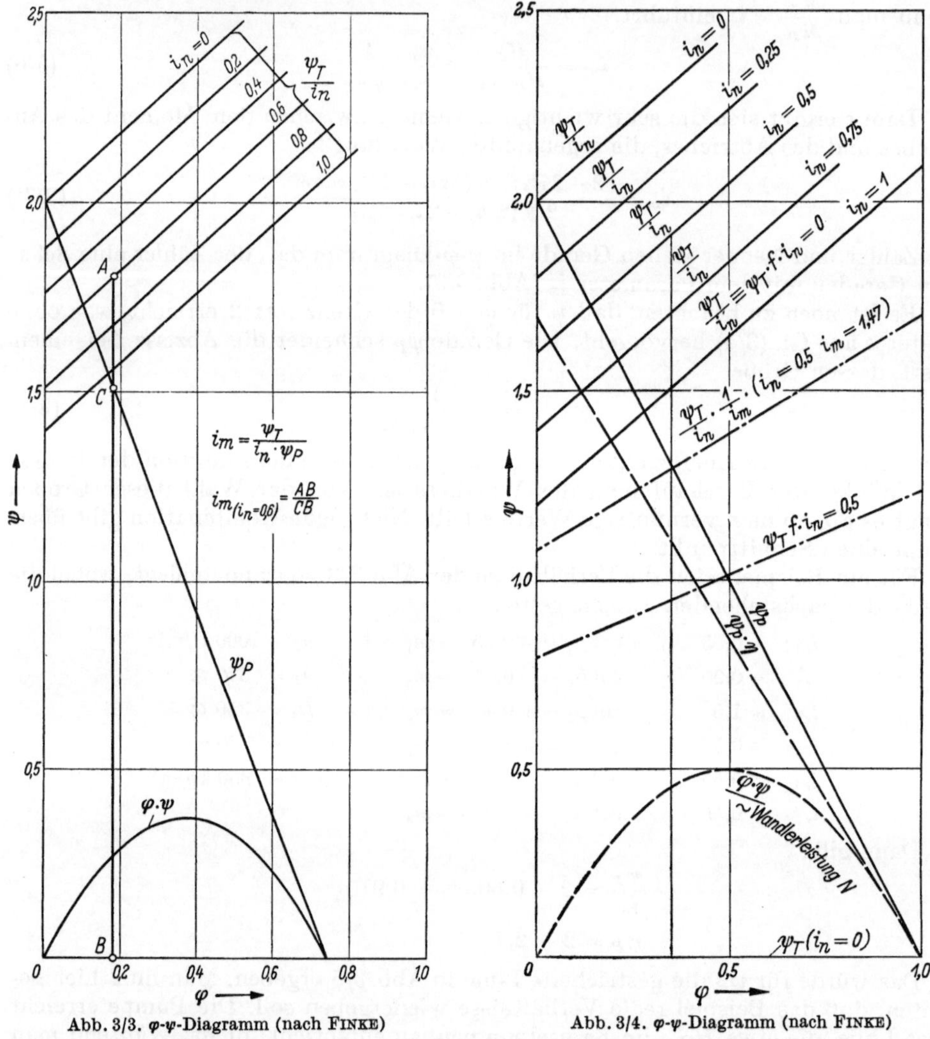

Abb. 3/3. φ-ψ-Diagramm (nach FINKE)

Abb. 3/4. φ-ψ-Diagramm (nach FINKE)

Diese Bilanzgleichung beruht auf dem Grundgesetz der Mechanik von der Erhaltung der Energie und besagt, daß die Summe der Förderhöhen von Pumpe, Turbine und Leitrad (sofern dieses rotiert!) sowie der äquivalenten Höhe der Stoß- und Reibungsverluste Null sein muß. Bei festem Leitrad könnte man danach dimensionslos schreiben:

$$\psi_P + \psi_T - \psi_{St} - \psi_R = 0 \tag{3/10 a}$$

Zur Bestimmung von ψ_R sei angenommen, daß die Reibungsverlusthöhe h_R in Analogie zur Rohrströmung als

$$h_R = \frac{\lambda l}{d} \frac{v^2}{2g}$$

gesetzt werden kann, l ist hier die Länge des Stromfadens, im übrigen gelten die Bezeichnungen S. VIII.

Für v wird zweckmäßig die größte Relativgeschwindigkeit w im Rad angenommen, die bei guten Konstruktionen jeweils am Radaustritt herrschen soll.

Diese ist für die allgemeine Stelle i

$$w_i^2 = u_2^2 \varphi^2 + \left(u_2 \varphi\, m_i \cdot \frac{c_{mi}}{c_{m2}}\right)^2$$

setzt man $\frac{c_{mi}}{c_{m2}} = 1$ und benutzt die Beziehung zwischen H und ψ, so kann man schreiben, wenn man die drei Radaustritte berücksichtigt und $\frac{l}{d}$ für alle Räder als gleich annimmt

$$\psi_R = \lambda \cdot \frac{l}{d} \cdot \varphi^2 (3 + m_2^2 + m_4^2 + m_6^2) \qquad (3/11)$$

und mit den Werten des Beispiels

$$\psi_R = \lambda \cdot \frac{l}{d} \cdot 8{,}6025\, \varphi^2$$

Wenn man d als „hydraulischen Durchmesser“ entsprechend der Definitionsgleichung

$$d = 4 \frac{F}{U}$$

einsetzt, ergibt sich im Durchschnitt für $\frac{l}{d}$ in vielen Fällen ungefähr 5. Bei den in Frage kommenden Reynoldsschen Zahlen würde λ für ein gerades Rohr einiger Rauhigkeit etwa 0,04 sein. Bei gekrümmten Kanälen ist dieser Wert immer höher und daher wird hier in Übereinstimmung mit eigenen Versuchen λ mit 0,06 angenommen und zusammen dann abgerundet

$$\psi_R = 2{,}6 \varphi^2 \qquad (3/12)$$

geschrieben.

Die Stoßverluste berechnet man gemäß der formalen Annahme, daß sich die Strömungsdreiecke am Eintritt bei allen vom Auslegungspunkt verschiedenen Zuständen nicht schließen. Das Quadrat der so offen bleibenden c_u-Komponenten, multipliziert mit einem Stoßfaktor ζ ist ein Maß für die gleichwertige Stoßverlusthöhe. Also

$$h_{\mathrm{St}} = \zeta \cdot \frac{1}{2g} \cdot \sum_i (c_{ui} - c_{u\,i-1})^2 \qquad (3/13)$$

Es ist

$$c_{ui} = u_2 i_{ri} \cdot i_{ni} + u_2 \varphi\, m_i$$

$$c_{u\,i-1} = u_2 i_{r\,i-1} \cdot i_{n\,i-1} + u_2 \varphi \cdot m_{i-1}$$

Dieses gilt, sofern die Räder anschließen. Sonst müßte $c_{u\,i-1}$ noch mit $\frac{r_{i-1}}{r_i}$ multipliziert werden.

$$c_{ui} - c_{u\,i-1} = u_2 (i_{ri} i_{ni} + \varphi\, m_i - i_{r\,i-1} i_{n\,i-1} - \varphi\, m_{i-1})$$

$$h_{\mathrm{St}\,i} = \zeta \frac{u^2}{2g} \cdot (i_{ri} i_{ni} + \varphi\, m_i - i_{r\,i-1} i_{n\,i-1} - \varphi\, m_{i-1})^2$$

und wenn man wieder ψ einführt und ζ gleich 1 setzt, wie es sich als den normalen Verhältnissen entsprechend aus Versuchen ergeben hat:

$$\psi_{\mathrm{St}\,i} = (i_{ri} i_{ni} + \varphi\, m_i - i_{r\,i-1} i_{n\,i-1} - \varphi\, m_{i-1})^2 \qquad (3/14)$$

für die drei Glieder z. B. eines Wandlers wird dann

$$\psi_{\mathrm{St}\,P} = [i_{r1} + \varphi (m_1 - m_6)]^2 \qquad (3/15)$$

$$\psi_{\text{St}\,T} = [i_n + \varphi\,(m_3 - m_2) - i_{r2}]^2 \tag{3/16}$$

$$\psi_{\text{St}\,L} = [\varphi\,(m_5 - m_4) - i_{r4} \cdot i_n]^2 \tag{3/17}$$

und mit den Zahlen des Beispiels:

$$\psi_{\text{St}\,P} = 0{,}3 - 2{,}084\,\varphi + 3{,}56\,\varphi^2 \tag{3/18}$$

$$\psi_{\text{St}\,T} = 0{,}81 + i_n^2 - 1{,}8\,i_n - 1{,}53\,\varphi + 1{,}7\,i_n\varphi + 0{,}722\,\varphi^2 \tag{3/19}$$

$$\psi_{\text{St}\,L} = 0{,}3\,i_n^2 - 1{,}8\,i_n\varphi + 2{,}73\,\varphi^2 \tag{3/20}$$

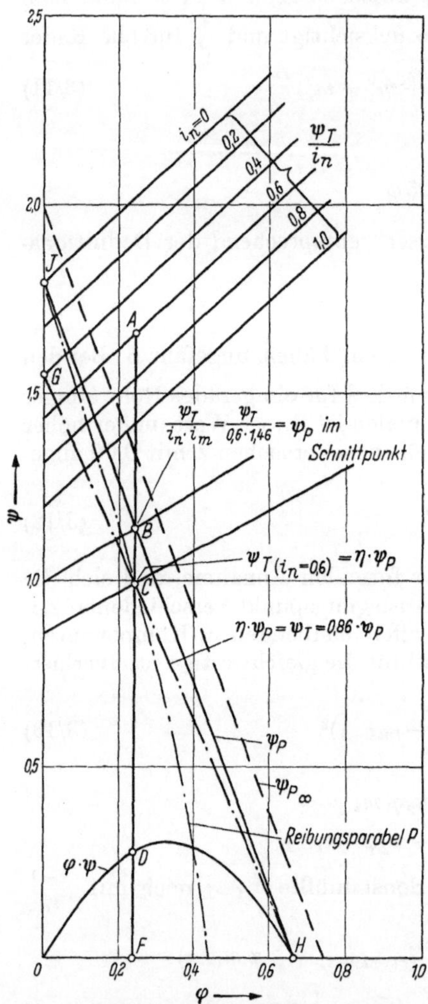

Abb. 3/5. Wandleranalyse für Abb. 3/7, im φ-ψ-Diagramm (nach FINKE)

Die Kombination der Gln. (3/9), (3/10), (3/12), (3/18), (3/19) und (3/20) nach der Vorschrift (3/10a) ergibt eine Gleichung mit φ^2, φ und Konstanten in der Form

$$A\,\varphi^2 + B\,\varphi + C = 0$$

und damit ergibt sich

$$\varphi = -\frac{B}{2A} + \sqrt{\left(\frac{B}{2A}\right)^2 - \frac{C}{A}} \tag{3/21}$$

In unserem Beispiel ist $A = -9{,}6$; $\frac{B}{2} = 0{,}45 - 0{,}4\,i_n$ und $C = 0{,}69 - 0{,}7\,i_n^2$. Somit ist φ als Funktion von i_n gegeben, mit φ ist aber auch ψ_P bekannt und mit den oben angegebenen Beziehungen auch i_n und η.

Benutzt man noch die Konstanten, die sich aus den Bauverhältnissen ergeben und das spezifische Gewicht des Arbeitsmediums, z. B. $\gamma = 850$ kp/m³, $D_P = 370$ mm, $D_2 = 350$ mm, $b_2 = 20$ mm und legt die Pumpendrehzahl mit 1000 U/min. fest, so kann man das ausführliche Kennlinienbild Abb. 3/5 entwickeln und auch die Faktoren der gebräuchlichen Überschlagsgleichungen

$$M_P = k_1\,\varphi\,\psi_P$$

und

$$N = \gamma \cdot k \cdot \left(\frac{n}{100}\right)^3 \cdot D^5$$

bestimmen.

Ferner war

$$M_P \cdot \omega = \gamma \dot{V} H_P \tag{3/22}$$

wobei

$$\omega = \pi \cdot \frac{n}{30}$$

$$V = u_2\,\varphi\,\pi\,D_2\,b \qquad u_2 = \frac{D_2}{2} \cdot \pi\,\frac{n}{30}$$

$$H = \psi\,\frac{u_2^2}{2g}$$

waren.

Dieses eingesetzt ergibt

$$M_P = \frac{\gamma\,\varphi\,\psi_P\,n^3\,D^4\,b\,\pi^2}{16\,g\cdot 9\cdot 10^2} \tag{3/23}$$

und mit den Zahlen des Beispiels:

$$M_P = \varphi\,\psi_P\cdot\frac{850\cdot\pi^3\cdot 0{,}35^4\cdot 0{,}02\cdot 10^6}{16\,g\cdot 9\cdot 10^2}$$

$$M_P = 56\,\varphi\,\psi_P \tag{3/24}$$

Damit läßt sich die Kurve M_P zeichnen, da φ und ψ abgelesen werden können und M_T folgt durch Multiplikation mit i_m. Da $\eta = i_m\cdot i_n$ leicht zu zeichnen ist, sind alle Wandlerkurven bekannt. Abb. 3/6.

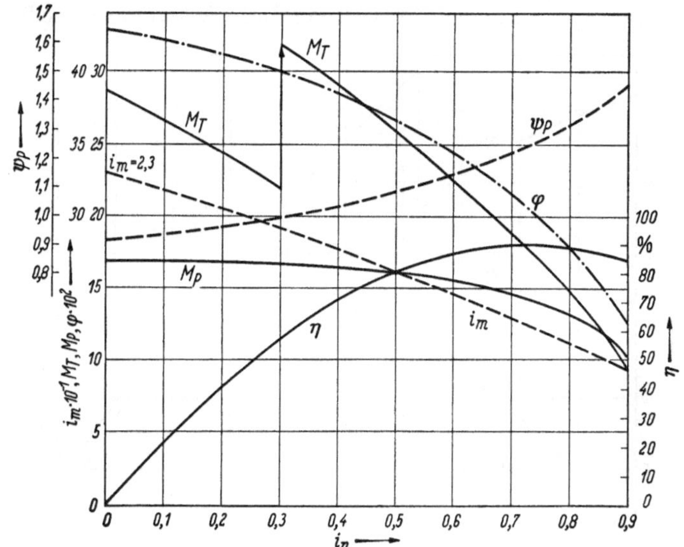

Abb. 3/6. Gerechnete Kennlinien eines Föttinger-Getriebes nach den Textangaben

Man kann noch einen interessanten Zusammenhang benutzen.

Es war $\eta = i_m\cdot i_n$.

$$\frac{d\eta}{d\,i_n} = \frac{d\,i_m}{d\,i_n}\cdot i_n + i_m$$

Die Steigung der Wirkungsgradkurve für $i_n = 0$ ist also gleich i_m. Eine hohe Anfahrwandlung ist somit mit einem steilen Anstieg von η verbunden.

Für das Wirkungsgradmaximum findet man durch Nullsetzen

$$i_{n\,\eta_{\max}} = -\frac{i_m}{\dfrac{d\,i_m}{d\,i_n}}$$

da i_m auch als Funktion von i_n vorliegt, ergibt sich eine Konstruktionshilfe.

Ein Vergleich mit den gemessenen Kurven zeigt weitgehende Übereinstimmung. Dieses liegt natürlich zum Teil an den aus der Erfahrung eingeführten Faktoren $i_{r2}^* = 0{,}9$ und $\dfrac{\lambda\cdot l}{d} = 0{,}3$.

Es ist nicht immer angebracht, bei einer Untersuchung die mühevolle Arbeit der Ermittlung der Kurven des gesamten Wandlerkennfeldes durchzuführen.

Bereits das einfach zu zeichnende ψ-φ-Diagramm läßt viele Schlüsse zu und dient besonders zur richtigen Einordnung von Meßergebnissen.

Greift man z. B. in dem zugehörigen Versuchskennfeld Abb. 3/7 die Werte für $i_n = 0{,}6$ heraus, so kann man mit der Wandlung $i_m = 1{,}46$ zu der Kurve $\frac{\psi_T}{i_n}$ eine Gerade $\frac{\psi_T}{0{,}6} \cdot \frac{1}{1{,}46}$ zeichnen.

Ihr Schnittpunkt B mit $H\,I$ in Abb. 3/5 muß zusammenhängende Punkte für ein bestimmtes φ ergeben. $\frac{AF}{BF}$ ergibt die Wandlung 1,46 und bei gleichem φ den Punkt C auf ψ_T für $i_n = 0{,}6$.

$C\,B$ ist die Verlusthöhe. Sie gibt einen Punkt der Reibungsparabel ψ_R, sofern man in diesem Betriebspunkt die Stoßverluste vernachlässigen darf. Da $i_n = 0{,}6$ nahe dem Auslegungspunkt liegen dürfte, mag diese Annahme zutreffen.

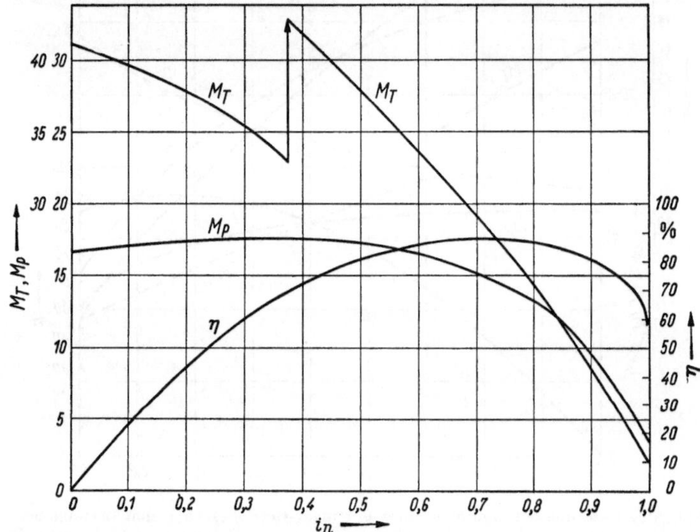

Abb. 3/7. Gemessene Kennlinien eines Wandlers entsprechend den Werten von Abb. 3/6

Der Schnittpunkt D auf der Parabel $\varphi \cdot \psi$ zeigt, daß die größtmögliche Leistung nicht für $i_n = 0{,}6$ gegeben ist. Die Kurve für M_P in Abb. 3/6 und 3/7 muß der Kurve $\varphi \cdot \psi$ in Abb. 3/5 ähnlich sein. Sucht man nach gleichem Verfahren Punkte für größere Werte i_n auf, so fallen diese immer weiter links von D. Die Leistung fällt also nach $i_n = 0{,}6$ ab. Der Wirkungsgrad kann überprüft werden. Er ist gleich $\frac{CF}{BF}$. Zieht man eine Gerade $C\,H$ durch C, so liegen hier alle möglichen Wandlerbetriebszustände mit $\eta = 87{,}5\%$. Subtrahiert man die Reibungswerte ψ_R von ψ_P, so kommt man zur Kurve P. Ohne Berücksichtigung der Stoßverluste geben die Schnittpunkte der einzelnen Geraden ψ_T hier Betriebspunkte. Man sieht, daß der Wirkungsgrad von $i_n = 0{,}6$ an noch ansteigt.

3.13 Wandlerauslegung für maximalen Wirkungsgrad

In den dimensionslosen Gleichungen kommen keine absoluten Größen vor, sondern nur Längenverhältnisse und Winkel. Mit diesen Gleichungen ermittelte Kennlinien gelten daher für alle geometrisch ähnlichen Wandler, sofern die hydraulischen Ähnlichkeitsgesetze gelten, d. h., wenn die Verluste unabhängig von der REYNOLDSschen Zahl sind. Die Verlustkoeffizienten ζ und λ sind natürlich von dieser Kenngröße abhängig, aber ihre Änderung mit der REYNOLDSschen Zahl ist geringfügig. Man nimmt an, daß der Einfluß ihrer Änderung so weit zurücktritt, daß in der Praxis die dimensionslosen Ausdrücke mit hinreichender Genauigkeit die Eigenschaften verschieden großer Drehmomentwandler erkennen lassen.

Eignet sich das bisher angewandte Verfahren vorzüglich zur Untersuchung vorhandener Föttinger-Wandler, so wird man doch bald feststellen, daß der Erfahrung und dem freien Entschluß des Konstrukteurs noch ein breites Feld eingeräumt bleiben. Die Schaufelwinkel und die Radienverhältnisse können sehr willkürlich gewählt werden. Bei der großen Anzahl der Kombinationsmöglichkeiten und der starken Rückwirkung der einzelnen Glieder aufeinander ist eine erhebliche Unsicherheit vorhanden. In der Arbeit [*16*] ist daher der Versuch gemacht worden, Kriterien einzuführen, die geeignet sind, die Zahl der Kombinationsmöglichkeiten zu verringern und die Bestimmung zweckmäßiger Schaufelwinkel und günstiger Radienverhältnisse zu ermöglichen.

Als ein solches Kriterium bietet sich z. B. die Forderung an, daß die Strömungsverluste im praktischen Betriebsbereich ein Minimum werden sollen.

Besonders naheliegend ist es zunächst, die Stoßverluste bei einem bestimmten Drehzahlverhältnis verschwinden zu lassen. Diesen ausgezeichneten Punkt mit dem Drehzahlverhältnis i_{n0} nennt man gewöhnlich den Auslegungspunkt.

Gl. (3/14) liefert also

$$\psi_{\mathrm{St}i_{n0}} = i_{ri}\, i_{n0i} + \varphi \cdot m_i - i_{ri-1} \cdot i_{n0i-1} - \varphi \cdot m_{i-1} = 0$$

Gl. (3/21) gibt eine weitere unabhängige Beziehung, denn sie muß ja auch für i_{n0} gelten. Damit stehen $n+1$ Gleichungen für $2\,n$ Schaufelwinkel zur Verfügung.

Eine Überlegung über die Gesamtverluste, die nach der Vereinbarung im praktischen Bereich ein Minimum werden sollen, ergibt die restlichen $n-1$ Gleichungen.

Die Verlustleistung ist die Differenz zwischen Eingangs- und Ausgangsleistung. Sofern h_v die Summe aller Verluste bezeichnet, kann man diese Aussage in Form einer Gleichung kleiden.

$$h_v \cdot \dot{V}\gamma = M_P \cdot \omega - M_T \cdot i_n \omega \tag{3/25}$$

und für

$$\eta = \frac{M_T \cdot i_n \cdot \omega}{M_P \cdot \omega} = i_m \cdot i_n$$

kann man, indem man M_T gemäß Gl. (3/25) ausdrückt, schreiben:

$$\eta = 1 - \frac{h_v \cdot \gamma \cdot \dot{V}}{M_P \cdot \omega} \tag{3/26}$$

d.h. die Bedingung dafür, daß die Summe der Verluste im Verhältnis zur Eingangsleistung ein Minimum wird, entspricht der anderen Aussage, daß der Wirkungsgrad ein Maximum wird.

Es gäbe natürlich weitere Komplikationen, wenn man nun das Drehzahlverhältnis des maximalen Wirkungsgrades auch noch als Unbekannte einführte. Im Zusammenhang mit dem Verschwinden der Stoßverluste soll deshalb angenommen werden, daß der Wirkungsgrad sein Maximum am Auslegungspunkt hat. Dieses ist nach den Erfahrungen nicht zutreffend, denn die Stoßverluste ändern sich in der Nähe dieses Drehzahlverhältnisses zunächst nur langsam, so daß in der Regel eine Verschiebung des maximalen Wirkungsgrades zu kleineren Reibungswerten hin eintritt. Der Fehler fällt aber nicht so sehr ins Gewicht, denn im Bereich des Maximums ändert sich η über i_n nur allmählich.

Es war $\eta = i_m \cdot i_n$, also ist die Bedingung dafür, daß η bei konstantem i_{n0} durch den Einfluß der Schaufelkenngrößen ein Maximum wird, im mathematischen Ausdruck

$$\frac{\partial i_{m0}}{\partial m_i} = 0$$

bei drei Gliedern also

$$\frac{\partial i_{m0}}{\partial m_1} = \frac{\partial i_{m0}}{\partial m_2} = 0$$

und bei sechs Gliedern etwa

$$\frac{\partial i_{m0}}{\partial m_1} = \frac{\partial i_{m0}}{\partial m_2} = \frac{\partial i_{m0}}{\partial m_4} = \frac{\partial i_{m0}}{\partial m_6} = \frac{\partial i_{m0}}{\partial m_8} = 0$$

Man könnte an sich noch weiter gehen und ähnliche Bedingungen auch für die letzten Größen von wesentlichem Einfluß, nämlich für die Radienverhältnisse, ansetzen und Gleichungen dafür ableiten, aber das jetzige Verfahren führt bei allgemeiner Anwendung bereits zu langen Formeln und umständlichen Rechnungen. In den Arbeiten, die solche Berechnungen zum Ziele haben, vermeidet man die allgemeine Form. Man legt sowohl die Reibungs- und Stoßkoeffizienten, als auch die Radienverhältnisse fest und nimmt i_{n0} und φ_0 als Parameter am Auslegungspunkt an.

Dieses Verfahren auf bestimmte Drehmomentwandler angewendet, führt tatsächlich zu bemerkenswerten Ergebnissen. Es wird hier darauf verzichtet, die Rechnungen im einzelnen durchzuführen, aber es sollen die Ergebnisse an Hand von damit errechneten Kurven diskutiert werden. Für die genaue Verfolgung der angegebenen Verfahren wird auf die im Verzeichnis angegebene Literatur verwiesen. [*16*]

Man darf sich allerdings nicht der Illusion hingeben, daß die konsequente Anwendung dieser Prinzipien zwangläufig zu dem absolut günstigsten Drehmomentwandler führt. Die angesetzten Maximalbedingungen sagen nichts darüber aus, ob die Wirkungsgradkurve sehr spitz wird und ob das Maximum in einem günstigen Bereich liegt. Außerdem ist ja immer noch der Reibungsbeiwert λ nach Erfahrung zu bestimmen und die Radienverhältnisse spielen auch eine entscheidende Rolle.

Um überhaupt zu darstellbaren Ergebnissen zu kommen, die einen gewissen Einblick gestatten, ist es außerdem notwendig, den Konstruktionspunkt bzw. die dort vorhandene Umlaufmenge φ vorzugeben, wie bereits bemerkt wurde. Man kann dann nach mühevollen Rechenoperationen beispielsweise für einen normalen Wandler nach Abb. 3/2 den Wirkungsgrad am Auslegungspunkt für festgelegte Radienverhältnisse, mit vorgegebenem λ, einem angenommenen Auslegungsdrehzahlverhältnis i_{n0} und einer dazugehörigen Umlaufmenge φ_0 als Funktion der Winkelkennwerte des Pumpenradein- und -austritts darstellen. Es zeigt sich, daß für Paare der angenommenen festen Parameter diese Kurven der Wirkungsgrade im Koordinatensystem m_1 und m_2 einen maximalen Wert des Wirkungsgrades einschließen. Wenn man nun für die dadurch bestimmten Wertepaare nach den vorstehend geschilderten Verfahren die übrigen Größen bestimmt, kommt man zu Kennlinienfeldern für Wandler, die in gewissem Sinn als optimal anzusprechen sind. Wir werden allerdings später den Begriff eines optimalen Wandlers unter Heranziehung praktisch wertvoller Kriterien anders definieren.

In Abb. 3/8 sind für die dabei verzeichneten Kenngrößen die zugehörigen Kurven dargestellt und in Abb. 3/9 die sich dabei ergebenden Verluste erkennbar gemacht.

In Abb. 3/8 sind P und P' dimensionslose Beiwerte der Eingangs- und Ausgangsleistung gemäß folgender Definition:

$$P = \frac{M_P \cdot \omega}{\varrho \cdot k' \cdot r_2^5 \cdot \omega^3} \qquad (\varrho = i_r!)$$

und

$$P' = \frac{M_T \cdot i_n \cdot \omega}{\varrho \cdot k' \cdot r_2^5 \cdot \omega^3}$$

wie die später gebrauchten dimensionslosen Kenngrößen für die Momente

$$\mu_P = \frac{M_P}{\varrho \cdot k' \cdot r_2^5 \cdot \omega^2}$$

und

$$\mu_T \cdot i_n = \frac{M_T \cdot i_n}{\varrho \cdot k' \cdot r_2^5 \cdot \omega^2}$$

gleich, bzw. bis auf den Faktor i_n gleich den entsprechenden Werten P und P' sind.

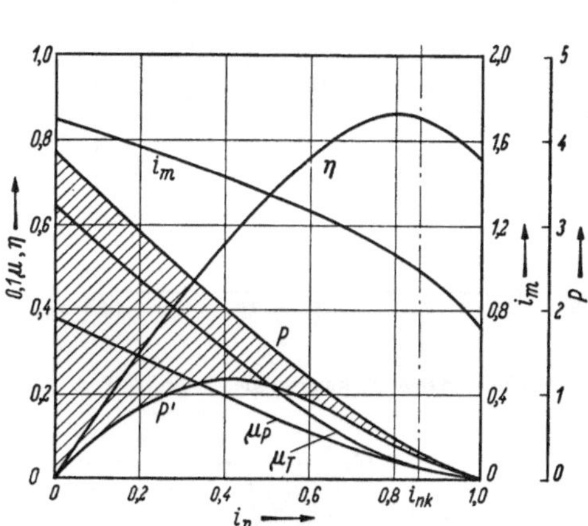

Abb. 3/8. Gerechnete Kennlinien für einen Wandler maximalen Wirkungsgrads (nach [16])
$m_1 = 0{,}006$; $m_2 = 0{,}77$; $m_3 = 1{,}27$; $m_4 = -0{,}88$; $m_5 = -0{,}63$; $m_6 = 0{,}49$; $i_{r1} = i_{r3} = 0{,}5$; $\lambda = 0{,}2$; $i_{40} = 0{,}5$; $\varphi_0 = 1{,}0$; μ u. P siehe Text

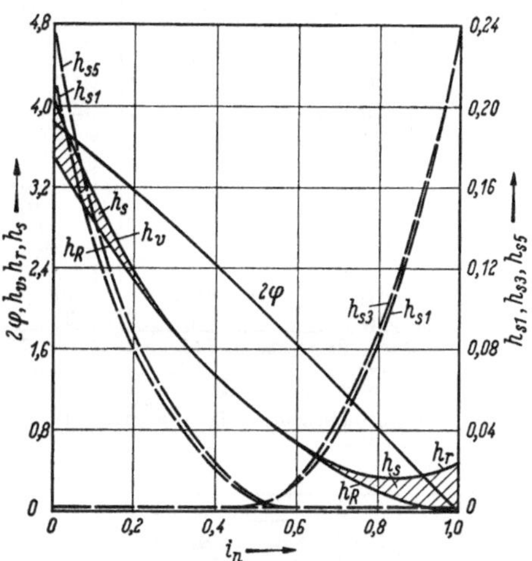

Abb. 3/9. Aufteilung der Verluste zu Abb. 3/8
h_v = Gesamtverlust; h_r = Reibungsverlust; h_s = Stoßverlust; $i_{r1} = i_{r5} = 0{,}5$; $\lambda = 0{,}2$; $i_{n0} = 0{,}5$; $\varphi_0 = 1{,}0$

Die schraffierte Fläche in Abb. 3/8 stellt den dimensionslosen Beiwert des Leistungsverlustes dar. Man kann auch erkennen, daß das Drehzahlverhältnis des maximalen Wirkungsgrades nicht mit dem Auslegungspunkt zusammenfällt, wie bereits früher vorausgesagt wurde. Abb. 3/9 zeigt die dimensionslosen Verluste, und zwar die Stoßverluste beim Eintritt in die drei Räder, den Gesamtreibungsverlust und die Kurve der Gesamtverluste. Man sieht, daß bei den geltenden Annahmen der Reibungsverlust erheblich überwiegt.

In Abb. 3/10 sind über den Auslegungsmengen φ_0 die verschiedenen Winkelkenngrößen als Ordinaten aufgetragen, und die dazugehörigen Drehzahlverhältnisse i_{n0} als Kurven dargestellt. Mit diesen Werten ergeben sich nun die Diagramme Abb. 3/11, 3/12 und 13. Aus ihnen ersieht man, daß mit abnehmendem φ_0 bei konstantem i_n die Kenngröße für die primäre Momentaufnahme μ_P und für diejenige des Abtriebsmoments μ_T abnimmt. Hier ist zu beachten, wie außerordentlich stark diese

Momente beeinflußt werden. Wie wichtig beide Größen bei der Beurteilung der Anwendung der Wandler bei speziellen Einsatzfällen sind, wird später noch ausführlich diskutiert werden.

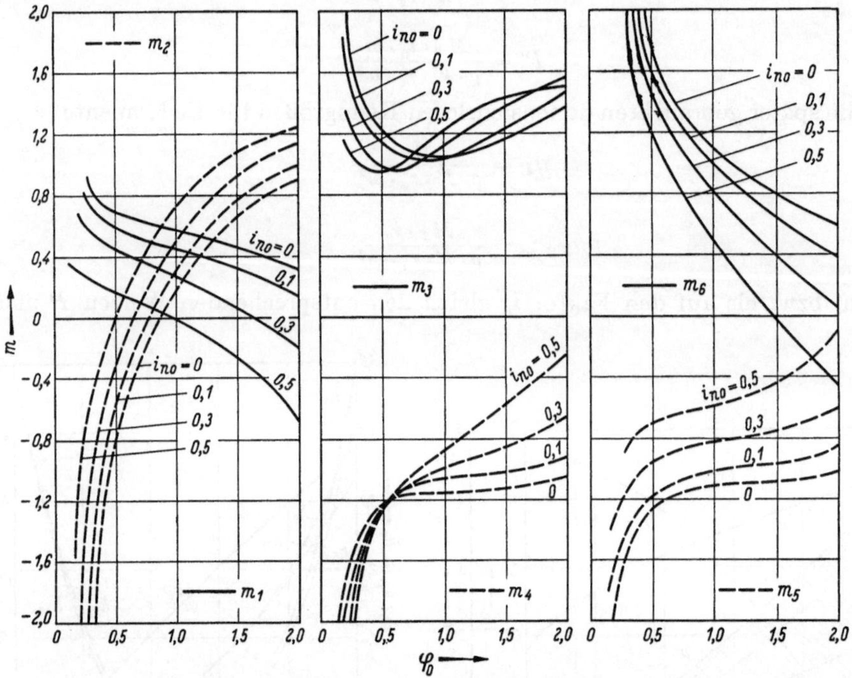

Abb. 3/10. Schaufelwinkelkenngrößen für einen Wandler maximalen Wirkungsgrades (nach [16])

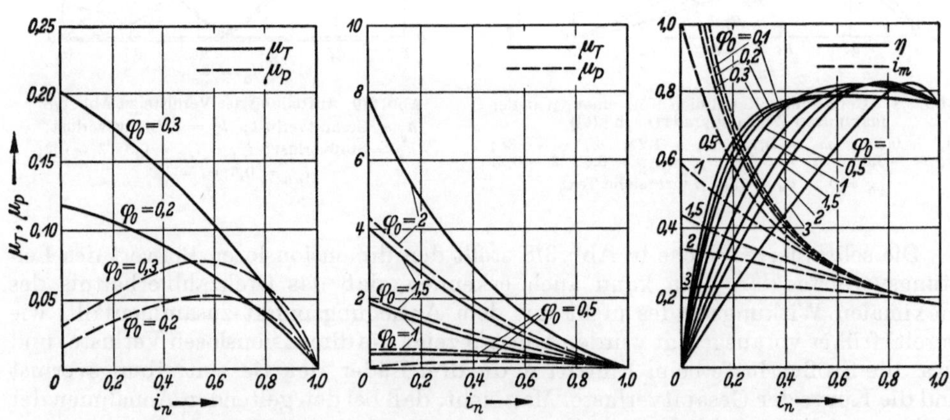

Abb. 3/11. Gerechnete Wandlerkennlinien bei Variation der Parameter $i_{n0} = 0$

Es erscheint einleuchtend, daß man bei kleinen Werten von i_{n0} bessere Wirkungsgrade im Gebiet der kleinen Drehzahlverhältnisse bekommt, wie man in dem entsprechenden Diagramm Abb. 3/11 ohne weiteres erkennt. Damit im Zusammenhang steht der Anstieg der Anfahrwandlung i_{ma}.

Wenn i_{n0} bei konstantem φ_0 verringert wird, nehmen die Kenngrößen der Drehmomente μ_P und μ_T ab. Die Anfahrwandlung wächst, und die Wirkungsgradspitze

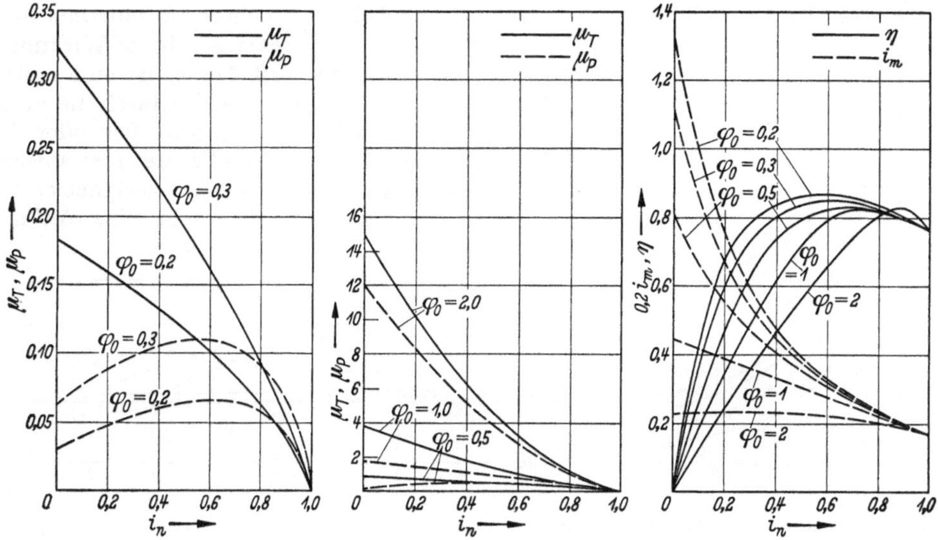

Abb. 3/12. Gerechnete Kennlinien wie Abb. 3/11, jedoch $i_{n0} = 0,3$

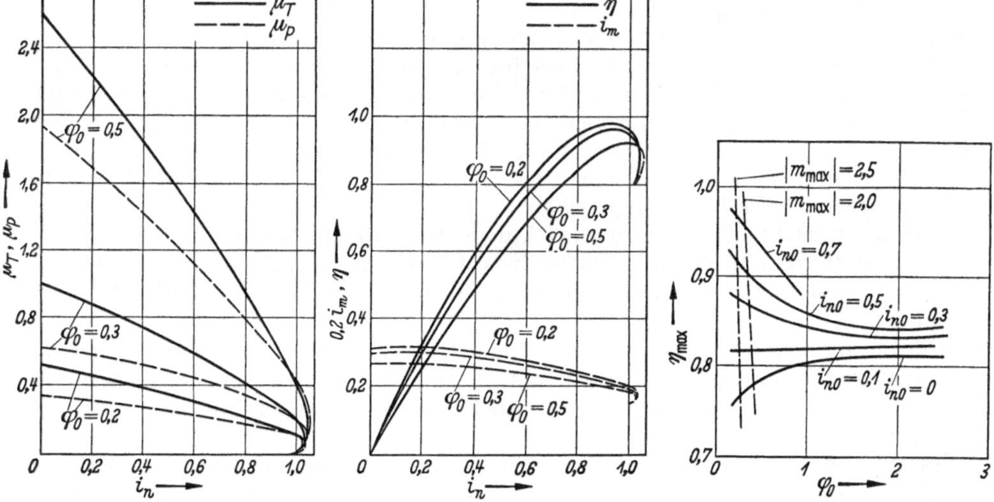

Abb. 3/13. Gerechnete Kennlinien wie Abb. 3/11, jedoch $i_{n0} = 0,9$

Abb. 3/14. Maximaler Wirkungsgrad bei Variation der Parameter, sonst wie Abb. 3/11

verschiebt sich gleichfalls zu kleinen Werten von i_n. Dabei nimmt das Maximum des Wirkungsgrades selbst ab.

Aufbauend auf den Abb. 3/11 bis 3/13 kann man nun die Abb. 3/14 bis 3/16 entwickeln, die die beiden wesentlichen Kenngrößen der Wandler, den Wirkungsgrad und die Anfahrwandlung darstellen und wie sie von der Auslegungsmenge und dem

Drehzahlverhältnis im Auslegungspunkt abhängen. Durch die gestrichelte Linie sind die Grenzen der praktischen Ausführungsmöglichkeit bezüglich der Schaufelwinkel angegeben.

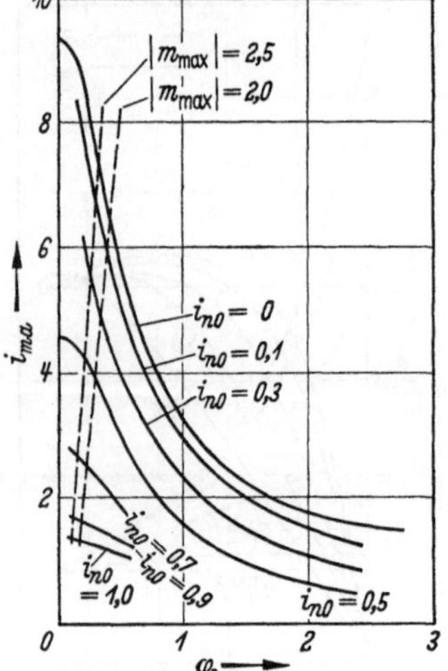

Abb. 3.15. Anfahrwandlung bei Variation der Parameter, sonst wie Abb. 3/11

Man sieht, daß die höhere Anfahrwandlung durch eine Verringerung des erreichbaren Wirkungsgrades erkauft werden muß. Dieses ist eine außerordentlich wichtige Erkenntnis, die durch die praktische Entwicklung bestätigt wurde. Besonders im Fahrzeugbetrieb, für den Wandler der hier speziell untersuchten Art sich als besonders geeignet erwiesen haben, wäre es sehr erwünscht, eine Anfahr-

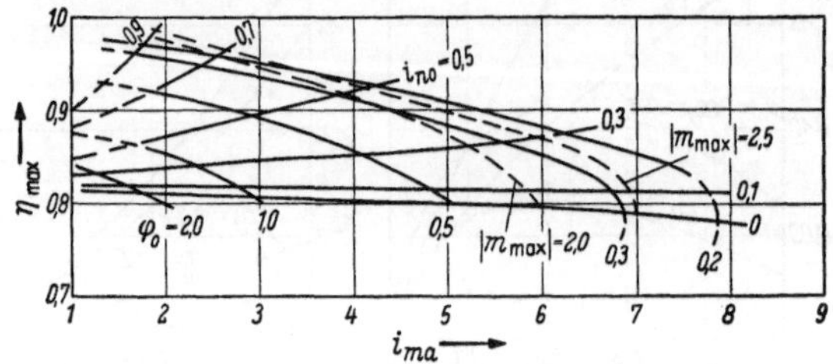

Abb. 3/16. Maximaler Wirkungsgrad eines Wandlers in Abhängigkeit von der Anfahrwandlung

$i_{r1} = i_{r5} = 0{,}5$; $\lambda = 0{,}2$

wandlung zwischen 4 und 5 zu erreichen. Diese ist aber nur bei einem erheblich verringerten Wirkungsgrad zu erzielen. Zu günstigeren Ergebnissen kommt man durch den Einsatz von mehrstufigen Systemen (s. Abschn. 3.14).

Bei Betrachtung der Kurven erscheint es wünschenswert, φ_0 möglichst klein zu wählen. Es ergibt sich jedoch, daß hier konstruktive Grenzen gesetzt sind. Nach Abb. 3/10 sind die Winkelkenngrößen m in der Größenordnung von $|2|$ auszuführen, wodurch die durchströmte Fläche verringert wird und bei höherer Geschwindigkeit höhere Reibungsverluste entstehen. Diese konstruktive Grenze wird in Abb. 3/16 durch die gestrichelte Kurve angegeben.

Man kann nicht oft genug darauf hinweisen, daß die Beurteilung von Drehmomentwandlern nicht nur mit Rücksicht auf eine einzige charakteristische Eigenschaft vorgenommen werden darf. Eine wesentliche Größe ist auch die Momentaufnahme.

Die Zusammenhänge sind nun derartig komplex, daß es nicht möglich ist, in einer einzigen Darstellung alle Beziehungen sichtbar zu machen. Man kann nur wieder in Darstellungen mit anderen Parametern den Einfluß auf die anderen Kenngrößen verdeutlichen.

Es ist ohne weiteres möglich, diese Untersuchungen mit den Grundbeziehungen der gebrachten Abbildungen durchzuführen. So ist z. B. nach Abb. 3/15 in der Abb. 3/17 im Zusammenhang dargestellt, wie sich die aufgenommenen bzw. abgegebenen Drehmomente darstellen, wenn man z. B. ein $i_{ma} = 4$ zugrunde legt und eine Auswahl bezüglich der verschieden möglichen Auslegungen trifft. Es ergibt sich, daß die Leistungsaufnahme z. B. kleiner wird, wenn φ_0 kleiner oder i_{n0} größer angesetzt werden. Dabei ist auch ein sehr erheblicher Einfluß auf den Wirkungsgrad nachweisbar.

Es ist sehr schwierig, selbst durch Messungen zu einwandfreien Abschätzungen der λ-Werte zu kommen, wie sie in die Rechnungen eingehen. Man kann aber

Diagramme aufstellen, welche die Abhängigkeit der charakteristischen Kurvenwerte von λ erkennen lassen und gewinnt dadurch einen Einblick in die wirklichen Verhältnisse.

Da λ in die Ausgangsgleichungen eingeht, werden besonders die Schaufelwinkel-Kenngrößen beeinflußt. Höhere Reibung, d. h. höhere Verluste, bedingen größere Förderhöhen im Pumpenrad bzw. größere Fallhöhen in der Turbine. Bei gleich großen Abmessungen kann dieses nur durch Vergrößerung der Schaufelwinkel erreicht werden.

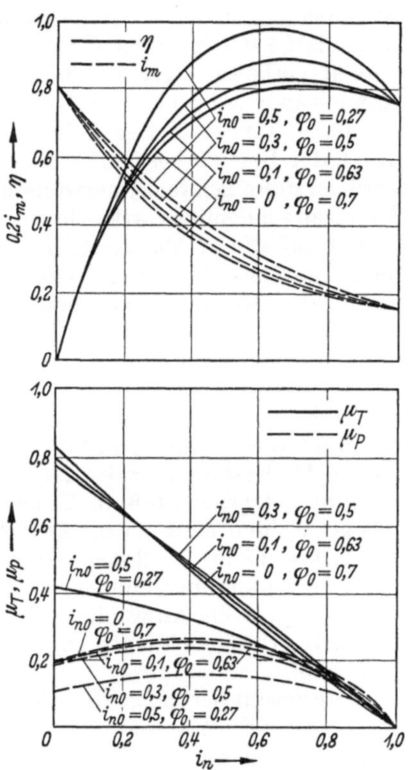

Abb. 3/17. Gerechnete Kennlinien für 4 verschiedene Wandler $i_{ma} = 4\, i_{r1}\, i_{r5} = 0,5$; $\lambda = 0,2$

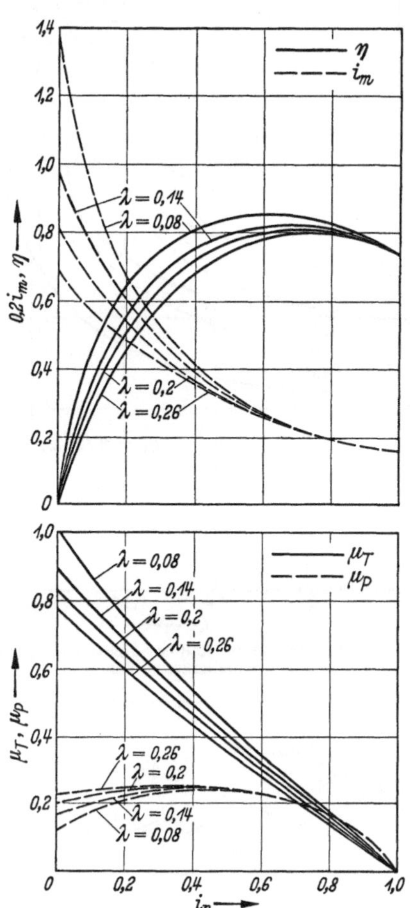

Abb. 3/18. Einfluß des Reibungsbeiwertes λ auf die Wandlerkennlinien $i_{r1} = i_{r5} = 0,5$; $i_{n0} = 0$, $\varphi_0 = 0,7$

Da λ auch von der Reynoldsschen Zahl abhängt, und in diese wiederum die Geschwindigkeit eingeht, ist damit zu rechnen, daß λ sich auch über die Breite des Strömungskanals ändert und außerdem von i_n abhängig ist. Selbst wenn ein Wert am Auslegungspunkt zutrifft, werden Änderungen im Gesamtbereich der Wandlung vorkommen, und man müßte, um wirklich zu genauen Werten bei Vorausberechnung der Kurven zu kommen, diese aus solchen, die mit verschiedenen λ entwickelt werden, zusammensetzen.

In welcher Größenordnung sich der Einfluß von λ bewegt, ist in Abb. 3/18 dargestellt.

Die bisherigen Untersuchungen befassen sich mit symmetrischen Wandlern, bei denen $i_{r1} = i_{r4}$ war, wobei vorwiegend ein Wert von 0,5 zugrunde gelegt wurde.

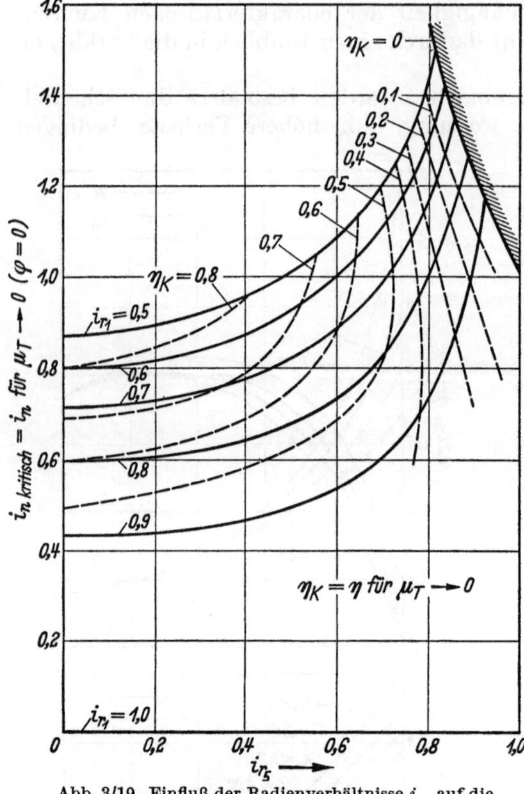

Abb. 3/19. Einfluß der Radienverhältnisse $i_{r\,i}$ auf die Wandlerkennlinien

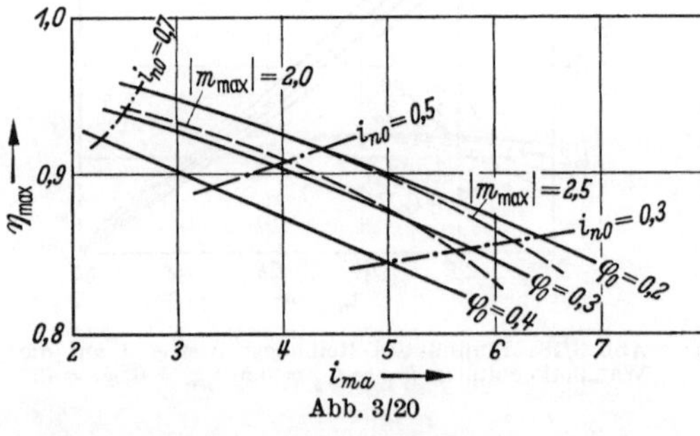

Abb. 3/20

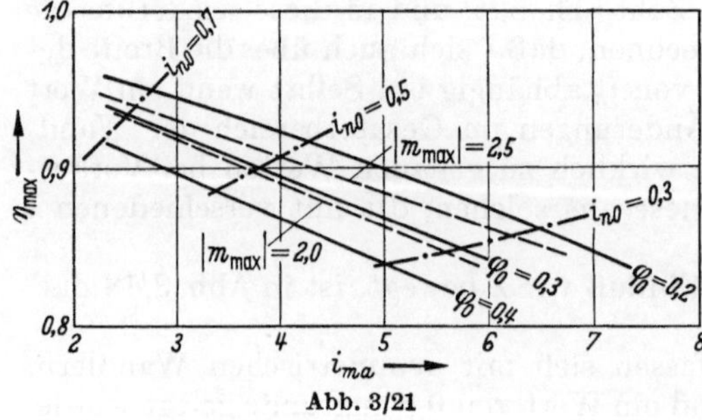

Abb. 3/21

Untersuchungen ergeben, daß die Kennlinien die gleiche Tendenz haben, solange die Gleichheit von i_{r1} und i_{r4} besteht, wenn auch der absolute Wert sich ändert. Bei kleineren Radienverhältnissen werden die Linien, ganz allgemein gesprochen, vorteilhafter. Bei wesentlichen Unterschieden ergeben sich sehr erhebliche Abweichungen. Insbesondere ist zu bemerken, daß, wenn i_{r1} größer wird als i_{r4} das kritische Geschwindigkeitsverhältnis i_{nkr}, bei dem das Antriebsmoment Null wird, bei kleineren Werten als 1 liegt. Da hierdurch der Betriebsbereich eingeengt wird, ist diese Tendenz unerwünscht. Es treten schließlich starke Unstetigkeiten auf, die in Abschn. 3.21 noch näher untersucht werden. Hier sei nur in der Abb. 3/19 das grundsätzliche Verhalten, wie es Durchrechnungen ergeben, dargestellt.

Bei der Betrachtung ist zu berücksichtigen, daß die Ergebnisse auf der Annahme beruhen, daß das kritische Drehzahlverhältnis der Bedingung entspricht, daß die Umlaufmenge φ hier Null wird. Es gibt besondere Fälle, in denen Abweichungen vorkommen können, so daß man bei spezieller Anwendung selbst genauere Untersuchungen vornehmen muß.

Interessant ist noch die Untersuchung des Einflusses auf den maximalen Wirkungsgrad in seiner Abhängigkeit von der Anfahrwandlung bei einer Änderung der Radienverhältnisse in bescheidenem Umfang. Die Abb. 3/20 und 3/21 sind dabei mit der Abb. 3/16 zu vergleichen. Man sieht, daß der Wirkungsgrad grundsätzlich schlechter wird.

Abb. 3/20. Zusammenhang zwischen Anfahrwandlung und maximalem Wirkungsgrad bei gegebenen Parametern (nach [26]) $i_{r1} = 0{,}5$; $i_{r5} = 0{,}6$; $\lambda = 0{,}2$

Abb. 3/21. Wie Abb. 3/20, jedoch mit $i_{r5} = 0{,}7$, statt $i_{r5} = 0{,}6$ (nach [16])

3.14 Mehrstufige Wandler

Die Schwierigkeiten, die sich bei der Konstruktion von Wandlern ergaben, wenn man maximale Anfahrwandlung mit hohem Wirkungsgrad in einem breiten Betriebsbereich verbinden will, führten besonders in den USA zur Konstruktion mehrstufiger Wandler. Mit der steigenden Anzahl der Räder ist natürlich die Anzahl der Variationsmöglichkeiten gewachsen, und man hoffte wohl, zu umwälzenden Ergebnissen zu gelangen.

In der bereits in Abschn. 3.13 genannten Arbeit [*16*] hat Tomo-O-Ishihara auch die Kennlinien für solche mehrstufigen Systeme berechnet.

Der mehrstufige Wandler ist im allgemeinen mit schaufelfreien Räumen zwischen den aufeinanderfolgenden Rädern versehen, so daß die Rechnung dadurch noch unsicherer wird.

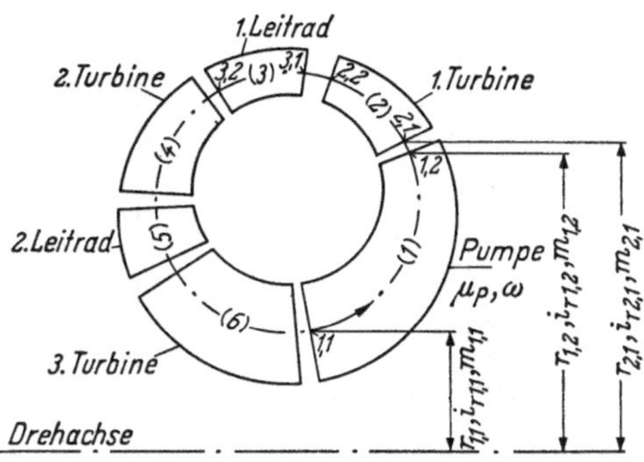

Abb. 3/22. Schema für ein mehrstufiges Föttinger-Getriebe

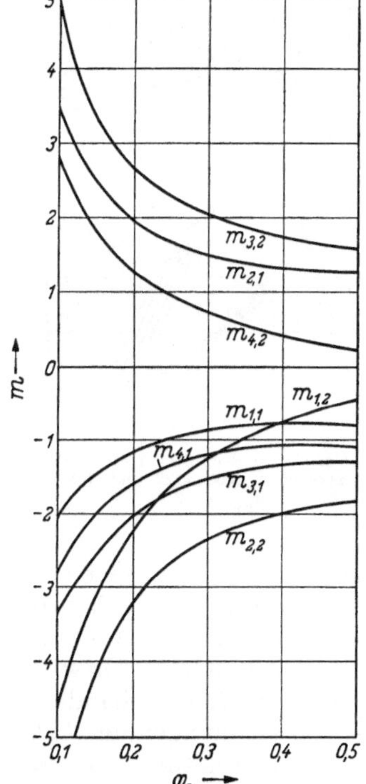

Abb. 3/23. Schaufelwinkelkenngrößen für ein zweistufiges Föttinger-Getriebe mit zwei Turbinenstufen und einem Leitrad bei Auslegung für maximalen Wirkungsgrad (nach [*16*])
$\lambda = 0{,}2$; $i_{n0} = 0{,}2$

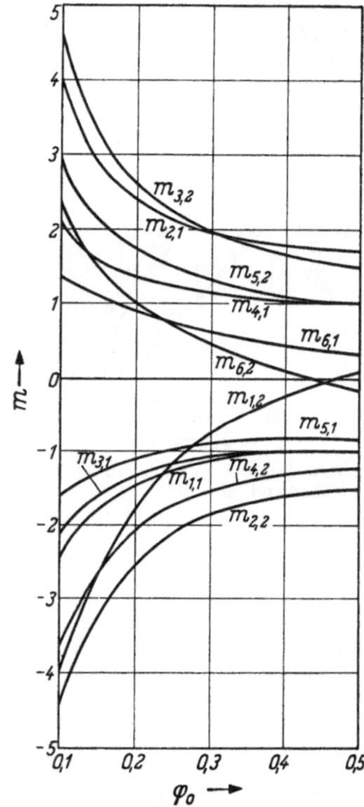

Abb. 3/24. Schaufelwinkelkenngrößen für ein mehrstufiges Föttinger-Getriebe nach Abb. 3/22 bei Auslegung für maximalen Wirkungsgrad (nach [*16*])
$\lambda = 0{,}2$; $i_{n0} = 0{,}2$

Die allgemeinen Gleichungen für die bezogenen Drehmomente von Pumpe und Turbine können formal gemäß der früheren Ableitung angeschrieben werden. Die Gleichung für φ wird etwas länger, da die Verluste für mehrere Räder anzusetzen sind und es mehr Radienverhältnisse gibt. Natürlich tritt auch die entsprechende Anzahl von Winkelkenngrößen m auf.

Die praktische Durchführung der Berechnung zur Festlegung eines Satzes von Schaufelwinkel-Kenngrößen für den besten Wirkungsgrad ist viel komplizierter, weil hier, je nachdem ob es sich um 2 oder 3 Stufen handelt, 8 bzw. 12 unbekannte Kenngrößen vorhanden sind.

Mit den Bezeichnungen der Abb. 3/22 und den Radienverhältnissen i_{r_i}, wie sie dort eingetragen sind, wurden die numerischen Berechnungen durchgeführt und das Ergebnis in den Kurventafeln Abb. 3/23 und 3/24 für die Winkelkenngrößen, sowie in Abb. 3/25 und 3/26 in bezug auf die Kennlinien dargestellt. Aus diesen Tafeln stammen dann die entsprechenden

Abb. 3/25. Gerechnete Kennlinien eines Föttinger-Getriebes entsprechend Abb. 3/23 $\lambda = 0{,}2$; $i_{n0} = 0{,}2$

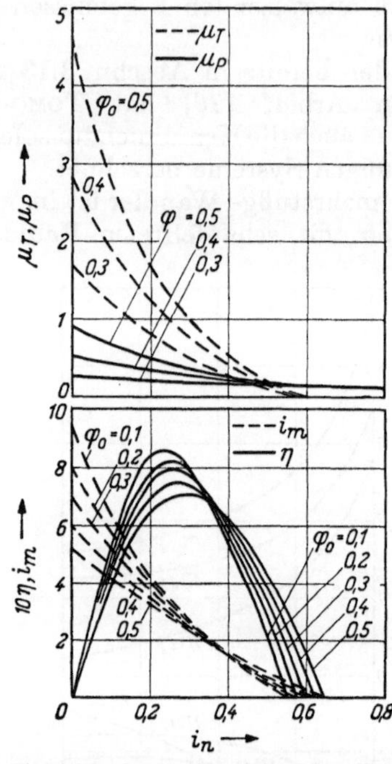

Abb. 3/26. Gerechnete Kennlinien eines Föttinger-Getriebes entsprechend Abb. 3/22 und 3/24 · $\lambda = 0{,}2$; $i_{n0} = 0{,}2$

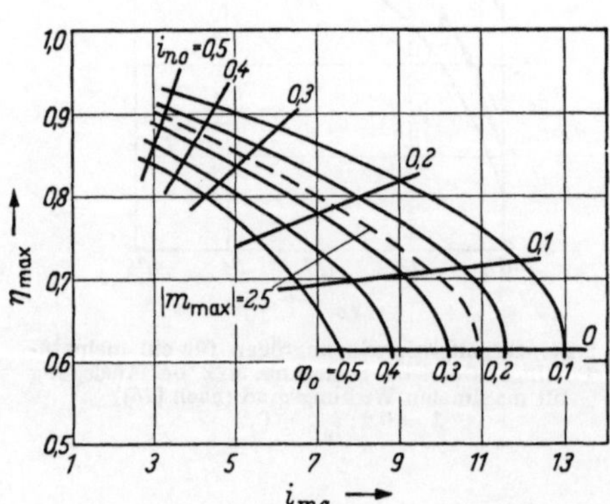

Abb. 3/27. Maximaler Wirkungsgrad als Funktion der Anfahrwandlung für Föttinger-Getriebe nach Abb. 3/25

Werte, um die interessanten Aufstellungen für den maximalen Wirkungsgrad in Abhängigkeit vom Drehmomentverhältnis im Anfahrpunkt auszuarbeiten. Abb. 3/27 und 3/28.

Daraus kann man erkennen, daß in Abhängigkeit von i_{n0} und φ_0 qualitativ die gleiche Tendenz herrscht, wie sie für den einstufigen Wandler aufgezeigt wurde. Die Werte von i_{ma}, die innerhalb der früher bereits erkannten Grenze von m erreichbar sind, steigen entsprechend der erhöhten Stufenzahl.

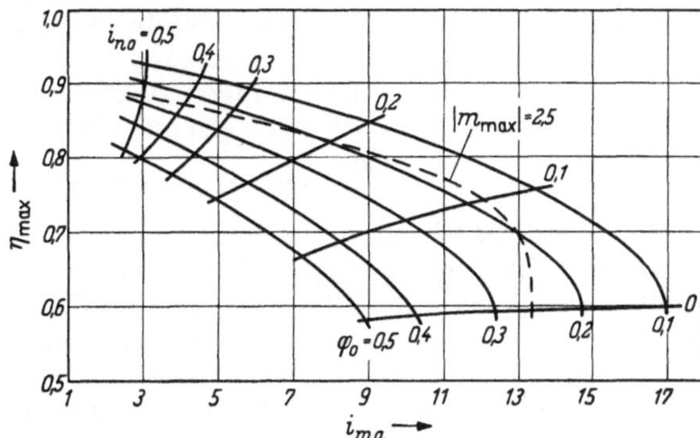

Abb. 3/28. Maximaler Wirkungsgrad als Funktion der Anfahrwandlung für ein mehrstufiges Föttinger-Getriebe nach Abb. 3/22 und 3/26

Leider sind die Grundwerte etwas anders angenommen, und z. B. für λ ein anderer Wert zugrunde gelegt, so daß der Vergleich unvollkommen ist. Für eine qualitative Betrachtung dürfte die Aussage allerdings ausreichend fundiert sein.

3.15 Der optimale Wandler

Mit Hilfe der dimensionslosen Diagramme und der in dem Zusammenhang erläuterten Rechnungsgänge ist es möglich, die Wandlerkurven vorauszuberechnen und auch die einzelnen Werte für die Konstruktion festzulegen. Es ist dabei auch die Abhängigkeit der einzelnen Kenngrößen voneinander und von verschiedenen Parametern in einer großen Anzahl der in den Abbildungen festgelegten Kurven dargestellt worden. Mit Hilfe gewisser Maximalbetrachtungen könnte man auch zu Wandlern gelangen, die eine maximale Wirkungsgradspitze haben. Im gleichen Zusammenhang ist aber auch davor gewarnt worden, sich mit diesen rein theoretischen Bedingungen zu begnügen.

Der Einsatz eines Wandlers stellt in der Praxis außerordentlich vielseitige Anforderungen. Es sind nicht nur ein hoher Wirkungsgrad und eine gewisse Wandlung erforderlich, sondern man muß auch verlangen, daß der Wirkungsgrad in einem breiten Bereich erhalten bleibt und daß außer der Wandlung auch noch gewisse andere Werte berücksichtigt werden. Dabei wurde bereits die Wichtigkeit der Primäraufnahme angesprochen.

Bei der Primäraufnahme ist nicht so sehr ihre absolute Größe ausschlaggebend, die ja auch durch die Größe des Wandlers selbst beeinflußt werden kann, sondern vor allen Dingen die Form ihrer Kurve in Abhängigkeit von i_n. Die Auswirkung ist hier noch ausgeprägter als bei einer Kupplung.

Um nun dem projektierenden Ingenieur die Möglichkeit zu erschließen, eine Auswahl von Wandlern auf ihre Eignung zu untersuchen und sie auch bei verschiedenen Einzeleigenschaften miteinander vergleichen zu können, hat M. Diederichs [*15*] die markantesten Gesichtspunkte mathematisch erfaßt und ist zu einem Zahlenausdruck gelangt, dessen Wert ein gewisses Optimum beim Zusammentreffen mehrerer Eigenschaften angibt. Man kann dann von einem „optimalen Wandler" sprechen.

Die einzelnen Erfordernisse sind in ihrem Gewicht besser abzuschätzen, wenn ihre Auswirkung an einem praktischen Beispiel aufgezeigt wird. Dazu sind noch einige wesentliche Begriffe, wie der der Drückung und der des Kupplungspunktes, zu erläutern.

3.151 Kupplungsbereich. Unter „Kupplungspunkt“ einzelner Glieder eines Wandlers versteht man Betriebszustände, bei denen für das betreffende Glied das Drehmoment gleich Null wird. Man kann hier auch die expliziten Formen der für das Moment abgeleiteten Gleichungen vermeiden und einfach davon ausgehen, daß nach dem EULERschen Satz bei verschwindendem Moment auch die Dralldifferenz gleich Null sein muß, also

$$(c_u \cdot i_r)_{i2} - (c_u \cdot i_r)_{i1} = 0$$

Man löst diese Gleichung nach i_{nk} auf und setzt den so gefundenen Wert in eine der beiden Energiegleichungen für die angrenzenden Betriebsbereiche ein. Man erhält dann φ_{ki} etwa aus Gl. (3/21), also im Wandlerbereich. Mitunter ergeben sich einfachere Formen für den Kupplungsbereich, die man natürlich dann zweckmäßiger verwendet.

Um im Wandler eine Vergrößerung des eingeleiteten Moments zu erzielen, muß das Leitrad entsprechend beaufschlagt werden. Mathematisch gesprochen heißt das, daß in der Gleichung

$$M_P + M_T + M_L = 0$$

$M_L > 0$ ist. Mit steigendem i_n wird M_L kleiner und im „Kupplungspunkt“ i_{nk} für das Leitrad Null. Geht man noch über diesen Punkt hinaus, so würden negative Werte für M_L auftreten, und

$$i_m = \frac{M_T}{M_P}$$

würde kleiner als 1 werden, was eine wesentliche Verschlechterung des Wirkungsgrades ergibt, was ohne weiteres aus der Gleichung $\eta = i_m \cdot i_n$ hervorgeht.

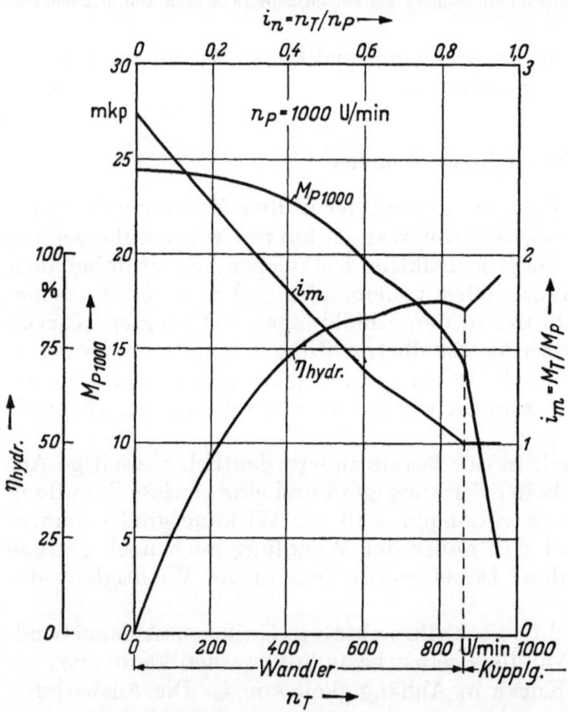

Abb. 3/29. Kennlinien eines KSB-Trilok-Wandlers (nach [49])

Um diesen Betriebszustand zu vermeiden, stützt man das Leitrad über einen Freilauf ab, der das normale positive Drehmoment aufnimmt und es nach i_{nk} dem Leitrad gestattet, momentfrei mit der Strömung zu rotieren.

Ein sonst dreigliedriger Wandler wird durch diese Maßnahme in diesem Arbeitsgebiet eine Föttinger-Kupplung; man spricht vom „Kupplungsbereich“ des Wandlers.

Bei der rechnerischen Erfassung muß man daran denken, daß sich die Eintrittsverhältnisse für das dem frei rotierenden Leitrad folgende Glied, bei der Standardausführung unserer Überlegung also für das Pumpenrad, geändert haben. Die Strömung behält den Drall, mit dem sie das vorhergehende Glied verläßt, und nur die einzelnen Faktoren des Produktes $c_u \cdot r$ ändern sich entsprechend der Geometrie der Strombahnen.

Es gibt auch vielfach unterteilte Schaufelräder und vielgliedrige Wandler. Diese Unterteilung ist in der Absicht vorgenommen, die Glieder in bestimmten Betriebsbereichen nicht mehr an der Drehmoment-Wandlung teilnehmen zu lassen.

Daß hierbei gewisse Unstetigkeiten auftreten, sieht man an dem deutlich sich abzeichnenden Knick in den damit zusammenhängenden Kurven (Abb. 3/29). In diesem Zusammenhang soll der allgemeinere Fall untersucht werden, daß das Leitrad nicht momentfrei im Flüssigkeitsstrom rotiert, sondern so gebremst wird, daß ein Drehmoment abgegeben wird. Es ist schon frühzeitig versucht worden, vom rückwärts rotierenden Leitrad über ein Umkehr- und Sammelgetriebe das Leitradmoment zum Turbinenmoment zu addieren.

Für das Leitrad eines Trilok-Wandlers folgt im besonderen, wenn man $i_{nL} = \frac{n_L}{n_P}$ verwendet, wobei auch durch ein Vorzeichen der Drehsinn festgelegt wird und unter Benutzung der Bezeichnungen aus den wie üblich zusammengefaßten Strömungsdreiecken der Abb. 3/1 für den ursprünglichen Ansatz:

$$H_P = \frac{u_2}{g}(c_{u2} - i_{r1} c_{u1})$$

und wenn man beachtet, daß

$$c_{u2} = u_2 + u_2 \cdot \varphi \cdot m_2$$

und

$$i_{r1} \cdot c_{u1} = i_{r1}^2 \cdot i_{nL} \cdot u_2 + i_{r1} \cdot u_2 \cdot \varphi \cdot m_6$$

ist:

$$H_P = \frac{u_L^2 \cdot 2}{2g}[1 + \varphi(m_2 - m_6) - i_{r1}^2 \cdot i_{nL}]$$

$$\psi_P = 2[1 + \varphi(m_2 - m_6) - i_{r1}^2 \cdot i_{nL}]$$

für $i_{nL} = 0$ entspricht dieses natürlich der Gl. (3/4). Man sieht aber die Rückwirkung des Rotierens des Leitrades auf die Förderhöhe der Pumpe.

Auch das Leitrad hat jetzt eine Förderhöhe. Das Einsetzen der verschiedenen Werte nach dem gleichen Verfahren ergibt

$$\psi_L = 2 \cdot i_{r6} \cdot i_{nL} \cdot \varphi(m_6 - m_5)$$

Das Vorzeichen ist von den Umlenkverhältnissen und von i_{nL} abhängig. Allgemein wird jetzt Gl. (3/10a) zu

$$\psi_P + \psi_T + \psi_L - \psi_{\mathrm{St}} - \psi_R = 0$$

erweitert.

In Gl. (3/21) ändern sich B und C.

Ein Wandler, bei dem von diesen Eigenschaften weitgehend Gebrauch gemacht wird, ist der Trilok-Wandler, der seit etwa 30 Jahren bei Klein, Schanzlin & Becker AG. gebaut wird. Es gibt dabei so viele interessante Besonderheiten, daß in einem speziellen Kapitel näher darauf eingegangen wird.

Man spricht auch von der „Wandler-Kupplung“. Jedenfalls hat sie sich in Millionen von Exemplaren in Fahrzeuggetrieben bewährt.

3.152 Übergang von der Drehmomentwandlung zur Kupplungsfunktion. In Abschn. 3.21 werden die interessanten Verhältnisse bei frei rotierenden Leiträdern näher untersucht. Hier sei zunächst nur kurz auf das entsprechende Kurven- und Bildmaterial hingewiesen, um die Voraussetzung zum Verständnis der Zusammenhänge zu schaffen.

Bei der Ausführung der Trilok-Wandler der Klein, Schanzlin & Becker AG., Abb. 3/30, mit den dazugehörigen Kurven Abb. 3/31 ergaben sich Umlaufgeschwindigkeiten für das Leitrad bis zum 3fachen der Turbinendrehzahl. Das ließ es damals ratsam erscheinen, das Leitrad mittels eines Gesperres jenseits des Kupplungspunktes mit der Turbine zu verbinden. Bei der heutigen Ausführung nach Abb. 1/1, die nach den Kurven Abb. 3/29 viel übersichtlichere Verhältnisse schafft, liegt die Umlaufgeschwindigkeit des Leitrades vom Kupplungspunkt ab, wenn man ihm die Freiheit des Umlaufs in Richtung des Antriebs läßt, zwischen 0 und 1:1. Bei

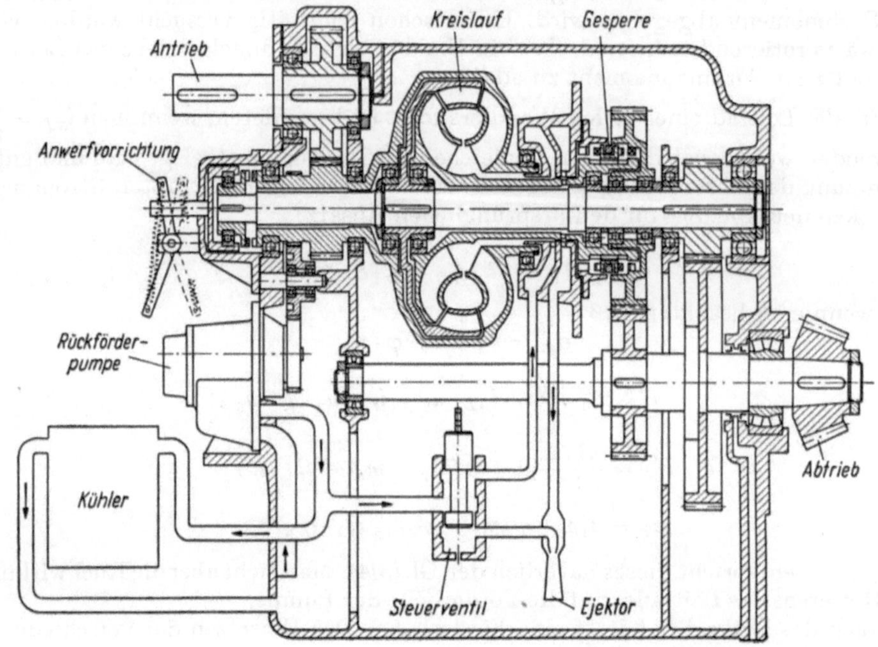

Abb. 3/30. Föttinger-Getriebe der Kennung nach Abb. 3/30a von KSB

diesem Wandler, dessen Grundform auch in fast sämtlichen amerikanischen Fahrzeuggetrieben auftaucht, verwendet man zweckmäßig den erwähnten Leitradfreilauf.

Das Verhalten des Wandlers kann man oberhalb des Kupplungspunktes in Anlehnung an die allgemeine Charakteristik einer Föttinger-Kupplung über i_n als Abszisse leicht festlegen. In diesem Fall fällt der Wirkungsgrad im Kupplungsbereich nicht mehr auf Null ab, sondern steigt im Idealfall theoretisch bis gegen 100% an. Entsprechend den schon bei der Behandlung der Kupplung festgestellten Verhältnissen nehmen die übrigen Verluste für $i_n \to 1$ so viel Einfluß, daß der Wirkungsgrad wieder auf Null abfällt.

Eine Verbesserung erzielt man besonders bei Wandlern mit höherem i_{ma} nach Abb. 3/32, wenn man das Leitrad in zwei oder mehr Räder unterteilt, welche aneinander anschließen. Diese Unterteilung ist für den stetigen Anstieg des Wirkungsgrades in Abb. 3/29 und 3/32 ausschlaggebend.

Hohe Wandlung setzt hohes Leitradmoment, also starke Umlenkung im Leitrad voraus. Wie man sich durch Aufskizzieren der Verhältnisse leicht überzeugen kann, ergibt eine Aufteilung in zwei hintereinandergeschaltete Umlenkungen gegenüber stark gekrümmter Einzelschaufel Vorteile in der Ausführung. Jedes der Teilleiträder sitzt auf einem Freilauf, und wenn bei einem bestimmten Verhältnis i_n die

Schaufeln des ersten Leitrades von hinten angeströmt werden, läuft dieses Rad frei um. Der Fortfall des Strömungshindernisses ergibt das deutliche Ansteigen des Wirkungsgrades in den vorgenannten Abbildungen.

Die frei rotierenden Leiträder bieten dem Ölumlauf im Kreislauf einigen Widerstand. Berücksichtigt man dazu noch die Reibungsverluste im Freilauf, den Lagern und den notwendigen Dichtungen sowie den Leistungsverlust in den meist vorhandenen Zahnrad-Umlaufpumpen, so kommt man auf einen geringeren Wirkungsgrad eines Trilok-Wandlers im Kupplungsbereich als dem einer nur für diesen Zweck eingerichteten Föttinger-Kupplung.

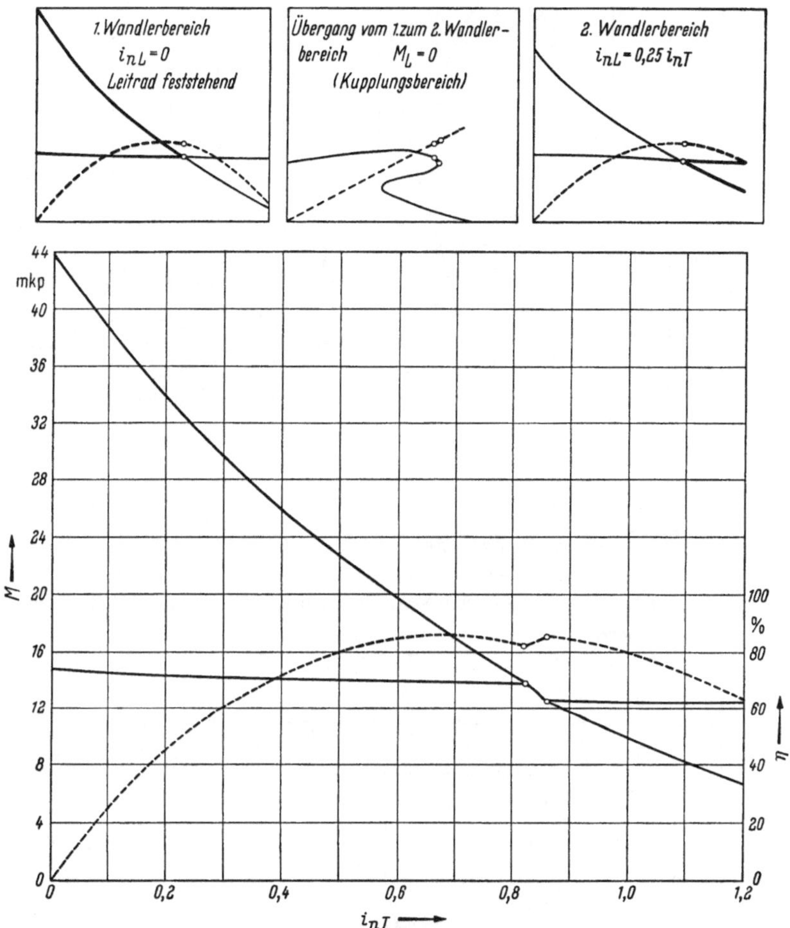

Abb. 3/30a. Kennlinien zum Zweiwandlerbetrieb eines Trilok-Wandlers

40 Jahre lang sind Kupplungen und Wandler entwickelt und dabei bis zu einer gewissen Vollendung gebracht worden. Leider stellte es sich heraus, daß, wenn beide Operationen in einer Einheit vor sich gehen müssen, man gegenüber dem sonst erreichten in beiden Bereichen auf die Wirkungsgradspitze verzichten muß.

Der Übergang vom Wandler- zum Kupplungsbereich eines so konstruierten Föttinger-Getriebes erfolgt vollständig automatisch und stellt ein einfaches tech-

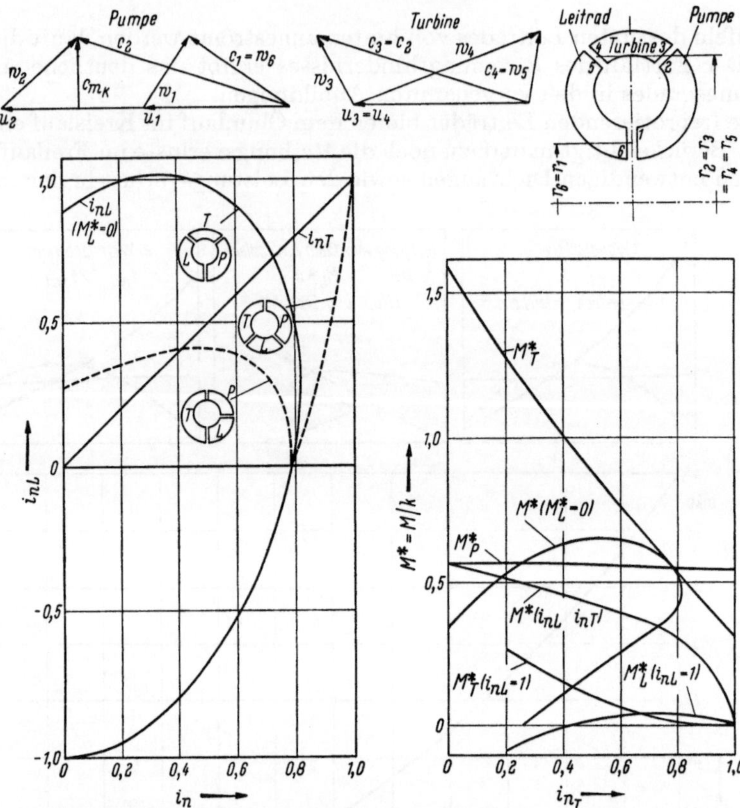

Abb. 3/31. Kennlinien eines Trilok-Wandlers mit zentripetal durchströmtem Leitrad

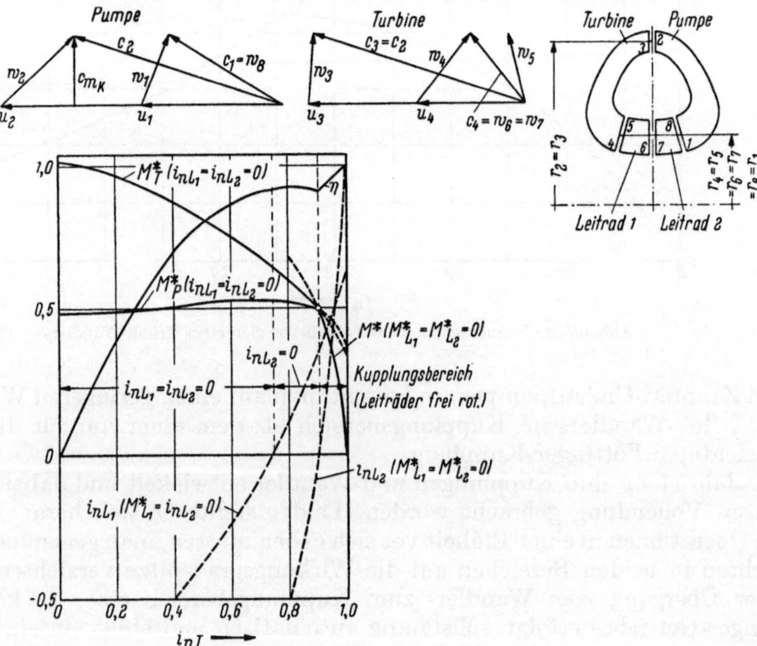

Abb. 3/32. Gerechnete Kennlinien eines Trilok-Wandlers mit zweiteiligem axialem Leitrad

nisches Merkmal der Gesamtkonstruktion dar. Es bleibt die dem Konstrukteur frei überlassene aber für die Wirksamkeit im Anwendungsfall ausschlaggebende Wahl der Lage dieses Kupplungspunktes in bezug auf i_n.

Ein weit erstrecktes Kupplungsfeld ist z. B. für alle Kraftfahrzeuge hohen Leistungsgewichts, wie z. B. bei allen Personenkraftwagen der mittleren und höheren Klasse, wichtig, da bei diesen ein großer Teil der Wirksamkeit bei Straßen- d. h. bei Teillast liegt (Abb. 3/33). Dagegen ist ein guter Wandler mit ausgeprochen hohem Wirkungsgrad und weitem Bereich des hohen Wirkungsgrades bei allen Fahrzeugen am Platz, welche für einen großen Prozentsatz der Betriebszeit die volle Leistung verlangen und hohe Zugkräfte aufbringen müssen, wie z. B. Lastwagen, Schlepper und Diesellokomotiven. Bei schwer ziehenden Antriebseinheiten, welche mit Dieselmaschinen beschränkter Maximaldrehzahl ausgerüstet sind, arbeitet das hydrodynamische Getriebe fast immer im Wandlerbereich und nur bei Talfahrt oder sehr geringer Maschinenleistung als Kupplung.

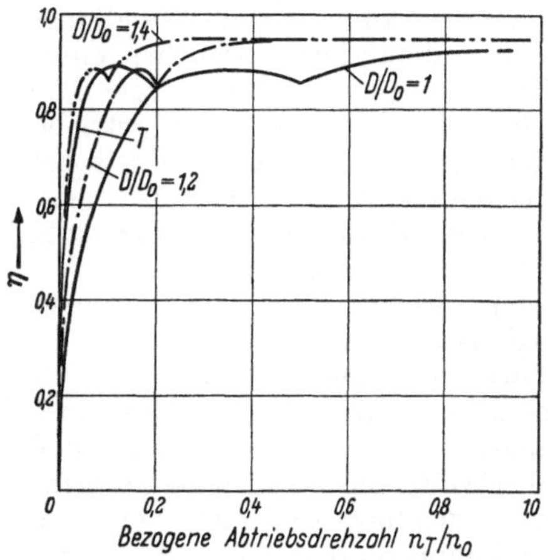

Abb. 3/33. Abhängigkeit des Wirkungsgradverlaufs von der Wandlergröße bei Straßenlast eines Fahrzeuges

Wandler mit geringem Wirkungsgrad bei hohen Drehzahlübersetzungsverhältnissen i_n bieten keine gute Voraussetzung für die Ausbildung eines hydrodynamischen Kupplungsbereichs, sie benötigen vielmehr eine mechanische Durchkupplung. Die Anwendung dieses Konstruktionsmerkmales bedingt allerdings, daß man auf viele der Annehmlichkeiten eines Föttinger-Getriebes verzichten muß, besonders auf seine Elastizität, seine Weichheit, die Stoßfreiheit und die automatische Anpassung an die Erfordernisse veränderlicher Zugkraft.

Wenn hoher Wirkungsgrad im Kupplungsbereich verlangt wird, wie z. B. bei den Getrieben für Personenkraftwagen, muß man auf hohe Anfahrwandlung und auf guten Wirkungsgrad bei hoher Wandlung verzichten, wie dieses bereits aus den theoretischen Untersuchungen hervorging. Aus diesem Grund wird es bei den Fahrzeuggetrieben notwendig, nachgeschaltete Zahnradgetriebe hinter dem Wandler zu benutzen. Dieses wiederum bedingt eine komplizierte automatische Regelung und schwierige Umschalteinrichtungen, sofern eine Automatik verlangt wird.

Die Beschaufelung für einen Wandler mit verhältnismäßig hoher Momentübersetzung und breitem Bereich des hohen Wirkungsgrades ist sehr von derjenigen einer wirkungsgünstigen Kupplung unterschieden. Die geraden radialen Schaufeln, die bei einer Kupplung mit symmetrischen Hälften jeweils einen Teil des Kreislaufs bedecken, ergeben ein hohes Drehmoment und hohen Wirkungsgrad für $i_n \to 1$. Derartige Schaufeln bei der Pumpe eines Wandlers würden eine hohe Wandlung unmöglich machen, da diese Wandlung, definiert als Turbinendrehmoment dividiert durch Pumpendrehmoment, durch den hohen Wert im Nenner klein wird.

Nach diesen Überlegungen muß man also, um ein hohes Wandlungsverhältnis zu erzielen, das Drehmoment der Pumpe herabsetzen. Dieses wird dadurch erreicht, daß man die Pumpenschaufeln am Austritt rückwärts krümmt. Diese Maßnahme begrenzt gleichzeitig das Drehmoment im Kupplungsbereich, welches dort den maximalen Wirkungsgrad bestimmt.

Während bei Personenkraftwagen der Kupplungsbereich bedeutungsvoll ist, ist im Gegensatz dazu bei Stadtomnibussen maximale Wandlung für die Beschleunigung eines schweren Fahrzeuges notwendig. Wandlungen von 1:3 oder maximal 1:4 gehen aber zu Lasten des Wirkungsgrades, und zwar sowohl im Wandlungs- als auch im Kupplungsbereich. In diesen Fällen ist ein entsprechendes Nachschaltgetriebe notwendig, um einen Wandler mit geringer Anfahrwandlung, d. h. mit gutem Wirkungsgrad im Wandlungs- und Kupplungsbereich, einsetzen zu können. Überlandomnibusse brauchen einen weiten Bereich hoher Wandlung und einen Kupplungspunkt zwischen $i_n = 0{,}8$ und 0,9 bis hinauf zu 0,95. Dieser Wandlertyp wird mit einem Nachschaltgetriebe kombiniert und ergibt damit die beste Ausführung und maximale Wirtschaftlichkeit für alle Straßenbedingungen. Das Schalten des mechanischen Getriebeteiles ist dabei nur relativ selten erforderlich.

Nach all diesem ist die erste Entscheidung, die man bei dem Entwurf eines Drehmomentwandlers fällen muß, diejenige, ob er am besten bei hohen oder niedrigen Geschwindigkeitsverhältnissen arbeiten soll. Da das Drehmoment von der Ablenkung der Flüssigkeit durch die Schaufeln abhängt, bedeutet hohe Wandlung starke Krümmung der Blätter. Es ist nun sehr schwierig, bei der Vielzahl der zu berücksichtigenden Gesichtspunkte eine Eigenschaft zu ändern, ohne gleichzeitig andere zu beeinflussen. Wenn z. B. die Krümmung der Schaufeln geändert wird, ist gleichzeitig die Möglichkeit gegeben, damit das Wirkungsgradmaximum nach rechts oder nach links zu verschieben, und es kann auch automatisch Höhe und Form der Aufnahmekurve des Wandlers geändert werden.

Wenn der Wandler nicht als Kupplung zu arbeiten braucht, weil für diesen Bereich eine Durchkupplung (Abb. 4/12) vorgesehen ist, oder wenn andere Bedingungen bewirken, daß das Übersetzungsverhältnis in einem gewissen Bereich gehalten wird, dann kann mehr Nachdruck auf erhöhte Wandlung gelegt werden. Dieses ist dann das Feld der hoch übersetzenden Getriebe.

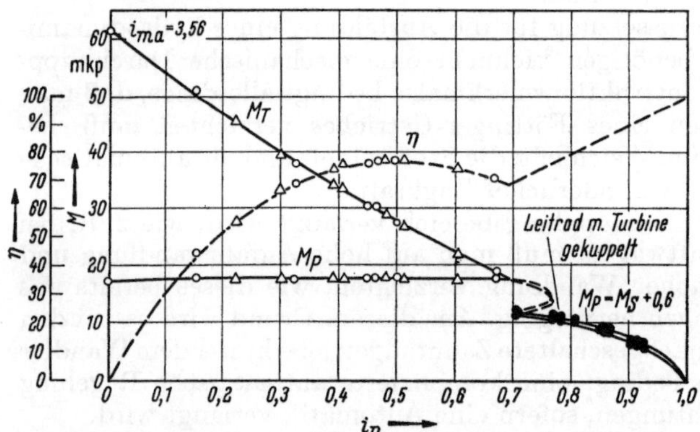

Abb. 3/34. Prüfstandskurven eines Trilok-Wandlers mit axial durchströmter Turbine und zentripetal durchströmtem Leitrad

Die bei hoher Wandlung erforderliche starke Krümmung der Schaufelblätter kann vorteilhaft auf mehrere Sätze von Turbinen- oder Leitradeinheiten aufgeteilt werden. Man erhält dadurch eine wesentliche Verbreiterung der Wirkungsgradkuppe. Hohe Übersetzung wird auch dadurch begünstigt, daß der Pumpeneinlaß auf einem kleineren Durchmesser als der Auslaß der Turbine liegt. Dieses gibt allerdings nach Abb. 3/34 keine günstigen Kupplungsverhältnisse. Einen extremen Fall dieser Art stellt z. B. der im Diwabus-Getriebe verwendete Wandler der Firma Voith dar (Abschn. 4.2).

Vielstufige Ausführung ermöglicht außerdem eine beträchtliche Änderung des Kurvenverlaufs für das Primärdrehmoment. Dieser Effekt ist allerdings auch durch andere Maßnahmen zu erzielen. Bei mehrstufigen Wandlern hat man es in der Hand, bei fast linear verlaufendem Primärdrehmoment die Antriebsmaschine im ganzen Bereich bei konstanter Drehzahl zu halten oder sie aber auch entsprechend zu drücken, so daß man auf diese Art sowohl die Geschmeidigkeit der Maschine als auch die des Wandlers benutzen kann.

3.153 Drehzahldrückung. In der Praxis verwendet man häufig Wandler mit einem Diagramm nach Abb. 3/29. Es sollen im Augenblick nicht die hier deutlich sichtbaren Knicke betrachtet werden, die eine Eigentümlichkeit des schon in der Einleitung erwähnten Trilok-Wandlers darstellen, und die an anderer Stelle analysiert werden, sondern der Verlauf der Momentenlinie. Sie bezieht sich auf eine gleichbleibende Antriebsdrehzahl von 1000 UpM.

Aus der auf diese einheitliche Antriebsdrehzahl von 1000 UpM bezogenen Wandleraufnahme läßt sich das bei einer beliebigen anderen Antriebsdrehzahl n_P aufgenommene Antriebsmoment M_P in einfacher Weise aus einer Beziehung ableiten, die in den vorher abgeleiteten Gleichungen enthalten ist und mit geringer Umformung aus ihnen hervorgeht.

$$M_P = M_{P\,1000} \cdot \left(\frac{n_p}{1000}\right)^2 \tag{3/27}$$

Bei Wandlern der Trilok-Bauart nimmt im allgemeinen die Aufnahme mit steigendem Drehzahlverhältnis ab oder umgekehrt, die Aufnahme nimmt vom Aus-

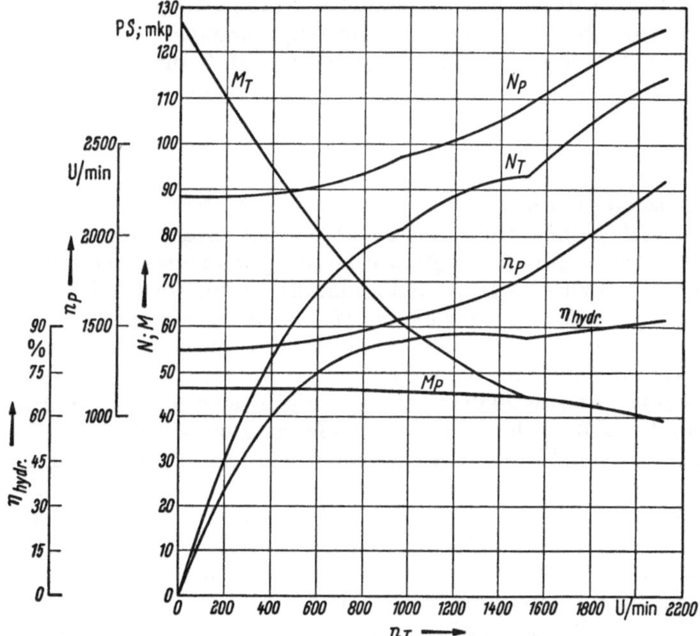

Abb. 3/35. Betriebsverhalten eines KSB-Trilok-Wandlers. Der Verlauf von n_p zeigt die Drückung

legungspunkt für $i_n \to 0$ zu. Bei einem Motor, der nur eine geringe Abhängigkeit des Drehmoments von der Drehzahl aufweist, ergibt sich im Anfahrbereich dadurch eine niedrigere Antriebsdrehzahl als im Kupplungspunkt. Je nach den Erfordernissen ist diese Eigenschaft mehr oder weniger erwünscht und wird als „*Drückung*" bezeichnet. Den Einfluß der Drückung erkennt man in Abb. 3/35. Die Motordrehzahl steigt hier von etwa 1375 für $N_T = 0$ bis auf 2300 UpM bei $n_T = 2100$ UpM.

Es besteht offensichtlich Übereinstimmung mit den vergleichbaren Lastaufnahmekurven einer Kupplung. Die Wirkung ist auch ganz analog: Bei Zusammenarbeit eines solchen Wandlers mit einem Dieselmotor derartiger Kennung wird beim Anfahren, also in einem Betriebsbereich $i_n \to 0$, Gleichgewicht zwischen dem von der Kupplung verlangten Drehmoment und dem vom Motor angebotenen bei einer bestimmten Drehzahl erreicht, die bei den gemachten Voraussetzungen über die Kurve der Primäraufnahme des Wandlers und der annähernd über der Drehzahl konstanten Momentabgabe des Motors geringer sein wird, als etwa im Kupplungspunkt dieses Föttinger-Getriebes. Nach Gl. (3/27) hängt das verlangte primäre Wandlermoment quadratisch von der Eingangsdrehzahl ab, demnach wird bei Antriebsmaschinen mit konstantem Moment in bezug auf die Drehzahl oder auch bei linear abhängigem immer eine Gleichgewichtsdrehzahl vorhanden sein. In extremen Fällen wird sie vielleicht praktisch nicht in Frage kommen, da die Leerlaufdrehzahl bei Verbrennungsmotoren nach unten ein unverwendbares Gebiet abgrenzt.

Für den Fall, daß der antreibende Motor ein konstantes Eingangsmoment anbietet, kann man eine Formel für die Drehzahldrückung ableiten:

$$\frac{n_P}{n_{Pk}} = \sqrt{\frac{M_{Pk}}{M_P}} = \partial$$

Zweckmäßig wird dabei wie für manche anderen Untersuchungen und Überlegungen als Bezugsgröße das Verhalten im Kupplungspunkt gewählt.

∂ ist ein vom Strömungskreislauf abhängiges Maß für die Drehzahldrückung eines Wandlers bei konstantem Eingangsmoment bezogen auf den Kupplungspunkt. Da M_P als Funktion von i_n erkannt und berechnet wurde, ist ∂ gleichfalls eine Funktion von i_n.

Es erscheint zweckmäßig, den Wert $1 - \partial$ zu betrachten, da dann das Vorzeichen dem Verhalten entspricht. $1 - \partial > 0$ bedeutet Drehzahldrückung; für $1 - \partial = 0$ würde sie auch Null werden und $1 - \partial < 0$ entspricht einem negativen Wert. Diese „negative Drehzahldrückung" würde sinngemäß veranschaulichen, daß die Antriebsdrehzahl bei zunehmender Sekundär-Belastung ansteigt.

Die Bedeutung der Drehzahldrückung für die Baugröße und die Auslegung des Wandlers kann nur im Zusammenhang mit der Anwendung erkannt werden. Deshalb wird hier auf die entsprechenden Stellen in Abschn. 3.3 verwiesen.

3.154 Gütegrad eines Wandlers [*15*]. Es ergibt sich aus den Forderungen der Praxis, welche der außerordentlich verschiedenen kennzeichnenden Eigenschaften eines Wandlers in den Vordergrund gerückt werden. Diese Eigenschaften sind allerdings nicht unabhängig voneinander, wie es bereits öfter hier ausgesprochen und nachgewiesen wurde. Daher stellt die Anpassung eines Wandlers an gewisse Betriebsanforderungen immer einen Kompromiß dar.

In der Erkenntnis, daß es sich bei den praktischen Ausführungen niemals um die Vereinigung aller Eigenschaften handeln kann, die zu einer optimalen Lösung führen, wurde in der Arbeit [*15*] der Begriff des „Gütegrades" eines Wandlers eingeführt. Um diesen wichtigen Begriff zu erläutern, ist es zweckmäßig, die bisher definierten Begriffe an einem Beispiel zu veranschaulichen.

Als Anwendungsfall sei die Zusammenarbeit von Wandler mit Motor, Getriebe und Fahrwerk eines Lastwagens gewählt. Es ist im Augenblick ohne Belang, daß bisher nur von den Eigenschaften der Kreisläufe die Rede war. Sie bestimmen im wesentlichen die Charakteristik des Strömungsgetriebes, und die bei ihnen definierten Werte von Drückung, Momentaufnahme, Kupplungspunkt usw. gelten für das ganze Getriebe.

Das Getriebe soll das gewunschte Fahrprogramm und den Motor aufeinander abstimmen. Große Momentwandlung z. B. soll gleichzeitig den Brennstoffverbrauch und die Verlustleistung niedrig lassen. Um das Grundsätzliche für die Auslegungsbedingungen zu veranschaulichen, sind der Arbeit [15] durchgerechnete Werte für den Einfluß von drei verschiedenen Wandlern auf das Betriebsverhalten eines Lastwagens entnommen. Die gebrauchten Rechnungswerte sind in der Tabelle 3/1 zusammengestellt.

Tabelle 3/1

Wandler	Beschaufelung	D	$1-\delta$ %	$i_{m\,a}$	$i_{n\,0}$	η_0 (%)	$i_{n\,k}$	$\left(\frac{M_1}{n_1^2}\right)a$
A	I	D_1	0	2,3	0,75	88	0,86	$9{,}3\cdot10^{-6}$
B	I	D_2	0	2,3	0,75	88	0,86	$22{,}2\cdot10^{-6}$
C	II	D_2	27,5	2,3	0,75	88	0,86	$33{,}2\cdot10^{-6}$

Wir erinnern uns, daß $M = k\cdot D^5\cdot n^2$ war, wobei k diesmal auch i_r berücksichtigen soll.

Bei gegebenem Moment stellt der Tabellenwert $\frac{M}{n^2}$ ein Maß für D^5, also einen Kennwert für die Baugröße des Wandlers dar.

Für den Wandler einer gegebenen Baugröße ändert sich die Momentaufnahme wie n^2, für Wandler A und B ohne „Drückung" (Abb. 3/36) ergibt sich also jeweils

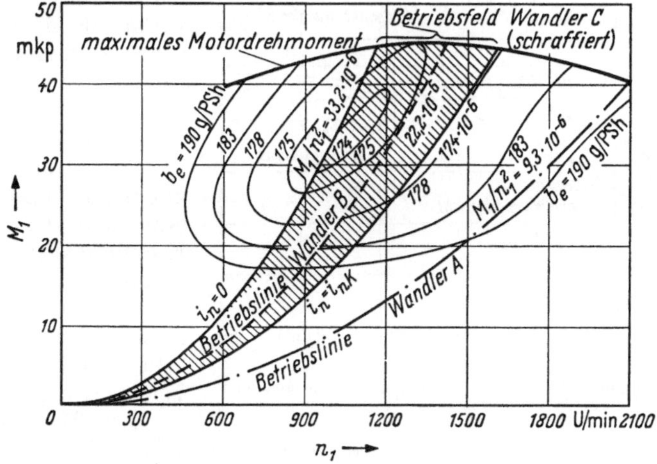

Abb. 3/36. Wandlerbetriebskurven und -felder in einem Motorkennfeld (nach [15])

eine einzige Parabel als möglicher Betriebszustand. Das gesamte Kennfeld des Motors links von diesen Parabeln wird nicht ausgenutzt, während das Gebiet rechts davon im Kupplungsbetrieb zur Verfügung steht.

Das Letztere gilt auch für den Wandler C mit „Drückung", nur daß es sich hier im Wandlerbereich nicht mehr um eine einzelne Betriebskurve handelt, sondern um ein schmales Feld. Im Anfahrbereich, also für $i_n = 0$ ergibt sich hier die ganz analoge Parabel. Man erhält die ihr zugeordnete für den Kupplungsbetrieb vermöge der Beziehung zwischen δ und n, $\delta = \frac{n_P}{n_{Pk}}$. Mit den Werten für δ und n_P aus der Kurve verschiebt sich die Parabel. Das schraffierte Feld wird vom Wandler C ausgenutzt.

Die beiden Wandler A und B ergeben einen sehr unterschiedlichen Brennstoffverbrauch, der offenbar lediglich von der Baugröße der Wandler abhängt.

Für Wandler mit großer Momentaufnahme (B und C) schneidet die Leistungslinie für den Kupplungspunkt die Vollastlinie des Motorkennfeldes bei einer niedrigeren Motordrehzahl als für einen Wandler mit kleinerer Momentaufnahme (Abb. 3/37).

Die Wirkungsgradkurven verlaufen grundsätzlich wie z. B. die für Wandler A. In den Tabellenwerten ist festgelegt, daß der maximale Wirkungsgrad im Wandlerbereich in allen Fällen 88% sein sollte. Im Kupplungsbereich finden wir natürlich das bereits im Abschnitt Kupplungen erklärte Gesetz von der Gleichheit der Momente wirksam und damit in erster Näherung, d. h. soweit man von den äußeren Widerständen, von Luft- und Lagerreibung und der Ölversorgung absieht, den Wirkungsgrad gleichlaufend mit dem Drehzahlverhältnis. Je nach der Ausführung findet mehr oder weniger weit vor 100%igem Gleichlauf der Abfall zu Null statt.

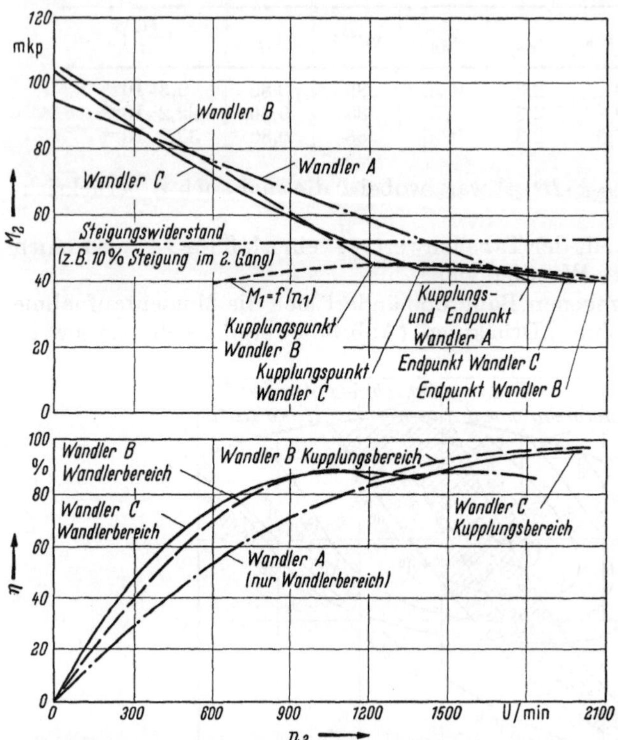

Abb. 3/37. Abtriebsdrehmomente M_2 und Wirkungsgrade verschiedener Wandler bei Vollastbetrieb (nach [15])

Trägt man den Wirkungsgrad über i_n auf, so läßt sich der Verlauf im Kupplungsbereich leicht darstellen.

Dieser Anstieg führt natürlich zu höheren Absolutwerten, je früher er vor $i_n = 1$ beginnt.

Der für Vollastbetrieb maximal erreichbare Wirkungsgrad wird im Kupplungsbereich um so größer, je größer die Momentaufnahme des betreffenden Wandlers im Kupplungspunkt, bzw. bei gleichen Beschaufelungen, je größer der Wandler selbst ist. Dieser maximal erreichbare Wirkungsgrad ist in Abb. 3/38 über der sich bei Vollast mit dem betreffenden Wandler für den Kupplungspunkt ergebenden Motordrehzahl aufgetragen.

Um zu dem eingangs festgelegten Ziel zu kommen, muß noch näher auf die von der Anwendung herrührenden Belange eingegangen werden. So ist in Abb. 3/37 oben etwa der Fahrwiderstand eines Fahrzeuges als erforderliches Drehmoment für eine gewisse feste Übersetzung als konstant über der Abtriebsdrehzahl angenommen, die drei von den Wandlern sekundär zur Verfügung gestellten Momente sind damit verglichen. Es wird dabei weiter Vollastbetrieb und die zugehörige Momentlinie des Motors zugrunde gelegt. Die Wandler haben einerseits bei gleicher Beschaufelung (A und B) verschiedene Baugrößen und andererseits bei gleicher Baugröße verschiedene Drehzahldrückung.

Wandler A liefert gegenüber den beiden anderen Wandlern für jede Abtriebsdrehzahl das größte Drehmoment (Abb. 3/36), hat aber auch einen erheblich schlechteren Wirkungsgradverlauf und besitzt die größte Leistungsaufnahme.

Seine Leistungslinie liegt außerdem im Motorkennfeld im Bereich hohen spezifischen Brennstoffverbrauchs, so daß er auch den höchsten absoluten Brennstoffverbrauch aufweist.

Nun hat bereits E. W. SPANNHAKE [*2a*] darauf hingewiesen, daß man sich bei dem Vergleich von Föttinger-Wandlern zweckmäßig besonderer Darstellungen be-

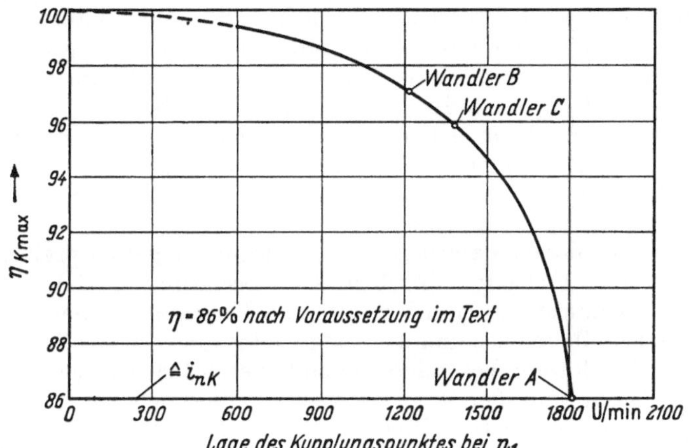

Abb. 3/38. Bei Vollastbetrieb maximal erreichbarer Wirkungsgrad im Kupplungsbereich ($M_{k\,max}$) in Abhängigkeit von der Lage des Kupplungspunktes (nach [*15*])

dienen sollte, um wirklich die hydraulischen Werte vergleichen zu können. Hier jedenfalls handelt es sich bei den unterschiedlichen Wirkungsgradverläufen keineswegs um die effektive Überlegenheit eines Strömungskreislaufes über den anderen. Die scheinbaren Verbesserungen werden nach Abb. 3/37 dadurch erreicht, daß die Wandler *B* und *C* bereits bei niedrigerer Abtriebsdrehzahl in das Gebiet günstigen Wandlerwirkungsgrades kommen und diesen Bereich länger ausnutzen.

Für $i_n = 0$ wird zwangläufig auch $\eta = 0$, d. h. die gesamte dem Getriebe zugeführte Leistung wird in Wärme umgesetzt und muß, wie die Motorwärme selbst, abgeführt werden. Sind in diesem Punkt auch alle Wandler grundsätzlich gleich, so interessiert doch das sich daran anschließende Anfahrgebiet. Ein überlegener Wirkungsgrad wird hier mitunter ins Gewicht fallen.

Liegt das Hauptarbeitsgebiet des Wandlers, wie häufig im Fahrzeugbetrieb, bei höheren Sekundärdrehzahlen, so schneiden auch hier die Wandler *B* und *C* besser ab, da sie frühzeitig in den Kupplungsbereich kommen. Dieses ist besonders dann von Bedeutung, wenn der Kupplungsbereich wie bei Personenkraftwagen bei Teillast den größten Teil des Betriebsfeldes ausfüllt (Abb. 3/33).

Aus der Momentenlinie des Motors für Vollast ergibt sich der Verlauf des abgegebenen Momentes über dem Drehzahlverhältnis, oder wie in Abb. 3/37 eingetragen, direkt über der Sekundärdrehzahl. Der Schnittpunkt dieser Kurven des Sekundärmoments mit einer vorgegebenen Widerstandslinie, z. B. bei einer gewissen Steigung, ergibt die erreichbare Fahrgeschwindigkeit. Der Überschuß in dem Bereich davor stellt die zur Beschleunigung notwendige Reserve dar, während das Fahrzeug bei niedrigeren Fahrgeschwindigkeiten mit kleinerem als bei Vollast zur Verfügung stehendem Drehmoment im Teillastbetrieb betrieben wird. Durch Kombination der Kurven in Abb. 3/37 und 3/36 ist es möglich, den Brennstoffverbrauch und die Verlustleistung N_V bei stationärer Fahrt bei den vorgegebenen Widerstandsverhältnissen zu ermitteln. Der Unterschied ist recht beträchtlich und gibt für die Lösung der gestellten Aufgabe, den günstigsten Wandler zu ermitteln, neue Gesichtspunkte.

Es ergibt sich, daß offenbar im Fahrzeugbetrieb ein Wandler optimale Ergebnisse bringt, welcher infolge großer Momentaufnahme mit niedriger Motordrehzahl im Anfahrpunkt arbeitet und der einen früheren Kupplungspunkt aufweist. Allerdings ist dabei die Zugkraft im mittleren Abtriebsdrehzahlbereich gemindert, das Beschleunigungsvermögen also verringert, und bei stationärer Fahrt an Steigungen sinkt die dort maximal erreichbare Geschwindigkeit. Durch eine gewisse Drehzahldrückung kann man dem entgegenwirken und die Zugkraft im mittleren Fahrbereich etwas vergrößern, ohne die Vorteile eines Wandlers mit großer Momentaufnahme zu verringern. Daher scheint es richtig zu sein, den Wandler C zu bevorzugen. Im allgemeinen wird man sich bei der Entscheidung für den einen oder anderen Wandler mehr von Wirtschaftlichkeits- und Kühlungsfragen, als vom Wandlungseffekt leiten lassen müssen.

Diese vom Lastkraftwagen abgeleiteten Überlegungen gelten praktisch auch für die Verwendung eines hydrodynamischen Getriebes beim Antrieb von Personenkraftwagen. Drehzahldrückung und Verhalten im Kupplungsgebiet erhalten wegen des größeren Drehzahlbereiches und Teillastgebietes eine erhöhte Bedeutung.

Sofern die PKW-Motoren besonders in den höheren Drehzahlbereichen zu hören sind, entspricht das Anschwellen ihres Geräusches mit zunehmender Fahrgeschwindigkeit auch psychologischen Gesichtspunkten: die Drückung erhält hier also eine besondere Bewertung aus ganz anderen Gründen.

Die Möglichkeit der Definition des „Gütegrades" eines Wandlers ergibt sich, wenn man neben der Höhe der Anfahrwandlung die zweckmäßige Drehzahldrückung und Ausnutzung des angebotenen Moments betrachtet. Das Moment im Anfahrbereich ist dabei im wesentlichen eine Funktion der Baugröße des Wandlers, während die Höhe der Anfahrwandlung mit dem Kreislauf zusammenhängt.

Für die Anfahrwandlung i_{ma} und die Drehzahldrückung $(1 - \delta_a)$ soll das Getriebe als das bessere angesehen werden, bei dem i_{nk} größer ist.

Als weiteres Kriterium wird die Höhe des Wirkungsgrades im Wandlerbereich für ein mittleres i_n angesehen. In der diesem Abschnitt zugrunde liegenden Arbeit [*15*] sind eine Anzahl von theoretischen Wandlerkurven gerechnet und auch Versuchsergebnisse in dieser Art durchleuchtet. Dabei wurde nachgewiesen, daß die brauchbarsten Wertegruppen dann verwirklicht wurden, wenn der maximale Wirkungsgrad im Wandlerbereich in der Nähe von $i_n = 0{,}6$ liegt. Es erscheint daher zweckmäßig zu sein, wenn man den Wirkungsgrad für $i_n = 0{,}6$, der im folgenden mit $\eta_{0,6}$ bezeichnet werden soll, als weiteren Maßstabsfaktor für den Gütegrad einführt.

In Abschn. 3.12 wurde bereits auf das Abfallen der Momentaufnahme für $i_n \to 1$ eingegangen. Es erscheint logisch, dasjenige Föttinger-Getriebe als das bessere anzusehen, bei dem dieser Abfall später erfolgt. Um zu Vergleichswerten zu kommen, wird das i_n als maßstabbildender Faktor eingeführt, bei dem M_P auf 60% von M_{Pk} gefallen ist. Als Kurzzeichen wird dafür $i_{n\,0,6}$ benutzt.

Es sind also drei kennzeichnende dimensionslose Teilwerte vorhanden, i_{nk}, $\eta_{0,6}$ und $i_{n\,0,6}$. Es kann sowohl ihr arithmetischer, als auch ihr geometrischer Mittelwert als der vorgesehene Gütegrad σ angesprochen werden

$$\sigma = \frac{i_{nk} + \eta_{0,6} + i_{n\,0,6}}{3}$$

oder

$$\sigma_{\text{geom}} = \sqrt[3]{i_{nk} \cdot \eta_{0,6} \cdot i_{n\,0,6}}$$

Die Erfahrung zeigt, daß bei günstigen praktischen Kennlinien die Teilwerte der Größe auch nahe beisammenliegen. Die beiden Mittelwerte weichen dann also nur unwesentlich voneinander ab, so daß der einfachere arithmetische Mittelwert zu bevorzugen wäre. Sollte jedoch das Auseinanderliegen der Teilwerte als besonderer Mangel gekennzeichnet werden, so ist der geometrische Mittelwert am Platz.

Eine weitere Verbesserung dürfte darin liegen, daß man eine doppelte Wertung der im wesentlichen voneinander abhängigen Werte $i_{n\,0,6}$ und $i_{n\,k}$ ausschaltet, indem man beide zu einer besonderen Gütegröße σ_k zusammenfaßt, also

$$\sigma_k = \frac{i_{n\,k} + i_{n\,0,6}}{2}$$

schreibt und dann zu

$$\sigma = \frac{\eta_{0,6} + \sigma_k}{2}$$

übergeht.

Berücksichtigt man, daß im Fahrzeugbetrieb besonders der Kupplungsbereich für die gesamte Wirtschaftlichkeit ausschlaggebend ist, so wäre dieses durch erhöhtes Gewicht für diesen Teil auszudrücken: gebräuchlich ist 1,2.

Damit wird der Gütegrad eines Föttinger-Getriebes nach [*15*] endgültig:

$$\sigma = \frac{\eta_{0,6} + 1{,}2\,\frac{i_{n\,k} + i_{n\,0,6}}{2}}{2{,}2} \cdot 100\%$$

3.155 Wahl der Werte für den optimalen Wandler unter Berücksichtigung des Gütegrades. In der bereits im vorhergehenden Abschnitt benutzten Arbeit [*15*] ist nicht nur der Begriff des Gütegrades eines Wandlers eingeführt, sondern der Verfasser hat sich auch der Mühe unterzogen, eine Anzahl von Wandlern nach den von ihm entwickelten Prinzipien durchzurechnen. Mit diesen allgemeinen Ergebnissen kann man die funktionellen Zusammenhänge der verschiedenen Bauelemente miteinander und ihren speziellen Einfluß auf den Gütegrad in Kurventafeln und Tabellen zusammenstellen. Interessant ist dabei der Vergleich mit den Ergebnissen aus dem Abschnitt über die Bestimmung der gleichen Zusammenhänge auf Grund gewisser mathematischer Maximalbedingungen.

Die Tafeln sind für den praktisch arbeitenden Ingenieur bei der Bestimmung einzelner Bauwerte von Bedeutung. Allerdings wurden bei der Aufstellung der Gleichungen auch gewisse Werte angenommen, die man ihrer Größe nach ebenso gut anders einschätzen könnte. So ist im Gegensatz zu den früheren Ableitungen in Abschn. 3.12 hier der Reibungsbeiwert statt mit 0,3 wie dort mit 0,2 eingesetzt. Es sind außerdem nur symmetrische Wandler untersucht worden. Dieses hat vielleicht wegen ihrer bevorzugten Anwendung und ihrer aufgezeigten Vorzüge eine gewisse Berechtigung.

Die weiteren Voraussetzungen decken sich mit den bisherigen, z. B. daß c_m in allen Rädern konstant ist.

Die „Wandlung“ i_m war nach Gl. (3/7)

$$i_m = \frac{2 - 2 \cdot i_{r\,4}^2 \cdot i_n + (2\,m_2 - 2\,i_{r\,4} \cdot m_4)\,\varphi}{2 + (2\,m_2 - 2\,i_{r\,6}\,m_4)\,\varphi}$$

Sie wird am größten, wenn der Zähler groß und der Nenner klein wird. Der Einfluß der Größen φ, i_r und m_2 ist dabei von vornherein nicht so genau zu übersehen, da sie sowohl im Zähler als auch im Nenner enthalten sind. i_n ist variabel. Es muß also m_4 so groß wie möglich negativ und m_6 so groß wie möglich positiv gewählt werden.

Dieser Forderung sind praktische Grenzen gesetzt, m_i ist ein Cotangens, d. h. große negative oder positive Werte bedeuten flache Winkel bei vorwärts oder rückwärts gekrümmten Schaufeln. Da die Profile eine endliche Dicke haben, ergeben sich bei extrem flachen Winkeln starke Querschnittsverengungen.

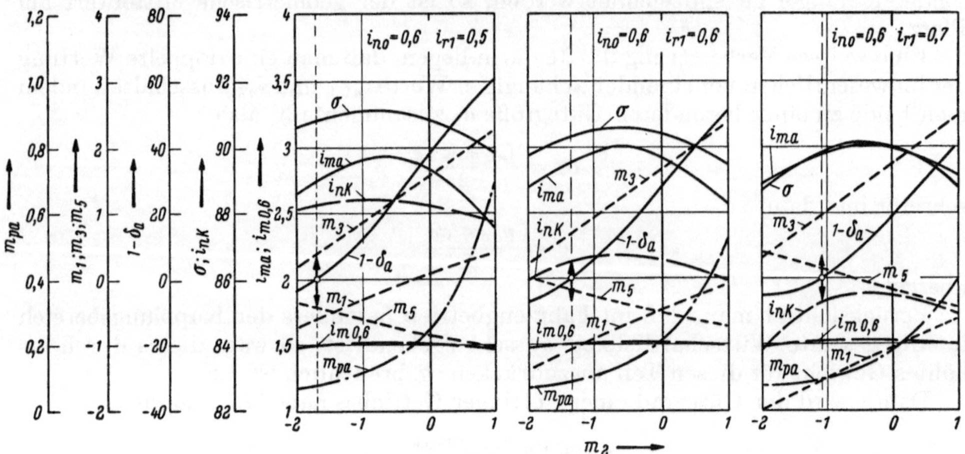

Abb. 3/39. Gerechnete Wandlerkennwerte und Konstruktionsgrößen für ein Föttinger-Getriebe nach Abb. 3/2 $m_p = \varphi(1 - m_s \cdot i_{r6} - m_2)$ ist dabei die spezifische Momentaufnahme und m_{pa} diejenige im Anfahrpunkt (nach [15])

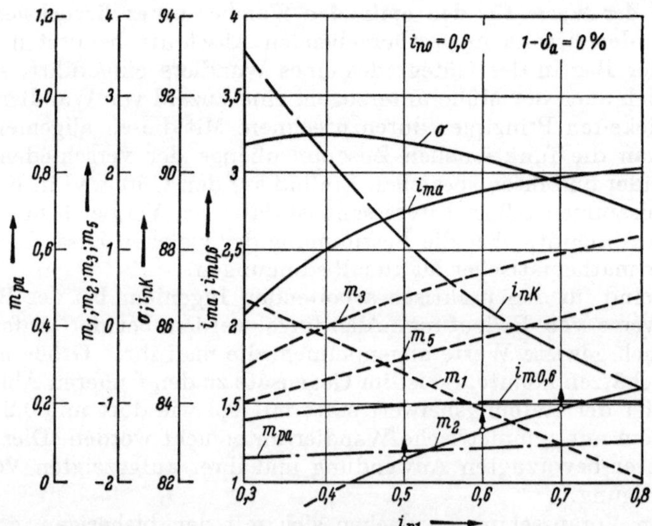

Abb. 3/40. Gerechnete Wandlerkennwerte und Konstruktionsgrößen für ein Föttinger-Getriebe nach Abb. 3/2 ohne Drückung (nach [15])

Gerade bei solch flachen Austrittswinkeln ist aber die Abweichung der wirklichen Strömung von der durch die Schaufeltangente gegebenen Austrittsrichtung besonders erheblich. Dieser im Versuch nachgewiesene und besonders den Pumpenbauern bekannte Effekt muß in der Rechnung berücksichtigt werden. Dabei ist diese Winkelabweichung um so größer, je kürzer das in der Richtung des Konstruktionsaustrittswinkels liegende gerade Stück der Schaufelskelettlinie ausgeführt ist. Nach der Erfahrung soll die Überdeckung benachbarter Schaufeln mindestens so lang sein wie der Kanal breit ist, um einigermaßen in den Bereich der gültigen Näherungsformeln [*9*] für die wirkliche Austrittsrichtung zu kommen.

In Übereinstimmung mit anderen Untersuchungen werden m_4 und m_6 hier mit $-2{,}0$ bzw. $+2{,}0$ angenommen und der Einfluß von m_2 im Bereich $-2{,}0$ bis $+2{,}0$ erforscht.

Auch die übrigen Werte m_i sollen nach den oben angegebenen Gründen kleiner als 2,0 bleiben.

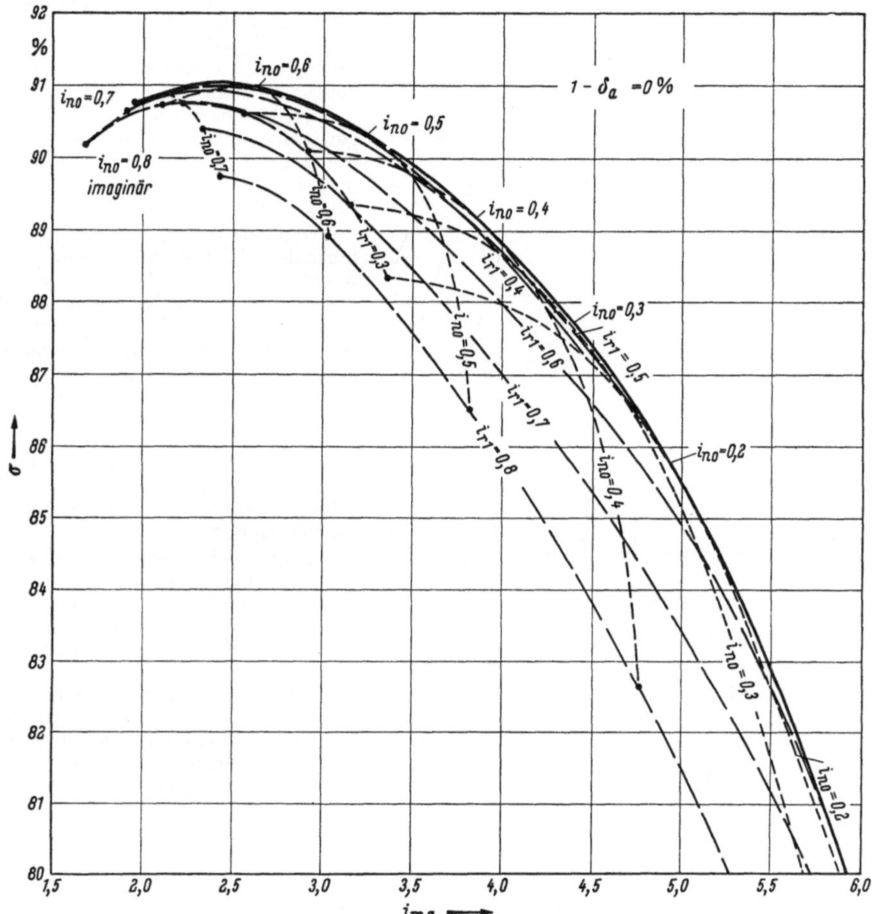

Abb. 3/41. Maximal erreichbare Wandlergütegrade (nach [*15*])

In den Diagrammen Abb. 3/39 bis 3/49, die alle auf der Grundlage von [*15*] beruhen, sind die Werte in verschiedener Abhängigkeit aufgetragen. Es ergibt sich ein guter Einblick in die Zusammenhänge, und man erkennt die gegenseitige Beeinflussung. DIEDERICHS kommt zu folgendem Ergebnis (15 S. 39ff.):

„Aus den Diagrammen nach Abb. 3/39 lassen sich die zur Erzielung einer bestimmten Drehzahldrückung $(1 - \delta_a)$ erforderlichen Werte m_i und die sich damit ergebenden Wandlerkennwerte entnehmen und als Funktion von i_r oder i_{n0} auftragen. In Diagrammen, wie beispielsweise in Abb. 3/41 sind alle sich für eine bestimmte Drehzahldrückung aus obigen Bildern ergebenden Wandlergütegrade σ über dem dazugehörigen Anfahrwandlungsverhältnis i_{ma} eingetragen. Die punktierten Kurven sind dabei die Verbindungslinien von Punkten, denen ein gleiches Aus-

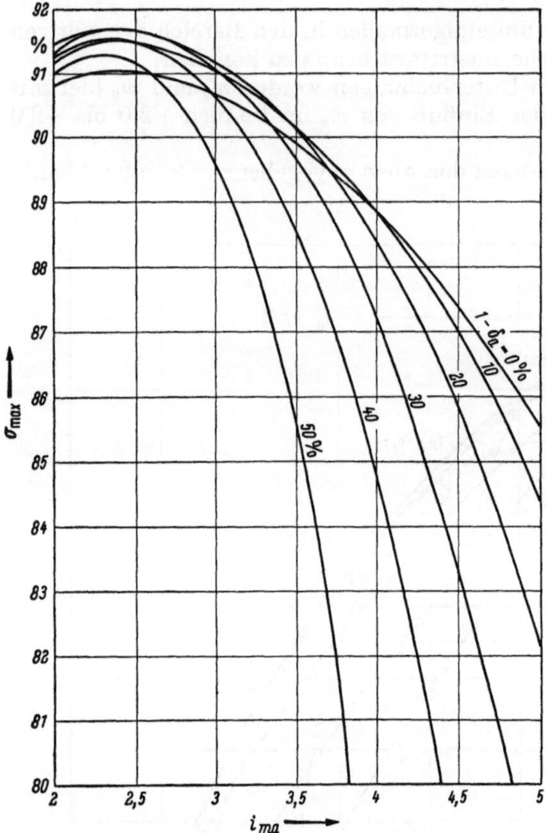

Abb. 3/42. Maximal erreichbare Wandlergütegrade für verschiedene Drehzahldrückungen $(1 - \delta_a)$ (nach [15])

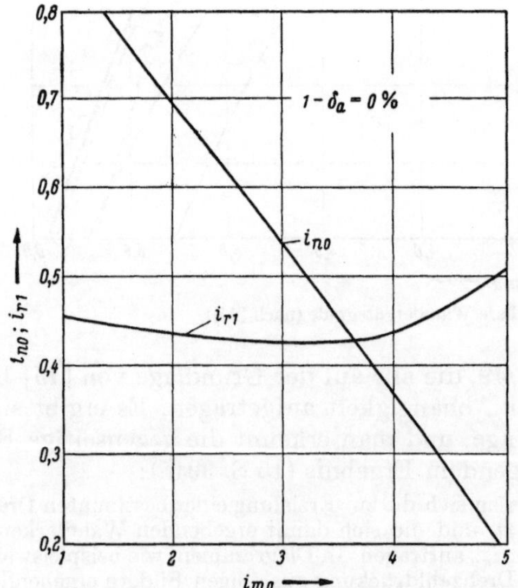

Abb. 3/43. Auslegungswerte $i_{n\,0}$ und $i_{r\,1}$ für Wandler besten Gütegrades nach Abb. 3/2 (nach [15])

legungsdrehzahlverhältnis $i_{n\,0}$ zugrunde liegt, während die gestrichelten Kurven Gütegradwerte von Wandlern mit gleichem Radienverhältnis i_r verbindet. Die Einhüllende dieser Kurven (in Abb. 3/41 die ausgezogene Linie) stellt dann den für die betreffende Drehzahldrückung maximal erreichbaren Wandlergütegrad $\sigma_{\max}$ als Funktion des gewünschten Anfahrwandlungsverhältnisses $i_{m\,a}$ dar. In Abb. 3/42 sind die $\sigma_{\max}$-Kurven für verschiedene Drehzahldrückungen gemeinsam aufgetragen. Jede dieser Kurven wurde auf die gleiche Weise wie in Abb. 3/41 gewonnen und stellt jeweils die Einhüllende an die betreffenden Kurven $\sigma = f(i_{m\,a})$ für $i_n = \text{const}$, bzw. $\sigma = f(i_{m\,a})$ für $i_r = \text{const}$ dar.

Danach beträgt der maximal mit normalen Wandlern überhaupt erreichbare Gütegrad etwa 91,75%. Dieser Wert liegt bei einem Anfahrwandlungsverhältnis von etwa 2,4 und ist mit einer Drehzahldrückung von etwa 25% zu erreichen. Dabei sei nochmals darauf hingewiesen, daß es sich hierbei nicht um den Gütegrad des gesamten ausgeführten Wandlers, sondern um den Gütegrad, der diesem Wandler zugrunde gelegten geometrischen Form des mittleren Stromfadens handelt.

Während bei großem $i_{m\,a}$ der Wert $i_{m\,0,6}$ mit fallendem $i_{m\,a}$ ansteigt, fällt er bei kleinem $i_{m\,a}$ mit fallendem $i_{m\,a}$ ebenfalls ab. Da der Einfluß dieses mit $i_{m\,a}$ fallenden $i_{m\,0,6}$ auch den Gütegrad bei kleinem $i_{m\,a}$ größer macht, als der der mit fallendem $i_{m\,a}$ immer weiter steigenden i_{nk} und $i_{n\,0,6}$-Werte, sinkt bei kleinerem $i_{m\,a}$ der maximal erreichbare Gütegrad wieder etwas ab.

Bei Anfahrwandlungsverhältnissen zwischen 2 und 3 werden die besten Gütegrade bei Drehzahldrückungen von 20 bis 30% erzielt, dagegen ist bei großem $i_{m\,a}$ der Gütegrad um so besser, je kleiner die Drehzahldrükkung ist. Für sehr große Drehzahldrückungen und große Anfahrwandlungen lassen sich keine günstigen Gütegrade erzielen.

Die einhüllende Kurve in Abb. 3/41 z. B. berührt jede der ($i_{n\,0} = \text{const}$)-Kurven in einem Punkt, welcher einem bestimmten Radiusverhältnis i_r entspricht. Die genaue Lage dieses Punktes wird dadurch kontrolliert, daß in den Darstellungen, gemäß dem in Abb. 3/40 gebrachten Muster die σ- und $i_{m\,a}$-Werte bei einem bestimmten Radienverhältnis für ein bestimmtes

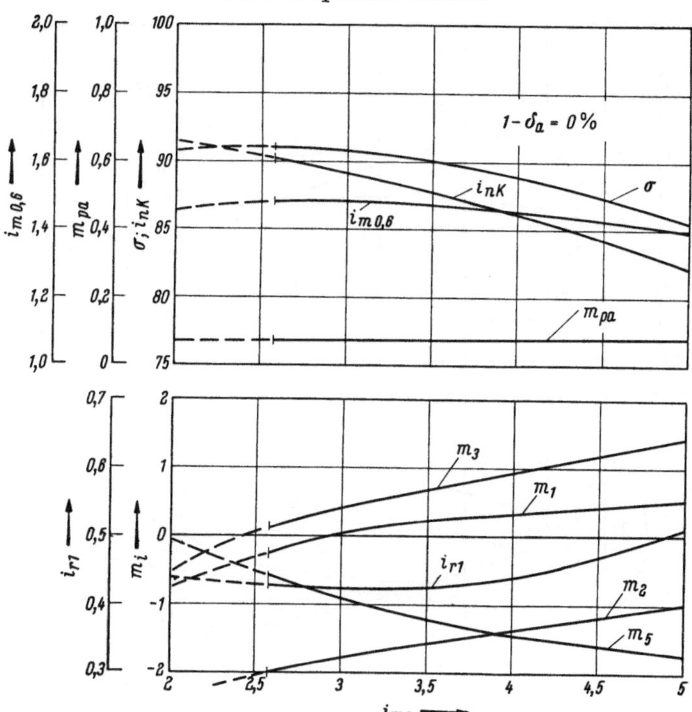

Abb. 3/44. Kennwerte für Wandler besten Gütegrades nach Abb. 3/42 (nach [15])

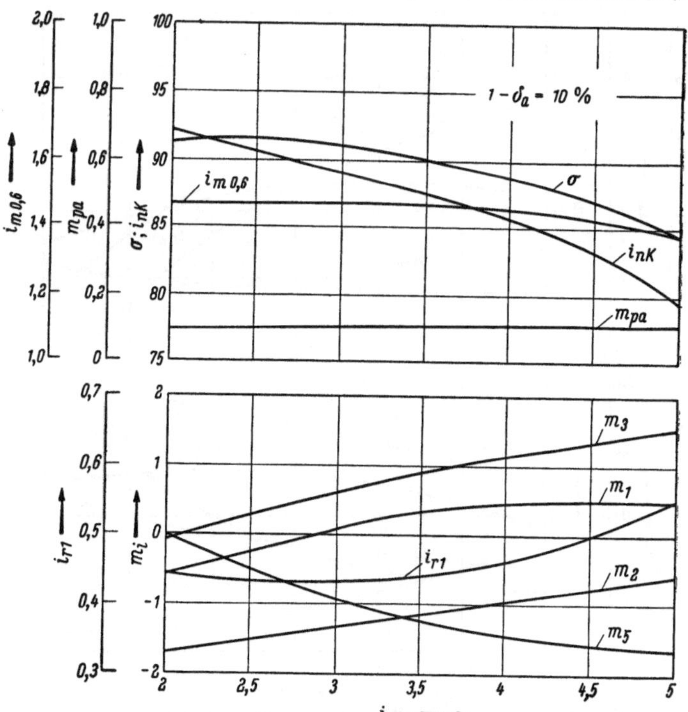

Abb. 3/45. Kennwerte wie Abb. 3/44, jedoch für Wandler mit Drückung (nach [15])

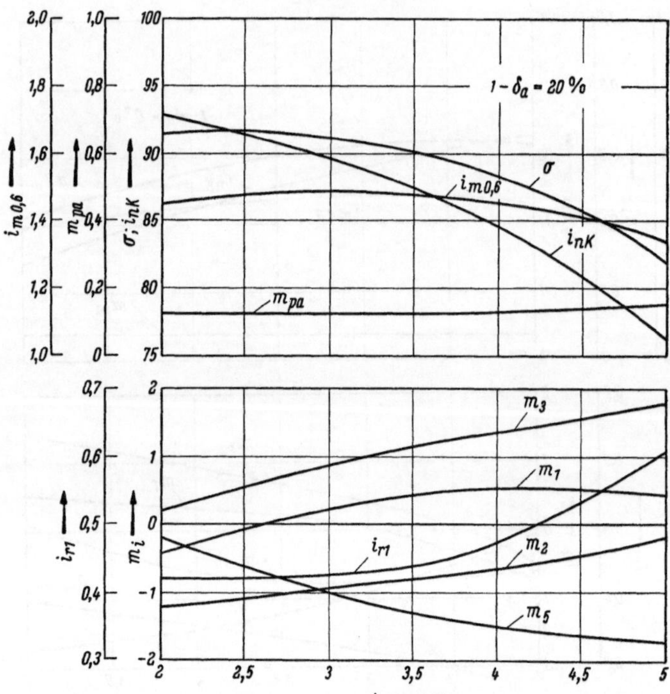

Abb. 3/46. Kennwerte wie Abb. 3/44, jedoch bei höherer Drückung (nach [*15*])

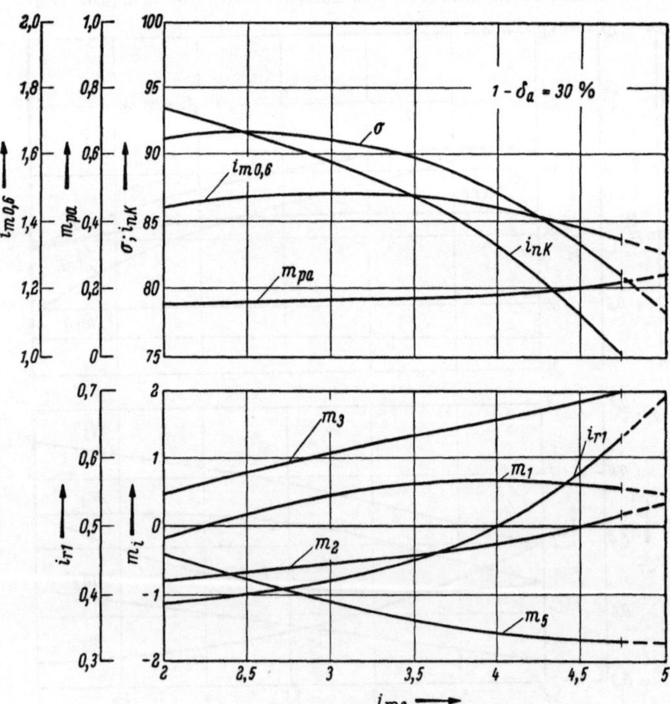

Abb. 3/47. Kennwerte wie Abb. 3/46, jedoch bei höherer Drückung (nach [*15*])

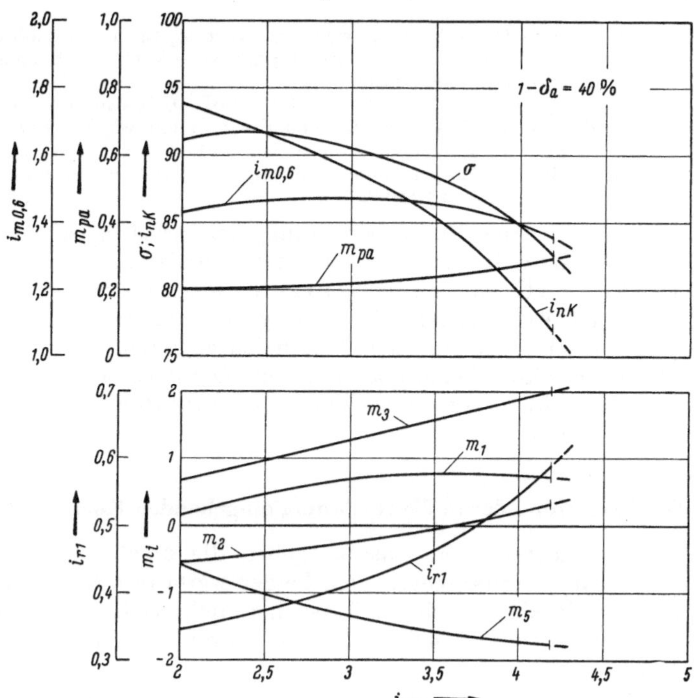

Abb. 3/48. Kennwerte wie Abb. 3/46, jedoch bei höherer Drückung (nach [15])

i_{n0} und ein bestimmtes $(1-\delta_a)$ mit den betreffenden σ- und i_{ma}-Werten der σ_{max}-Kurven entsprechend Abb. 3/41 übereinstimmen müssen. Die Berührungspunkte der Einhüllenden mit den $i_{n0} = \text{const}$-Kurven sind in Abb. 3/41 jeweils durch einen kleinen, senkrecht zur Einhüllenden gezogenen Strich markiert. Zur weiteren Kontrolle wird dann entsprechend den σ_{max}-Kurven für jede Drehzahldrückung dasjenige i_{ma} über i_{n0} aufgetragen, bei dem die Einhüllende die betreffende $i_{n0} = \text{const}$-Kurve berührt. Gleichzeitig wird das in den Darstellungen analog Abb. 3/40 gefundene i_r über i_{ma} aufgetragen.

In Abb. 3/43 ist dies z. B. für $(1-\delta_a) = 0\%$ dargestellt, wobei allerdings für die Kurve $i_{ma} = f(i_{n0})$ Abszisse und Ordinate vertauscht wurden.

Mit den so interpolierten und kontrollierten i_r-Werten lassen sich dann aus den Darstellungen analog Abb. 3/40 alle Konstruktionswerte und Wandlerkenngrößen ablesen. In den Abb. 3/44 bis 3/49 sind die so ermittelten Werte der Wandler mit jeweils bestem Gütegrad für die verschiedenen Drehzahldrückungen über dem Anfahrwandlungsverhältnis i_{ma} aufgetragen, und zwar im oberen Teil jeweils die Wandlerkenngrößen und unten die dazu benötigten Konstruktionswerte.

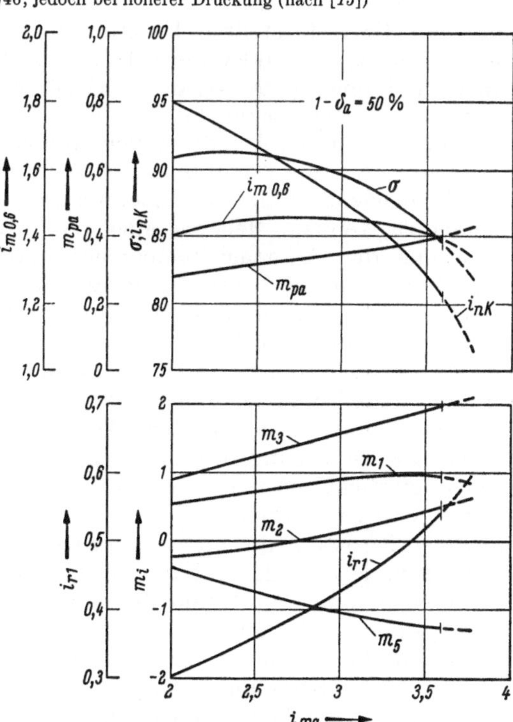

Abb. 3/49. Kennwerte wie Abb. 3/46, jedoch bei höherer Drückung (nach [15])

Für die Drehzahldrückung $(1-\delta_a) = 0\%$ wird der Wert m_2 für $i_{ma} < 2{,}58$ dem Betrag nach größer als 2. Damit scheiden diese Werte für eine praktische Verwirklichung aus und sind deshalb in Abb. 3/44 nur gestrichelt eingetragen.

Für die Drehzahldrückungen von 30, 40 und 50% wird ab bestimmtem i_{ma} der Wert $m_3 > +2{,}0$, womit auch diese Werte ausscheiden. In all diesen Fällen, wo Werte m_i dem Betrage nach größer als 2 werden würden, kann man sie natürlich einfach gleich 2 setzen, womit sich mit den übrigen Konstruktionsgrößen gegenüber den dargestellten Wandlerkennwerten etwas schlechtere Wandlerkennwerte ergeben werden."

So weit die Ergebnisse einer Vorausberechnung der Verhältnisse unter gewissen Annahmen. Zweifellos kann der Konstrukteur viele grundsätzliche Schlüsse daraus ziehen und seine Entwicklungsideen in bestimmter Form ausrichten. Quantitativ treten bei ausgeführten Wandlern Abweichungen gegenüber diesen Ergebnissen auf, die weit über die Unsicherheit einzelner Koeffizienten hinausgehen und sich besonders in extremen Punkten bemerkbar machen. Zur Abschätzung dieser Differenzen sei auf die Ergebnisse von Versuchen an ausgeführten Wandlern Abb. 3/7, 3/34, 3/29 und 3/68 hingewiesen.

3.16 Die Ermittlung der in die Rechnung eingehenden Koeffizienten

Die behandelten theoretischen Ansätze geben die Möglichkeit, vollständige Kennlinien für Wandler vorauszuberechnen. Leider ergibt ihre Nachprüfung durch den Versuch und die Praxis, daß sie die Tatsachen nicht vollständig wiedergeben. Es ist auch nicht ohne weiteres möglich, diese Abweichungen durch Korrekturfaktoren auszugleichen.

Die Untersuchung des Kurvenverlaufs dimensionslos aufgetragener Werte, z. B. für das Wandlungsverhältnis i_m und dem Wirkungsgrad η führt zu der Deutung, daß die festgestellten Differenzen von verschiedenen Eingangsdrehzahlen oder ungleichen Zuständen der arbeitenden Flüssigkeit abhängig sind. Es ist deshalb nicht immer gestattet, die Verlustkoeffizienten über den ganzen Betriebsbereich als konstant anzunehmen.

Entsprechend den grundlegenden Annahmen bestehen die Verlustbeiwerte aus dem für die Reibung λ und dem für den Eintrittsstoß ζ. Leider gibt es nicht genügend eingehende Einzelversuche, um die beiden Koeffizienten systematisch voneinander zu trennen. Meistens erscheint in den Versuchsberichten nur das Eingangs- und das Ausgangsdrehmoment und die Leistung dieser Momente. Als Arbeitshypothese wird daher angenommen, daß $\zeta = 1$ ist. Bei entsprechendem Ansatz der Gleichungen ist es unter dieser Voraussetzung möglich, die Reibungsverlustbeiwerte aus den Messungen abzuleiten; natürlich auch nur, wenn man alle λ-Werte für die einzelnen Räder als gleich annimmt. Dieses ist an sich bereits eine zu weitgehende Voraussetzung, da die Kanäle ungleich lang und ungleich gekrümmt sind und sich beides auf λ auswirken dürfte. Außerdem besteht dann noch die zweifelhafte Festlegung des „mittleren Stromfadens" und die Ungewißheit bezüglich der effektiven Schaufelwinkel. Ist die Geschwindigkeitsverteilung entlang der Ein- und Austrittskante jedes Rades nicht bekannt, dann kann die Lage des „mittleren Stromfadens" nicht genau bestimmt werden.

Die Kenngrößen der Schaufelwinkel beziehen sich auf die Verhältnisse des „mittleren Stromfadens", und die zugehörigen Winkel werden auf der mittleren Wölbungslinie der Schaufeln gemessen. Sie entsprechen keineswegs den effektiven Werten, die die Strömung verwirklichen; schon deshalb nicht, weil bei endlicher Schaufelzahl die Strömungsgeschwindigkeit zwischen den Schaufeln entlang einer Umfangslinie nicht konstant gehalten werden kann. Bei Analysen der Wandlerwirkung werden allerdings meistens die angeführten Winkel als die effektiven angenommen. Dabei berücksichtigt man, daß die tatsächlichen Schaufelwinkel bei der Konstruktion gemäß den bei Kreiselpumpen und Turbinen gebräuchlichen Erfahrungswerten korrigiert werden.

Die Verwendung dieser Näherung sollte sich bei der Berechnung der Korrekturbeiwerte im wesentlichen auf die Nachbarschaft des Auslegungspunktes beschränken, in der die Reibung den größeren Anteil des Gesamtverlustes bedingt und die Geschwindigkeitsverteilung nur geringfügig von der erwarteten abweicht. Trotzdem werden die auf diese Weise erhaltenen Reibungsverlustkoeffizienten nicht immer den wirklichen Werten entsprechen, da einige zusätzliche Größen, die z. B. von den Stoßverlusten oder der Lage des mittleren Stromfadens abhängig sein können, von Einfluß sind.

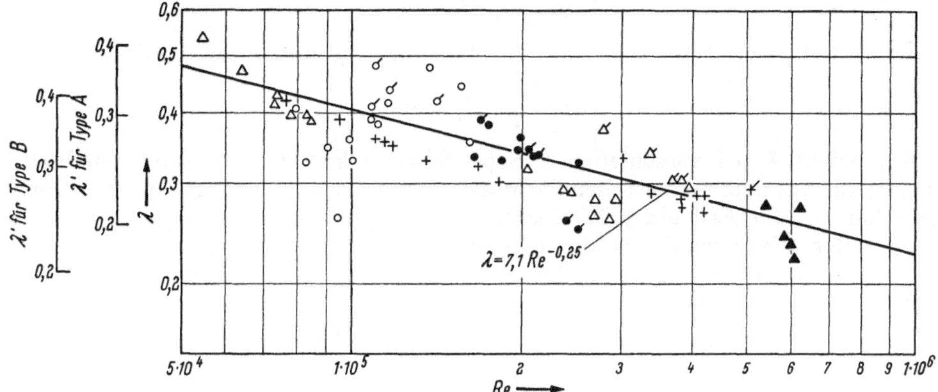

Abb. 3/50. Versuchspunkte für Wandler Type A mit eingetragenen Kurven für $\lambda = 7{,}1 \cdot Re^{-0{,}25}$ (nach [16])

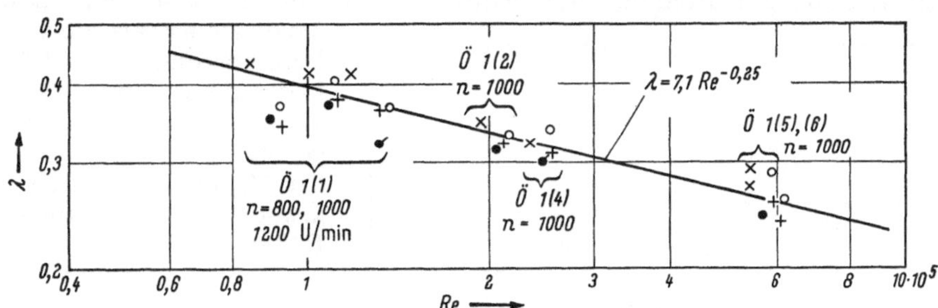

Abb. 3/51. Reibungsbeiwerte λ für einen Rückwärtsdrehmomentwandler (hier Type C genannt) mit der Radkombination Pumpe-Leitrad-Turbine (nach [16])

Die Ergebnisse, die von den versuchsmäßig ermittelten Werten im Bereich des Drehzahlverhältnisses von 0 bis Kupplungspunkt i_{nk} für zwei Typen, hier mit A und B bezeichnet, nach Versuchen von Tomo-O-Ishihara [16], erhalten wurden, werden in den Abb. 3/50 und 3/51 gezeigt. A und B sind Trilok-Wandler der üblichen Bauart mit zwei Leiträdern wie etwa in Abb. 4/16 dargestellt. Die Reynoldssche Zahl Re auf der Abszisse ist gegeben durch

$$R_e = \frac{c_m \cdot d}{\nu}$$

wobei d der Durchmesser des Rades am Pumpenaustritt und ν die kinematische Zähigkeit der arbeitenden Flüssigkeit bedeutet. c_m ist bekannt.

Dieser Ausdruck der REYNOLDSschen Zahl entspricht den Verhältnissen und der üblichen Anwendung; allerdings wird oft die Relativgeschwindigkeit anstelle der hier eingesetzten Meridiangeschwindigkeit verwendet.

Wenn man berücksichtigt, daß die eingetragenen Werte von λ aus den Versuchsergebnissen abgeleitet sind, scheint der Streuungsgrad in diesen Abbildungen ganz natürlich und die Genauigkeit befriedigend zu sein. In der Abb. 3 50 sind die Daten für die Typen A und B gemeinsam eingetragen. Ihre Kenngrößen der Schaufelwinkel sind voneinander verschieden, doch die Tatsache, daß diese beiden Wertegruppen ungefähr auf einer Kurve liegen, ist von Interesse und beweist die Brauchbarkeit des Ausdruckes der Gleichung

$$h_R = \frac{1}{2g} \sum_{i=1}^{n} \lambda_i \cdot \frac{w_{i1}^2 + w_{i2}^2}{2}$$

Andererseits nimmt auch in dem von SPANNHAKE gebrauchten Ausdruck:

$$h_R = \frac{1}{2g} \sum \lambda_i w_{i2}^2$$

der Koeffizient λ bei verschiedenen Schaufelwinkelkenngrößen unterschiedliche Werte an, die auf dem rechtsstehenden Maßstab der Abb. 3/50 angegeben sind. Diese Eigenschaft ist im Fall eines Rückwärtsdrehmomentwandlers[1] ausgeprägter, als bei den Trilok-Wandlern der beiden hier untersuchten Typen A und B.

Es erscheint bemerkenswert, daß die eingetragenen Werte von λ über der REYNOLDSschen Zahl nicht nur qualitativ, sondern auch quantitativ übereinstimmen. So kann als gute Annäherung die folgende Gleichung gesetzt werden.

$$\lambda = 7{,}1 \cdot R_e^{-0{,}25} \tag{3/28}$$

Die Gleichung entspricht der Formel von BLASIUS für den Koeffizienten der Flüssigkeitsreibung in Rohren, aber quantitativ wird hier der Wert von λ 2- oder 3mal größer als dort. Die Vergrößerung der Flüssigkeitsreibung im Wandlerkanal gegenüber der in einem geraden Rohr wird als Folge der Strömung durch gekrümmte Kanäle rotierender Räder angesehen.

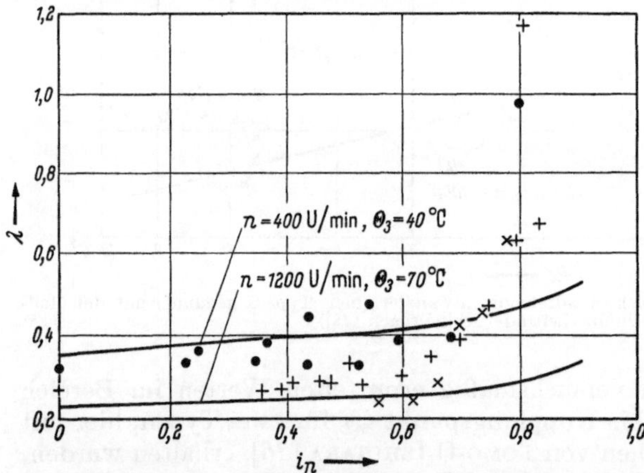

Abb. 3/52. Reibungswert λ für Trilok-Wandler mit 2 Leiträdern nach Messungen von TOMO-O-ISHIHARA. [16] 2 Typen A und B

Wenn man Gl. (3/28) auf die Betriebsbedingungen der Type A anwendet, werden λ-Werte erhalten, die graphisch durch die ausgezogenen Linien Abb. 3/52 dargestellt sind. Mit ihnen ergeben sich die theoretischen Kennlinien, die durch ausgezogene Linien in Abb. 3/53 dargestellt sind und eine gute Übereinstimmung mit den versuchsmäßig ermittelten Werten innerhalb eines Bereichs des Drehzahlverhältnisses von $i_n = 0$ bis i_{nk} ergeben.

[1] Das ist ein Wandler, bei dem die Drehrichtung der Ausgangswelle entgegengesetzt der der Eingangswelle ist. Der Ausdruck wurde bereits von FÖTTINGER benutzt und für die Transformatoren für Rückwärtsfahrt bei Schiffen angewendet.

Es sind auch Versuche unternommen, um den Stoßverlustkoeffizienten ζ einzukreisen. Zu diesem Zweck wurde der freie Raum zwischen aufeinanderfolgenden Schaufelrädern systematisch geändert. Der Einfluß erwies sich als beträchtlich, besonders im Bereich hoher Drehzahlverhältnisse änderten sich die Kennlinien erheblich mit der Ausdehnung des freien Raumes. Es scheint danach, daß der Stoßverlust mit Anwachsen des schaufelfreien Raumes kleiner wird.

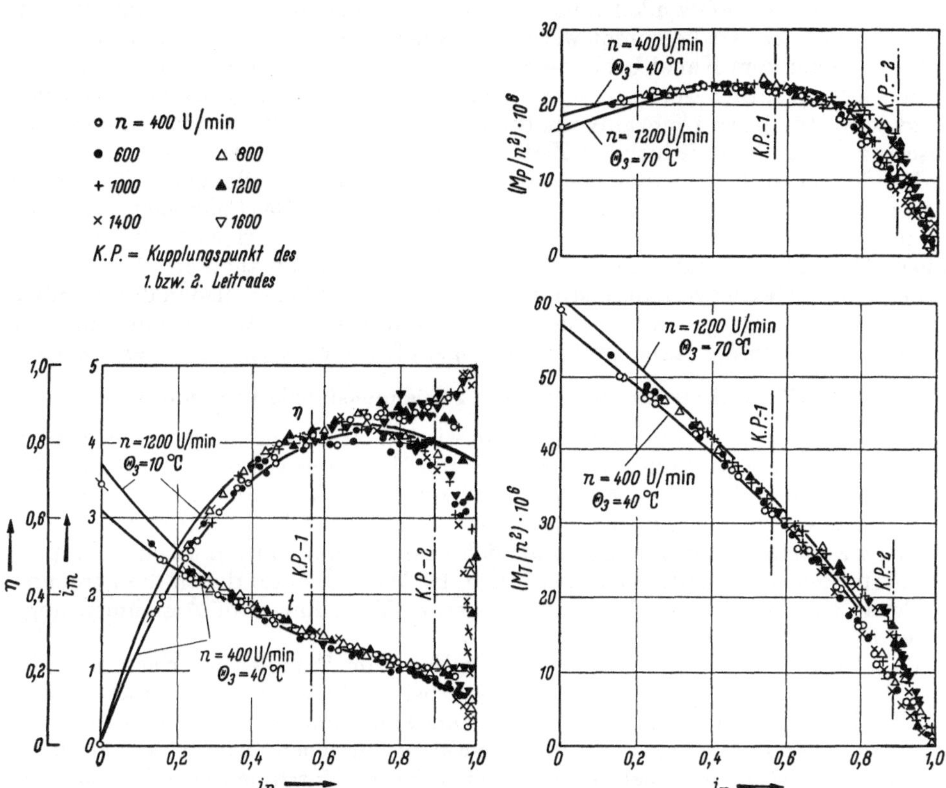

Abb. 3/53. Gerechnete Kennlinien und Versuchspunkte für einen Trilok-Wandler (Type A genannt) nach Tomo-o-Ishihara [16]

Tomo-O-Ishihara [16] findet z. B., daß ein wahrscheinlicher Wert für ζ bei 0,7 liegt und daß in gewissen Fällen bei größeren Zwischenräumen sogar mit $\zeta = 0{,}5$ gerechnet werden kann.

Bei diesen Angaben bleiben natürlich gewisse Fragen offen, da es bei der Festlegung auf das Verfahren ankommt, nach dem man diese Koeffizienten auf Grund willkürlicher Annahmen der eingehenden Beziehungen von λ und *Re* abschätzt.

Zusammengefaßt muß festgestellt werden, daß im einzelnen noch viele Probleme ungelöst sind, die nur durch die Untersuchung des tatsächlichen Strömungszustandes im Drehmomentwandlerkanal geklärt werden können. Dazu sind noch viele Arbeiten nötig. Immerhin kann man bei der praktischen Konstruktion die vermittelten Erkenntnisse und die generellen Untersuchungen über die Beiwerte gut gebrauchen. Die Abweichung der Werte beobachteter Kenngrößen von denen, die durch den rechnerischen Ausdruck erhalten wurden, ist in erheblichem Maße auf die ungleichmäßige Verteilung der Strömungsgeschwindigkeit quer zum Kanal zurückzuführen. Dadurch werden die beobachteten Reibungsverlustkoeffizienten etwas höher, als die nach dem Ausdruck Gl. (3/28) bei hohen Drehzahlverhältnissen weit jenseits des Auslegungspunktes ermittelten. Diese Tatsache – und das ist wichtig festzustellen – ist nicht nur für die hier aufgeführten Untersuchungen über spezielle Drehmomentwandler zutreffend, sondern gilt grundsätzlich bei allen Konstruktionen.

Soweit die Schaufelwinkel quer zum Strömungskanal am Auslegungspunkt in der beschriebenen Art bestimmt werden, ist die ungleichmäßige Geschwindigkeitsverteilung quer zum Kanal bei anderen Drehzahlverhältnissen unvermeidbar.

So sollte eigentlich der „mittlere Stromfaden", der bei der Rechnung zugrunde gelegt wird, für jedes Drehzahlverhältnis besonders gewählt werden; eine richtige Abschätzung dafür ist jedoch zur Zeit noch nicht genügend gesichert.

Bei den Versuchseinheiten übersteigt der beobachtete Reibungskoeffizient den Wert nach Gl. (3/28) nur bei hohen Drehzahlverhältnissen. Das Phänomen wird auch bei niedrigeren Werten i_n erscheinen, wenn der Auslegungspunkt bei ziemlich hohem Drehzahlverhältnis gewählt wurde. Das auf Grund theoretischer Analyse vorhergesagte Gesamtverhalten stimmt mit dem tatsächlichen also in der Nachbarschaft des Auslegungspunktes gut überein, während am Anfahrpunkt und für $i_n \to 1$ die beobachteten Kenngrößen niedriger als die vorausgesagten sein werden.

3.17 Mittlerer Stromfaden oder zweidimensionale Rechnung

In den bisherigen Untersuchungen ist wiederholt darauf hingewiesen worden, daß es sich bei den Rechnungen immer nur um Näherungswerte handeln kann. Die rein theoretischen Kurven geben daher wohl qualitativ die Verhältnisse gut wieder, quantitativ ist jedoch keine genaue Übereinstimmung mit den praktisch ermittelten Werten zu erreichen. Selbst an den an sich exakten Folgerungen aus dem Impulssatz haftet der Mangel, daß man bezüglich der Winkel, unter denen die Strömung die Schaufeln verläßt und der tatsächlichen c_m-Verteilung, auf Annahmen angewiesen ist.

Es ist bedeutend schwerer, die Verhältnisse beim Wandler zu erfassen, als bei einer Pumpe oder einer Turbine. In diesen beiden Fällen hat man doch gewisse Randbedingungen, Anfangs- oder Endzustände, die einigermaßen definiert sind; davon ausgehend kann man dann auch die wahrscheinlichen Strombilder darstellen.

Allerdings ist es auch bei den klassischen Turbo-Maschinen erforderlich, mindestens im Garantiebereich die Strombahnen, z. B. bei einer Pumpe, weitgehend zu beherrschen. Man hilft sich schließlich auf dem Prüfstand mit Nacharbeiten, wenn die Pumpe „nicht liegt". Ein Wandlerrad kann man nicht ohne weiteres abdrehen.

Die gegenseitige Beeinflussung ist in den einzelnen Arbeitsbereichen verschieden. In jedem der möglichen Fälle eine gleichmäßige Strömungsverteilung zu erzwingen, stellt sich als unmöglich heraus.

Die Austrittsverhältnisse am Pumpenrad z. B. des hier öfter dargestellten dreiteiligen Standardwandlers erscheinen einem Pumpenbauer als sehr unangenehm. Die Annahme einer gleichmäßigen c_m-Verteilung über dem Querschnitt ist sicher nicht zulässig.

Es gilt noch immer, was E. W. Spannhake [*2c*] bereits 1949 feststellte:

„Es ist fast nichts über die Geschwindigkeitsverteilung zwischen der inneren und äußeren Stromlinie bekannt."

Allerdings hat er an gleicher Stelle auch Mittel angegeben, um evtl. die sich aus der Potentialtheorie ergebenden beträchtlichen Geschwindigkeitsunterschiede in der Nähe des Leitwulstes und am Außenrande zu mildern.

Dazu dienen die Bezeichnungen und Annahmen der Abb. 3/54. In der Teilfigur *a* ist über 1—2 die c_m-Verteilung entsprechend der Potentialtheorie aufgetragen. Die großen Unterschiede der Geschwindigkeiten zwischen 1—2 verursachen Schwierigkeiten; sie sollen daher durch die Komponenten der gebundenen Wirbel beeinflußt werden, die am Schaufelaustritt im Radialschnitt bei *C—D* eingetragen sind. Während ohne sie die Ringgeschwindigkeit, wie bereits festgestellt, nach *a* verteilt ist, verringern die Wirbelkomponenten die Geschwindigkeit innen am Ring und erhöhen sie außen, so daß eine Verteilung nach *b* zustande kommt. Die korrekte Schaufelblattverwindung, die den Komponenten des gebundenen Wirbels die nötige Richtung geben würde, ist aus der Abwicklung auf dem Kegel nach *A—B* zu entnehmen, wenn wir uns daran erinnern, daß die Wirbellinien die Linien des konstanten Wirbelwertes $c_u \cdot r$ sind.

In der Projektion auf den Kegelmantel *A—B* ist eine solche Linie, die Schaufelkante, mit ihrem Drehsinn dargestellt. Schnitt *C—D* zeigt die Neigung der Schaufelkante, die bewirkt, daß die Komponente der Wirbellinien im richtigen Sinn umläuft.

Es ist möglich, daß dieses Verfahren oft zu recht merkwürdigen Schaufelformen führt. Genügende Erfahrungen sind damit bisher nicht gesammelt. Es sind aber immerhin einige Wandler in den USA nach derartigen Gesichtspunkten mit vielversprechenden Ergebnissen gebaut worden.

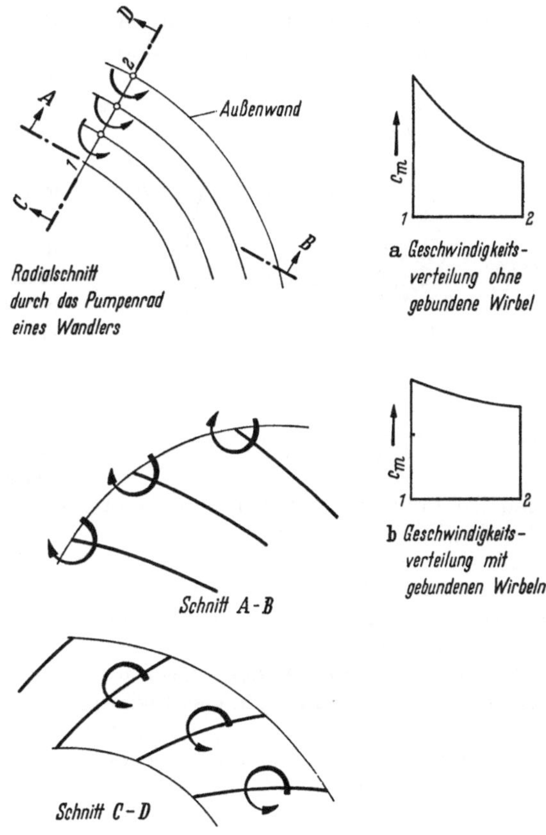

Abb. 3/54. Richtung der Komponenten gebundener Wirbel, welche die Geschwindigkeitsverteilung über eine Schaufelkante ändern (nach [*3*])

Nun muß man noch beachten, daß bei einem derartig korrigierten Umlauf die c_m-Verteilung nicht stabil bleibt, da sie, beeinflußt durch den Wert der Wirbelverteilung, auf die durchströmende Menge reagiert. Grundsätzlich ist es möglich, den Betrag dieser Änderung abzuschätzen, indem man dieselbe Methode der gebundenen Wirbel darauf anwendet. Es ergibt sich, daß, wenn der Betrag des Wirbels um $\Delta c_u \cdot r$ schwankt, sich der Betrag der Wirbellinien proportional ändert.

In der Praxis hat sich dieses Verfahren bisher ebensowenig eingebürgert, wie die andere theoretische Möglichkeit, nämlich die freie Geschwindigkeitsverteilung auszuschalten, indem man die Schaufelfläche so ausbildet, daß sie eine bestimmte Verteilung der Geschwindigkeit über den Ring erzwingt.

Es gibt sogar Stimmen, die die Auffassung vertreten, daß die Verteilung unwichtig ist: Pumpe und Turbine üben gegenteilige Effekte aus, und die schädlichen Einflüsse heben sich weitgehend auf.

TOMO-O-ISHIHARA [16] hat den erfaßbaren Einfluß der Kanalbreite und die Änderung der Schaufelwinkelkenngrößen m_i auf die mathematischen Kennlinien ermittelt. Danach sollen die Schaufelwinkel entlang der Ein- oder Austrittskante der Schaufeln jedes Rades so gewählt oder verteilt werden, daß ein vernünftiger Strömungszustand über die ganze Breite senkrecht zum mittleren Stromfaden entsteht. Es wird dann angenommen, daß die auf den mittleren Stromfaden bezogenen Kennlinien auch als wirkliche Kennlinien einer praktischen Konstruktion betrachtet werden können.

Umgekehrt, wenn die auf dem mittleren Stromfaden berechneten Schaufelwinkel am Eintritt oder Austritt entlang der Schaufelkante gleich sind, dann werden die tatsächlichen Kennlinien erheblich unter den erwarteten liegen. Das entspricht der Tatsache, daß die Kenngrößen der Schaufelwinkel des mittleren Stromfadens nicht immer auf andere als den mittleren Stromfaden übertragen werden können, da die Radienverhältnisse i_r der verschiedenen Stromfäden sich im allgemeinen voneinander unterscheiden. Aus diesem Grunde ist es wünschenswert, wenn möglich den ganzen Kreislauf in verschiedene Teilkreisläufe bzw. Teildrehmomentwandler mit eng aufeinanderfolgenden Rädern aufzuteilen und für jeden Teilkreislauf mit den vorbeschriebenen Verfahren einen Satz passender Schaufelwinkel zu berechnen.

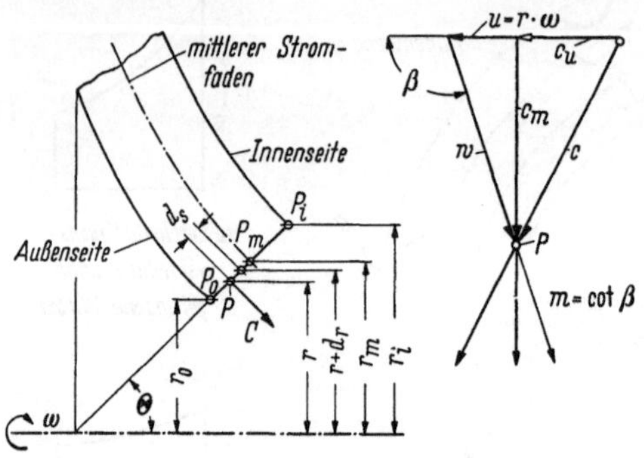

Abb. 3/55. Zur Berechnung der Geschwindigkeitsverteilung am Radaustritt

Dieses ist exakt gar nicht leicht durchzuführen, selbst wenn der Reibungsverlustkoeffizient und die Meridiangeschwindigkeit zu jedem Kreislauf passend festgelegt sind. Zweckmäßig wird daher ein verhältnismäßig leichtes Näherungsverfahren benutzt.[1]

Man betrachte den Austritt des Rades, wie er schematisch in Abb. 3/55 gezeigt wird. Es ist daneben auch ein Geschwindigkeitsdreieck für einen Punkt P (Radius r) an der Austrittskante $P_i - P_0$ eingezeichnet.

Auf der Stromlinie, die durch den Punkt P hindurchgeht, wird ΔE der Energiezuwachs der Strömung sein, der sich aus dem auf die Flüssigkeit ausgeübten Drehmoment ergibt.

$$\Delta E = \frac{\Delta (r \cdot \omega \cdot c_u)}{g} \tag{3/29}$$

Bezeichnet man weiter mit H_V die Verlusthöhe, die den Stoßverlust und den im Rad entstehenden Reibungsverlust enthält, und mit E_0 die Gesamtenergie der ankommenden Strömung, dann ergibt sich die Gesamtenergie E am Punkt P durch die Gleichung

$$E = \frac{p}{\gamma} + \frac{c^2}{2g} = E_0 + \frac{\Delta (r \cdot \omega \cdot c_u)}{g} - H_V \tag{3/30}$$

[1] Nach TOMO-O-ISHIHARA [16].

wobei p der Druck, c_u die Umfangskomponente der Absolutströmung, c und $\Delta(r \cdot \omega \cdot c_u)$ die Differenz der Wirbelenergie am Austritt dieses und des vorhergehenden Rades ist, also

$$\Delta(r \cdot \omega \cdot c_u) = (r \cdot \omega \cdot c_u)_{1.2} - (r \cdot \omega \cdot c_u)_{i-1.2}$$

Da E_0 und H_V nicht direkt bestimmt werden können, aber angenommen werden kann, daß sie sich auf jeder Stromlinie nicht wesentlich ändern, wird der Einfachheit halber angenommen, daß $E_0 - H_V = \text{const.}$ ist. Darüber hinaus wird, wenn man die Bedingung $(r \cdot \omega \cdot c_u)_{i-1,2} = \text{const.}$ zugrunde legt, die Gl. (3/30) zur Gleichung:

$$\frac{p}{j} + \frac{c^2}{2g} - \frac{r \cdot \omega \cdot c_u}{g} = \text{const.} \tag{3/31}$$

bei P.

Mit Bezug auf Abb. 3/55 wird daraus:

$$\frac{p}{\gamma} + \frac{w^2}{2g} - \frac{r^2 \cdot \omega^2}{2g} = \text{const.} \tag{3/32}$$

Dieses stellt die Energiegleichung für die Relativströmung dar.

Nimmt man an, daß die Austrittskante senkrecht zur Meridiangeschwindigkeit steht, daß die Wände innen und außen in der Nachbarschaft des Austritts zur Strömungsrichtung im wesentlichen parallel sind, wie in Abb. 3/56, und daß die Schaufelteilung genügend eng ist, um entlang des Umfanges gleiche Geschwindigkeit aufrechtzuerhalten, wird die Bewegungsgleichung ausgedrückt durch:

$$\frac{c_r \cdot \partial c_r}{\partial_r} - \frac{c\theta^2}{r} + \frac{c_z \cdot \partial c_r}{\partial_z} = -\frac{1}{\varrho} \cdot \frac{\partial_p}{\partial r} \tag{3/33}$$

wobei die zylindrischen Polarkoordinaten (r, Θ, z) benützt werden, so daß c_r, c_θ und c_z die r-, Θ- und z-Komponenten der Absolutströmung sind.

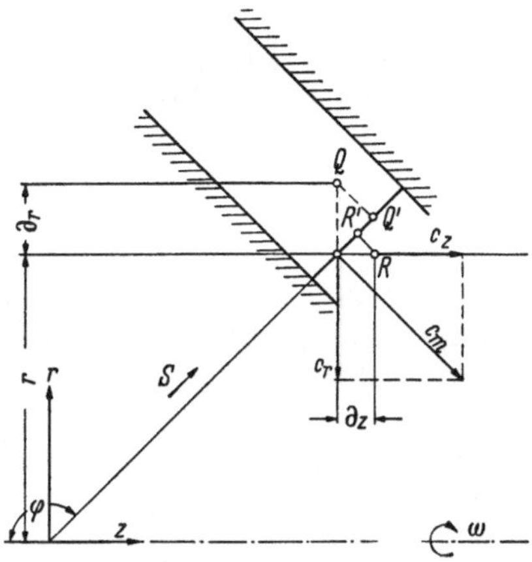

Abb. 3/56. Vereinfachte Verhältnisse am Radaustritt für Gl. (3/33) und folgende

Die Strömungsbedingungen können für benachbarte Punkte einer Stromlinie, also für Q (oder R) und Q' (oder R'), im wesentlichen als gleich angenommen werden. Dann ist

$$\frac{\partial c_r}{\partial_r} = \left(\frac{\partial c_r}{\partial_s}\right) \sin\varphi \quad \text{und} \quad \frac{\partial c_r}{\partial_z} = -\left(\frac{\partial c_r}{\partial_s}\right) \cos\varphi \tag{3/34}$$

Benützt man die Meridiangeschwindigkeit c_m, so erhält man

$$c_r \cdot \frac{\partial c_r}{\partial_r} = c_m \cdot \frac{\partial c_m}{\partial_s} \cdot \cos^2\varphi \cdot \sin\varphi \tag{3/35}$$

und

$$c_z \cdot \frac{\partial c_r}{\partial_z} = -c_m \cdot \frac{\partial c_m}{\partial_s} \cdot \cos^2\varphi \cdot \sin\varphi \tag{3/36}$$

Diese Beziehungen in Gl. (3/33) eingesetzt:

$$\frac{c_\theta^2}{r} = \frac{1}{\varrho} \cdot \frac{\partial_p}{\partial_r} \tag{3/37}$$

Die Gl. (3/31) und (3/37) stellen die fundamentalen Bedingungen dar, die die Strömung am Austritt beherrschen.

Differenziert man Gl. (3/31) nach r und eliminiert $\frac{\partial p}{\partial r}$ aus dieser und Gl. (3/37), so erhält man

$$\frac{c_m \cdot d\,c_m}{d\,r} = (r \cdot \omega - c_\theta)\left(\frac{c_\theta}{r} + \frac{d\,c_\theta}{d\,r}\right) \tag{3/38}$$

Setzt man zur Vereinfachung voraus, daß am Auslegungspunkt eine gleichmäßige Verteilung von c_m vorliegt, also $c_m = \text{const.}$ entlang der Austrittskante gilt, dann ergibt sich die erwartete Lösung aus Gl. (3/38) zu:

$$r \cdot c_\theta = \text{const.} \tag{3/39}$$

Dadurch wird ersichtlich, daß die vorhergehende Annahme der Bedingung

$$(r \cdot \omega \cdot c_\theta)_{i-1.2} = \text{const.}$$

begründet ist.

Wenn man $c_u = r \cdot \omega - c_m \cdot m$ in Gl. (3/39) einsetzt und den Auslegungspunkt betrachtet, sind die Schaufelwinkelkenngrößen m entlang der Austrittskante durch

$$m = \frac{r \cdot \omega_0}{c_{m_0}} + \frac{\text{const.}}{r}$$

ergeben, worin der Index 0 den Auslegungspunkt bezeichnet.

Mit m_m als Schaufelwinkelkenngröße auf dem mittleren Stromfaden ($r = r_m$) ergibt sich

$$m = \frac{r_m \cdot \omega_0}{c_{m_0}}\left(\frac{r}{r_m} - \frac{r_m}{r}\right) + m_m \cdot \frac{r_m}{r} \tag{3/40}$$

Hieraus kann die günstige Verteilung der Schaufelwinkelkenngrößen entlang der Austrittskante errechnet werden. Man setzt die Werte von m_m am Radius r_m abhängig von i_{n0} und φ_0 ein und benutzt in dem Ausdruck für die Meridiangeschwindigkeit

$$c_m = r_{1.2}\,\omega_0 \cdot \varphi_0$$

als Winkelgeschwindigkeit für das Pumpenrad $\omega_0 = \omega$, für die Turbine $\omega_0 = \omega \cdot i_{n0}$ und für das Leitrad $\omega_0 = 0$.

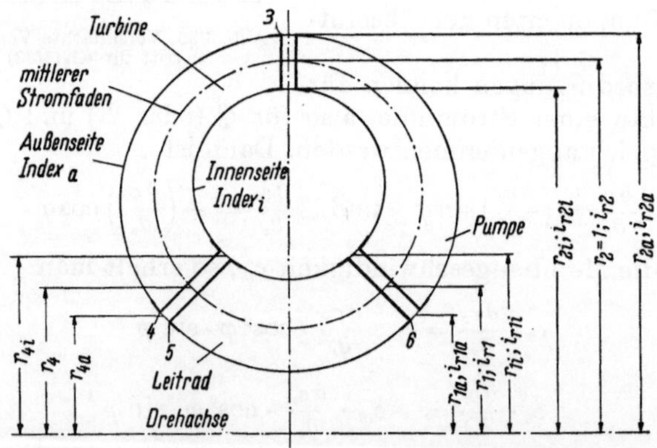

Abb. 3/57. In den Gln. (3/41) und folgende gebrauchte Bezeichnungen

Schreibt man Gl. (3/40) für die in Abb. 3/57 gezeigte Grundtype auf, so erhält man für den Pumpenaustritt:

$$m = \frac{1}{\varphi_0}\left(\frac{r}{r_2} - \frac{r_2}{r}\right) + m_{1.2} \cdot \frac{r_2}{r} \tag{3/41}$$

für den Turbinenaustritt:

$$m = \frac{i_{r3} \cdot i_{n0}}{\varphi_0}\left(\frac{r}{r_1} - \frac{r_3}{r}\right) + \frac{m_{2.2} \cdot r_3}{r} \tag{3/42}$$

für den Leitradaustritt:

$$m = \frac{m_{3.2} \cdot r_1}{r} \tag{3/43}$$

Die Verteilung der Schaufelwinkelkenngrößen entlang der Eintrittskante kann leicht mit der Bedingung der Stoßfreiheit am Auslegungspunkt aus den obigen Gleichungen abgeleitet werden. Die Ergebnisse, soweit kein freier Raum zwischen Austritt und folgendem Eintritt berücksichtigt zu werden braucht, sind im allgemeinen durch Gl. (3/40) ausgedrückt.

Für den Fall der Standardtype nach Abb. 3/2 erhält man z. B.
für den Pumpeneintritt:

$$m = \frac{i_{r1}}{\varphi_0}\left(\frac{r}{r_1} - \frac{r_1}{r}\right) + \frac{m_{1.1} \cdot r_1}{r} \tag{3/44}$$

für den Turbineneintritt:

$$m = \frac{i_m}{\varphi_0}\left(\frac{r}{r_2} - \frac{r_2}{r}\right) + \frac{m_{2.1} \cdot r_2}{r} \tag{3/45}$$

für den Leitradeintritt:

$$m = \frac{m_{3.1} \cdot r_3}{r_1} \tag{3/46}$$

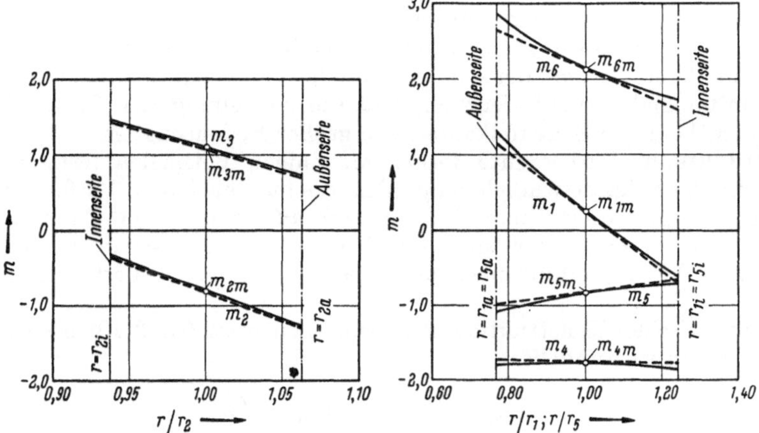

Abb. 3/58. Verteilung der Schaufelwinkelkenngrößen entlang der Schaufelkante (nach [*16*])

Ein durchgerechnetes Beispiel für die in Abb. 3/57 gezeigte Type ist durch ausgezogene Linien in Abb. 3/58 dargestellt, wofür die Schaufelwinkelkenngrößen auf dem mittleren Stromfaden in Abhängigkeit der Werte

$$i_{r1} = i_{r3} = 0{,}5, \quad i_{n0} = 0{,}5, \quad \varphi_0 = 0{,}27 \quad \text{und} \quad \lambda = 0{,}2$$

zugrunde gelegt wurden. Die Radienverhältnisse i_r des inneren Stromfadens an der äußeren Schalenoberfläche sind wie in Abb. 3/57 angegeben gewählt. Der Wert a wurde zu 0,794 geschätzt.

In [*16*] sind die Kennlinien zweier Teilkreisläufe, und zwar von einem inneren Kreislauf mit dem inneren Stromfaden entsprechend den Radienverhältnissen i_r und von einem äußeren Kreislauf mit dem äußeren Stromfaden für das oben angegebene Beispiel nach den früher benutzten Gleichungen zusammen mit denen des mittleren Stromfadens errechnet worden. Die Ergebnisse sind in Abb. 3/59 mit der Annahme dargestellt, daß der Reibungskoeffizient sich bei den einzelnen Stromfäden nicht ändert. Nach dieser Abb. 3/59 können die tatsächlichen Kennlinien des gesamten Kreislaufes ähnlich denen des mittleren Stromfadens angenommen werden, wenn die Schaufelwinkelkenngrößen in der errechneten Art ver-

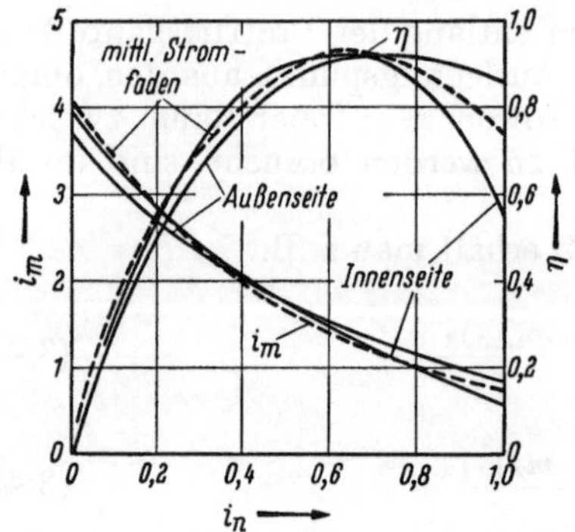

Abb. 3/59. Gerechnete Kennlinien eines Wandlers nach Abb. 3/57 mit den Kenngrößen Abb. 3/58 (nach [*16*]) $i_{r1} = i_{r5} = 0{,}5$; $\lambda = 0{,}2$; $i_{n0} = 0{,}5$; $\varphi_0 = 0{,}27$

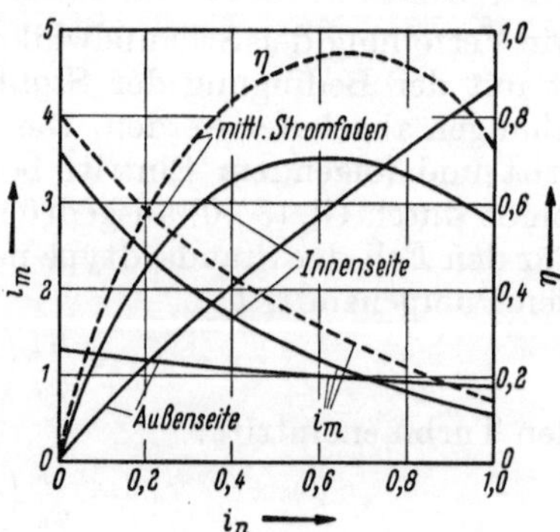

Abb. 3/60. Dasselbe wie Abb. 3/59, jedoch mit konstantem Wert der Schaufelwinkel (nach [*16*]) längs der Schaufelkanten

teilt sind. Dagegen liegen die Kennlinien der Teilkreisläufe mit entlang den Ein- und Austrittskanten konstanten Schaufelwinkelkenngrößen beträchtlich unter denen des mittleren Stromfadens (s. Abb. 3/60). Vergleicht man die beiden Abbildungen miteinander, wird deutlich, daß die Verteilung der Schaufelwinkelkenngrößen entlang den Schaufelkanten von großer Bedeutung ist.

Tomo-O-Ishihara [*16*] konnte ferner an einigen Beispielen feststellen, daß die Verteilung der Schaufelwinkelkenngrößen, die man nach dem Verfahren erhält, den ganzen Kreislauf in mehrere Teilkreisläufe aufzuteilen, und dann für jeden Teilkreislauf die passenden Schaufelwinkelkenngrößen zu bestimmen, verhältnismäßig gut mit der Verteilung nach dem eben geschilderten Verfahren übereinstimmt.

Bei der praktischen Konstruktion ist es wünschenswert, Gl. (3/40) in eine lineare Funktion von r zu verwandeln:

$$m = m_m + \frac{2\, r_m \cdot \omega_0}{c_{m\,0}} - m_m \frac{r - r_m}{r_m} \qquad (3/47)$$

Diese Näherung stellt die Tangente an die m, r-Kurve an der Stelle $r = r_m$ dar, die in Abb. 3/58 durch die gestrichelten Linien gegeben ist.

Weitere Beziehungen zwischen Punkten auf dem inneren, dem äußeren und dem mittleren Stromfaden ergeben sich bei der vereinfachenden Annahme, daß c entlang der Schaufelkante konstant ist. Dann wird das Moment des Dralles der die Schaufeln verlassenden Flüssigkeit:

$$M = \varrho \cdot c_m \int_{r_0}^{r_i} (r \cdot \omega - c_m \cdot m) \cdot r \cdot dA \qquad (3/48)$$

Dabei ist dA ein Element der Strömungsfläche. Bei Vernachlässigung der Schaufeldicke wird $dA = 2\pi r\, ds$, $ds = \dfrac{dr}{\sin\Theta}$ und $m = \dfrac{k_1 \cdot r + k_2}{r}$.

Benutzt man Gl. (3/47), dann ergibt die Integration:

$$M = \varrho \cdot c_m \cdot A\left[\frac{\omega\,(r_i^2 + r_0^2)}{2} - c_m\left\{\frac{k_1\,(r_i^2 + r_0^2)}{2} + k_2\right\}\right] \qquad (3/49)$$

Das Drallmoment M_0, das durch die Strömungsbedingungen in der mittleren Stromlinie gegeben ist, wird unter Benutzung von

$$m_m = k_1 \cdot r_m + \frac{k_2}{r_m}$$

wie folgt geschrieben:

$$M_0 = \varrho\, c_m\, A\,[\omega \cdot r_m^2 - c\,(k_1 \cdot r_m^2 + k_2)] \qquad (3/50)$$

Dieses der Gl. (3/47) gleichgesetzt ergibt

$$r_m^2 = \frac{r_i^2 + r_0^2}{2} \qquad (3/51)$$

Leider hat das Ergebnis keine Allgemeingültigkeit, da es nicht möglich ist, eine gleichmäßige Verteilung der Meridiangeschwindigkeit über den ganzen Bereich des Drehzahlverhältnisses zu bekommen, obwohl dies am Auslegungspunkt möglich ist. Gl. (3/51) stellt daher nur eine Näherung dar.

3.2 Besondere Wandlerformen und ihre Eigenschaften

3.21 Die Trilok-Idee und ihre Anwendung[1]

Prof. FÖTTINGER hat 1937 in einem Vortrag vor der Schiffbautechnischen Gesellschaft seine Anerkennung für die Weiterentwicklung der beiden klassischen Kreislaufformen, Wandler und Kupplung, in folgende Worte gekleidet:

„In diesem Zusammenhang möchte ich auf eine sehr interessante Sonderform des Transformators, das sogenannte Trilok-Getriebe, hinweisen, das von meinen Freunden und früheren Mitarbeitern am Vulkan, den Professoren SPANNHAKE und KLUGE, entworfen ist. Es vereinigt Wandler und Kupplung in einem einzigen Kreislauf. Der Leitapparat steht bei Wandlerbetrieb still und liefert die Reaktion für die Momentwandlung. Bei Kupplungsbetrieb läuft er als Verlängerung des Turbinenrades. Die Umschaltung geschieht selbsttätig durch den Richtungswechsel des auf ihn ausgeübten Reaktionsmomentes; ein ausgezeichneter Gedanke.“

Prof. FÖTTINGER bezog sich also hier auf die Form des Föttinger-Getriebes, die Wandler und Kupplung in einem Kreislauf vereinigt.

Die eigentliche Trilok-Idee enthält viel weitergehende Möglichkeiten. Sie beruht auf der grundlegenden Erkenntnis, daß die verschiedenen Schaufelräder im Kreislauf ihre jeweiligen Funktionen ändern und tauschen können, d. h., daß das Pumpenrad als Turbinenrad oder Leitrad, das Turbinenrad als Leitrad oder Pumpe und das Leitrad auch als Pumpe oder Turbine arbeiten kann. Darüber hinaus war in dem Trilok-Grundpatent, das 1929 angemeldet worden war, zum Ausdruck gebracht worden, daß auch durch die Einschaltung von veränderlichen oder unveränderlichen Zahnradstufen zwischen die Schaufelräder neue Betriebszustände erzielt werden können. Man denke hierbei an Anordnungen mit Leistungsteilung oder an das Wandler-Wandler-Getriebe der Klein, Schanzlin & Becker AG.

Wie es bei jedem grundlegenden technischen Gedanken meistens der Fall ist, kommt auch hier nur einer geringen Zahl der möglichen Kombinationen wirklich eine technische Bedeutung zu.

[1] Anläßlich der 75. Wiederkehr des Geburtstages von Prof. FÖTTINGER hat R. HAECKEL vor der Festversammlung in Berlin einen Vortrag zu diesem Thema gehalten. Die erstmalige Wiedergabe in diesem Abschnitt wurde durch Überlassung der Unterlagen durch Herrn R. HAECKEL ermöglicht.

Entsprechend dem Hauptvorzug des Föttinger-Getriebes, daß es sich *automatisch* der Belastung anpaßt, werden von den wenigen Anordnungsmöglichkeiten, die technisch beim Trilok-System verwendbar sind, diejenigen als besonders wichtig angesehen werden müssen, bei welchen die Rollenvertauschung der Laufräder *selbsttätig* erfolgt.

Diese Automatik ist möglich, wenn das seine Funktion ändernde Rad seine Drehrichtung absolut oder relativ zu einem 2. Rad umkehrt. Bei einer Rollenvertauschung ist eine reine Automatik nicht ohne weiteres denkbar.

Bei den nachfolgenden Untersuchungen von 3 besonders naheliegenden Fällen handelt es sich durchweg um theoretische Berechnungen unter Anwendung des genauer beschriebenen Verfahrens mit dimensionslosen Kennwerten. Soweit Meßwerte vorhanden sind, gestattet ein Vergleich, die Genauigkeit der Rechnung nachzuprüfen.

Die beiden ersten Anwendungsfälle beschäftigen sich mit der Rollenänderung des Leitrades, wodurch 2 Betriebszustandskombinationen entstehen können.

1. Der bekannte Wandlerkupplungsbetrieb,
2. ein Wandler-Wandler-Betrieb, der in der Vergangenheit in nicht unerheblichem Umfang zur Anwendung gekommen ist und der bei mehrgliedrigen Wandlern auch jetzt noch die Grundlage spezieller Getriebe bildet.

Untersucht wird eine Anordnung entsprechend Abb. 3/31 rechts oben, wobei die Strömungsdreiecke auch einen Einblick in die Winkelverhältnisse geben. Im übrigen herrscht eine gewisse Symmetrie, die die Rechnungen vereinfacht.

Der Wandlerkupplungsbetrieb entsteht entweder durch Ankuppeln des Leitrades an die Turbine oder durch seine freie Rotation. Der Kurvenverlauf ist für die Anordnung mit nahezu axial durchströmter Turbine und zentripetal durchströmtem Leitrad charakteristisch. Das mittlere Kurvenbild zeigt die Momente und zwar bei feststehendem Leitrad diejenigen der Pumpe und der Turbine. Dieser Zustand wird also charakterisiert durch $i_{nL} = 0$, während die Pumpen- und Turbinenmomente im Kupplungsbetrieb durch $i_{nL} = i_{nT}$ gekennzeichnet werden. Der Zustand des frei rotierenden Leitrades wird durch $M_L = 0$ gekennzeichnet.

Das Kurvenbild links stellt die Leitraddrehzahlen i_{nL} dar. Die Kurve schneidet aus dem Negativen kommend die Null-Linie im sogenannten *Umschaltpunkt* des Wandlers, also im Punkt der Momentgleichheit von Pumpe und Turbine. Sie wächst dann positiv drehend bei steigendem i_{nT}, um dann nach rückwärts abzubiegen, d. h. größere Leitraddrehzahlen können nur erreicht werden, wenn die Turbinendrehzahlen kleiner werden. Die gestrichelten Kurven für verschiedene Radaufteilungen zeigen zum Vergleich die Verschiebung der ellipsenförmigen Kurve. Der Schnittpunkt der i_{nL}-Kurve mit der der i_{nT}-Kurve entspricht dann dem Betriebspunkt, in welchem sich das Leitrad an die Turbine ankuppelt. Die verschiedenen Drehzahlkurven zeigen also auch, daß die Radanordnung im Kreislauf von ausschlaggebender Bedeutung ist.

Abb. 3/61 zeigt die Meßwerte. Im Gegensatz zu den Ergebnissen der Berechnung biegt die gemessene Kurve oberhalb der i_{nT}-Kurve auch bei zentripetal durchströmtem Leitrad nach rechts ab, um etwa die Turbinendrehzahl $i_{nT} = 1$ zu erreichen. Nachdem unter der Voraussetzung, daß das Leitradmoment $= 0$ ist, eine Drehzahl $i_{nL} = i_{nT} = 1$ nicht erreicht werden kann, ist versucht worden, mit anderen Voraussetzungen die gemessene Kurve rechnerisch zu bestimmen. Für $i_{nL} = 1$ ergibt die Rechnung tatsächlich Turbinenradmomente, die annähernd der Meßkurve entsprechen und auch positive Leitradmomente.

Abb. 3/62 zeigt die vollständigen gemessenen Kennlinien des gleichen Wandlers mit zentripetal durchströmtem festen, losen und angekuppelten Leitrad. Die Lage des Umschaltpunktes und die Größe der Anfahrwandlung entsprechen etwa den errechneten Werten. Die Ausführung eines solchen Getriebes, das schon zu Zeiten des 2. Weltkrieges in großen Stückzahlen geliefert wurde, zeigt Abb. 3/63.

Einen sehr interessanten Einblick ergibt die Darstellung Abb. 3/64. Sie zeigt den Wandlerkupplungsbetrieb durch freie Rotation des Leitrades bei anderer Radaufteilung. Die Winkel kann man etwa den Strömungsdreiecken entnehmen. Nachdem das Leitrad erst bei $i_{nT} = 1$ die Turbinendrehzahl erreicht, ist also hier ein

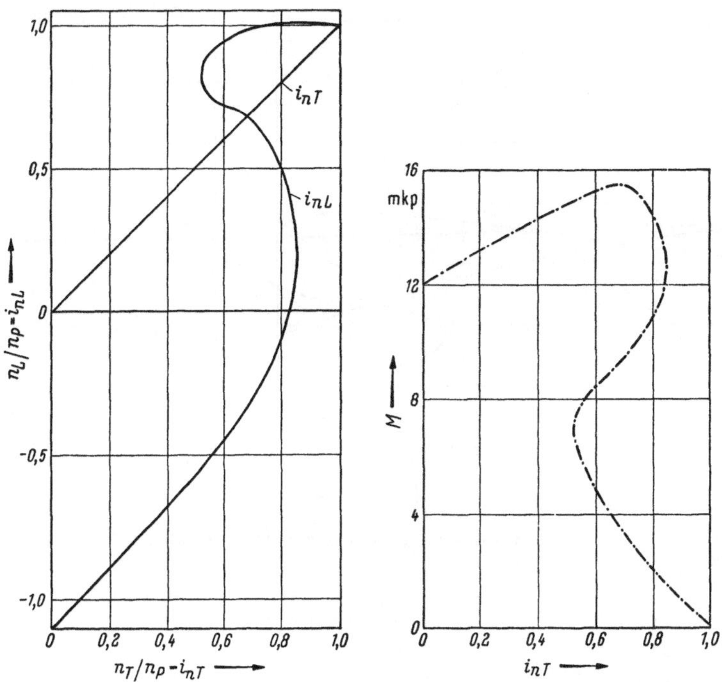

Abb. 3/61. Gemessene Kennlinien zu Abb. 3/31

Ankuppeln des Leitrades nicht möglich und nicht notwendig. Die Kupplungskurve ist verhältnismäßig gut, nur kann bei solchen Radaufteilungen keine hohe Anfahrwandlung erreicht werden.

Die zweite Anwendung der Rollenänderung des Leitrades ergibt einen Wandler-Wandler-Betrieb durch Ankuppeln des Leitrades an das Turbinenrad über eine zwischengeschaltete feste Übersetzung. In Abb. 3/65 sind die Momentkurven bei feststehendem und frei rotierendem Leitrad stark aufgetragen. Gleichzeitig erscheinen mehrere Wandlerkurven, die dadurch erreicht werden, daß zwischen Leitrad und Turbine bei rückwärtsdrehendem Moment des Leitrades eine Umkehrübersetzung und bei vorwärtsdrehendem Moment des Leitrades eine gleichsinnig drehende Übersetzung zwischen Leitrad und Turbinenrad angeordnet ist. Aus diesen Kurven geht hervor, daß die Momentkurve des frei rotierenden Leitrades gleichzeitig der geometrische Ort für die Schnittpunkte aller durch Einschaltung verschiedener Übersetzungen möglicher Pumpen- und Turbinenmomente ist.

Abb. 3/30a erläutert einen Zweiwandlerbetrieb, bei welchem im 2. Wandler das Leitrad mit $^1/_4$ der Turbinendrehzahl läuft. Die Drehmomentkurve dieses Getriebes setzt sich aus drei Stücken zusammen.

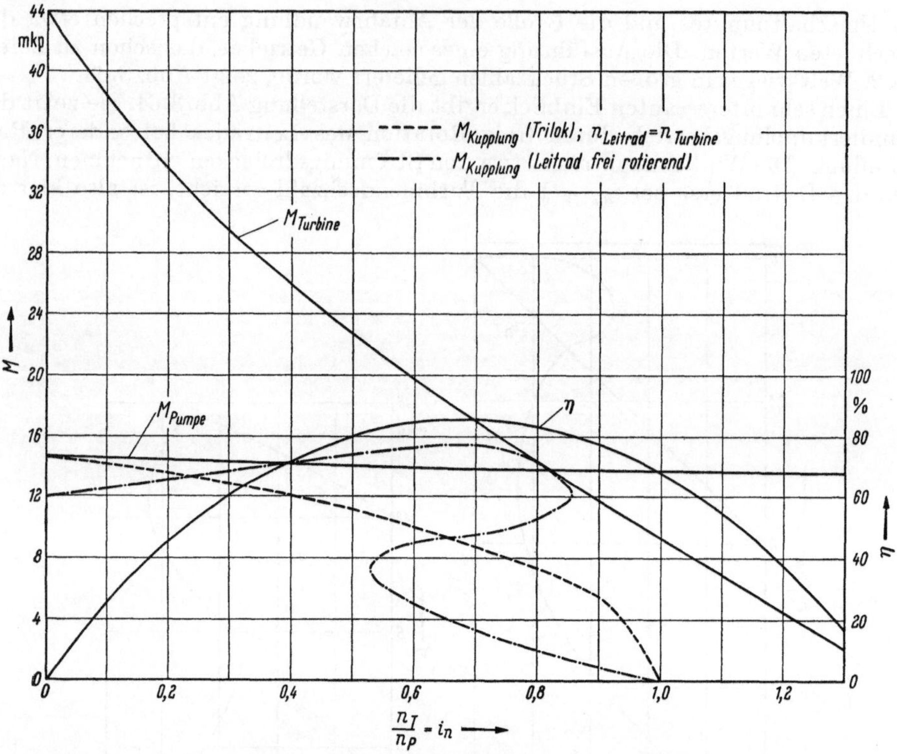

Abb. 3/62. Vollständige gemessene Kennlinien zu Abb. 3/31

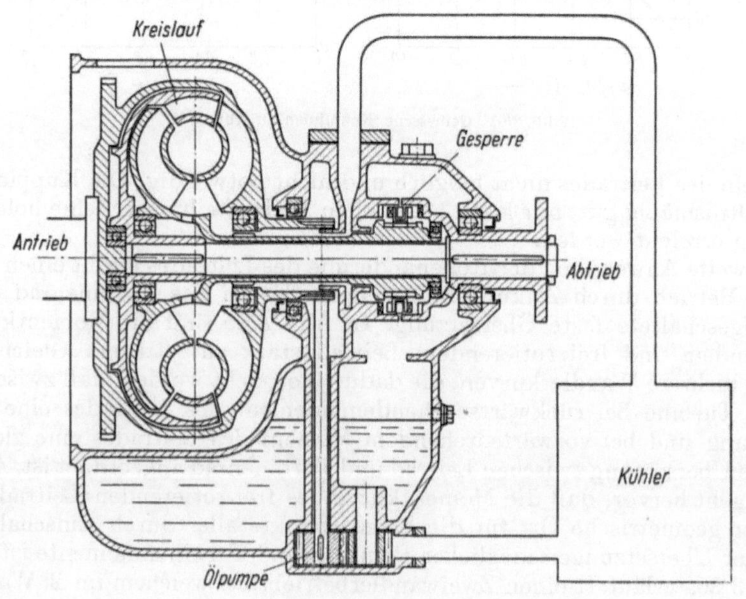

Abb. 3/63. Ausgeführtes Trilok-Getriebe der Kennung der Abb. 3/31, 3/61 u. 3/62 von KSB

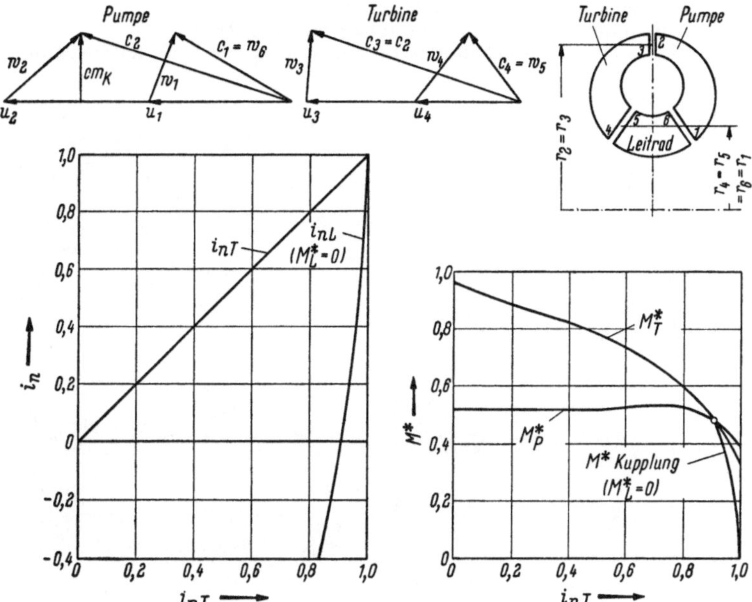

Abb. 3/64. Gerechnete Kennlinien eines Trilok-Wandlers mit axialem Leitrad

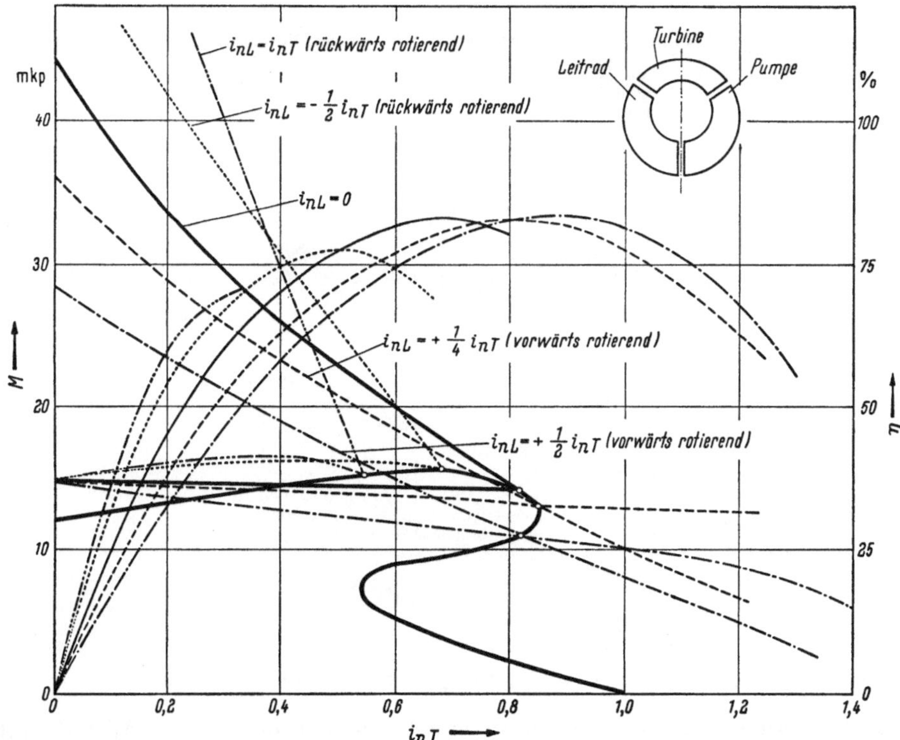

Abb. 3/65. Kennlinien eines Trilok-Wandlers mit verschiedenen Übersetzungen zwischen Leitrad und Turbine

1. Dem Wandlerbereich bei feststehendem Leitrad,
2. einem kurzen Kupplungsbereich mit frei rotierendem Leitrad,
3. dem 2. Wandlerbereich, in welchem das Leitrad mit $^1/_4$ der Turbinendrehzahl läuft.

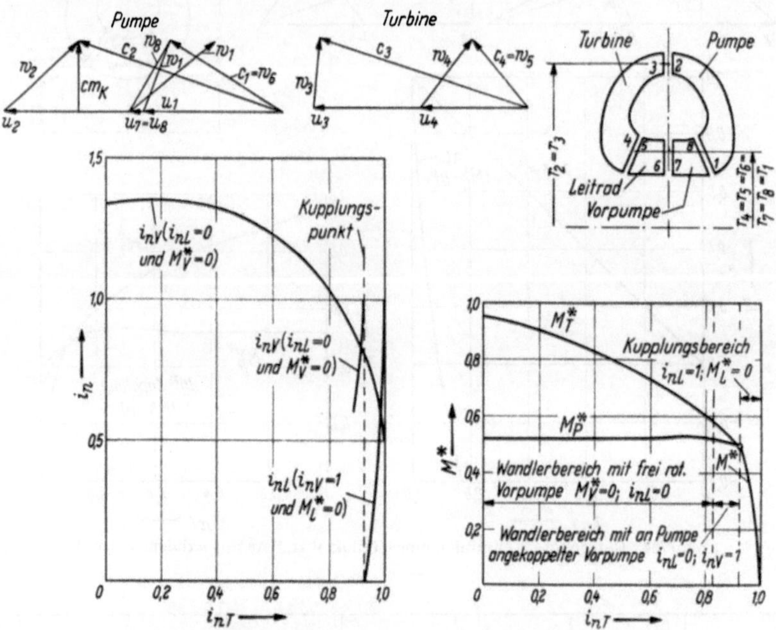

Abb. 3/66. Kennlinien eines Trilok-Wandlers mit Vorpumpe

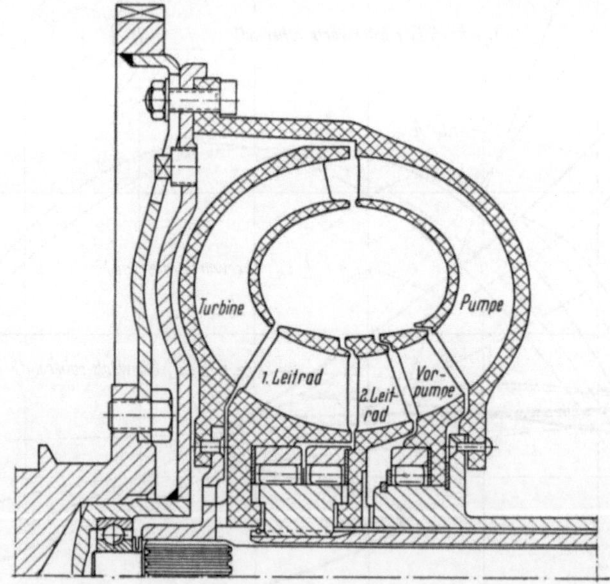

Abb. 3/67. Radanordnung beim Föttinger-Getriebe Dynaflow von Buick

Aus der Kurve für das Eingangsmoment geht hervor, daß die Wandleraufnahme bei feststehendem Leitrad höher ist als bei rotierendem Leitrad. Die Auswirkung einer derartigen Charakteristik ist an anderer Stelle bereits untersucht worden. Abb. 3/30 zeigt die konstruktive Ausführung eines solchen Getriebes. Es handelt sich dabei um robuste Getriebe älterer Konstruktion. Bei Fahrzeugwandlergetrieben wird von den geschilderten Maßnahmen auch heutzutage in weitem Umfang Gebrauch gemacht, nur daß die Konstruktionen meistens etwas gedrungener sind.

Für die gegenwärtigen Anwendungen wichtig ist der dritte von R. HAECKEL gebrachte Anwendungsfall, in dem die Rollenänderung eines zweiten Pumpenrades untersucht wird. Diese Vorpumpe ist so beschaufelt, daß sie über einen bestimmten Bereich schneller läuft als das Pumpenrad, um dann in einem durch die Beschaufelung festlegbaren Punkt die Pumpendrehzahl zu unterschreiten. Wenn also zwischen Vorpumpe und Hauptpumpe ein Freilauf angeordnet ist, so wird von diesem Punkt ab die Vorpumpe an die Hauptpumpe angekuppelt und Energie an die Flüssigkeit abgegeben. Der Punkt, in dem dieses geschieht, kann, aber muß nicht, der Umschaltpunkt von Wandler- auf Kupplungsbetrieb sein (Abb. 3/66).

Eine Anwendung dieses Gedankens findet man im Buick-Wandler Dynaflow, bei welchem außerdem das Leitrad zur Streckung der Wandlerkurve geteilt ist (Abb. 3/67).

Gerade mit dem letzten Hinweis ist der Übergang zu den modernsten Entwicklungen gegeben, die auf den früheren Ideen fußend in weitem Umfang all die Möglichkeiten des Trilok-Wandlers ausschöpfen. Bei der großen Anzahl der Variationsmöglichkeiten ist man aber auch heute noch weit von den Grenzen des Möglichen entfernt. Das Studium der klassischen Entwicklung aber wird hier den Blick für die im Föttinger-Getriebe noch liegenden Möglichkeiten schärfen und einen auch vor Irrwegen bewahren.

Abb. 3/32 zeigt die gerechneten Kennlinien eines modernen Trilok-Wandlers mit 2-teiligem Leitrad. Inwieweit die errechneten Werte i_{nL_1} und i_{nL_2} der Wirklichkeit entsprechen, müßte noch durch Messung bestätigt werden. Läuft das 1. Leitrad tatsächlich so schnell rückwärts, dann ergibt sich daraus eine Wirkungsgradeinbuße, die man vielleicht durch geeignete Maßnahmen verhindern könnte.

3.22 Das Wirkungsgradkennfeld eines Trilok-Wandlers mit 2 Leiträdern

Eine andere recht ausführliche Form der Darstellung des Kennfeldes eines Trilok-Wandlers zeigt Abb. 3/68.

Bei diesem vollständigen Wirkungsgradkennfeld sieht man besonders deutlich die Auswirkung der automatischen Loskupplung der Leiträder bei $i_n = 0{,}588$ und 0,865. Durch das Auskuppeln des ersten Leitrades ergibt sich ein weiterer Anstieg des Wirkungsgrades bis zu einem Maximum von 87%, der dann bis zum Beginn des wirklichen Kupplungsbereichs auf 85% abfällt. Dann steigt der Wirkungsgrad im Kupplungsbereich wieder erheblich an. Wegen der zusätzlichen Verluste, die evtl. in der Bremswirkung der Leiträder bestehen, aber auch durch den Kraftbedarf der Zahnradpumpe und der Dichtungen bedingt, wird der hohe Wirkungsgrad der reinen Kupplungsausführung, der bekanntlich direkt i_n proportional ist, nicht erreicht. Im Bereich $i_n = 0{,}975$ sind bei diesem Wandler immer erst 90% vorhanden. An sich handelt es sich um keinen typischen Fall. Bei entsprechender Auslegung werden sehr wohl auch Wirkungsgrade von 94—96% im Kupplungsbereich erzielt.

Die Wirkungsgradkurven ähneln bei dieser Darstellung den sogenannten Eierkurven für Kreiselpumpen im QH-Diagramm. Man kann aus ihnen ablesen, daß der Wirkungsgrad bei hohen Drehzahlen, d. h. hohen REYNOLDSschen Zahlen, besser wird.

Eine andere übersichtliche Darstellung, die auch für die Ausarbeitung von Zusammenarbeitskurven mit verschiedenen Antriebsmaschinen in Frage kommt, ist die Darstellung mit Momentaufnahmeparabeln nach Abb. 3/69. Bei diesem Wand-

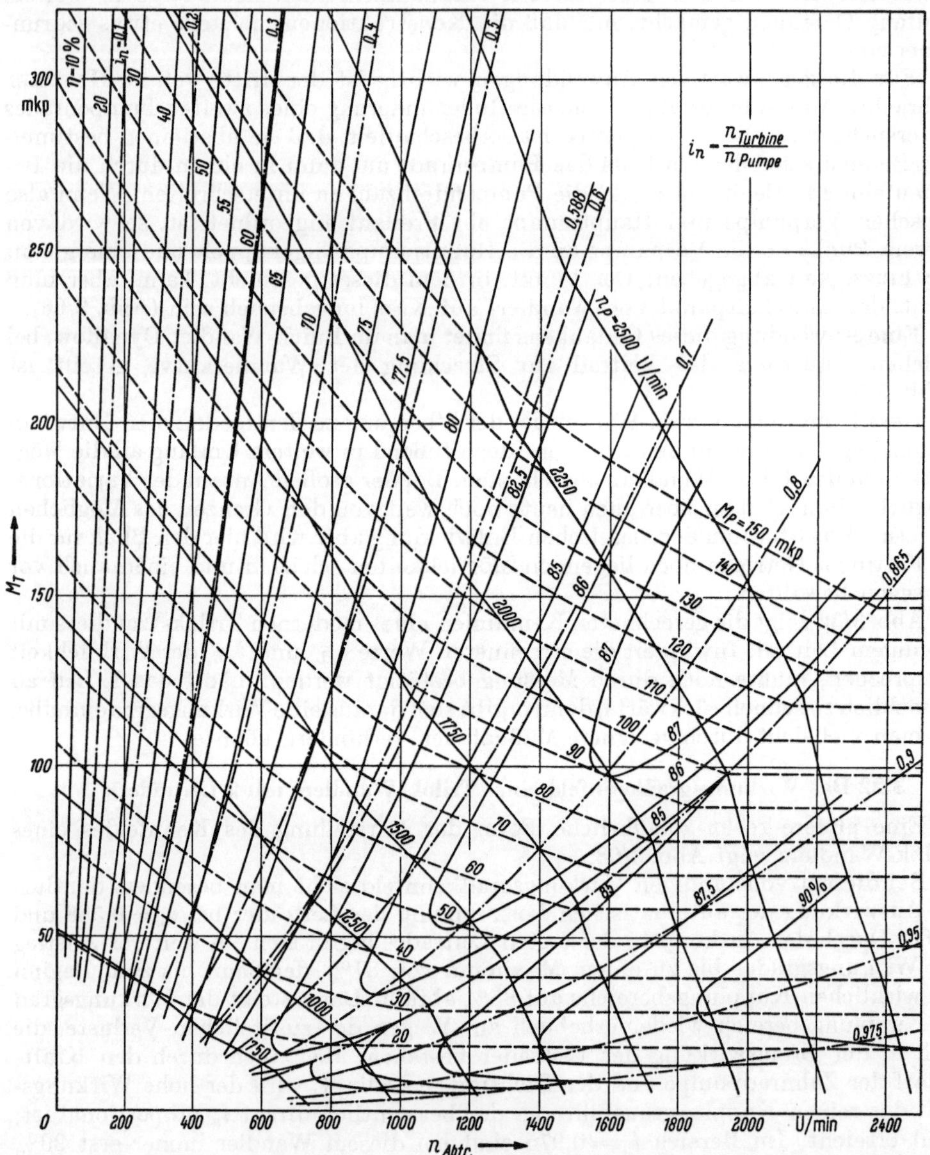

Abb. 3/68. Vollständiges Kennfeld eines Trilok-Wandlers mit 2 axial durchströmten Leiträdern

ler sind die Linien für Wirkungsgrad und Wandlung nur bis zum Kupplungspunkt dargestellt. Die Parabeln der Momentaufnahme entstehen so, daß man den Wert von M_{P1000} bei dem entsprechenden i_n auf der Kurve aufsucht. Auf der Ordinate über $n_P = 1000$ ist dieses ein Punkt der gesuchten Parabel, die jetzt an Hand des quadratischen Gesetzes für den Zusammenhang zwischen Moment und Drehzahl ohne weiteres gezeichnet werden kann. Eine ausgezeichnete Kurve ist die Parabel für den Kupplungspunkt. Zur Beurteilung ist natürlich wesentlich, wie M_P als Funk-

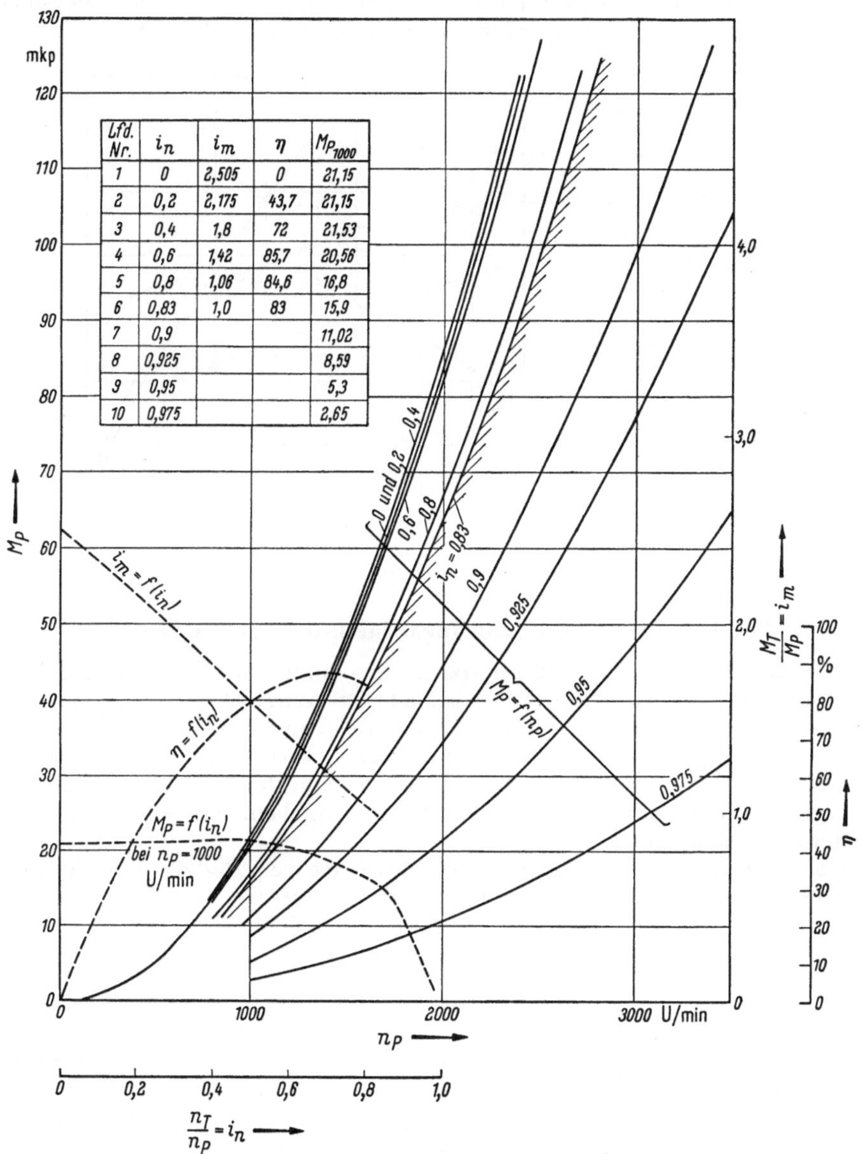

Lfd. Nr.	i_n	i_m	η	$M_{P_{1000}}$
1	0	2,505	0	21,15
2	0,2	2,175	43,7	21,15
3	0,4	1,8	72	21,53
4	0,6	1,42	85,7	20,56
5	0,8	1,06	84,6	16,8
6	0,83	1,0	83	15,9
7	0,9			11,02
8	0,925			8,59
9	0,95			5,3
10	0,975			2,65

Abb. 3/69. Momentaufnahmeparabeln und Kennlinien eines Trilok-Wandlers

tion von i_n verläuft. Je nachdem, ob diese Linie nach $i_n \to 0$ fällt oder steigt, hat der Wandler Drückung oder nicht.

Die Kennlinie, wie sie sich sowohl durch Errechnung als auch durch Versuche ergibt, wird üblicherweise in der Form der Abb. 3/70 dargestellt. Sie entspricht etwa der seinerzeit für die Berechnung benutzten Kurve Abb. 3/6.

Es muß immer als wichtig betont werden, daß offenbar ein enger Zusammenhang zwischen der maximalen Wandlung und dem höchsten erreichbaren Wirkungsgrad besteht. Während man bei einer Wandlung von $i_m \approx 2 - 2{,}5$ maximale Wirkungsgrade von 88—91% erreicht, werden auch bei besten Trilok-Wandlern bei höheren Anfahrübersetzungen i_{ma} selten Wirkungsgrade über 87% gefahren.

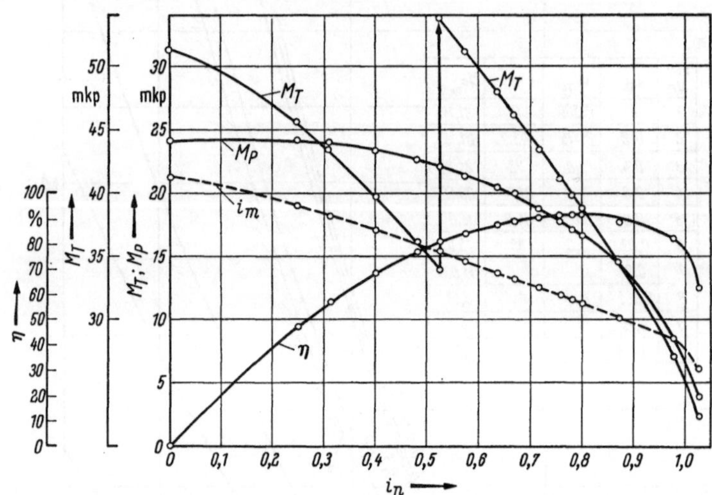

Abb. 3/70. Versuchskurven eines Trilok-Wandlers mit festem Leitrad

3.23 Der Wandler mit zentrifugal durchströmter Turbine

Die in den Abschn. 3.1—3.22 untersuchten Wandler waren vorwiegend solche der Trilok-Bauweise mit symmetrischer Radanordnung. Das hat eine gewisse Berechtigung, da dieses Prinzip die Grundlage der Föttinger-Getriebe für die meisten Kraftfahrzeuge bildet und daher eine überragende wirtschaftliche Bedeutung hat. Trilok-Wandler sollen in einem weiten Bereich nach dem Kupplungspunkt einen befriedigenden Betrieb als Föttinger-Kupplung ergeben. Es gelten daher für sie besondere Gesichtspunkte.

Weit verbreitet ist aber auch eine andere Art von Radkombination, die in Abb. 3/71 nach [*13b*] mit ihren Kennlinien dargestellt ist. Der Wert k entspricht hier der schon bei den Kupplungen abgeleiteten Gleichung

$$k = \frac{N}{D^5 \cdot \left(\frac{n}{100}\right)^3}$$

stellt also bei festem D und n ein Maß für die Übertragungsfähigkeit, insbesondere für das Primärmoment dar.

In der Schemazeichnung Abb. 3/71 ist die Pumpe durch Kreuzschraffierung gekennzeichnet, während der Turbinenteil von rechts oben nach links unten und das Leitrad von links oben nach rechts unten schraffiert ist. Die verglichenen Wandler haben alle Trubinenbeschaufelungen, die aus gezogenen Profilstangen hergestellt werden. Außerdem besitzen sie ähnliche Abmessungen, und die Untersuchung erfolgte unter gleichen Bedingungen bezüglich des Betriebsmediums und der Primärdrehzahl. Es gelten also die gleichen REYNOLDSschen Zahlen.

Der Einfluß der hydraulischen Glätte der Leitradschaufeln auf das Verhalten der Kreisläufe ist in Abb. 3/72 dargestellt. Es läßt sich eine wesentliche Überlegenheit der bearbeiteten Schaufeln ablesen, wobei aber gleichzeitig zu beachten ist, daß voneinander abweichende Bauformen verglichen werden. Dieser Einfluß kann auf das Ergebnis nach den früheren Untersuchungen erheblich werden. Da nur gewisse Bauarten dafür geeignet sind, schnell durchströmte Wandlerteile aus gezogenen Profilstäben mit sehr glatter Oberfläche herzustellen, läßt sich aus Abb. 3/72 eine Berechtigung für diese Ausführungsform ableiten. Es sei aber auch darauf hingewiesen, daß besonders bei den großen Stückzahlen, wie sie in der amerikanischen Automobilindustrie vorkommen, auch für Wandler mit beliebig räumlich gekrümmten Schaufeln Herstellungsverfahren anwendbar sind, die hydraulisch glatte Oberflächen der durchströmten Teile ergeben. Dabei ist z. B. an solche Einheiten zu denken, die ganz aus gepreßten Blechteilen bestehen. Inwieweit hier der Einsatz von dem in bezug auf glatte Oberflächen noch wesentlich überlegenen Kunststoff weitere wesentliche Verbesserungen ergeben kann, bleibt zur Zeit noch der Zukunft überlassen.

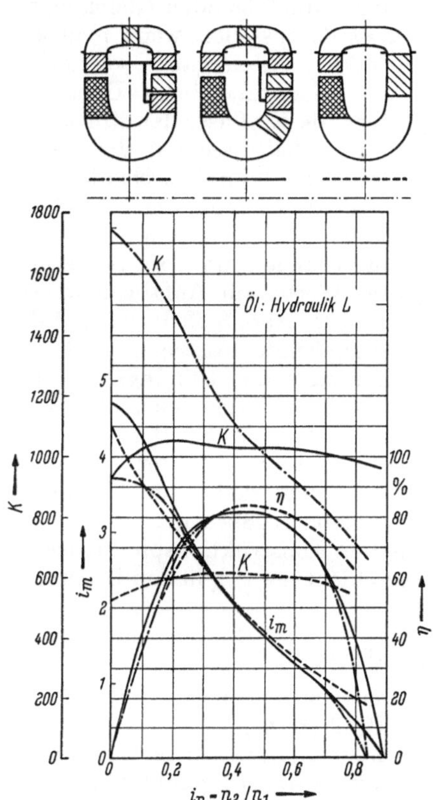

Abb. 3/71. Vergleich zwischen 3 Wandlern mit verschiedenen Kreisläufen (nach [13b])

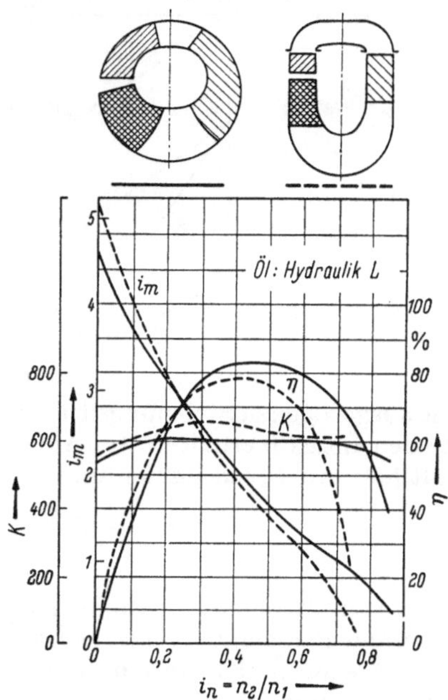

Abb. 3/72. Vergleich der Kennlinien eines Wandlers mit von Hand bearbeiteten Gußschaufeln und eines mit Schaufeln aus gezogenem Profilstahl

Wandler, bei denen der Pumpe unmittelbar eine Zentrifugal-Turbine folgt, können eine Mengencharakteristik haben, die vom Anfahrpunkt ohne wesentliche Änderung über den Auslegungspunkt hinaus verläuft. Dann ist das Drehmoment in diesem Bereich geometrisch durch die Größe der Umfangsgeschwindigkeit am Turbinenaustritt gegeben. Ob und inwieweit sich hierbei auch das Drehmoment am Pumpenrad ändert, hängt davon ab, ob die Rückführung zur Pumpe durch ein festes Leitrad gleichbleibend oder stark mit i_n wechselnd aus dem Turbinenrad erfolgt.

Mit den in Abschn. 3.12 entwickelten Formeln kann man auch für einen Wandler dieser Art mit einem mehrstufigen Turbinenteil mit den Ein- und Austrittshalbmessern $r_1 + r_2$ für die Pumpe, $r_3 + r_4$ für die erste bzw. $r_7 + r_8$ für die zweite Turbinenstufe usw. die Kennlinien berechnen. Einfacher ist es nach [13b] die Zusammenhänge durch die folgenden Gleichungen a–h darzustellen, wenn man auf exakte Wiedergabe verzichtet und sich mit einem Überblick über die Einflüsse der Konstruktionsverhältnisse auf die Kenndaten des Wandlers begnügt. Es wird dabei von den Gegebenheiten am Konstruktionspunkt ausgegangen und die Änderung der Werte am Anfahrpunkt ermittelt. Abb. 3/73 begründet die vorstehende Aussage, daß die Zunahme der Umfangskraft für $i_n \to 0$ unter den gemachten Voraussetzungen über V geometrisch durch die Größe der Umfangsgeschwindigkeit am Turbinenaustritt gegeben ist.

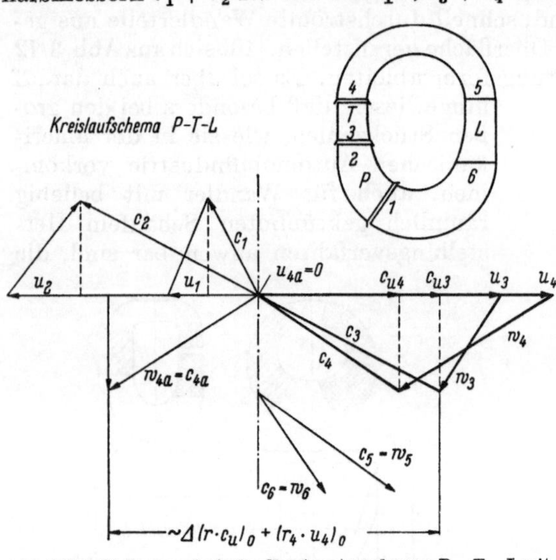

Abb. 3/73. Strömungsdreiecke für eine Anordnung P—T—L mit zentrifugal durchströmter Turbine und zentripetal durchströmtem Leitrad

Die ausgezogenen Strömungsdreiecke gelten für den Konstruktionspunkt, dessen Werte den Index 0 erhalten. Im Anfahrpunkt verschiebt man w_4 in den Ursprung. Es fällt hier mit C_4 zusammen und man erhält

$$M_{Ta} = \varrho \cdot V \cdot [\Delta (r \cdot c_u)_0 + (r_4 \cdot u_4)_0]$$

Ist ein n-tes Turbinenrad (r_n, u_n) vor der Pumpe angeordnet, so erhöht sich das Pumpenradmoment im Anfahrpunkt um den Drall $(r_n \cdot u_n)_0$.

Zusammenhängend ergeben sich folgende Gleichungen, in denen der vorstehend besonders gegebene Hinweis, daß die Verhältnisse am Auslegungspunkt zu nehmen sind, zu beachten ist:

Energie-Gleichung

$$g H_p \eta = \omega_p (r_2 c_{u2} - r_1 c_{u1}) \eta \tag{3/52}$$

$$g H_t = \omega_t [(r_3 c_{u3} - r_4 c_{u4}) + (r_7 c_{u7} - r_8 c_{u8}) + \cdots\cdots] \tag{3/53}$$

Drehmoment-Gleichungen $i_n = 0$, Annahme $(V_0 = V_a)$

$$M_{Ta} = \varrho \cdot V_a \cdot [(r_3 c_{u3} - r_4 c_{u4}) + (r_7 c_{u7} - r_8 c_{u8}) + r_4 u_4 + r_8 u_8 + \cdots\cdots + r_n u_n] \tag{3/54}$$

$$M_{Pa} = \varrho \cdot V_a (r_2 c_{u2} - r_1 c_{u1}) \text{ wenn Leitrad vor Pumpe} \tag{3/55}$$

$$M_{Pa} = \varrho \cdot V_a [(r_2 c_{u2} - r_1 c_{u1}) + r_n u_n] \text{ wenn Turbine vor Pumpe} \tag{3/56}$$

Anfahrwandlung

$$i'_{ma} = i_{m0} + \frac{\omega_p^2 \cdot i_{n0}}{g \cdot H_p} \cdot \sum r^2 \text{ (Leitrad vor Pumpe)} \tag{3/57}$$

(statt i_{m0} kann auch $\frac{\eta}{i_{n0}}$ geschrieben werden)

$$i''_{ma} = \frac{i_{m0} + \dfrac{\omega_p^2 \cdot i_{n0} \sum r^2}{g \cdot H_p}}{1 + \dfrac{\omega_p^2 \cdot i_{n0}}{g \cdot H_p} \cdot r_n^2} \quad \text{(Turbine vor Pumpe)} \tag{3/58}$$

$$\frac{i'_{ma}}{i''_{ma}} = 1 + \frac{\omega_p^2 \cdot i_{n0}}{g \cdot H_p} \cdot r_n^2 \quad \text{(Vergrößerung der Anfahrwandlung wenn Leitrad statt Turbine vor Pumpe)} \tag{3/59}$$

Das Moment eines Kreiselrades wurde, wie in Abschn. 3.12 erörtert, allgemein nach der EULERschen Gleichung dargestellt durch

$$M = \varrho \cdot V \cdot \Delta c_u \cdot r$$

Daraus folgt die spezifische Schaufelarbeit oder Förderhöhe der vorstehenden Gl. (3/52) bzw. bei mehreren Turbinenrädern der Gl. (3/53).

Für den Anfahrpunkt gelten unter der Voraussetzung, daß

$$V_a = V_0$$

bleibt, die Drehmomentgleichungen (3/56) bis (3/59). Die von der Pumpe aufgebrachte Förderhöhe muß bis auf die Verluste gleich der im Turbinenteil verarbeiteten sein. In Gl. (3/54) ist die Summe der Turbinenmomente für Anfahrverhältnisse durch die für den Konstruktionspunkt geltenden Werte ausgedrückt. Die Glieder $r_4\, u_4$ usw. drücken den Zuwachs an Turbinenmoment gegenüber dem Konstruktionspunkt aus.

Gl. (3/55) entspricht vollkommen früher abgeleiteten Werten, während Gl. (3/56) zum Ausdruck bringt, daß eine vor der Pumpe angeordnete Turbinenstufe das Moment steigert.

Wie bemerkt, ist bei diesen Formeln angenommen, daß sich das umgewälzte Flüssigkeitsvolumen über i_n nicht ändert. Dieses muß jedoch nicht unbedingt zutreffen, und wird es besonders dann nicht, wenn der Eintrittsdrall verändert wird, wie in dem Fall, daß ein Turbinenrad vor der Pumpe angeordnet ist. Durch zweckentsprechende Kombination der Gl. (3/54) und (3/55) bzw. (3/54) und (3/56) unter Berücksichtigung der Gln. (3/52) und (3/53) erhält man die Werte für die Anfahrwandlung für verschiedene Fälle der Turbinen- und Leiträder. Hierbei stellt $\sum r^2$ die Summe aller Quadrate der Austrittshalbmesser der Turbinenräder dar. Mit r_n ist derjenige der letzten Turbinenstufe vor der Pumpe bezeichnet.

Das Ergebnis der Gleichungen kann man nun mit Worten wie folgt darstellen:

a) Die Anfahrwandlung i_{ma} wird größer, wenn statt einer Turbine ein Leitrad vor der Pumpe angeordnet ist. Hierbei geht der Austrittsradius der letzten Turbinenstufe im Quadrat in die Gl. (3/59) ein.

b) Falls eine Turbinenstufe vor der Pumpe angeordnet ist, ist die Wandlung kleiner, als bei dort angeordnetem Leitrad. Umgekehrt ausgedrückt ist im ersteren Fall eine größere Stufenzahl notwendig, um den gleichen Wandlungseffekt zu erzielen.

c) Eine größere Stufenzahl ergibt einen größeren k-Wert bei gleicher Anfahrwandlung und gleicher Untersetzung, wobei der letzte Begriff dem reziproken Wert des Drehzahlverhältnisses i_{n0} im Auslegungspunkt entspricht.

d) Bei gleicher $\sum r^2$, d. h. bei gleicher Bauform, kann für gleichwertige Anfahrwandlung die Förderhöhe und damit die Primäraufnahme mit abnehmender Untersetzung gesteigert werden.

e) Da H_p in den Gl. (3/57) bis (3/59) im Nenner steht, sollte man annehmen, daß man durch Verringerung dieser Größe die Anfahrwandlung verbessern kann. Hierbei muß man jedoch die Auswirkung auf den Wirkungsgrad berücksichtigen und gelangt außerdem schnell zu einer Grenze, weil die größte Geschwindigkeit im Wandler geringer sein muß als die zu ihrer Erzeugung notwendige Förderhöhe der Pumpe.

Als eine weitere Folge kann man ansetzen, daß die Mehrstufigkeit nur dann eine Verbesserung der Wandlergüte hervorruft, wenn eine Turbinenstufe vor der Pumpe liegt. In jedem Fall ergibt sich jedoch eine Steigerung der spezifischen Leistungsaufnahme.

Für einen dreigliedrigen Wandler, wie er in Abb. 3/1 u. 3/2 gezeigt ist, ergibt eine Darstellung mit Strömungsdreiecken die übersichtlichen Verhältnisse, die für Abb. 3/73 bereits benutzt wurden.

Auf Grund geometrischer Überlegungen kann man hier schnell für diesen einfacheren Fall die Formeln für die Anfahrwandlung und das Turbinenmoment im Anfahrpunkt anschreiben, wie sie sich allerdings auch durch Weglassungen in den Gl. (3/54) und (3/57) ergeben. Man kommt bei dieser Art von Wandlern zu recht erheblichen Anfahrwandlungen bis etwa 7,5 und bis zu k-Werten bis zu 1500, wobei k durch die vorher angeschriebene Gleichung erklärt ist.

Um bei geringer Förderhöhe, die nach der Gleichung ein größeres i_{ma} ergibt, noch genügend Leistung umzusetzen, ist ein erheblicher Förderstrom notwendig. So ergeben sich für die Pumpen dieser Wandler spezifische Schnelläufigkeiten n_q zwischen 30 und 90, wobei n_q wie im Pumpenbau üblich als

$$n_q = n\frac{\sqrt{V}}{H^{\frac{3}{4}}}$$

definiert ist.

Pumpen dieser Schnelläufigkeit haben im allgemeinen guten Wirkungsgrad.

Der höchste Gesamtwirkungsgrad von Wandlern dieser Type wird von den Herstellern mit 85% angegeben, im Gegensatz zu Trilok-Wandlern, die 90% erreichen. Allerdings kommt bei diesen die Anfahrwandlung nicht über $i_{ma} = 4$ hinaus.

3.24 Föttinger-Getriebe in Leistungsverzweigungen

Schon Föttinger hat darauf hingewiesen[1], daß man die Wirkung seiner Getriebe erheblich dadurch beeinflussen kann, daß man sie in eine Leistungsverzweigung einbaut. Dabei waren bereits in den zwanziger Jahren die Möglichkeiten, die gewisse Anordnungen von Planetengetrieben zur Leistungsverzweigung bieten, diskutiert worden [*41*]. Wenn man bei einer solchen Verzweigung z.B. dafür sorgt, daß 50% der zu übertragenden Leistung auf dem direkten mechanischen Wege durchlaufen, so werden im Wandler nur die restlichen 50% mit dem Wirkungsgrad dieses Systems behaftet, d. h., sofern man den Wirkungsgrad des mechanischen Getriebes für eine erste Näherung mit 100% ansetzt, kann man selbst bei einem Wandler von nur 80% Wirkungsgrad einen Gesamtwirkungsgrad von annähernd 90% erreichen.

Beim Diwabus-Getriebe von J. M. Voith wird davon Gebrauch gemacht, und es ergibt sich gleichzeitig durch den Einsatz eines Verteilergetriebes die Möglichkeit, mit einem Wandler einer fast unveränderlichen Primäraufnahme im Differentialsystem starke Drückung zu erreichen.

Die Wirkungsgradverbesserung tritt natürlich nicht ohne Nebenwirkungen ein. Da nur ein Teil der Leistung gewandelt wird, wird auch das Drehzahl- oder Momentenverhältnis nur mit dem in dem Strang fließenden Anteil am Gesamtresultat beteiligt sein, d. h., hat man vorher eine Wandlung von 4, erhält man bei Strang-

[1] VDI-Haupttagung 1938.

verhältnis 50:50 eine solche von 2, sofern das Drehzahlübersetzungsverhältnis gleich bleibt.

Daß man mit Vorteil auch den anderen Weg gehen, also das Drehzahlübersetzungsverhältnis ändern kann, beweist das ILO-matic-Getriebe[1]. Dieses eigenartige Getriebe, das in Abschn. 4.3 beschrieben ist und eine rückwärtslaufende Turbine besitzt, hat bei einem relativ niedrigen Spitzenwirkungsgrad eine erhebliche Wandlung und schließt außerdem einen Bereich bis $i_n > 2$ ein. Wesentlich ist dabei natürlich noch, daß je nach dem vom Abtrieb geforderten Moment ein mehr oder weniger hoher Anteil im mechanischen Strang oder durch den Wandler fließt. Grundsätzlich kann man die Vorteile der Leistungsteilung wie folgt aufzählen:

1. Die Wirkungsgradspitze wird erhöht.
2. Die Wirtschaftlichkeit des Getriebes wird erhöht.
3. Die Wandlergröße wird entsprechend der geringer verarbeiteten Leistung reduziert.
4. Die Drehzahl der Antriebsmaschine wird bei Annäherung an das Drehzahlverhältnis Null herabgesetzt. Es ergibt sich also eine starke Drückung.
5. Es können Schwungmassenverhältnisse ausgenutzt werden, was u. U. wertvoll ist. Die Weichheit des hydraulischen Getriebes ist dabei immer gewährleistet.
6. Man erhält automatisch gute Wirkungsgrade bei hohen Geschwindigkeiten oder geringer Belastung, beides wichtige Fälle für Straßenfahrzeuge.
7. Das sowieso vorhandene Planeten-Getriebe für die Verteilung kann für andere Zwecke wirksam gemacht werden, z. B. für einen Schnellgang oder für einen Rückwärtsgang.

Als Nachteile sind anzuführen:

1. Die verfügbaren Übersetzungsverhältnisse sind verringert.
2. In den meisten Fällen ist die Anfahrwandlung verringert.
3. Motorbremsung bei Talfahrt ist schwieriger zu erzielen.
4. Das Gesamtsystem ist viel komplizierter. Die zusätzlichen Teile gleichen die Verkleinerung der Wandlergröße bei weitem aus.
5. Die zusätzlichen Verluste in Zahnrädern und Kupplungen mögen die theoretischen Wirkungsgradgewinne übersteigen.
6. Drehschwingungen können im Antrieb auftreten, weil zusätzliche Elemente mit dem Schwungrad der Antriebsmaschine verbunden werden, während sie anderenfalls durch den Wandler gedämpft sind.

Für rezirkulative Systeme gibt es gegenüber dem Vorgenannten unterschiedliche Vor- und Nachteile:

Vorteil:

Die Anfahrwandlung ist für Ausgangsteilung mindestens innerhalb gewisser Grenzen erhöht.

Nachteile:

1. Der Spitzenwirkungsgrad ist vermindert.
2. Die Wirtschaftlichkeit ist vermindert.
3. Die Wandlergröße ist erhöht.
4. Die Maschinendrehzahl wird verringert, wenn hohe Geschwindigkeitsverhältnisse angenähert werden.

Es ist wichtig, das Verhalten der Föttinger-Getriebe und -Kupplungen in Leistungsverzweigungen genau zu klären, da die Verhältnisse wesentlich unüber-

[1] Neuerdings Diwamatik-Getriebe.

sichtlicher sind, als beim reinen Wandlergetriebe und die Industrie derartige Anordnungen in erheblichem Umfang benutzt. Die Untersuchungen folgen hier vornehmlich den Arbeiten von H. J. FÖRSTER [5e] und W. GSCHING [25a].

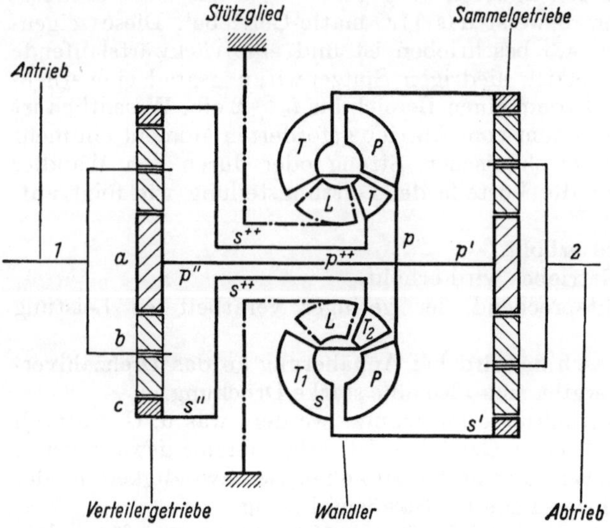

Die allgemeine Analyse geht von Abb. 3/74 aus, die schematisch die Summe der Möglichkeiten darstellt. Durch einschränkende Maßnahmen können dabei auch einfachere Getriebe dargestellt werden. Eine Verzweigung mit 2 vor den Wandler geschalteten Getrieben scheint nach [5e] keine Vorteile zu bringen.

Abb. 3/74. Schema der mehrfachen Verzweigung mit Föttinger-Getriebe (nach [5e])

Es erweist sich, daß das bisherige Verfahren, die gemessenen oder errechneten Abtriebswerte in Diagrammen über i_n oder n_T darzustellen, wobei für das aufgenommene Moment eine feste Antriebszahl zugrunde gelegt wird, (M_{P1000}), zur Untersuchung und Darstellung der Verhältnisse bei Kombinationen von Föttinger-Getrieben mit Verteiler- oder Sammelgetrieben nicht ausreicht.

Im rein mechanischen Bereich schrumpft z. B. die Kurve für M_{P1000} wegen des festen Übersetzungsverhältnisses beim Auftragen über n_T auf einen Punkt zusammen.

Zu den bisher benutzten Abkürzungen und den Bezeichnungen der Abb. 3/74 kommt noch u_1, die Kenngröße des Verteilergetriebes als das Drehzahlverhältnis von Wandler Sekundärteil zu Wandler Primärteil bei festgehaltenem Antrieb hinzu.

Zur Analyse des Gesamtaggregates wäre zu ermitteln:

$$\frac{n_2}{n_1}, \quad \frac{n_P}{n_1}, \quad \frac{M_2}{M_1} \quad \text{und} \quad \frac{M_P}{M_1}.$$

Es wird noch $\eta_{\text{hydr.}}$ als Wirkungsgrad des Wandlers und $\eta_{\text{ges.}}$ als $\frac{N_2}{N_1}$ eingeführt und $\frac{N_P}{N_1}$ benutzt.

Die Ableitung ergibt nach [5e], wenn man die 3 Drehzahlverhältnisse u_1, u_2 und i_n als gegeben ansieht und die anderen Verhältnisse als Funktionen dieser Werte sucht:

$$\frac{n_2}{n_1}(1 - u_2) = \frac{n_P}{n_1}(i_n - u_2) \tag{3/60}$$

$$\frac{n_P}{n_1}(u_1 - i_n) = u_1 - 1$$

$$\frac{n_P}{n_1} = \frac{u_1 - 1}{u_1 - i_n} \tag{3/61}$$

Danach ist dieses Drehzahlverhältnis nur von der Kenngröße des Verteilergetriebes und von i_n abhängig.

Durch Einsetzen von Gl. (3/61) in Gl. (3/60) findet man:

$$\frac{n_2}{n_1} = \frac{(u_1 - 1)(i_n - u_2)}{(u_2 - 1)(i_n - u_1)} \tag{3/62}$$

Man kann daraus auch i_n in Abhängigkeit von den anderen Größen darstellen:

$$i_n = \frac{\frac{n_2}{n_1} \cdot u_1 - u_2 \frac{u_1 - 1}{u_2 - 1}}{\frac{n_2}{n_1} - \frac{u_1 - 1}{u_2 - 1}} \tag{3/63}$$

Bei der Ermittlung der Momentenverhältnisse gelten die in Abschn. 3.12 benutzten Überlegungen für die Gleichgewichtsbedingungen. Für die einzelnen Stränge gilt, daß z. B. $M_P^{**} = M_P + M'_P$ und $M''_S = M_S^{**}$ sein muß.

Für den Ermittlungsgang ist es erforderlich, gleichgewichtshaltende und antreibende Momente durch das Vorzeichen zu unterscheiden, also z. B. $M''_S = -M_S^{**}$ zu schreiben.

Aus den konstruktiven Daten folgt, daß

$$\frac{M''_P}{M''_S} = -u_1 \text{ ist.}$$

Entsprechend kann eine Gleichung für u_2 angeschrieben werden.

Mit diesen grundlegenden Bezeichnungen kann man nach einigen einfachen Umformungen die gesamten Verhältnisse ermitteln:

$$\frac{M_2}{M_1} = -\frac{(u_2 - 1)(i_m \cdot u_1 - 1)}{(u_1 - 1)(i_m \cdot u_2 - 1)} \tag{3/64}$$

$$\frac{M_P}{M_1} = \frac{u_1 - u_2}{(1 - u_1)(i_m \cdot u_2 - 1)} \tag{3/65}$$

Die Übersicht wird einfacher, wenn man in erster Näherung $\eta_{\text{hydr.}}$ gleich 1 setzt. Dann wird natürlich

$$\frac{M_2}{M_1} = -\frac{u_1}{u_2}$$

Für das Verhältnis der Leistungen findet man schließlich:

$$\frac{N_2}{N_1} = \eta_{\text{ges.}} = -\frac{(u_1 \cdot \eta_{\text{hydr.}} - i_n)(u_2 - i_n)}{(u_2 \cdot \eta_{\text{hydr.}} - i_n)(u_1 - i_n)} \tag{3/66}$$

und mit $\frac{N_P}{N_1} = \frac{M_P \cdot n_P}{M_1 \cdot n_1}$ wird:

$$\frac{N_P}{N_1} = -\frac{(u_1 - u_2) \cdot i_n}{(u_2 \cdot \eta_{\text{hydr.}} - i_n)(u_1 - i_n)} \tag{3/67}$$

Den Bereich der ∞^2 Anordnungsmöglichkeiten, der sich ergibt, wenn man u_1 und u_2 je von $-\infty$ bis $+\infty$ variiert, schränkt man zweckmäßig ein und untersucht lediglich die beiden Möglichkeiten für $u_1 = \infty$ und $u_2 = 0$. Im ersten Fall erhält man die einfachereren Gleichungen einer Leistungsverzweigung mit Sammelgetriebe, im zweiten Fall die mit Verteilergetriebe.

Für das Sammelgetriebe, also mit $u_1 = \infty$ wird:

$$\frac{M_2}{M_1} = -\frac{(1 - u_2) \cdot \eta_{\text{hydr.}}}{(1 - u_2)\frac{n_2}{n_1} + (1 - \eta_{\text{hydr.}}) \cdot u_2} \tag{3/68}$$

und

$$\eta_{\text{ges.}} = -\eta_{\text{hydr.}} \frac{\frac{n_2}{n_1}(1-u_2)}{\frac{n_2}{n_1}(1-u_2) + u_2(1-\eta_{\text{hydr.}})} \tag{3/69}$$

Für die Verteilergetriebe mit $u_2 = 0$ vereinfachen sich die Gleichungen zu:

$$\frac{M_2}{M_1} = -\frac{i_m \cdot u_1 - 1}{u_1 - 1}$$

oder

$$\frac{M_2}{M_1} = \frac{\frac{n_2}{n_1} - \eta_{\text{hydr.}}\left(\frac{n_2}{n_1} - 1 + u_1\right)}{\frac{n_2}{n_1}(1-u_1)} \tag{3/70}$$

und

$$\eta_{\text{ges.}} = \frac{N_2}{N_1} = \frac{\eta_{\text{hydr.}}\left(\frac{n_2}{n_1} - 1 + u_1\right) - \frac{n_2}{n_1}}{1 - u_1} \tag{3/71}$$

$$\frac{N_P}{N_1} = \frac{\frac{n_2}{n_1}}{1 - u_1} - 1 \tag{3/72}$$

Die angeschriebenen Gleichungen gelten sowohl für Rückwärts- als auch für Vorwärtswandler. Für Rückwärtswandler rechnet man im normalen Betriebsbereich i_m und i_n als negative Größen. H. J. FÖRSTER [5e] hat auch den Sonderfall untersucht, bei dem der Wandler mit Sammelgetriebe nach Abb. 3/75 so eingebaut ist, daß Wandler, Pumpe und Turbine vertauscht sind.

Bei dem Verteilergetriebe ergibt dieser Aufbau für Fahrzeugantriebe keinen Sinn, da für

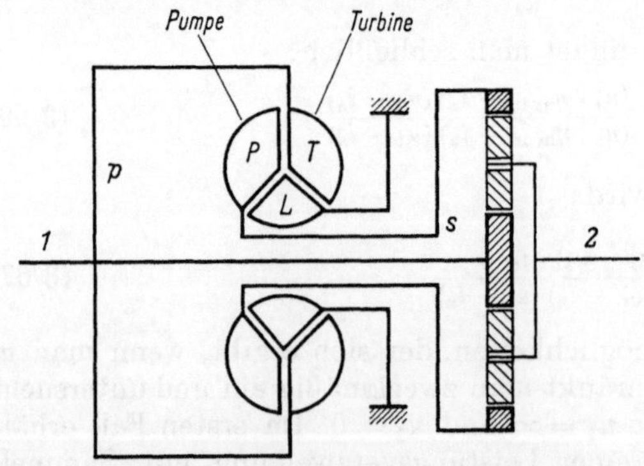

Abb. 3/75. Getriebeaufbau für Leistungsverzweigung mit Sammelgetriebe Sonderfall. Die Bezeichnung der einzelnen Glieder ist nicht geändert (nach [5e])

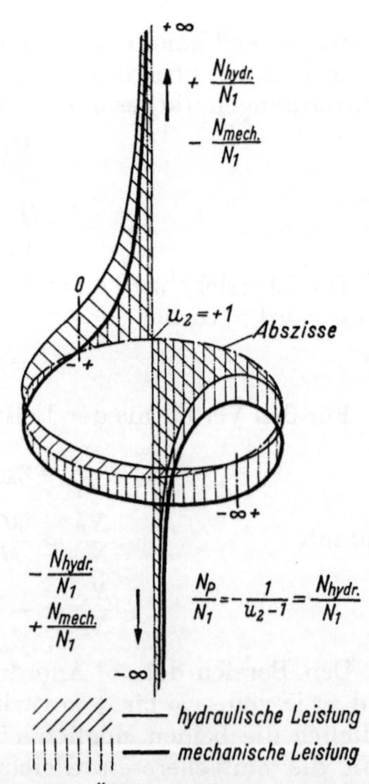

Abb. 3/76. Über u_2 aufgetragene Leistungsanteile in den Zweigen einer Leistungsteilung mit Sammelgetriebe (nach [5e])

$\frac{n_2}{n_1} = 0$, also im Anfahrpunkt, kein Moment über den Wandler geleitet wird. Beim Sammelgetriebe ergeben sich mitunter Vorteile.

Um eine grundsätzliche Diskussion der Gleichungen zu ermöglichen, wird zunächst $\eta_{\text{hydr.}} = i_m \cdot i_n = 1$ gesetzt. Damit wird beim Sammelgetriebe

$$\frac{N_P}{N_1} = \frac{1}{1 - u_2}$$

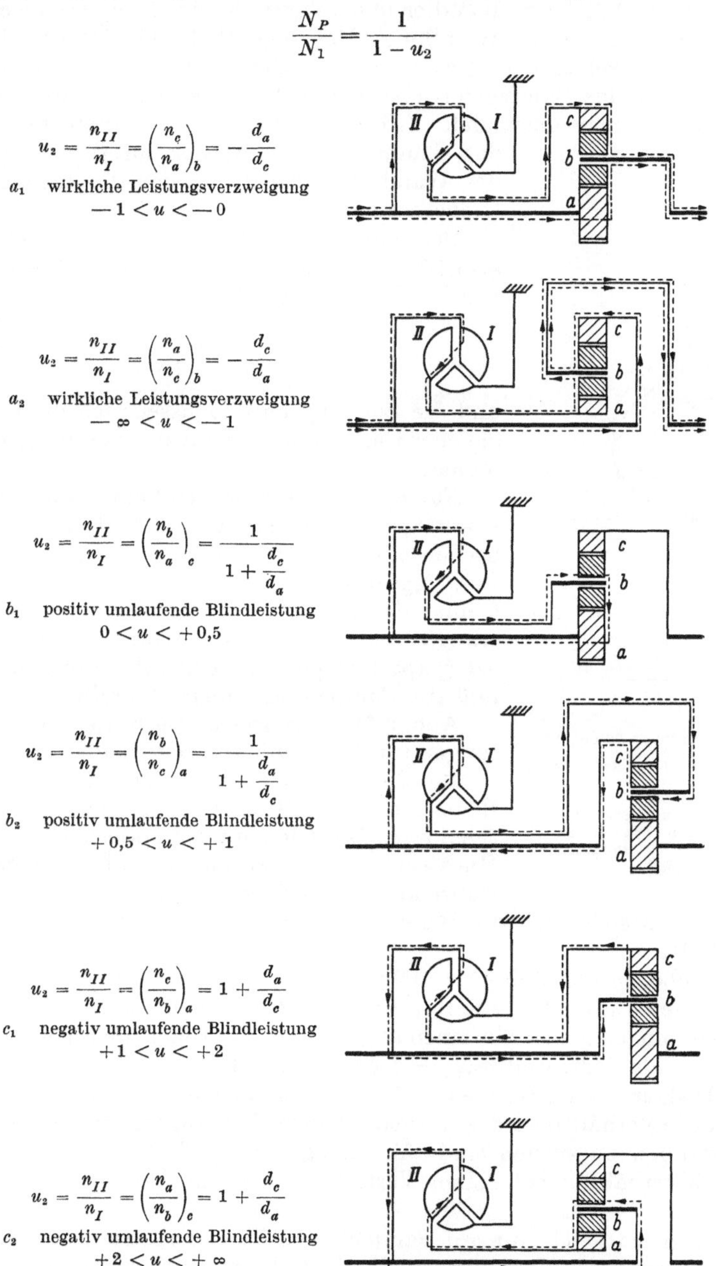

Abb. 3/77. Getriebeformen für Leistungsverzweigung mit Sammelgetriebe (nach [5e])

und es ist möglich, die Leistungsanteile in den Zweigen über u_2 aufzutragen. Da u_2 von $-\infty$ bis $+\infty$ geht, ist in Abb. 3/76 nach [5e] die Abszisse als Kreis gedacht und die mechanischen und hydraulichen Leistungsanteile jeweils nach oben und unten positiv abgesetzt.

In $u_2 = \pm 0$ erscheint der Wandler ohne Verzweigung; in $u_2 = \pm\infty$ ergibt sich der starre Durchtrieb ohne Wandlung. Das eigentliche Gebiet der Leistungsverteilung liegt zwischen $-\infty < u_2 < -0$. Zwischen $+0 < u_2 < +1$ wird ein Teil der Leistung über das Sammelgetriebe in die Primärseite des Wandlers zurückgeleitet und dort erneut gewandelt. Zwischen $+1 < u_2 < +\infty$ fließt Leistung über das Sammelgetriebe zurück an die Sekundärseite des Wandlers. Abb. 3/77 zeigt die zugehörigen Getriebeformen.

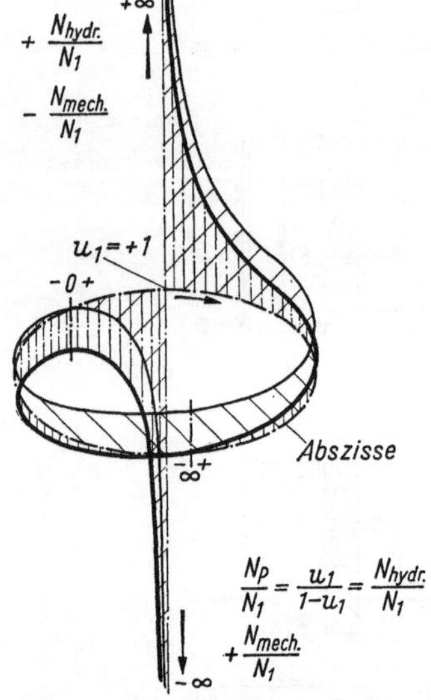

Abb. 3/78. Über u_1 aufgetragene Leistungsanteile in den Zweigen einer Leistungsteilung mit Verteilergetriebe (nach [5e])

Bei den Verzweigungen mit Verteilergetrieben, also für $u_2 = 0$, wird bei der gleichen Vereinfachung wie für das Sammelgetriebe:

$$\frac{N_P}{N_1} = \frac{u_1}{1 - u_1}$$

und die Leistungsanteile lassen sich in Abb. 3/78 in gleicher Darstellung wie für das Sammelgetriebe verfolgen.

Für $u_1 = \pm\infty$ ergibt sich keine Leistungsteilung. $-\infty < u_1 < -0$ ist die reguläre Aufteilung im hydraulischen und mechanischen Zweig, $u_1 = 0$ gibt keinen Leistungsanteil für N_P und $+0 < u_1 < +1$ ergibt das Gebiet der negativen Umlaufleistung, bei der Leistung direkt an die Wandlerturbine fließt, während $+1 < u_1 < +\infty$ positive Umlaufleistung, d. h. Rückfluß zur Pumpe und erneute Wandlung ergibt.

Abb. 3/79 zeigt schematisch die Getriebeausführungen für die möglichen Bereiche.

Bei der weiteren Diskussion wird die besondere Bedeutung eines Rückwärtswandlers zu berücksichtigen sein. Die Gleichungen ändern sich, da i_n beim Rückwärtswandler zusammen mit i_m negativ wird, während $\eta_{\text{hydr.}}$ positiv bleibt.

Damit ändern sich auch die Bereiche, wenn u_2 alle Werte zwischen $-\infty$ und $+\infty$ durchläuft.

Die angegebenen Gl. (3/60) bis (3/72) lassen sich graphisch darstellen und ergeben dann einen Einblick in die funktionellen Zusammenhänge.

Die Darstellungen geben nur einen allgemeinen Überblick, dem kein bestimmter Wandler zugrunde liegt, weil $\eta_{\text{hydr.}} = 1$ gesetzt wurde.

Bei der Diskussion der Kurven muß man sich darüber klar werden, in welchem Quadranten die Verhältnisse des Normalbetriebes bei eingebautem Vorwärts- oder Rückwärtswandler zu suchen sind. Als einziges Beispiel ist in Abb. 3/80 das Getriebedrehzahlverhältnis bei einem Verteilergetriebe in Abhängigkeit von i_n gezeigt.

Selbst wenn man sich nur auf Sammel- und Verteilergetriebe beschränkt, ergibt sich eine sehr große Variationsmöglichkeit, die wesentlich durch Kombination mit einem Föttinger-Getriebe erhöht wird.

Man kann mit Vorwärts- und Rückwärtswandlern arbeiten und dabei grundsätzlich jede Getriebekenngröße mit jeder möglichen Wandlerausführung kombinieren. Dabei entsteht immer ein in gewissen Grenzen betriebsfähiges Getriebe, bei dem man allerdings von vornherein nicht einmal sagen kann, ob es ein Vorwärts- oder Rückwärtsgetriebe ist.

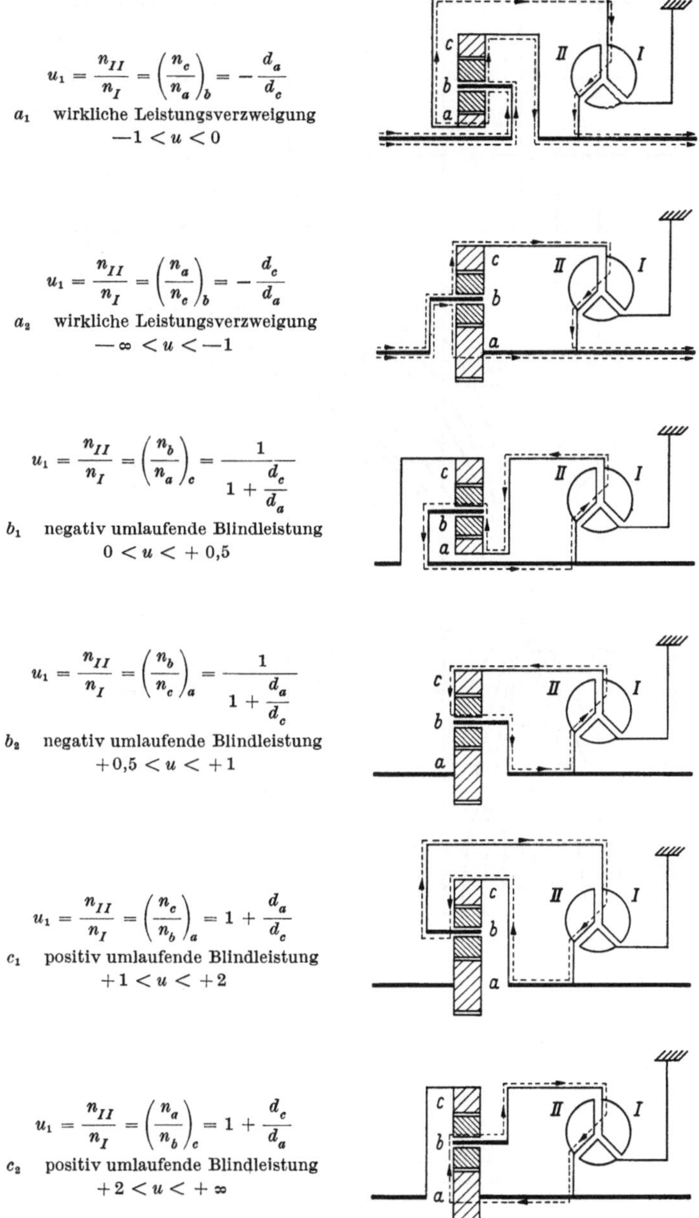

Abb. 3/79. Getriebeformen für Leistungsverzweigung mit Verteilergetriebe (nach [5e])

Die Kenngrößen der Föttinger-Getriebe liegen nur in Form von Versuchskurven fest. — Um trotzdem zu allgemein gültigen Aussagen zu kommen, hat H. J. Förster [5e] vereinfachte Wandlerkennlinien gemäß Abb. 3/81 eingeführt und diese mathematisch erfaßt. Alle Wandler dieser Art, bei denen die Wandlungskennlinie eine Gerade ist, können auf eine Grundform zurückgeführt werden und man kann

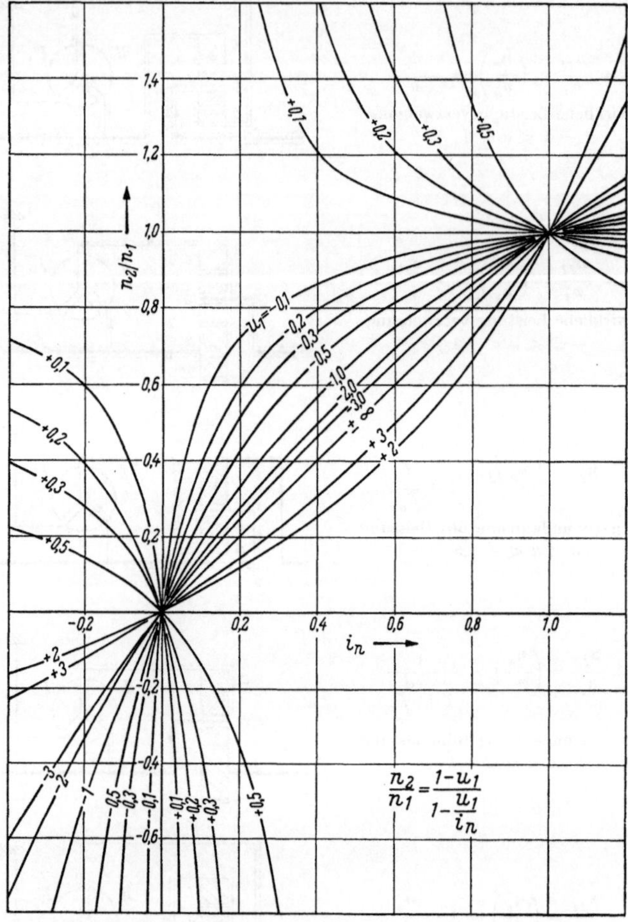

Abb. 3/80. Drehzahlverhältnisse bei Leistungsverzweigung mit Verteilergetriebe (nach [5e])

die wesentlichen Beziehungen je nach Auswahl der gegebenen Stücke etwa so darstellen:

$$\frac{i_n}{i_{n\,\mathrm{opt.}}} = 2\left(1 - \frac{i_m}{i_{m\,a}}\right)$$

und

$$\frac{\eta_{\mathrm{hydr.}}}{\eta_{\mathrm{hydr.\,opt.}}} = 1 - \left(1 - \frac{i_n}{i_n\,\eta_{\mathrm{opt.}}}\right)^2.$$

Zur weiteren Vereinfachung der Untersuchungen ist ohne großen Fehler $\eta_{\mathrm{hydr.opt.}} = 0{,}85$ gesetzt.

Praktisch haben alle benutzten Wandler ihre Wirkungsgradspitze zwischen 0,8 und 0,9.

Bei Rückwärtswandlern ist in den Formeln $-i_m$ und $-i_n$ zu beachten. $i_{n\,\mathrm{opt.}}$ liegt an der Stelle $\eta_{\mathrm{hydr.opt.}}$ und Abb. 3/82 gibt den Zusammenhang mit der maximalen Anfahrwandlung i_{ma}. Man beachte, daß i_{ma} größer für kleinere Werte von $i_{n\,\text{opt.}}$ wird.

Es stellt sich heraus [5e], daß man bei Verzweigungen mit Verteilergetriebe i_{ma} bei gleichzeitiger Verbesserung von $\eta_{\text{hydr. opt.}}$ steigern kann.

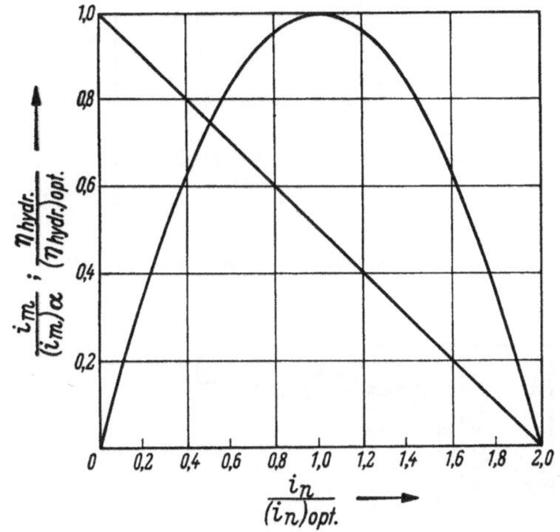

Abb. 3/81. Vereinfachte Wandlerkennlinien (nach [5e])

Abb. 3/82. Vereinfachte Wandlerkennlinien (nach [5e])

Man muß dazu allerdings einen Rückwärtswandler verwenden, oder einen solchen mit einem eingebauten Umkehrgetriebe.

Nun darf man bei einem stufenlosen Getriebe der Anfahrwandlung keine absolute Bedeutung beimessen, da nachgeschaltete mechanische Stufen, die im Fahrzeug meistens bereits vorhanden sind, eine beliebige Regulierung gestatten. Es ist einzig der Bereich wichtig, der einen guten Wirkungsgrad hat und man sollte von Null für den Anfahrpunkt ausgehend auf den Bereich verzichten, bei dem der Wirkungsgrad 80% wieder unterschreitet.

Diese Festlegung gibt H. J. Förster zusammen mit anderen die Möglichkeit, einen Gütegrad zu definieren. Mit dem Index α ist dabei die Anfahrwandlung in bezug auf das gesamte Getriebe gekennzeichnet, und mit Index r das Wandlungsverhältnis in dem Punkt, in dem $\eta_{\text{ges.}}$ 80% unterschreitet. Es ergibt sich als „Wandlungsbereich" für das Gesamtgetriebe

$$B = \frac{\left(\frac{M_2}{M_1}\right)_\alpha}{\left(\frac{M_2}{M_1}\right)_r}$$

und für den Wandler allein

$$b = \frac{i_{ma}}{(i_m)_r}.$$

Diese Werte ins Verhältnis gesetzt, definieren eine Kenngröße, die die Änderung des Wandlungsbereiches bei Leistungsverzweigung angibt:

$$\beta = \frac{B}{b}.$$

Das Ergebnis zeigt Abb. 3/83. Ihr ist zu entnehmen, daß keine Art der untersuchten Leistungsverzweigungen den brauchbaren Bereich eines Föttinger-Ge-

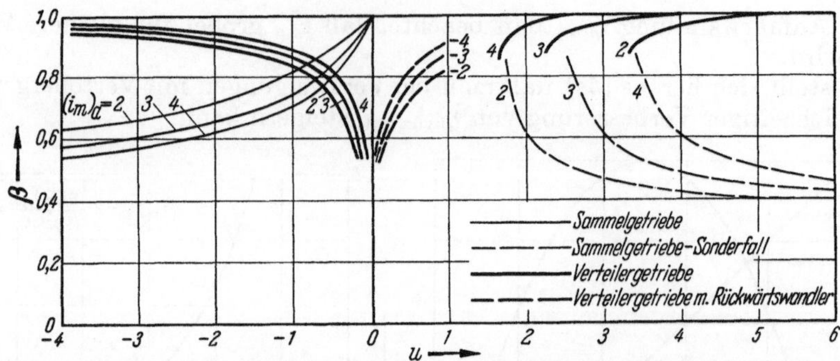

Abb. 3/83. Nutzbarer Bereich des Gesamtgetriebes im Verhältnis zu dem des Wandlers (nach [5e])

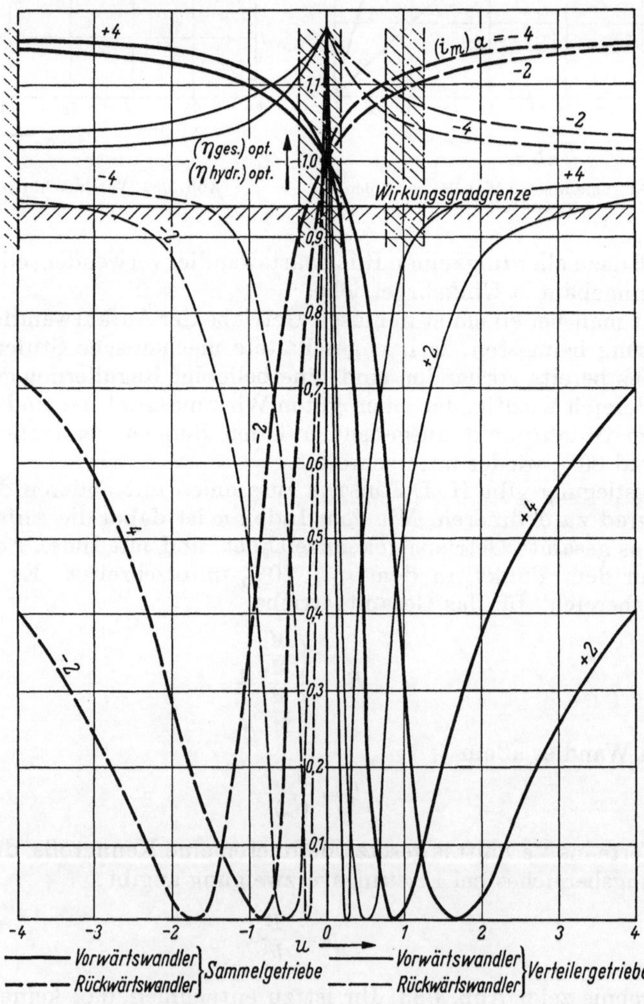

Abb. 3/84. Einfluß der Leistungsteilung auf den besten Übertragungswirkungsgrad (nach [5e])

triebes erweitern kann. Die einzelnen Zusammenhänge sind in den Abb. 3/84—3/86 dargestellt.

Die eigentliche „Gütezahl" α gestattet eine Aussage über das Gesamtverhalten der Wandler in der Leistungsverzweigung. Da die Wirkungsgradverbesserung Werte über 1 liefern kann, β aber nicht über 1 hinauskommt, erhält man durch Multiplikation beider Werte:

$$\alpha = \frac{\eta_{\text{ges. opt.}}}{\eta_{\text{hydr. opt.}}} \cdot \beta$$

in α einen Anhalt dafür, ob sich die Einflüsse aufheben, oder steigern. Abb. 3/87 zeigt das Ergebnis: *Es wird kein Wert größer als 1 erreicht!*

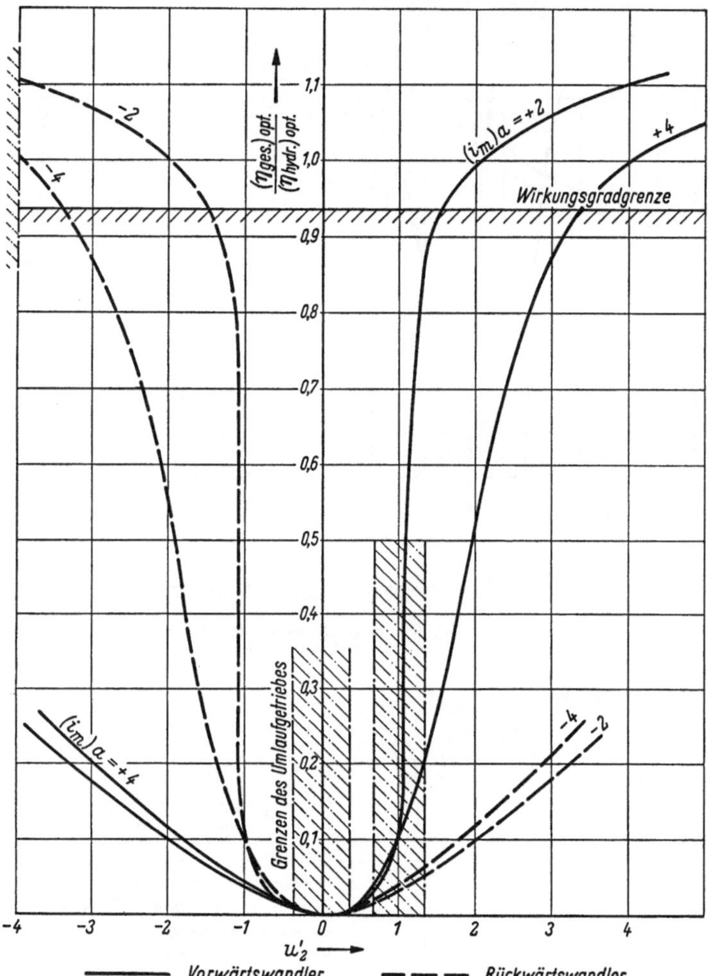

Abb. 3/85. Einfluß der Leistungsteilung auf den besten Übertragungswirkungsgrad (nach [5e]) für andere Verhältnisse als Abb. 3/84

H. J. Förster behandelt in [5e] auch die Frage der Beeinflussung der Wandlerbaugröße durch die Leistungsverzweigung. Dabei legt er ein konstantes Motor-

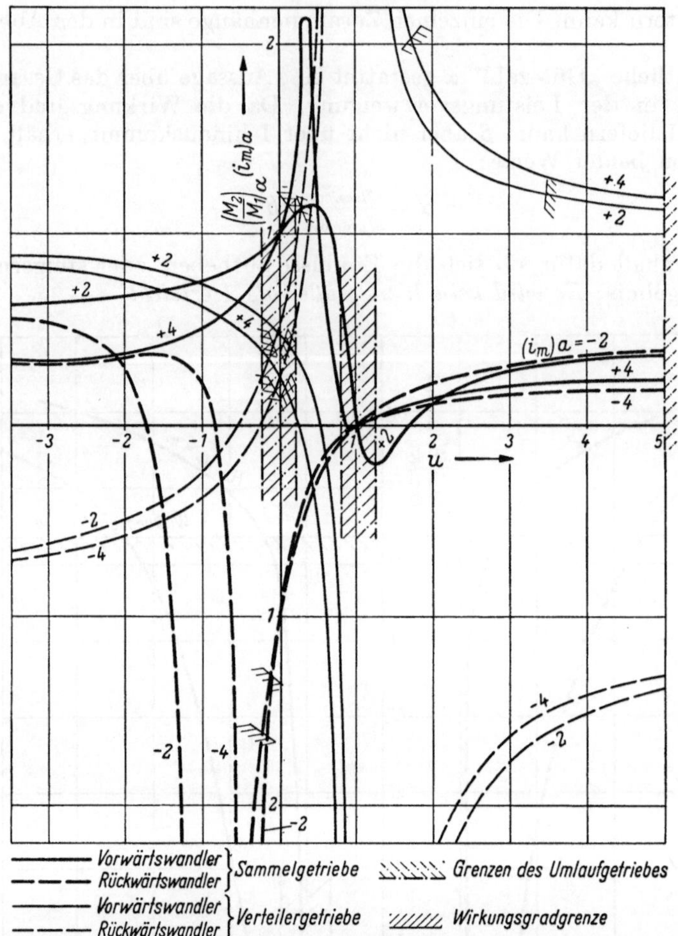

Abb. 3/86. Verhältnis der Anfahrwandlung des Gesamtgetriebes zu der des Wandlers allein bei verschiedenen Getriebeanordnungen (nach [5e])

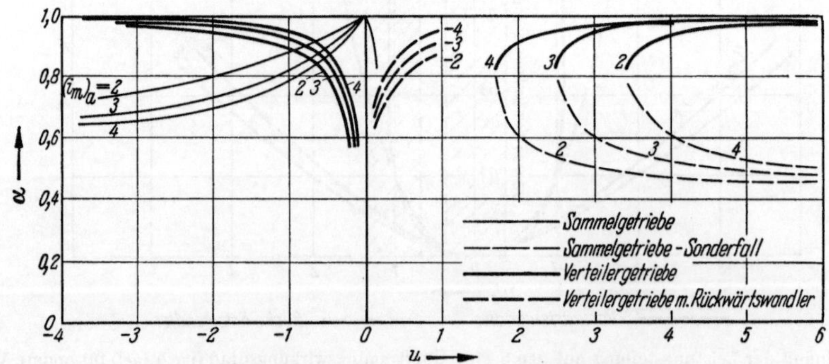

Abb. 3/87. Die Gütezahl α bei verschiedenen Getriebekombinationen (nach [5e])

moment zugrunde. Der Fehler ist für den Vergleich tragbar, da im wirklichen Betriebsbereich die Annahme für den normalen Motor zutrifft.

Bei Verteilergetrieben wäre nach Abb. 3/88 im wichtigen Betriebsbereich ein Durchmessergewinn bis 48% zu erzielen.

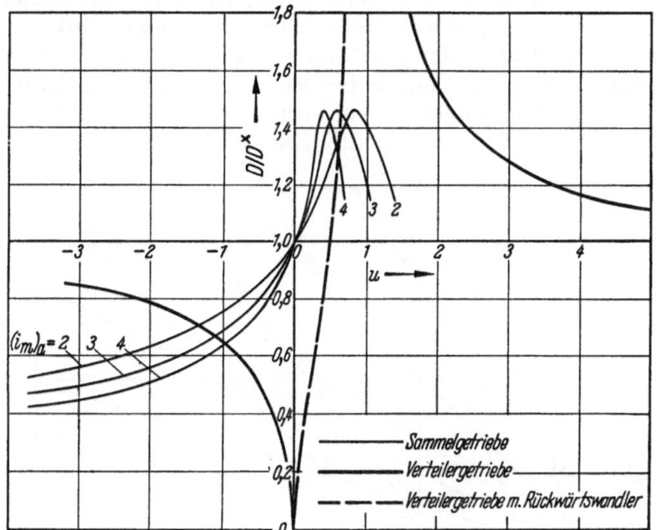

Abb. 3/88. Einfluß der Leistungsteilung auf den Wandlerdurchmesser (nach [5e])

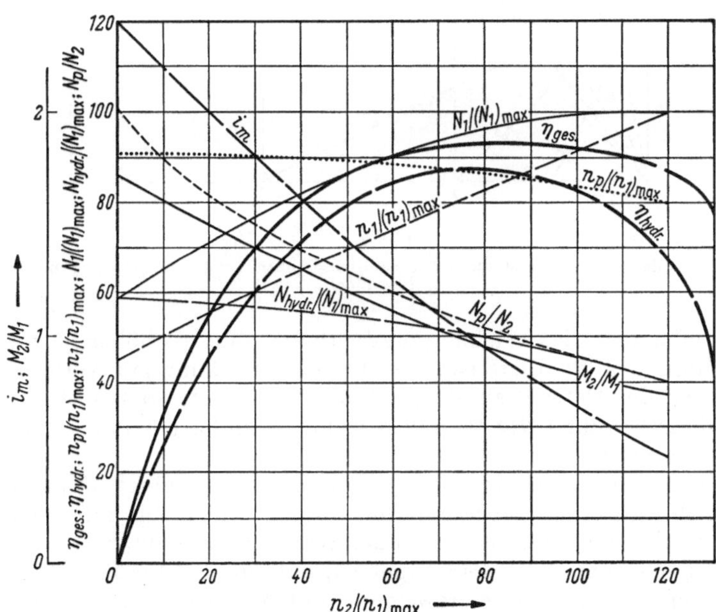

Abb. 3/89. Gerechnete Kennlinien eines Wandlers in Leistungsverzweigung mit Verteilergetriebe (nach [5e])

Daß Föttinger-Getriebe in Leistungsverzweigungen ihren Charakter in bezug auf das Drückungsverhalten ändern können, ist bereits im Zusammenhang mit dem Diwabus-Getriebe der Firma J. M. Voith erwähnt worden.

Abb. 3/89 zeigt die gerechneten Verhältnisse für ein Verteilergetriebe. Es ist auch interessant, daß hierbei die Wandlereingangsdrehzahl $(n_P)_\alpha$ bei konstantem

Motormoment für alle Werte der Abtriebsdrehzahl n_2 konstant ist, d. h. daß der Wandler unter diesen Voraussetzungen bei Vollast immer im selben Betriebspunkt arbeitet, also stets die Motorleistung verarbeitet, die dem Anfahrpunkt entspricht, während der Leistungszuwachs rein mechanisch übertragen wird.

Bei genauer Betrachtung der Abbildungen kommt man zu der Erkenntnis, daß positive Ergebnisse immer mit Verschlechterungen auf anderen Gebieten erkauft werden müssen. Wenn man für ein Verteilergetriebe die Abb. 3/83, 3/84, 3/86 3/87, 3/88 und 3/90 im Gebiet der eigentlichen Leistungsteilung, also für $u_1 < -0$

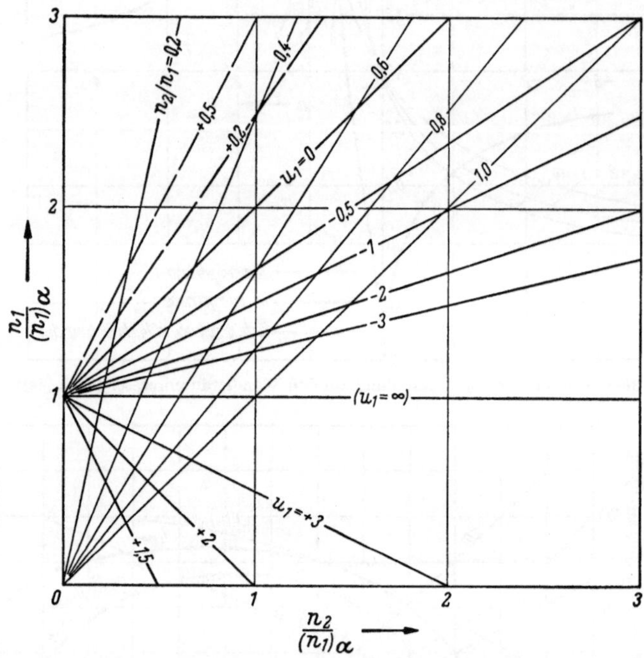

Abb. 3/90. Verhältnis der Motordrehzahl zur Getriebeabtriebsdrehzahl bei Leistungsteilung mit Verteilergetriebe (nach [5e])

auswertet, findet man das Wirkungsgradverhältnis um so höher, je niedriger die Anfahrwandlung des Wandlers ist; dem besseren Wirkungsgradverlauf entspricht eine Minderung der Getriebeanfahrwandlung, welche um so größer ist, je kleiner man die Anfahrwandlung des Wandlers wählt. Ständig gilt $\beta < 1$ und der Wert sinkt mit kleinerem i_{ma}.

Das Durchmesserverhältnis ist vom Wandleraufbau nicht abhängig und der Verlauf der Motordrehzahl über der Antriebsdrehzahl hängt nur vom Getriebeübersetzungsverhältnis, nicht aber von der Wandlerauslegung ab.

H. J. Förster kommt zu dem Ergebnis, daß speziell für Kraftfahrzeuge von der Anwendung der Leistungsverzweigung auf die Dauer keine entscheidenden Impulse für die Weiterentwicklung der Getriebe zu erwarten sind. Allerdings sind in gewissen Fällen Vorteile zu verzeichnen, aber der Arbeitsbereich eines Verteilergetriebes ist immer kleiner, als der des Wandlers allein. Einer möglichen Steigerung von $\eta_{\text{ges.}}$ von unter Umständen auf das 1,1-fache des hydraulischen Wirkungsgrades des Wandlers steht eine damit verbundene Bereichsbeschränkung gegenüber und die Verminderung des Wandlerdurchmessers um 10% bis zu 15% muß mit einem zusätzlichen Aufwand an hochwertigen Zahnrädern bezahlt werden.

3.25 Hydrodynamisches Bremsen

Für die hydrodynamischen Kupplungen ist bereits gezeigt worden, daß dieselben je nach der Beschaufelung meistens in beiden Richtungen wirksam sind. Man kann daher bei zwischengeschalteter Föttinger-Kupplung bei schiebendem Fahrzeug durch den von den Rädern angetriebenen Motor eine Bremswirkung erzielen. Beim Festhalten einer Hälfte der Kupplung entsteht übrigens eine ausgezeichnet wirkende hydrodynamische Bremse. Ihre Wirkung könnte außerdem durch Änderung der Füllung feinstufig geregelt werden. Der Einfluß verschieden zur Achse geneigter Schaufeln wurde bereits in Abb. 2/13 gezeigt. In dem Diagramm Abb. 2/4a ist auch zu sehen, daß bei Gegenlauf der Schaufelräder die Bremswirkung geringer ist, als wenn ein Rad einfach festgehalten wird, d. h., die maximale Übertragungsfähigkeit für das Moment liegt bei $i_n = 0$.

Es sind nun genaue Untersuchungen darüber angestellt worden, wie sich im Gegensatz dazu der Wandler verhält. Bei ihm entsteht eine Bremswirkung, sobald die Turbine über ihre Durchgangsdrehzahl hinaus schneller angetrieben wird. Zur Ausnutzung dieser Bremswirkung muß die Motordrehzahl z. B. bei einem Fahrzeug so weit zurückgenommen werden, daß die durch Bremswirkung zu haltende Geschwindigkeit für die Turbine eine Drehzahl bedeutet, die über der entsprechenden Durchgangsdrehzahl liegt. Auch beim Wandler kann eine feinere Beeinflussung durch Regelung der Füllung bewirkt werden.

Obwohl das Verhalten der Wandler im einzelnen natürlich außerordentlich von den vielgestaltigen Möglichkeiten der Bauarten abhängt, kann doch z. B. für einen Trilok-Wandler der üblichen Bauweise ausgesagt werden, daß im Gegensatz zur

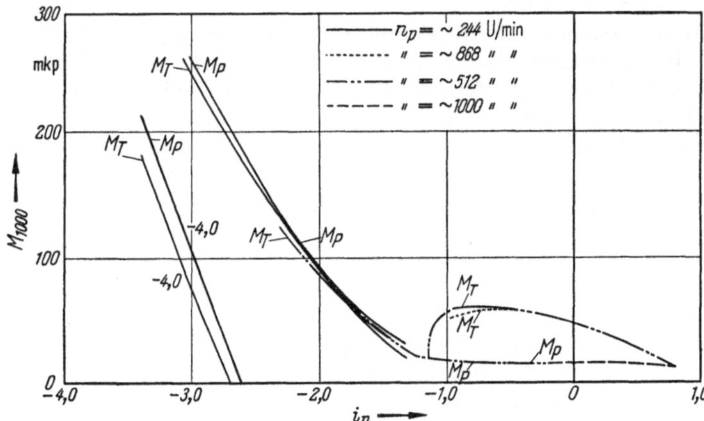

Abb. 3/91. Prüfstandskurven eines Trilok-Wandlers im Bereich von $i_n = -3{,}4$ bis $i_n = +0{,}8$ (nach [49])

Kupplung das maximale Bremsmoment nicht für $i_n = 0$ auftritt, sondern in einem Bereich, der z. B. nach Abb. 3/91 für den dort im Schema skizzierten Wandler bei $i_n = -0{,}8$ liegt.

Um in einem Fahrzeug diesen Bereich auszunutzen, müßte man etwa im Rückwärtsgang zu Tal fahren. Diese sehr wirksame Bremsart hat den Nachteil, daß neben der Wärme, die im Wandler anfällt, noch die zum Antrieb des Pumpenrades notwendige Leistung des Motors vernichtet werden muß. Ausführungen, die im Grundsatz dieses Prinzip benutzen, sind im DP 1064824 beschrieben.

Die Besonderheiten der Bremsung beim Wandler führen zu Vorschlägen, die entweder darauf abzielen, eine zusätzliche Bremse im Fahrzeug an anderer Stelle einzusetzen, oder aber mit dem Wandler eine ausgesprochene hydraulische Bremse konstruktiv zu vereinigen.

Die Bemerkung, daß ein ausgesprochenes Maximum in der Übertragung eines negativen Moments bei der Turbine bei $i_n = -0{,}8$ liegt, besagt nicht, daß es sich dabei überhaupt um das maximal übertragbare Moment bei negativem Antrieb des Wandlers handelt. Wohl erreicht das Momentverhältnis $\frac{M_T}{M_P} = i_m$ ein Maximum für $i_n = -0{,}8$. In der Gegend von $i_n = -1$ macht sich eine Unstetigkeit bemerkbar. Da jetzt Pumpen- und Turbinenrad gleich schnell entgegengesetzt rotieren, bestimmen unter Voraussetzung gleichen wirksamen Durchmessers nur die jeweiligen Austrittswinkel noch zusätzlich die erzeugte Energiehöhe im Wandlermedium an dieser Stelle. Irgendwann einmal muß sich in diesem Bereich des Drehzahlverhältnisses der Durchflußsinn umkehren. Anschließend beginnt ein stetiges Ansteigen des übertragenen Drehmoments, das bis nahezu zu beliebiger Höhe mit dem Drehzahlverhältnis getrieben werden kann, wobei das Pumpenmoment das Turbinenmoment meistens übersteigt.

In einer anderen Form zeigt für einen ähnlichen Wandler Abb. 3/92 nach Messungen der Firma Klein, Schanzlin & Becker AG das Verhalten eines Wandlers, wenn der Drehsinn des Turbinenrades nicht umgekehrt wird, sondern wenn es gleichsinnig bis zu Werten von $i_n = 5$ und mehr angetrieben wird. Aus diesem Diagramm kann man das wirkliche Bremsverhalten eines Wandlers in einem schiebenden Fahrzeug entnehmen und feststellen, bei welchen aufgezwungenen Drehzahlen entsprechende Drehmomente rückwärts über das Primärrad auf einen bremsenden Motor ausgeübt werden können.

In der Abb. 392 ist einmal die Primäraufnahme M_{P1000} als Funktion von i_n und die Parabeln der übertragbaren Momente der Turbine unter Verwendung von n_P als Abszisse aufgetragen. Außerdem finden wir dort die Wandlung i_m. Die Abszisse selbst stellt die Linie für $i_n = 1{,}0$ dar, und für negative Ordinaten des Primärmoments M_P sind dann ganz ähnlich liegende Parabeln eingetragen, die für die Werte von $i_n < 1$ gelten. Wie üblich, hat man hier dafür zur Bezeichnung die reziproken Werte $\frac{1}{i_n}$ verwendet. Es ergibt sich auch eine spiegelbildliche Linie für M_{P1000}, die natürlich entsprechend der geänderten Wirkungsweise etwas andere Ordinaten aufweist.

Außer bei Fahrzeugen ergibt sich auch bei manchen anderen Anwendungen in der Industrie die Notwendigkeit, über den Wandler zu bremsen. Dies ist z. B. bei Hebewerken der Fall, um die herabsinkende Last abzufangen. Bei schwierigen Verhältnissen, z. B. im Bohrfeldbetrieb, müssen dabei besondere Maßnahmen getroffen werden. Aber auch bei weniger speziellen Bedingungen bietet der Wandler durch geschickte Ausnutzung der Verhältnisse erhebliche Möglichkeiten. Man kann z. B. durch geeignete Maßnahmen bzw. durch Änderung der Drehzahl der Antriebsmaschine eine Last beliebig in der Schwebe halten und besonders bei Montagearbeiten sehr weich manövrieren. Die erwähnte Wirkung nach Abb. 3/92 erschließt jedoch auch die Möglichkeit, erhebliche Bremswirkungen in anderer Art durchzusetzen. Wenn hierbei eine laufende Last die Turbine des Wandlers rückwärts dreht, tritt eine starke Übersetzung i_m auf, die, wie schon erwähnt, in der Größenordnung von $i_n = -0{,}8$ bei einem bestimmten Trilok-Wandler ein Maximum erreicht. In der Gegend von $i_n = -1$ bricht jedoch die Bremswirkung zunächst zusammen und muß nachher bei einem Übersetzungsverhältnis i_m von ≈ 1 voll von der Antriebsmaschine aufgebracht werden. Hier kommt man nach einem Verfahren

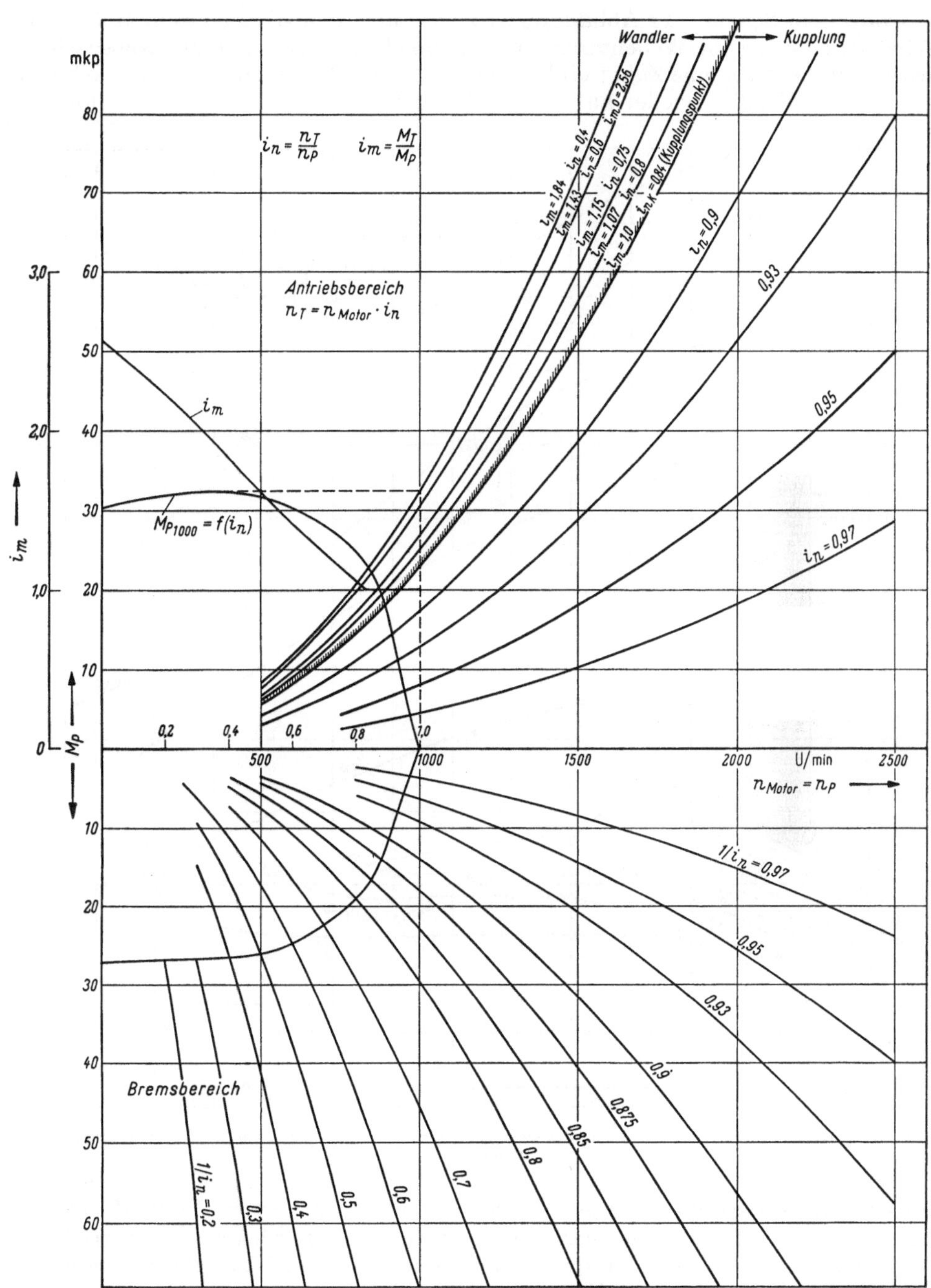

Abb. 3/92. Antriebs- und Bremsbereich eines Trilok-Wandlers (nach [49])

der Firma Klein, Schanzlin & Becker AG entsprechend der Abb. 3/93 durch einen geschickten Kunstgriff zu recht günstigen Ergebnissen.

Nach dem Schema der Abbildung ist zu der über den Wandler vom Motor zum Windwerk laufenden Wellenverbindung parallel zum Wandler ein Nebenschluß geschaltet, der über eine Zahnradübersetzung mit $i = 0{,}8$ zu einem Kettentrieb 1 : 1 hinter dem Wandler wieder auf die gleiche Welle führt. Hier sitzt das entgegen-

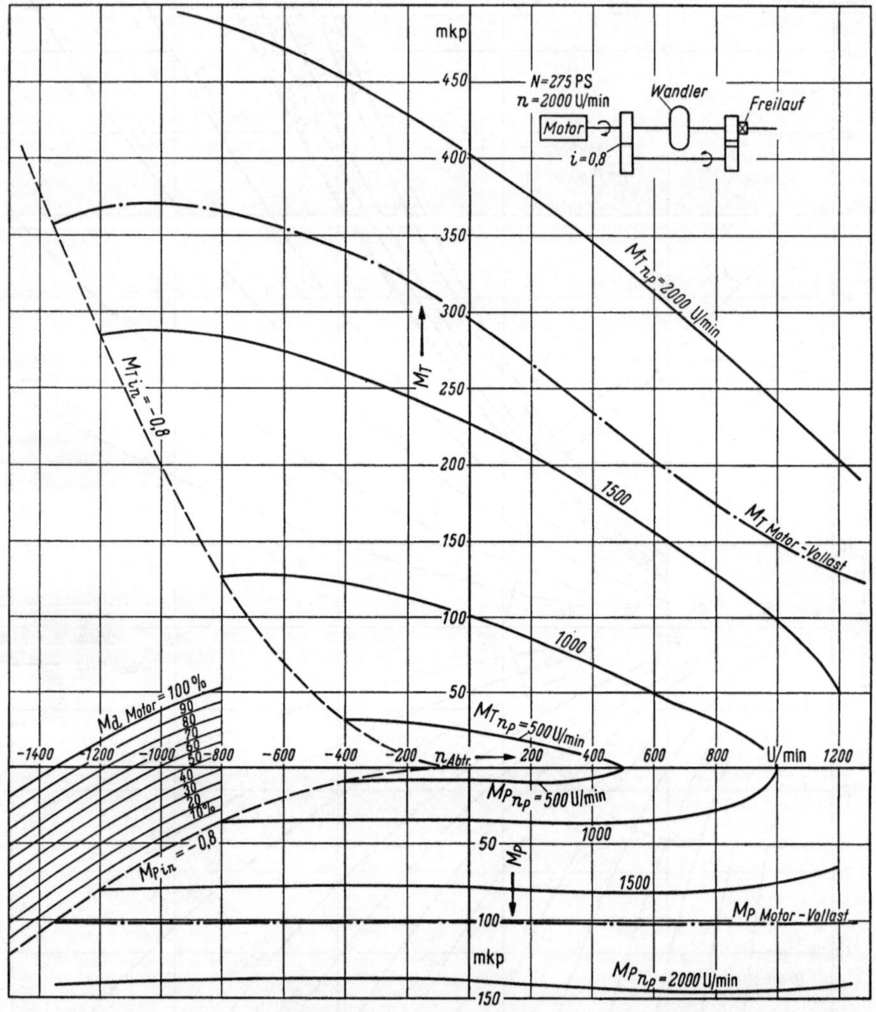

Abb. 3/93. Bremsverhalten eines Föttinger-Getriebes in einer besonderen Anordnung mit einem Dieselmotor (nach [49])

gesetzt zur Motorrichtung umlaufende Kettenrad auf einem Freilauf. Dieser Kettenschluß läuft so lange leer, wie die von der Last rückwärts angetriebene Welle eine geringere Drehzahl der rückwärtslaufenden Turbine gibt, als vermöge der Übersetzung $i = 0{,}8$ vom Motor eingeleitet wird.

Für einen bestimmten Motor ist hier auf der Ordinate nach oben und nach unten das Drehmoment, und zwar nach oben das Drehmoment der Turbine und nach unten das Primärdrehmoment des Motors aufgetragen. Die Abszisse enthält die Abtriebsdrehzahlen, und zwar positiv und negativ.

Nach dem erläuterten Verfahren sind die zugehörigen Kurven des primären und des sekundären Drehmoments für feste Drehzahlen ermittelt. Dazu sind auch noch die Momente, die sich bei Vollgas einstellen, aufgezeichnet. Hierbei spielt natürlich die Beeinflussung der Motordrehzahl durch den Wandler eine erhebliche Rolle. Die Kurven werden nach links durch zwei gestrichelte Linien für $i_n = -0{,}8$ begrenzt. Bis zu dieser Stelle ergibt sich das Verhalten des Gesamtaggregates aus der Kennfeldkurve des Antriebsmotors und der aufgenommenen Charakteristik des Wandlers nach der Kurve Abb. 3/91.

Wie oben bereits erläutert, greift bei diesem Übersetzungsverhältnis $i_n = -0{,}8$ der Freilauf auf dem Kettenrad des Kettenschlusses und führt dabei einerseits der Wandlerpumpe von der arbeitleistenden Last ein Drehmoment zu und verhindert andererseits ein Ansteigen des Drehzahlverhältnisses über $-0{,}8$. Dadurch bleibt das Übersetzungsverhältnis für das Moment i_m immer in der Nähe des Maximums, die Last wird stark gebremst, und es kann niemals zu einem Zusammenbrechen der Bremswirkung des Wandlers kommen. Auf dem Diagramm ist auch die zu den verschiedenen Senkdrehzahlen benötigte Leistung des Antriebsmotors abzulesen. Sie wurde aus der Zusammenarbeitskurve ermittelt, nach der sich die Motordrehzahlen jenseits des Bereichs $i_n = -0{,}8$ einstellen. Bei -1350 Umdrehungen ist bei einer Bremswirkung von 356 mkp die 100%ige Leistung des Motors notwendig und bei -800 Umdrehungen noch annähernd 40%. Dabei dreht der Motor also mit 1000 Umdrehungen.

3.26 Regelbare Drehmomentwandler

Bei Wasserturbinen ist es gebräuchlich, sie durch Verstellung des Leitapparates zu regeln. In ähnlicher Form kann man Föttinger-Getriebe beeinflussen, da in Abschn. 3.23 gezeigt wurde, wie eine unterschiedliche Anströmung des Pumpenrades auf die verschiedenen Kennwerte eines Wandlers wirkt.

Im allgemeinen paßt sich der Wandler den verschiedenen Belastungsverhältnissen automatisch an und wandelt das eingeleitete Moment nach den Erfordernissen, wie er nach einem Potenzgesetz mit verschiedener Primärdrehzahl auch verschiedene Eingangsmomente aufnimmt. Es gibt aber eine Anzahl von Antriebsmaschinen,

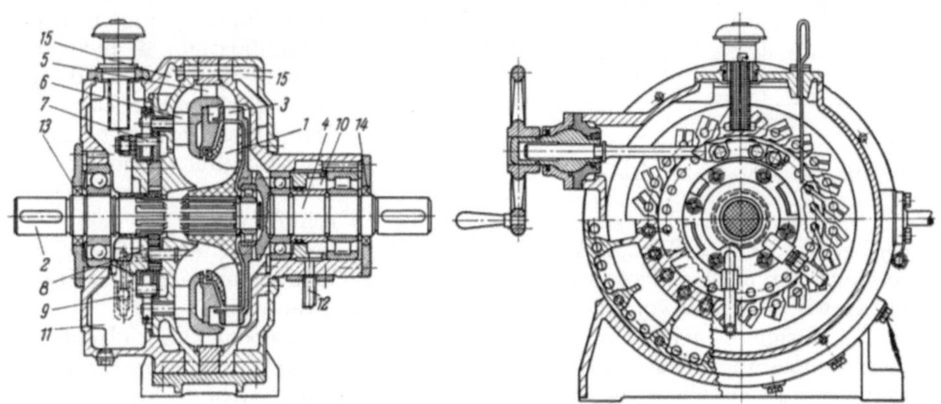

Abb. 3/94. Regelbarer Voith-Drehmomentwandler

die keine nennenswerte Drehzahländerung zulassen und andererseits wünscht man oft, verschiedene Arbeitsmaschinen unabhängig von der Motordrehzahl und dem Moment zu regulieren. Ein einfacher Weg dazu ist die Verwendung verschiedener

Füllung beim Wandler, wie er in Abschn. 2.22 für Föttinger-Kupplungen als Drehzahlwandler beschritten wurde.

Diese Art der Regelung wird für Wandler jedoch nur für untergeordnete Zwecke eingesetzt, während man von der Verstellung von Pumpenschaufeln oder Leiträdern in erheblichem Umfange Gebrauch macht.

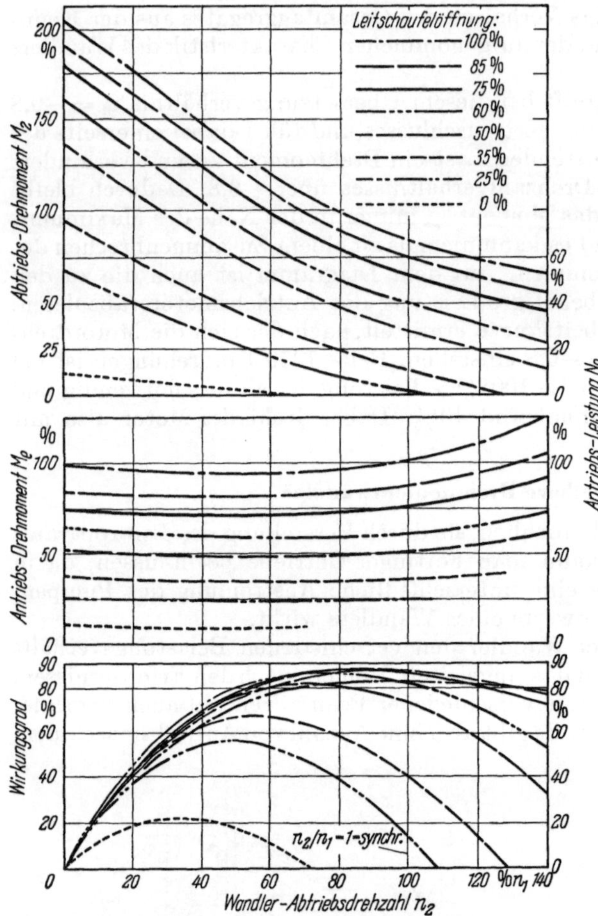

Abb. 3/95. Kennfelder eines regelbaren Föttinger-Getriebes (nach [*51*])

Abb. 3/94 zeigt einen Drehmomentwandler der Firma J. M. Voith, der mit einer Leitschaufelregulierung ausgerüstet ist, d. h. einer seiner beiden Leitschaufelkränze hat verstellbare Schaufeln. Dadurch können die Abtriebsdrehzahlen und die zu übertragenden Drehmomente bei nahezu konstanter Primärdrehzahl in weiten Grenzen geregelt werden.

In Analogie zu ähnlich geregelten Wasserturbinen wird der Antrieb bei fast ganz geschlossenem Leitschaufelkranz nahezu vollständig entlastet.

Der grundsätzliche Aufbau ist in Abb. 3/94 zu erkennen. Pumpenrad *1* ist über die Antriebswelle *2* mit einem Motor verbunden. Das Turbinenrad *3*, das eine starre Verbindung mit der Sekundärwelle *4* hat, umschließt das Pumpenrad, wird also zentrifugal durchströmt. Der Wandler hat daher grundsätzlich die in Abschn. 3.23 diskutierten Eigenschaften.

Das Leitrad ist in 2 Schaufelkränze aufgeteilt, in den feststehenden Teil *5* und den verstellbaren *6*. Der letztere kann durch die Regeleinrichtung *7* mittels Handrad und Gewindespindel von außen leicht verstellt werden.

Von der übrigen Einrichtung ist die primärseitig angetriebene Zahnradpumpe *8*, die den Überlagerungsdruck im Wandler aufrechterhält und für den Ölumlauf sorgt, zu erwähnen und ein Überdruckventil *9*, das den Kreislauf sichert. Es gibt einen hinteren und einen vorderen Ölraum *10* und *11*, die durch eine Leitung *12* verbunden sind. Zur Abdichtung der Welle sind die Simmerringe *13* und *14* angeordnet. In diesem Fall ist um den Wandlerkreislauf herum ein Kühlwassermantel *15* zur Abführung der Verlustwärme vorgesehen.

Abb. 3/95 zeigt den Einfluß der Schaufelregelung. Der Regelbereich bei gleicher

Antriebsdrehzahl ist sehr groß. Natürlich fallen mit zunehmender Drosselung durch die enger gestellten Leitschaufeln die Wirkungsgrade ab, aber keineswegs in dem Umfang, wie bei den Kupplungen mit Füllungsregelung.

Abb. 3/96. Regelbarer Voith-Drehmomentwandler mit angeflanschtem Kegelradwendegetriebe, besonders für Bohrfeldeinrichtungen

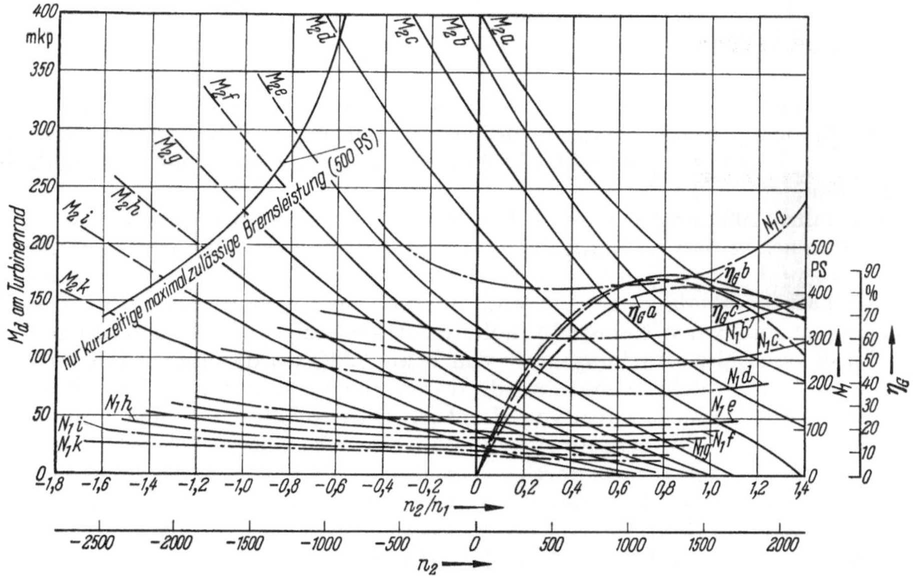

Abb. 3/97. Prüfstandsdiagramm des Föttinger-Getriebes Abb. 3/96

In Abb. 3/94 ist die Verstellung der Leitschaufeln mit Handrad und Spindel dargestellt.

Eingebaute hydraulische Verstellkolben oder elektrische Verstellmotoren gestatten eine bequeme Fernsteuerung.

Der Anwendungsbereich umfaßt einen bedeutenden Ausschnitt der gesamten Industrie. Um nur einige Einsatzfälle zu nennen, können erwähnt werden: Holzentrindungstrommeln, Halbzeugrichtmaschinen, Bandstahl-Kaltwalzwerk- und Drahtziehmaschinen, Beton-Rohrschleudermaschinen, Knet- und Mischmaschinen für die Kunststoff- und Gummiindustrie, sowie Rotary-Bohrgeräte-Antriebe.

Sehr wesentlich ist dabei die Anwendung im Bohrfeld, für die auch die Firma Krupp ähnliche Einheiten herstellt. Abb. 3/96 zeigt einen regelbaren Voith-Wandler mit angeflanschtem Kegelradwendegetriebe für derartige Einsätze. Eine solche Anlage ermöglicht es, mit einer installierten Leistung von insgesamt 1090 PS Bohrungen bis zu 4000 m Teufe niederzubringen.

Abb. 3/97 zeigt ein sehr übersichtliches Leistungsdiagramm, das einen Föttinger-Wandler mit Leitschaufelregulierung bei konstanter Eingangsdrehzahl n_{ei} von 1450 UpM darstellt. Das Schaubild ist auch für negative Werte von i_n ausgearbeitet und gibt in diesem Bereich die jeweiligen Leistungen des Motors beim Senken von Lasten an. Bei diesem Vorgang dreht sich, wie das negative i_n aussagt, das Turbinenrad entgegengesetzt zur Pumpe.

Durch die Schaufelverstellung ist es möglich, Lasten mit verschiedener Beschleunigung zu heben, sie in der Schwebe zu halten und zu senken.

Die im Diagramm aufgetragene Kurve der maximalen Bremsleistung von 500 PS ist nur durch mechanische Getriebeteile vorgeschrieben. Bei sehr kleinen Lasten muß die Trommelbremse benutzt werden, sofern der Antriebsmotor sich nicht genügend herabregeln läßt. Die mechanische Bremse dient sonst nur zum Halten und wird daher außerordentlich geschont. Siehe auch die Abschn. 4.4 und 4.7.

3.3 Ausführung und Anwendung

3.31 Einige Entwicklungen im Ausland

In der Einleitung ist bereits das Grundsätzliche über die zeitliche Entwicklung der Drehmomentwandler gesagt worden. Um den anderen Beteiligten gerecht zu werden, erscheint es angebracht, die Arbeiten außerhalb Deutschlands mindestens zu streifen.

Im Jahre 1930 entwickelte A. Lysholm in der Dampfturbinenfabrik der gut bekannten schwedischen Ljungström-Gesellschaft einen Drehmomentwandler, der für Straßenfahrzeuge geeignet war. Diese Ausführung wurde von der Leyland-Gesellschaft in England gebaut und in Stadtomnibussen verwendet. Die Einrichtung ist unter dem Namen Lysholm-Smith-Wandler bekannt geworden.

Bei einem Spitzenwirkungsgrad von etwa 82% wurde eine Anfahrwandlung von etwa 1 : 5 erreicht. Dieses wurde durch einen mehrstufigen Kreislauf mit 6 Wandlergliedern erzielt, wobei von Hand ein Durchschalten erfolgen konnte.

1933 wurden mit diesem Getriebe umfangreiche Versuche in Amerika gefahren, jedoch erwies es sich für die dortigen Ansprüche als notwendig, weitere Verbesserungen vorzunehmen. Das Getriebe wurde automatisiert (lock-out-drive). Mit dieser Verbesserung läuft der Spicer-Drehmomentwandler seit 1938 in vielen Linien im Stadt- und Landverkehr in Amerika (Abb. 3/98).

Etwas später trat die Twin Disc Comp. auf Grund einer Lizenz für den Lysholm-Smith-Wandler mit einer Entwicklung für industrielle Anwendung in Konkurrenz.

Erwähnt wurde bereits das Getriebe von Salerni, das die erste Einheit mit automatischem Übergang zur Kupplung darstellt.

1941 kam J. Brockhouse & Comp. in England mit industriellen Ausführungen verbesserter Wandler dieser Art auf den Markt.

Die Trilok-Entwicklung, die in Deutschland bei der Klein, Schanzlin & Becker AG seit Anfang der 30er Jahre lief, kam schließlich in den USA zum entscheidenden Durchbruch.

Schneider Brothers brachte 1940 mit den deutschen Erfahrungen des Herrn Schneider einen Drehmomentwandler mit im Kupplungsbereich frei rotierenden

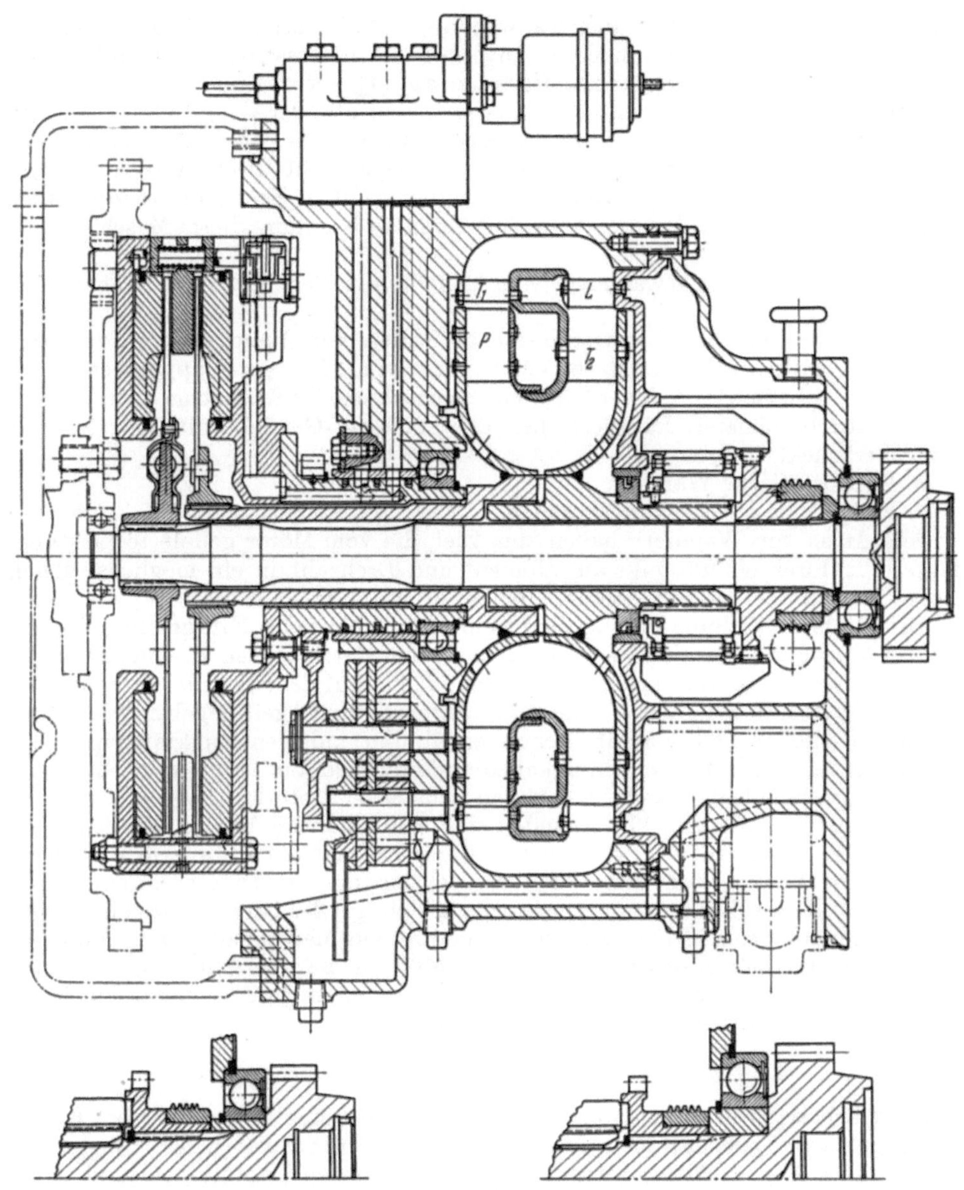

Abb. 3/98. Spicer-Drehmomentwandler

Leitrad auf den Markt. Von diesem ist der White-Hydrotorque-Wandler abgeleitet.

Erhebliche Fortschritte zeitigte der 2. Weltkrieg auf diesem Gebiet. Von den Anwendungen sei hier nur erwähnt, daß Buick einen ferngelenkten Ladungsträger mit einem Wandler ausrüstete, wie es auch in Deutschland der Fall war.

Die in vielfältigem verschiedenartigem Kriegseinsatz gewachsenen Erfahrungen bildeten die Grundlage der späteren Entwicklung auf dem Gebiet der Personen- und

Lastkraftwagen und der Industrieanwendung. Die heutigen Ausführungen der Firmen werden in Kap. 4 behandelt. In bezug auf interessante Automobilgetriebe wird auf das Literaturverzeichnis, besonders auf [*4*], verwiesen.

Nichtsdestoweniger gilt immer noch der Grundsatz, der sich schon in den Anfängen der Automobilentwicklung ergeben hatte: Die Verbrennungsmotoren können als Antriebsmaschinen für Kraftfahrzeuge nicht direkt über ein festes Zahnradgetriebe mit der Treibachse verbunden werden. Es ist notwendig, einen Wandler einzuschalten, der die an sich ungeeignete Kennung dieser Maschinen beeinflußt.

Als solche „Kennungswandler“[1] kommen für die Verwendung in Fahrzeugen in Frage:

1. Mechanische Zahnradgetriebe, die in Stufen von Hand oder automatisch geschaltet werden, eventuell unter Verwendung von Föttinger-Kupplungen.
2. Föttinger-Getriebe, denen meistens mechanische Stufen nachgeschaltet sind. Dabei wird in höheren Fahrbereichen das Föttinger-Getriebe oft ausgeschaltet bzw. überbrückt.
3. Hydrostatische Wandler.
4. Elektrische Übertragungssysteme.

Alle Arten von Wandlern haben zum Ziel, die vom Motor gelieferte Leistung, dargestellt durch ein Produkt aus Moment und Drehzahl, in ein möglichst gleich großes Produkt bei meist größerem Moment zu wandeln.

Bei idealer Wandlung stände die Nennleistung bei jeder Fahrgeschwindigkeit voll zur Verfügung. Bei Vollgas würde dem idealen Getriebe Nenndrehmoment mal Nenndrehzahl des Motors primär angeboten, wobei auf der Sekundärseite ein entsprechender Schub bei einer bestimmten Fahrgeschwindigkeit gegeben wäre. Man spricht in diesem Fall von der schon erwähnten „idealen Zugkrafthyperbel“. Hyperbeln im Zugkraftgeschwindigkeitsdiagramm sind Linien gleicher Antriebsleistung, also bei idealer Wandlung Linien konstanter Motorleistung.

Die Leistung, die zum Überwinden des Widerstandes bei unbeschleunigter Fahrt in der Ebene bei der jeweiligen Fahrgeschwindigkeit erforderlich ist, wird als *geforderte Leistung* bezeichnet. Die Antriebsleistung, im Diagramm eine Linie ähnlich der idealen Zugkrafthyperbel, kann gleich, größer oder kleiner als die geforderte Leistung sein. Die Überschußleistung ist ein Maß für das Steig- und Beschleunigungsvermögen des Fahrzeuges. Als Maß für die Überschußzugkraft kann auch die Beharrungsgeschwindigkeit gewertet werden, mit der sich das Fahrzeug bei Vollgas in bestimmten Steigungen bewegen kann.

3.32 Der Wandler und das Kraftfahrzeug

Mein Lehrer, Prof. Romberg, wies gewöhnlich in seiner Vorlesung über Kraftfahrzeuge darauf hin, daß man im ersten Weltkrieg in Schweden Kraftwagen auf den Markt gebracht hatte, die mit einem ölgefeuerten Dampfkessel und einer Kolbendampfmaschine ausgerüstet waren. Bezeichnend nannte man diese Fahrzeuge „old man's car“. Da die Füllung der Dampfmaschine und damit der mittlere Druck und das Drehmoment in sehr weiten Grenzen geändert werden können, wobei die Füllung mit abnehmender Drehzahl vergrößert wird, brauchte man bei diesen Wagen keinerlei Getriebe, da die Zugkraft der idealen Zugkrafthyperbel im Hauptbereich entspricht.

Diese Grundidee wurde mit vollkommeneren Mitteln in den zwanziger und dreißiger Jahren in anderen Ländern und auch in Deutschland wieder aufgegriffen.

---

[1] Der treffende Ausdruck wurde m. W. von Prof. Koessler geprägt.

Der Dampfmotor von Borsig und die Ausführungen von Henschel wurden bekannt. Henschel schuf interessante Dampfanlagen für Triebwagen.

Die Verbrennungskraftmaschinen der Kolbenbauart sind durch das Fehlen der Feuerung und des Kessels ideale Antriebsmotoren für Fahrzeuge, sie zeigen jedoch bezüglich der Drehmoment- und Drehzahlcharakteristik ein ungünstigeres Bild. Unterhalb einer bestimmten Drehzahl ist Vollastbetrieb nicht möglich. Oberhalb dieses Betriebspunktes nimmt das Drehmoment mit steigender Drehzahl zu, um ein mehr oder weniger ausgeprägtes Maximum zu erreichen und dann wieder abzufallen. Dieses Maximum liegt bei den in Straßenfahrzeugen üblichen Otto-Motoren etwa um $^1/_3$ über dem Moment bei Nenndrehzahl.

Dieselmotoren haben meistens ein nur wenig mit der Drehzahl veränderliches Drehmoment, außer man wendet besondere Aufladeverfahren an. Es gibt bei ihnen auch nur einen schmaleren Drehzahlbereich, innerhalb dessen der Motor zuverlässig arbeiten kann.

Durch Aufladung hat man hauptsächlich für Dieselmotoren größerer Leistung, wie sie bei Schienenfahrzeugen Verwendung finden, erreicht, daß sie zwischen halber und voller Nenndrehzahl bei gleicher Einspritzpumpeneinstellung ein nahezu konstantes Moment abgeben. Es gibt jetzt auch Dieselmotoren, die vermöge eines Differentialladesystems bei niedrigen Drehzahlen fast das doppelte Drehmoment der Nenndrehzahl haben. Damit ist ein wesentlicher Schritt in der Richtung getan, die die im ersten Abschnitt erwähnten Gründer der Trilok-Gemeinschaft, die Professoren KLUGE, SPANNHAKE und VON SANDEN, bereits vor mehr als 30 Jahren im Auge hatten.

Aus den Widerstandskurven kann man ablesen, welches größte Übersetzungsverhältnis von Eingangs- zu Ausgangsmoment der vorzusehende Wandler haben muß. Die größte Zugkraft wird beim Anfahren in der größten vorkommenden Steigung gefordert. Wie groß der Überschuß dann zum Beschleunigen sein muß, ist von Fall zu Fall festzulegen, da er von der Art des Fahrzeuges abhängt. Im allgemeinen kann man als maximale Übersetzung unter diesen Gesichtspunkten zugrunde legen:

für einen PKW die 3fache,
für einen Stadtomnibus die 8fache,
für einen Lastkraftwagen mit Anhänger die 12fache,
für einen Schnelltriebwagen die 8fache,
für einen Schnellzug die 13fache.

Es würde zu weit führen, wenn diese Verhältnisse hier näher untersucht würden. Die Zahlen sollen lediglich einen ersten Anhalt bilden. Bei der Lösung einer bestimmten Aufgabe wird man die Zusammenhänge sorgfältig untersuchen müssen. Sehr vorteilhaft ist dabei die Verwendung eines Fahrzustandsdiagrammes (Abb. 3/99). [Lit. Prof. Dr. WUNIBALD KAMM, Automobil-Revue 1953.]

Wie weit sich in der Kombination Verbrennungsmaschine und Wandler bei einem Fahrzeug die idealen Verhältnisse annähern lassen, hängt von dem Wirkungsgrad des Wandlers ab. Dieser ist nach einer früher abgeleiteten Gleichung $\eta = i_n \cdot i_m$. Die Fahrgeschwindigkeit ist der Ausgangsdrehzahl proportional und die Zugkraft dem gewandelten Moment, d. h., für $\eta = 1$ ist $i_m \cdot i_n$ ein anderer Ausdruck für die ideale Zugkrafthyperbel. Da der Wirkungsgrad immer kleiner als eins ist, liegt die wahre Zugkrafthyperbel unter der idealen.

Zur Beurteilung der Wandler in Fahrzeuggetrieben werden entsprechend den vorher aufgestellten Forderungen die Höchstgeschwindigkeit, das Steigvermögen und das Beschleunigungsmaß herangezogen, dazu kommt noch als wichtige Kenngröße der Kraftstoffverbrauch. Mit Ausnahme des Beschleunigungsvermögens können die Eigenschaften der Kombination Motor, Wandler und Fahrzeug mit Hilfe von Gleichgewichtsbetrachtungen bei gleichförmiger Bewegung errechnet werden. Das Beschleunigungsvermögen kann nur aus der Berechnung des Fahrablaufes beurteilt werden, d.h. von der Abhängigkeit der Fahrgeschwindigkeit von der Zeit oder der Zurücklegung eines Weges unter bestimmten Bedingungen. Zu diesen Untersuchungen ist es notwendig, daß die Eigenschaften des Motors und Wandlers bekannt sind.

Bei Fahrzeugen mit Stufenschaltgetrieben sind Motor, Welle und Treibachse in einem bestimmten Verhältnis formschlüssig miteinander verbunden. Die Verluste

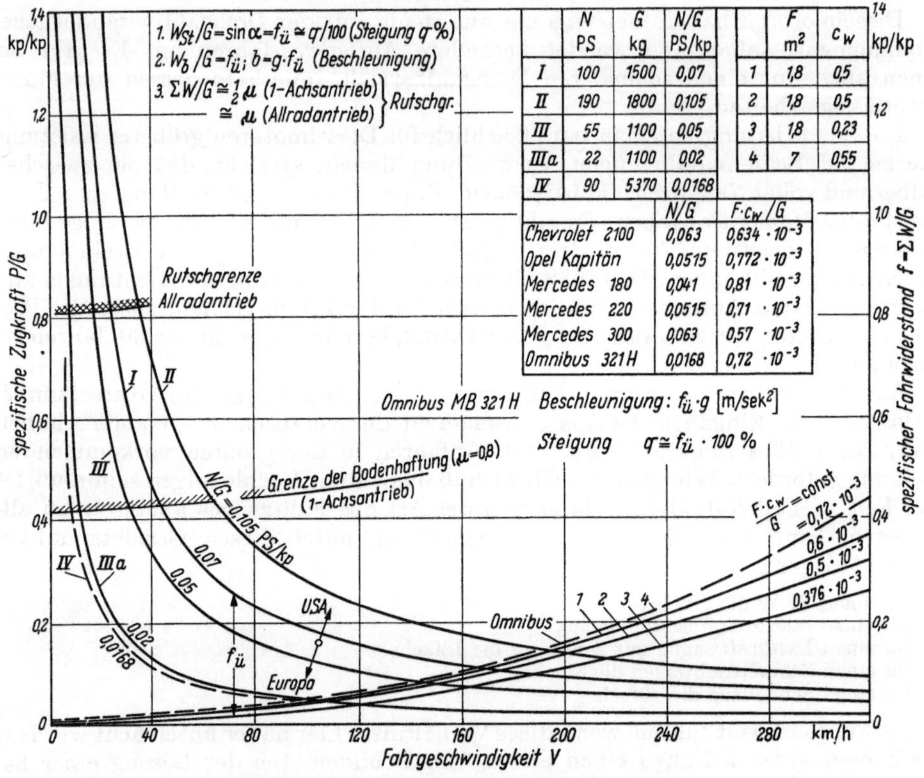

Abb. 3/99. Fahrzustandsdiagramm für Kraftfahrzeuge

dieser Getriebe sind bei verschiedenen Belastungen und bei Drehzahländerungen nahezu konstant und betragen pro Zahneingriff etwa 1 bis 1,5%. Mit sehr guter Näherung sind daher Moment und Drehzahl einander umgekehrt proportional. Ist die Drehmoment-Drehzahl-Charakteristik für Voll- und Teillast bekannt, so kann man den entsprechenden Schub und die Fahrgeschwindigkeit für alle stationären Betriebsverhältnisse errechnen.

Ganz anders ist es bei einem hydrodynamischen Wandler. Hier ist die Verbindung zwischen Motor und Treibachse nicht formschlüssig, sondern sie wird nur durch die von der Arbeitsflüssigkeit im Wandler übertragenen Kräfte hergestellt. Drehmoment- und Drehzahlübersetzung ändern sich kontinuierlich mit dem Fahrwiderstand. Sie stehen in einem Zusammenhang, der eine für jeden hydrodynamischen Wandler zu bestimmende Funktion ist. Der Wirkungsgrad ändert sich stark mit dem Drehzahlverhältnis und liegt in gewissen Bereichen weit unter dem Wert eins.

Wie es schon bei der Bestimmung einer Föttinger-Kupplung in Zusammenarbeit mit einem Verbrennungsmotor gezeigt wurde, haben die Föttinger-Übertragungselemente ihre eigenen Gesetze, die wesentlich von der der Zahnradgetriebe mit fester Stufung unterschieden ist. Es ist eine schwierige, allerdings auch außerordentlich interessante Aufgabe, den Antrieb für ein gegebenes Fahrzeug mit entsprechendem Motor zu entwerfen. Es muß die Wandlerbauart, die sich in der Primäraufnahme und dem Verlauf der Momentübersetzung auswirkt, die Wandlergröße und das Übersetzungsverhältnis in der Treibachse zur Anpassung des Motor-Wandler-Aggregates an das Fahrzeug zweckentsprechend gewählt werden. Das ganze Fahrzeug ist gewissermaßen ein Organismus, dessen drei Glieder, Motor, Föttinger-Getriebe und Fahrzeug selbst, harmonisch aufeinander abgestimmt werden müssen.

Bei den Untersuchungen der Verhältnisse am Kraftfahrzeug, bei dem sich diese Glieder wechselweise beeinflussen, bedient man sich mit Vorteil eines vierteiligen Diagramms, wie es mit den ATZ-Konstruktionstafeln 100 und 101 von von Thüngen beschrieben wird [7c]. Für den Motor braucht man dabei die Beziehungen zwischen der abgegebenen Leistung und der jeweiligen Drehzahl und für das Fahrzeug die benötigte Leistung zu den verschiedenen Geschwindigkeiten bei den verschiedenen zu befahrenden Steigungen.

Für die Untersuchung des Einflusses der Abhängigkeit der primären Leistungsaufnahme vom Drehzahlverhältnis kann sowohl der k-Wert als auch die M_{1000}-Linie über i_n benutzt werden.[1] Die Motorleistung hängt von der Drehzahl und der Gashebelstellung, die vom Wandler aufgenommene Leistung von der Drehzahl und seinem k-Wert ab. Handelt es sich um Wandler, deren Primäraufnahme von i_n nahezu unabhängig ist, ist die Leistungsaufnahme von der Fahrgeschwindigkeit unabhängig. Nimmt die vom Wandler benötigte Eingangsleistung mit abnehmendem Drehzahlverhältnis zu, so hängt die Leistungsaufnahme des Wandlers von der Eingangsdrehzahl und dem Drehzahlverhältnis, also auch von der Ausgangsdrehzahl, ab.

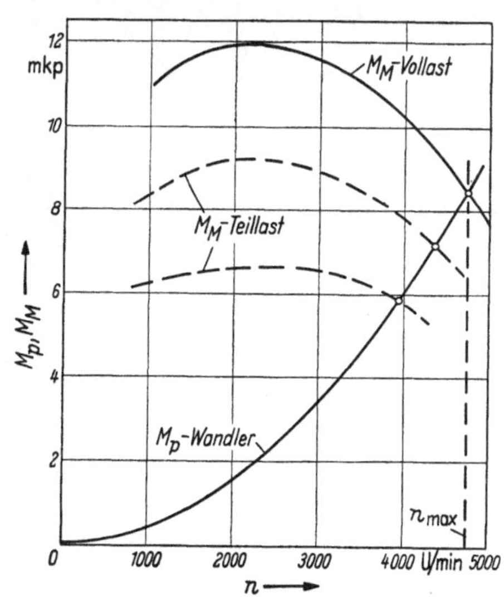

Abb. 3/100. Föttinger-Getriebe ohne Drückung im Motorkennfeld

Beim Wandler der ersten Art gibt es nur eine Parabel, die entsprechend dem Quadrat der Eingangsdrehzahl verläuft. Trägt man das Drehmoment des Motors in seiner Abhängigkeit von seiner Drehzahl bei verschiedenen Drosselstellungen auf, so erhält man sein Kennfeld. Die möglichen Gleichgewichtspunkte zwischen dem vom Motor abgegebenen und dem vom Wandler aufgenommenen Drehmoment

[1] Die folgenden Zusammenhänge wurden bereits in Abschn. 3.15 gestreift. Wegen der ausschlaggebenden Bedeutung für das Hauptanwendungsgebiet der Wandler erscheint jedoch eine gründlichere Durchleuchtung der Verhältnisse am Platze. Die unvermeidbaren Wiederholungen sind dabei eher zu begrüßen, als abzulehnen, da das schwierige Grenzgebiet in der mehrfachen Sicht plastischer erscheint.

liegen auf dieser Parabel in ihren Schnittpunkten mit den Momentenlinien des Motors, Abb. 3/100. So wird z. B. beim Anfahren mit voller Leistung sofort die volle Motordrehzahl erreicht. Diese bleibt bis zur Höchstgeschwindigkeit konstant.

Bei Föttinger-Wandlern mit für $i_n \to 0$ steigender Aufnahme liegen die Gleichgewichtspunkte im Motorkennfeld innerhalb eines Arbeitsbereichs, das von zwei Parabeln eingeschlossen wird (Abb. 3/36, Abschn. 3.154). Die eine dieser Parabeln entspricht der größten vorkommenden Aufnahmeleistung, also meistens der beim Anfahren, die andere einem minimalen Aufnahmewert, der allerdings nur für einen bestimmten Fahrzustand definiert werden kann, z. B. für den bei Höchstgeschwindigkeit in der Ebene.

Der Betriebspunkt des Motors stellt sich in diesem Fall entsprechend der Gashebelstellung und der Drehzahlübersetzung des Wandlers ein. Besonders beim Anfahren kann der Motor bei niedrigeren Drehzahlen arbeiten. Das ist also der bereits aus Abschn. 3.153 bekannte Zustand, daß der Motor vom Wandler gedrückt wird.

Als Folge der Drehzahldrückung ist die verarbeitete Leistung kleiner. Dagegen kann der Motor bei einem Wandler ohne Drückung bei richtiger Auslegung immer die volle Nennleistung abgeben. Dieses scheint zunächst gegen die Drehzahldrückung zu sprechen, aber zumindest im ersten Teil des Anfahrprogramms kommt es gar nicht darauf an, daß der Motor eine möglichst große Leistung abgibt. Sie führt in diesem Bereich bei schlechtem Wandlerwirkungsgrad nur zu unnötiger Erwärmung. Viel wichtiger ist es, daß der Motor in diesem Betriebsbereich sein maximales Drehmoment abgeben kann. Bei gleicher Wandlung ist die Schubkraft um so größer, je höher das vom Motor abgegebene Moment ist. Will man das maximale Motormoment beim Anfahren ausnützen, so muß man dafür sorgen, daß die Wandlerparabel für $i_n = 0$ die Motormomentkurve im Maximum schneidet. Je höher dieses Maximum gegenüber dem Drehmoment bei der Nenndrehzahl ist, einen um so größeren Vorteil bringt die Drehzahldrückung beim Anfahren.

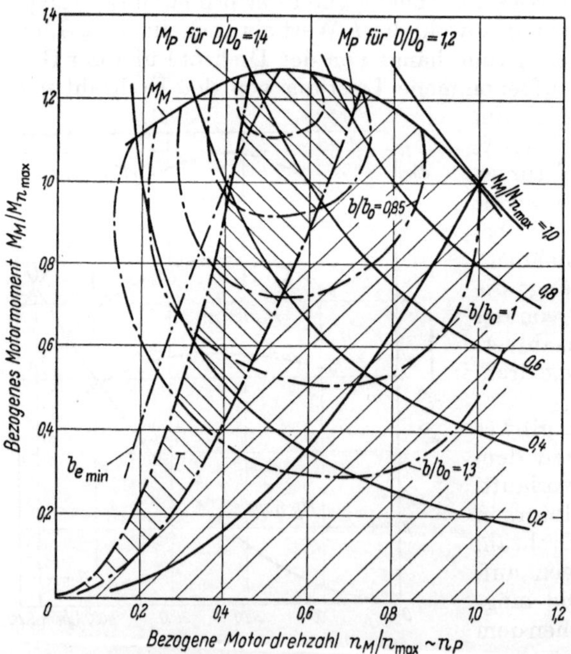

Abb. 3/101. Verschiedene Wandler im Motorkennfeld

Im weiteren Verlauf des Anfahrens oder bei Bergfahrt arbeiten Wandler mit Drehzahldrückung bei einer größeren Drehzahlübersetzung, da ja die Motordrehzahl kleiner ist. Das Verschieben des Betriebspunktes in das Gebiet großer Drehzahlübersetzung hat zur Folge, daß der Wandler in einem Bereich besseren Wirkungsgrades arbeitet. Das vom Motor kommende Moment braucht nicht im gleichen Maße vervielfacht zu werden wie beim Wandler ohne Drehzahldrückung und ist trotzdem wegen der gedrückten Drehzahl bei Motoren entsprechender Charakteristik höher.

Hinzu kommt noch, daß bei einer üblichen Auslegung der Verbrennungsmotoren der Bereich des besten Motorwirkungsgrades bei einem Wandler mit Drückung ins Feld eingeschlossen werden kann, während bei einem Wandler konstanter Aufnahme die einzige Arbeitslinie oft am Bereich des besten Wirkungsgrades vorbeiführt, s. Abb. 3/101.

Wichtig für Fahrzeuge sind die Wandler-Ausführungen, bei denen die Schaufeln eines oder mehrerer Schaufelkränze während des Betriebes verstellt werden können. In diesem Fall sind die Aufnahmewerte nicht nur von der Drehzahlübersetzung, sondern auch von der Stellung der Schaufeln abhängig.

Wie schon bemerkt, ist besonders das Trilok-Getriebe ein idealer Wandler. Bei ihm ist es möglich, stufenweise in einer einzigen Maschine die Charakteristiken mehrerer Wandler zu vereinigen, ohne daß von außen regelnd eingegriffen wird.

Besonders bei Schienenfahrzeugen kann man sich den Aufwand leisten, mehrere Wandler in parallelen Leistungszweigen anzuordnen. Durch Füllen bzw. Entleeren der anderen Wandler wird immer dasjenige Föttinger-Getriebe in Betrieb gesetzt, das in dem betreffenden Drehzahlbereich am günstigsten arbeitet. Die Charakteristik eines solchen Getriebes mit drei Wandlern zeigt Abb. 3/102.

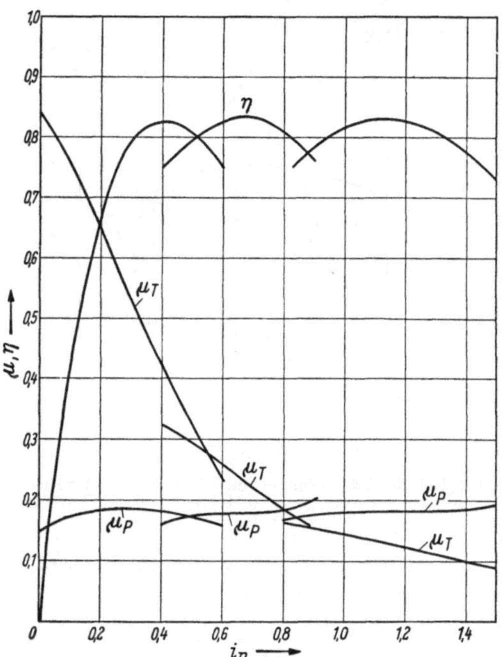

Abb. 3/102. Föttinger-Getriebe mit 3 Wandlern für einen Triebwagen

Eine andere Möglichkeit, die Charakteristik eines Wandlers ohne Drehzahldrückung zu ändern, ist die Leistungsteilung, wie sie im Diwabus-Getriebe der Firma J. M. Voith verwendet wird. Hier läuft nur ein Teil der Leistung über den Wandler, während der andere über ein dazu parallelgeschaltetes mechanisches Getriebe geleitet wird. Im Diwabus-Getriebe wird ein hydrodynamischer Wandler mit nahezu konstanter Primärcharakteristik in seiner Kennung so geändert, daß die Motordrehzahl beim Anfahren auf etwa 60% der Nenndrehzahl gedrückt wird.[1]

Liegt die Wandlerbauart und damit seine Charakteristik fest, so kann die Zusammenarbeit zwischen Motor und Wandler noch wesentlich durch die Wahl der Wandlergröße beeinflußt werden, wie es in anderem Zusammenhang bereits nachgewiesen wurde.

In Abb. 3/101 sind das Motorkennfeld und die Charakteristik eines Wandlers mit konstanter Primärleistung für drei Wandlergrößen aufgetragen. Man sieht aus der Abbildung, daß es für diese Bauart von Wandlern nur eine Größe gibt, bei der der Motor die Nennleistung bei der Nenndrehzahl abgeben kann. Ist der Wandler zu groß, so arbeitet der Motor bei Vollgas unterhalb der Nenndrehzahl, bei zu kleinem Wandler über der Nenndrehzahl. Bei Motoren mit ausgeprägtem Leistungsmaximum bedeutet das in beiden Fällen eine Einbuße.

[1] s. Abschn. 3.24.

Die niedrigere Gleichgewichtsdrehzahl für einen größeren Wandler gegenüber einem kleineren hat zwei Folgen. Auf der einen Seite ist bei Motoren mit ausgeprägtem Momentenmaximum bei gleicher Gashebelstellung das Motormoment bei gleicher Abtriebsdrehzahl größer, bei gleicher Abtriebsdrehzahl aber auch die Drehzahlübersetzung größer, Drehmomentübersetzung also kleiner. Der erste Einfluß wirkt schubvergrößernd, der zweite schubverkleinernd. In dem in Abb. 3/103 dargestellten Fall überwiegt der erste Einfluß im Bereich kleiner Abtriebsdrehzahl, der zweite im Bereich großer Abtriebsdrehzahl. Deshalb überschneiden sich die Kurven der Abtriebsmomente für beide Wandlergrößen.

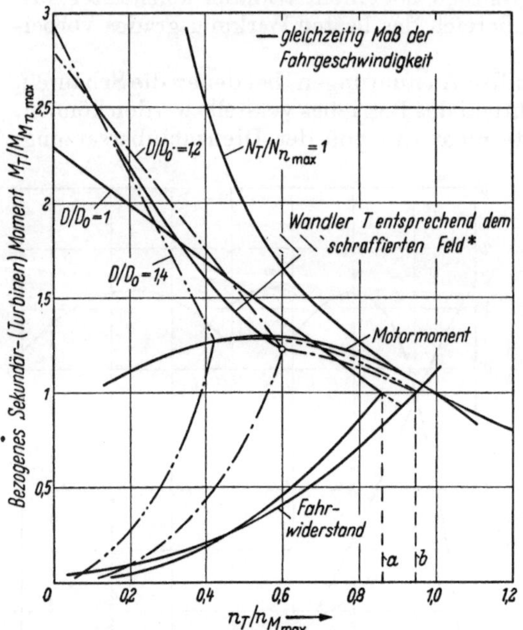

Abb. 3/103. Abtriebsmomente verschiedener Wandler gleicher Anfahrwandlung beim gleichen Motor. Sonstige Verhältnisse wie Abb. 3/101

Für einen Wandler mit fallender Charakteristik zeigen Abb. 3/101 und 3/103 die entsprechenden Darstellungen. In diesem Fall verschiebt sich für einen größeren Wandler der gesamte Arbeitsbereich, innerhalb dessen die möglichen Gleichgewichtspunkte liegen, in den Bereich kleiner Drehzahlen. Solange die Nennleistung in diesem Arbeitsbereich liegt, gibt der Motor in einem bestimmten Fall diese ab. Bei *verschiedenen Wandlergrößen ändert sich die Ausgangsdrehzahl*, also auch die proportionale Fahrgeschwindigkeit, *bei der die Nennleistung abgegeben wird.*

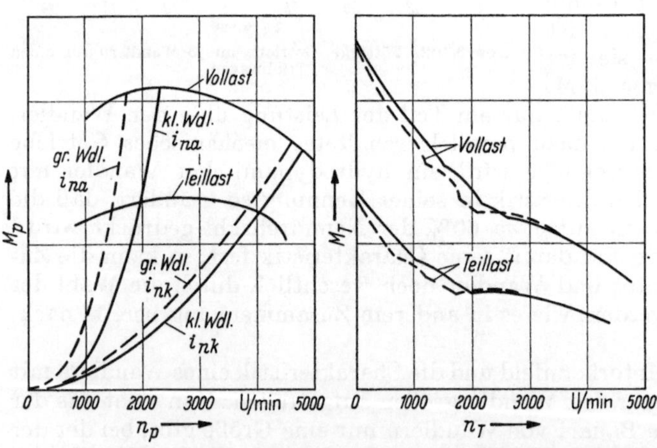

Abb. 3/104. Zusammenarbeit des gleichen Motors mit 2 Trilok-Wandlern mit für $i_n \to 0$ ansteigender Primäraufnahme

In dem in Abb. 3/104 dargestellten Fall ist die Drehzahl beim Anfahren mit dem kleinen Wandler gerade die, bei der der Motor bei Vollast sein maximales Drehmoment abgibt. Bei dem größeren Wandler ist die Anfahrdrehzahl kleiner, das Motormoment und damit bei der gleichen Drehzahlübersetzung i_n auch der Schub kleiner. Das maximale Motormoment kommt erst bei einer größeren Drehzahlübersetzung des Wandlers zur Wirkung. Die Schubvergrößerung infolge des größeren Motormoments

* Der Hinweis bezieht sich auf die Abb. auf S. 138.

kann dann aber mit Ausnahme des Kupplungsbereiches die Schubverkleinerung infolge der kleineren Drehmomentübersetzung nicht mehr kompensieren. Der größere Wandler arbeitet aber im ganzen Arbeitsbereich bei einem besseren Wirkungsgrad.

Es ist bereits erwähnt worden, daß nicht nur Motor und Föttinger-Getriebe aufeinander abgestimmt werden müssen, sondern daß auch noch das Fahrzeug angepaßt werden muß, und zwar durch eine entsprechende Treibachsübersetzung. Bei einem gewissen Betriebspunkt des Kennungswandlers kann man das von ihm bei einer bestimmten Sekundärdrehzahl abgegebene Moment durch die Treibachsübersetzung nochmals wandeln. Dabei verhalten sich Wagen mit Föttinger-Getrieben grundsätzlich anders als solche mit Stufenschalt-Getrieben, wenn man Punkte gleichen Leistungsbedarfs bei derselben Fahrgeschwindigkeit betrachtet. Das Stufenschalt-Getriebe bleibt von der Treibachsübersetzung unbeeinflußt, während beim hydrodynamischen Wandler eine Änderung der Treibachsübersetzung ein Verschieben des Betriebspunktes zur Folge hat. Daß der Betriebspunkt des Motors in jedem Fall geändert wird, kann dabei außer Betracht bleiben.

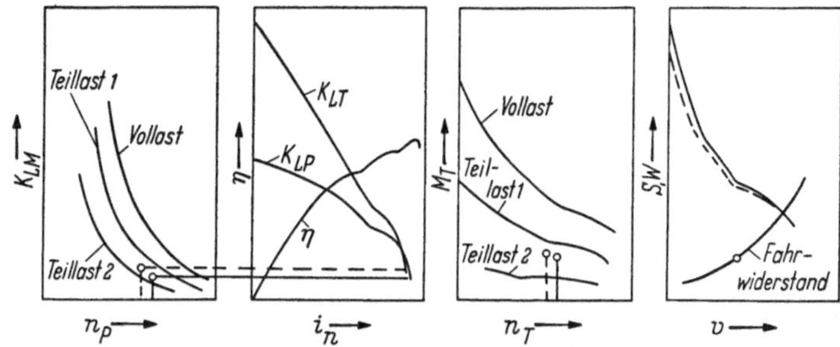

Abb. 3/105. Auswirkung verschiedener Treibachsübersetzungen auf Wandler und Fahrleistung

In Abb. 3/105 ist der Fahrwiderstand für eine ebene Strecke bei einer Geschwindigkeit von 80 km/h eingetragen. Entsprechend den beiden Treibachsübersetzungen wird der Wandler mit verschiedenen Momenten bei abweichenden Drehzahlen belastet, und zwar wird bei großer Treibachsübersetzung vom Wandler ein größeres Sekundärmoment bei kleiner Drehzahl gefordert. Der Motor muß ein größeres Drehmoment abgeben, und die Wandlung des Föttinger-Getriebes i_m ist größer. Der Betriebspunkt des Wandlers geht also zu großer Drehmoment- und kleiner Drehzahlübersetzung, also genau im umgekehrten Sinn der Änderung bei der Treibachse.

In der Einleitung wurden die Schlußworte des Vortrages von Prof. Föttinger zitiert, mit denen er 1909 auf einer Tagung der Schiffbautechnischen Gesellschaft seine „Transformatoren" einer breiten Öffentlichkeit zum ersten Mal vorstellte. Rückblickend muß leider festgestellt werden, daß seine mahnende Voraussage durch die Entwicklung so negativ wie immer nur möglich erfüllt wurde. Seine Wandler haben hauptsächlich in der Form des 1930 durch das Trilok-Prinzip für bestimmte Anwendungsgebiete verbesserten Bauart, die von der Klein, Schanzlin & Becker AG der technischen Verwendung zugeführt wurde, in Amerika heute in vielen Millionen von automatischen Automobilgetrieben als Wandler und Kupplungen Verwendung gefunden.

Die Grenzen und Möglichkeiten der Anwendung von automatischen Getrieben in Kraftfahrzeugen lassen sich nach Kollmann-Förster [4] etwa mit den folgenden 6 Thesen ausdrücken. Dabei ist es besonders interessant festzustellen, daß inzwischen einige von den damals geltenden Voraussetzungen erfüllt sind und daß sich gleichlaufend auch die damit verknüpften Folgerungen eingestellt haben.

Die Arbeit befaßt sich mit amerikanischen Verhältnissen. Dieses war damals nicht anders möglich, weil nur in den USA entsprechendes Studienmaterial vorhanden war. Die intensiven Entwicklungen der großen Firmen waren auch so weit abgeschlossen, daß nahezu alle Möglichkeiten erschöpft wurden, die praktisch Bedeutung erlangen können.

General-Motors hatte mit der Entwicklung automatischer Getriebe für Personenkraftwagen bereits vor dem zweiten Weltkrieg begonnen, und nachdem im Kriege für gewisse Zwecke grundsätzliche Arbeiten durchgeführt worden waren, setzte ein stürmischer Aufschwung ein, der jedes Jahr neue Lösungen auf den Markt brachte. Trotz der Vielzahl der Arbeiten und der mit großen Mitteln geförderten Entwicklung hat man bei genauer Analyse auch in den USA dabei keineswegs völliges Neuland erschlossen, sondern vorwiegend bekannte Erfindungen und Konstruktionen auch deutscher Ingenieure und Firmen, ausgenützt.

Der Wegbereiter für das hydrodynamische Getriebe für Straßenfahrzeuge war das in der Abb. 3/106 dargestellte Rieseler-Getriebe. Dieses Getriebe weist eigentlich

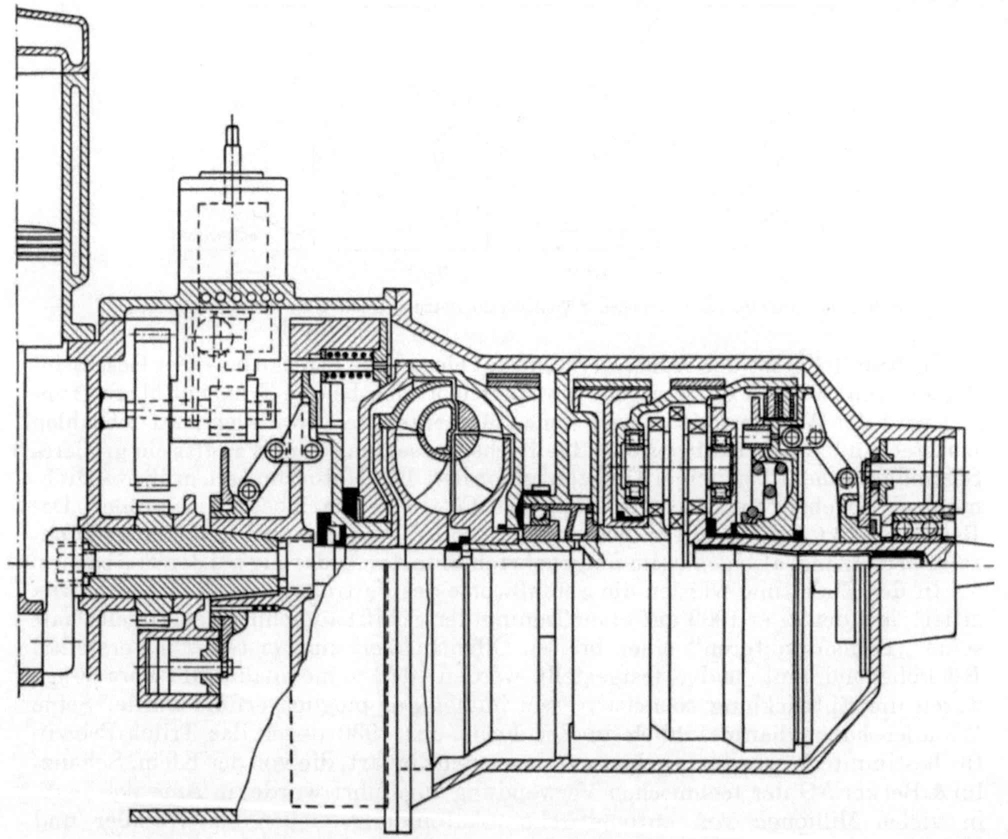

Abb. 3/106. Rieseler-Getriebe. Entwicklung 1925

schon alle Merkmale der modernen Entwicklung auf: Föttinger-Getriebe mit nachgeschalteten Planetengängen. Weil seiner Zeit weit voraus, konnte der Erfinder die Früchte seiner Arbeit nicht ernten.

Bei diesem Getriebe mußte der Wandler bei höherer Drehzahlübersetzung überbrückt werden, da das Trilok-System, wie bereits erwähnt, erst danach an der TH Karlsruhe entwickelt wurde.

Wohl wurden für Sonderzwecke der Rüstung und für Heeresfahrzeuge und Lokomotiven Trilok-Wandler mit Getrieben in für Deutschland erheblichen Stückzahlen hergestellt, aber dieses alles läßt sich nicht mit dem vergleichen, was Amerika später daraus gemacht hat.

Als besondere Entwicklung wäre in diesem Zusammenhang noch das Salerni-Getriebe zu erwähnen, dessen Leitrad bereits auf einem Freilauf saß und das von der hydrodynamischen Idee ausging, die Stoßverluste durch besondere Anpassung der Anströmkanten der Schaufeln und durch düsenförmige Ausbildung der Kanäle zu verringern und eine breite Wirkungsgradkuppe zu erzielen. Später von BROCKHOUSE in einem Personenwagen verwendet, ist das Salerni-Getriebe übrigens das einzige, das ohne nachgeschalteten Berggang auskam.

KOLLMANN-FÖRSTER kommen in der erwähnten Arbeit [*4*] zu dem Schluß, daß ein automatisches Getriebe wohl eine bedeutende Verbesserung des Kraftfahrzeugantriebs darstellt, daß aber im wesentlichen doch nur die Fahrannehmlichkeiten erhöht werden und daß man dafür auch gewisse zusätzliche Aufwendungen machen muß. So kommt es bei Abwägung des Für und Wider zu den erwähnten besonderen Grundbedingungen, die die Voraussetzung für die Einführung automatischer Getriebe in Fahrzeugen bilden:

1. Es muß ein gewisser sozialer Lebensstandard erreicht sein, bei dem der Erhöhung des Fahrkomforts das Primat zuerkannt wird.
2. Dieses soziale Niveau muß genügend breit sein, um die Massenherstellung zu ermöglichen, damit das Getriebe zu einem annehmbaren Preis angeboten werden kann.
3. Es muß das Kapital vorhanden sein, das für die Entwicklung und für den Aufbau spezieller Fertigungsmöglichkeiten notwendig ist.
4. Das Leistungsgewicht, bzw. der Leistungsüberschuß des Wagens muß so groß sein, daß der verminderte Ausnutzungsgrad nicht zu wesentlicher Beschleunigungsverminderung führt.
5. Brennstoff muß so viel vorhanden und er muß so billig sein, daß ein Mehrverbrauch nicht ins Gewicht fällt, bzw. wie man zu diesem Punkt heute auch sagen könnte: die bessere Brennstoffausnutzung der Motoren müsse die erforderliche Mehrleistung kompensieren.
6. Schließlich muß das Fahrzeug so groß sein, daß die Gewichtsvermehrung und der größere Platzbedarf nicht störend in Erscheinung treten.

Vor 10 Jahren konnte KOLLMANN noch mit Bedauern feststellen, daß in Europa kaum eine dieser Voraussetzungen erfüllt war. Heutzutage dürften die Verhältnisse schon wesentlich anders sein.

Bei dieser Sachlage macht man dafür, daß die Föttinger-Wandler im deutschen Automobilbau, ebenso wie bei fast allen anderen Anwendungsmöglichkeiten in der Industrie in Europa, noch keine nennenswerte Verbreitung gefunden haben, allgemein die großen Unterschiede der Leistungsgewichte amerikanischer und der europäischer Automobile verantwortlich. Amerikanische Personenkraftwagen haben Leistungsgewichte bis 100 PS/t, allerdings bei Motorhubvolumen von 5 l, während man bisher bei uns wesentlich dahinter zurückblieb. Wir finden inzwischen auch schon deutsche Wagen der Mittelklasse, die 75 PS/t bei 1,5 l Hubvolumen leisten. Im Grunde genommen dürfte dieser Umstand nicht ausschlaggebend sein, sondern eine weit verbreitete Unkenntnis über die tatsächlichen Betriebseigenschaften der Föttinger-Getriebe.

Einer der Gründe, warum man kaum ein anderes Beispiel der modernen amerikanischen Entwicklung findet, das so schwer Eingang in die europäische Kraftfahrzeugtechnik gefunden hat, liegt dabei in der falschen Einschätzung des Kraftstoffverbrauches.

H. J. Förster hat eingehende Untersuchungen über die Zusammenhänge zwischen Föttinger-Getriebe und Kraftstoffverbrauch angestellt [*5a*] und dabei die kennzeichnenden 11 Vorzüge von Föttinger-Wandlern für Kraftfahrzeuge in 12 Punkten zusammengefaßt. Es werden dadurch Eigenschaften angesprochen, die diese Getriebe für den Einsatz im Kraftfahrzeug prädestinieren.

1. Bei kleinen Antriebsdrehzahlen trennen sie den Motor vom Fahrzeug und übertragen nur ein sehr kleines Drehmoment, so daß ein Abwürgen des Motors vom Fahrzeug nicht möglich ist.
2. Bei Stillstand des Motors sind Fahrzeug und Motor vollständig getrennt, so daß ein Anlassen des Verbrennungsmotors ohne sonstige Trennungskupplung möglich ist.
3. Bei Stillstand des Wagens kann die Motordrehzahl durch Gasgeben weiter gesteigert werden, und bei Vollgas gibt es einen definierten Betriebspunkt des Motors, der ein Durchdrehen verhindert.
4. Weiches Anfahren bei jeder beliebigen Drosselklappenstellung, beim langsamen oder schnellen Gasgeben ist sicher.
5. Stufenlose Drehmomentwandlung beim Föttinger-Getriebe, wobei das größte Moment beim Anfahren gegeben ist.
6. Immer richtige Anpassung der Wandlung an den Drehmomentbedarf als inneres Gesetz des Strömungskreislaufes ohne jede Regelung von außen, damit aber auch ohne jedes Übersteuern und Schwingen.
7. Steigender Wirkungsgrad bei abnehmender Leistung, was besonders für die Föttinger-Kupplung und den automatisch auf Kupplung umschaltenden Wandler zutrifft.
8. Ein Größtmaß an Lebensdauer und Verschleißfreiheit, da die Leistung nur durch Öl übertragen wird und keine Teile aufeinander gleiten.
9. Der Geräuschpegel kann so niedrig gehalten werden, daß das Getriebe nicht zu hören ist.
10. Relativ kleine Baugröße, insbesondere bei den hohen Drehzahlen bei Personenwagenmotoren.
11. Dämpfung der Schwingungsspitzen und Abbau von Drehmomentstößen, wodurch eine weitgehende Schonung der übrigen Fahrzeugteile erreicht wird.
12. Nahezu keine bearbeiteten Teile, daher Massenherstellung in Guß oder Blech relativ billig.

Sicherlich könnte man diese Liste noch erheblich erweitern, und es sollte mindestens noch die überragende Zuverlässigkeit hervorgehoben werden, die viele Millionen von amerikanischen Autofahrern anerkennen müssen.

Der Föttinger-Wandler allein konnte bisher auch in Amerika nicht alle Anforderungen, die man an ein Fahrzeuggetriebe stellt, befriedigen. Er bildet aber die Grundlage aller automatischen Getriebe, und eine erhebliche Anzahl von Konstruktionen beweist, daß man noch keineswegs zu einem Standardgetriebe gekommen ist, das so überlegen alle Bedürfnisse befriedigt, daß es als ein Endzustand der Entwicklung angesehen werden kann. Alle Ausführungen stellen zur Zeit noch Kompromisse dar.

Man ist sich allerdings grundsätzlich über die Bedingungen einig, die ein ideales automatisches Getriebe erfüllen sollte.

Im Vordergrund steht die vollständige Automatik, die in doppelter Beziehung zuverlässig arbeiten soll. Zunächst in Beziehung auf den Fahrer, der von Hand nur das entsprechende Kommando auslöst, worauf Starten, Fahren, Bremsen oder Rückwärtsfahren nur durch Gasgeben erfolgen. Dann in bezug auf den Motor, für den immer die für beste Ausnutzung geeignete Übersetzung erzielt werden soll.

Die verschiedenen Schaltungen sollen dabei so weich und glatt erfolgen, daß der Fahrgast diese Vorgänge nicht bemerkt. Dieses alles muß außerdem mit der größten Fahrökonomie gekoppelt sein, und zwar einer solchen, die sich im Durchschnittsverbrauch ausdrückt. Natürlich muß das Ganze dazu auch noch dem Preise nach konkurrenzfähig bleiben.

Die bisherigen Anstrengungen haben trotz der Anwendung mehrstufiger Wandler mit komplizierter Inneneinrichtung nicht zu einem Verzicht auf zusätzliche Zahnräder geführt. Man braucht mindestens noch einen sogenannten Berggang und eine Einrichtung für das Rückwärtsfahren. Der Grund dafür ist die unzureichende Drehmomentwandlung und der im Vergleich zu Zahnradgetrieben schlechtere Übertragungswirkungsgrad. Föttinger hat bereits Wandler mit einer Drehmomentübersetzung von 5—7 gekannt. Auch die von ihm bereits vor 50 Jahren erreichten Wirkungsgrade lassen sich mit den jetzigen vergleichen. Es darf dabei allerdings nicht außer Acht gelassen werden, daß es sich damals um sehr viel größere Leistungen gehandelt hat, also um Wandler sehr großer Abmessungen.

Zweifellos haben die Wandler in modernen amerikanischen Fahrzeuggetrieben seit dem Dynaflow-Getriebe von Buick eine erhebliche positive technische Entwicklung erfahren. Eine gleichsinnige, konstruktive Vollendung könnte in Deutschland erst dann einsetzen, wenn sich eine Anwendung in nennenswertem Umfang anbahnen würde.

Die schlechten Erfahrungen, die bisher immer einer allgemeinen Einführung im Wege gestanden haben, sind wohl vorzüglich darauf zurückzuführen, daß man die engen Beziehungen zwischen Motor, Wandler und Fahrzeug nicht richtig übersehen hat und daß man oft ein auf dem Markt befindliches Getriebe, das in *einer* Beziehung der Aufgabe zu entsprechen schien, übernahm. Hinterher beklagte man sich dann über mangelnde Beschleunigungsfähigkeit in gewissen Betriebsbereichen und entschuldigte die fehlende Initiative bezüglich der allgemeinen Einführung eventuell mit dem Hinweis auf einen erhöhten Kraftstoffverbrauch, den man sich in Deutschland nicht leisten könnte. Gerade die Kritik in dieser Hinsicht hat sich so festgesetzt, daß es notwendig erscheint, die Frage gründlich zu prüfen. Die Methoden und Ergebnisse allgemeiner Art sind bereits in früheren Abschnitten im Grundsatz behandelt worden. Hier soll die Frage in einer anderen Sicht erörtert werden, wobei im wesentlichen die Arbeit von Förster [*5a*] als Grundlage dient.

Kennzeichnend für den augenblicklichen Stand der Entwicklung ist, daß die Wirkungsgradkurven der Mehrzahl der Wandler, bei Fahrzeugen vorwiegend solche nach dem Trilok-Prinzip, über dem Drehzahlverhältnis i_n annähernd übereinstimmen. Selbst die Föttinger-Getriebe der neuesten amerikanischen Entwicklung machen davon keine Ausnahme. Die Übereinstimmung liegt fast innerhalb der Meßgenauigkeit, bzw. im natürlichen Streubereich der Einzelausführungen. Wesentlich unterschiedlich ist dagegen die Primäraufnahme der Wandler.

Im Zusammenhang mit der Abb. 3 101 wurde schon gezeigt, daß sich die einzelnen Wandler dadurch unterscheiden, daß sie den Motorbetrieb an unterschiedlichen Stellen des Motorkennfeldes erzwingen. Noch deutlicher machen sich Unterschiede bemerkbar, wenn man über der Primärleistung, bzw. ihrem durch Division mit der maximalen Leistung dimensionslos gemachten Kennwert den spezifischen Kraftverbrauch aufträgt und zeigt, wie sich dieser bei gleichartigen Wandlern verschiedener Durchmesser nach Abb. 3/107 ändert.

Bei den gewählten Werten stimmt der Wandler mit $\frac{D}{D_0} = 1{,}4$ nahezu vollkommen mit der günstigsten Verbrauchslinie des Motors überein. Mit kleiner werdendem Durchmesserverhältnis wird der Verbrauch immer ungünstiger. Der eingetragene Kupplungspunkt gibt bei den verschiedenen Verbrauchslinien an, wie weit der Bereich des Wandlergetriebes geht. Daran schließt das Kupplungsgebiet an. Man kann als Ergebnis aus dieser Abbildung entnehmen, daß man offenbar die Größe des Strömungskreislaufes so wählen kann, daß die Betriebslinien im Wandlungsbereich des Föttinger-Getriebes etwa mit der Linie des günstigsten Brennstoffverbrauches zusammenfallen.

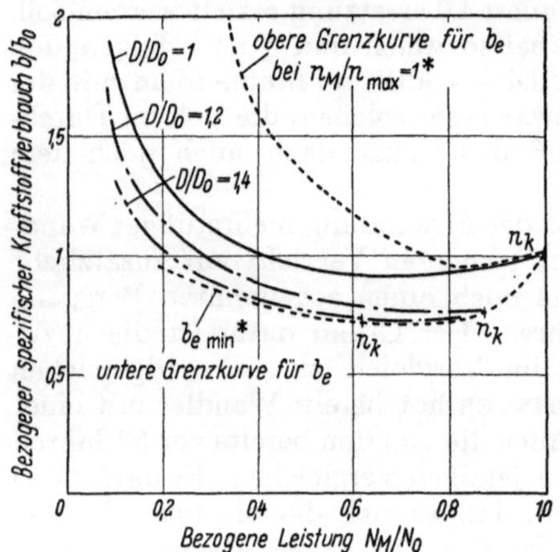

Abb. 3/107. Abhängigkeit des spezifischen Kraftstoffverbrauchs vom Wandlerdurchmesser (nach [5a])
* s. a. Abb. 3/101

In Abb. 3/103 ist zu der Motorkennlinie eine wahrscheinliche Fahrwiderstandslinie eingetragen. Über der Abtriebsdrehzahl, die durch Division mit der maximalen Drehzahl dimensionslos gemacht wurde, ist das gleichfalls dimensionslose Abtriebsmoment eingezeichnet. Die einzelnen Wandlertypen unterscheiden sich danach beträchtlich bezüglich der Fahrleistungen für den Kraftwagen.

Der Wandler mit $\frac{D}{D_0} = 1$ schneidet mit seiner Aufnahmeparabel die Momentenlinie des Motors im Bezugspunkt $n_P = n_{\max}$. Hier liegt dann der Kupplungspunkt. Im Fahrkennfeld muß er auf der Momentenlinie $\frac{m_T}{m_P} = 1$ liegen, und zwar um den Schlupf im Kupplungspunkt nach links verschoben. Die eingetragene Fahrwiderstandslinie würde bei der gegebenen Hinterachse zur Erzielung der Maximalgeschwindigkeit bei diesem Wandler eine Überdrehzahl des Motors verlangen.

Das Anfahrmoment ergibt sich durch Multiplikation der Anfahrwandlung mit dem am Schnittpunkt im Motorkennfeld vorhandenen Moment. Die Anfahrwandlung von 2,3 kommt bei diesem Wandler zustande, weil er den starken Anstieg des Motormoments zu kleinen Drehzahlen hin, wie er hier gegeben ist, nicht ausnutzt.

Gegenüber den anderen Wandlern erhält man nur in einem sehr kleinen Gebiet Vorteile. Die drei übrigen Wandler erreichen allerdings aus sehr unterschiedlichen Gründen annähernd gleiche Anfahrwandlungen zwischen 2,8 und 2,95. Der Wandler mit Drückung, der ein weites Motorkennfeld ausnutzt, ergibt im Fahrkennfeld die geschwungene Kurve, während die anderen Abtriebsmomente geradlinig über der Abtriebsdrehzahl verlaufen.

Wenn die Hinterachse so gewählt ist, daß sich Fahrwiderstandslinie und Motorkennlinie gerade bei der maximalen Leistung schneiden, so sinkt die maximal erreichbare Fahrgeschwindigkeit durch geeignete Wandler, hier z. B. die mit $\frac{D}{D_0} = 1{,}4$ und 1,2 infolge des Schlupfes nur etwa um 1,6%. Das zeigt, daß bei Personenkraftwagen, bei denen die Fahrwiderstandslinie, die bei großen Fahrgeschwindigkeiten vorwiegend vom Luftwiderstand abhängt und deshalb bei ihnen in diesem Fahrgebiet schon steil ansteigt, der Schlupf im Föttinger-Getriebe auf die maximal erreichbare Fahrgeschwindigkeit keinen großen Einfluß hat. Dabei ist selbst im Kupplungsbereich immer noch ein Schlupf von mindestens 4% vorhanden.

Im Bereich etwa konstanten Motormoments ist die Fahrleistung um so größer, je höher die Motordrehzahl im Kupplungspunkt ist. Das gilt also vorwiegend für Wandler, deren Aufnahmeparabel die Motormomentenlinie in Höhe des Scheitels schneidet, oder z. B. für Diesel-Motoren, bei denen diese Linie annähernd konstant ist.

Diese Betrachtungen ermöglichen eine Unterscheidung.

Das *Anfahrmoment* wird für *den* Wandler am größten, dessen Momentenparabel die Momentenkurve des Motors im höchsten Punkt schneidet. Die *Fahrleistung* wird dagegen *größer*, wenn bei etwa gleichem Motormoment der *Wandlerdurchmesser* kleiner wird. Ein Wandler mit großem Durchmesser erlaubt bei verringerter Fahrleistung die gleichen Steigungen zu fahren, allerdings bei kleinerer Fahrgeschwindigkeit. Das Beschleunigungsvermögen ist dagegen verringert.

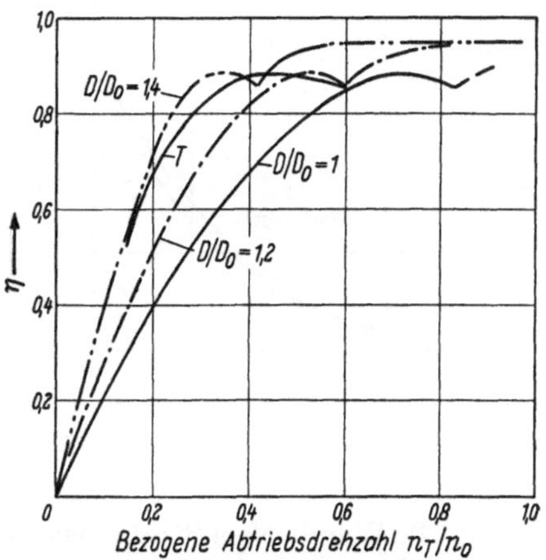

Abb. 3/108. Abhängigkeit des Wirkungsgradverlaufs von der Wandlergröße bei Vollast eines gegebenen Motors

Welchen Irrtümern man unterliegt, wenn man nur die Wirkungsgrade der Wandler gegeneinander abwägt, geht aus den Abb. 3/108 und Abb. 3/33 hervor, bei denen die Verhältnisse über der Abtriebsdrehzahl bzw. der Fahrgeschwindigkeit dargestellt sind. Hier erkennt man ganz eindeutig, daß der Wirkungsgrad um so besser ist, je größer der Durchmesser des Wandlers ist. Besonders eindeutig gilt das für Vollastbetrieb, aber auch für Straßenlast. Die starke Änderung des Wirkungsgrades über der Abtriebsdrehzahl wird durch die großen Unterschiede der Motordrehzahlen hervorgerufen, die durch die einzelnen Wandlergrößen bestimmt sind. Das Gebiet des guten Getriebewirkungsgrades stellt sich bei den größeren Wandlern schon bei kleiner Abtriebsdrehzahl ein. Dieser bessere Wirkungsgrad geht natürlich Hand in Hand mit einer kleineren Momentwandlung.

Mit am günstigsten schneidet nach diesen Diagrammen der Wandler mit Drückung ab. Bei ihm stellen sich die günstigen Betriebspunkte über einen großen Bereich ein, was natürlich wiederum mit der kleineren Momentwandlung verbunden ist, die in Abb. 3/103 schon durch das Durchhängen der Drehmomentenlinie zu erkennen war. Durch den spezifischen Charakter dieses Wandlers wird der Fahrer daran gehindert, bei jedem Vollgasgeben sofort die höchste Motorleistung einzustellen, die an sich schon mit hohem Verbrauch verbunden ist. Besonders hervorstechend ist der günstige Wirkungsgrad aller untersuchten Wandler bei Straßenlast. Hier bleiben die Wirkungsgrade selbst bei kleinen Fahrgeschwindigkeiten sehr hoch.

Vorteilhaft verhält sich der Wandler bei richtiger Bestimmung der Größe auch in bezug auf die Zuordnung der Motordrehzahl zur Fahrgeschwindigkeit, wie es in Abschn. 3.154 bereits festgestellt wurde. Es kann erreicht werden, daß Motor- und Fahrgeräusch gefühlsmäßig richtig aufeinander abgestimmt werden. Besonders bei einem Wandler mit Drückung geht die Motordrehzahl mit der Fahrgeschwindigkeit in die Höhe.

Dem Diagramm Abb. 3/101 kann man entnehmen, daß im Wandlerbereich bis zu einem bestimmten Betrag bei Vollast ansteigend nur bestimmte Drehzahlen entsprechend den Aufnahmeparabeln gefahren werden können. Auch bei Wandlern mit Drückung handelt es sich immer nur um ein schmales Feld. Erst im Kupplungsbereich kann die Drehzahl dann bis zum vollen Wert ansteigen.

Nach Abb. 3/109 ergibt nur der Wandler mit Drückung entsprechend dem ausgewählten Abschnitt aus dem Motorkennfeld einen stetigen Anstieg. Das gleiche

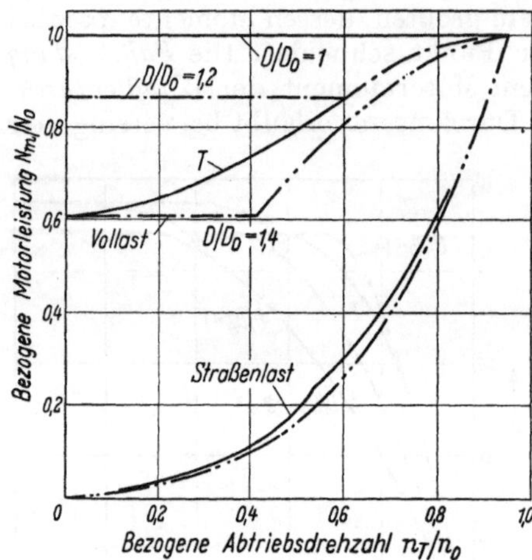

Abb. 3/109. Die Wandlergröße bestimmt die Eingangsleistung

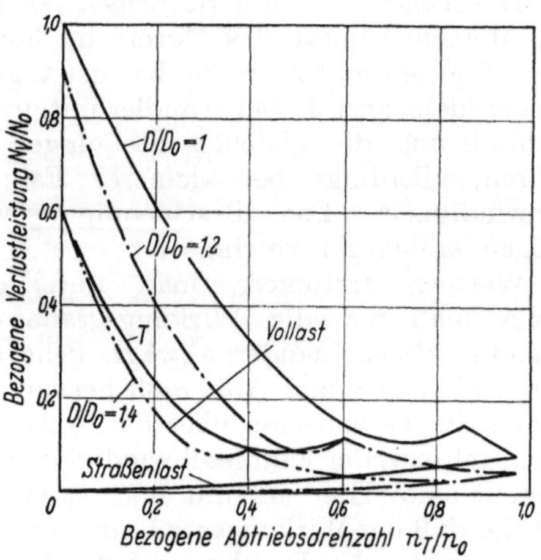

Abb. 3/110. Beeinflussung der Verlustleistung eines Fahrzeugmotors durch die Wandlergröße (nach [5a])

gilt für alle Wandler bei Straßenlast, weil hier die erforderliche Motorleistung durch die Fahrwiderstände bestimmt ist. Die Größe der Motorleistung ist natürlich von ausschlaggebender Bedeutung für den Kraftstoffverbrauch. Wie unterschiedlich sich dabei die einzelnen Wandler verhalten, erkennt man aus der Abb. 3/110, bei der die Verlustleistung über der Abtriebsdrehzahl aufgetragen ist. Man sieht hier, daß ungünstig ausgelegte Wandler noch bei mittleren Fahrgeschwindigkeiten einen großen Teil der zugeführten Leistung in Wärme umsetzen. Da die Wärmeabfuhr bei den Strömungsgetrieben sehr wichtig ist, muß man in diesem Punkt besonders vorsichtig sein.

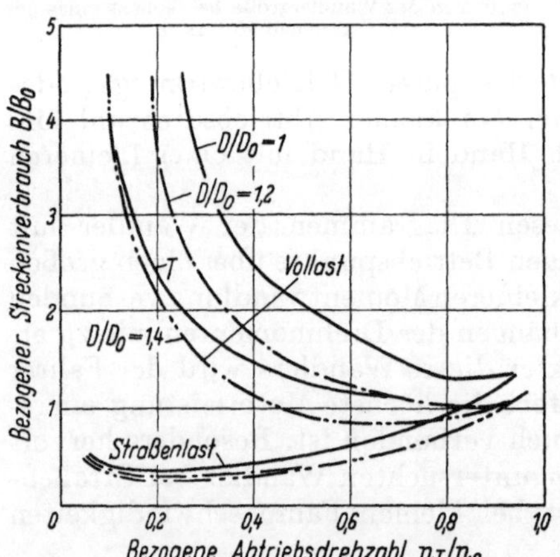

Abb. 3/111. Beeinflussung des Streckenverbrauchs eines Kraftfahrzeuges durch die Wandlergröße (nach [5a])

Die eingezeichneten Linien für Straßenlast zeigen, daß hier normal nur eine geringe Verlustleistung als Wärme abzuführen ist.

Ein Bild über den Streckenverbrauch verschiedener Wandler bei Straßenlast zeigt keinen wesentlichen Unterschied (Abb. 3/111). Dagegen treten bei Vollast große Unterschiede auf, die stellenweise das Doppelte von dem betragen, was ein günstiger Wandler erfordert. Natürlich steht an gewissen Stellen dafür eine größere Fahrleistung zur Verfügung, aber keineswegs proportional dem Mehrverbrauch. So muß man bei Auswahl eines geeigneten Föttinger-Getriebes einen

Kompromiß zwischen ökonomischem Brennstoffverbrauch und der Fahrleistung schließen.

Wie inzwischen durch Versuche festgestellt wurde, ist der Kraftstoffverbrauch bei Straßenlast und auch bei Vollast relativ günstig und in einem breiten Bereich nur unwesentlich höher als bei einem mechanischen Schaltgetriebe. Der Mehrverbrauch liegt in der Regel nicht höher als etwa 5%.

Bei entsprechender Auslegung des Föttinger-Wandlers hängt die Steigerung der Anfahrwandlung vom maximalen Drehmoment ab, das man also in den Bereich höherer Drehzahlen legen kann. Damit ist meistens auch eine Steigerung der Endleistung gegeben, die erheblich größer sein kann, als der Verlust durch den Wandler im Kupplungsbereich.

In Amerika ist man mit Erfolg daran gegangen, die Motoren den besonderen Bedingungen von Föttinger-Getrieben anzupassen.

Die bisherigen Ausführungen ändern nichts an der Tatsache, daß im gesamten der Wirkungsgrad eines Föttinger-Getriebes in weiten Bereichen unter dem eines mechanischen Getriebes liegt. Der parabolische Anstieg des Wirkungsgrades, dessen Steilheit eng mit der maximalen Anfahrwandlung zusammenhängt, die Erreichung eines Maximums im mittleren Bereich je nach der Auslegung und dann nach dem Abfall zum Kupplungspunkt der weitere Anstieg bis maximal vielleicht 96%, bleiben bestehen.

Wir haben nun festgestellt, daß trotzdem der Mehrverbrauch verhältnismäßig gering ist und daß auch nur eine bescheidene Einbuße an Fahrleistung im Beschleunigungsgebiet vorhanden ist. Die Untersuchungen zur Klärung dieses scheinbaren Widerspruchs haben ergeben, daß diese mit der Betriebshäufigkeit in den einzelnen Gängen zusammenhängt. Nach Ermittlungen [*5a*] kann für einen Personenkraftwagen mit 4-Gang-Schaltgetriebe im allgemeinen gesetzt werden:

Betrieb im 1. Gang 0,3% der Gesamtbetriebszeit,
Betrieb im 2. Gang 2,7% der Gesamtbetriebszeit,
Betrieb im 3. Gang 10% der Gesamtbetriebszeit,
Betrieb im 4. Gang 87% der Gesamtbetriebszeit.

Dabei kommt man durch weitere Untersuchungen zur Erkenntnis der überragenden Bedeutung des Gebietes zwischen 30 und 60 km/h. Von extremen Fällen, z. B. reinem Autobahnbetrieb oder ständigem Fahren von Paßstraßen, ist bei dieser Erwägung allerdings Abstand genommen. Es ergibt sich, daß für den niedrigen Kraftstoffverbrauch vor allem das Gebiet um die Fahrwiderstandslinie maßgeblich ist. Da hier Wirkungsgrad und Verlustleistung nach den vorher angestellten Untersuchungen bei Föttinger-Getrieben günstig sind, wird das gute Abschneiden dieser Getriebe erklärbar.

Es wird immer wieder darauf hingewiesen, daß bei den geringen Leistungsgewichten der Kraftfahrzeuge in Deutschland Föttinger-Getriebe ungeeignet sind, da hier häufig die volle Motorleistung gebraucht wird. Nun verlangt aber der stetig dichter werdende Verkehr an sich eine Verbesserung der Leistungsgewichte durch Verringerung der Wagengewichte oder durch Steigerung der Motorleistung. Gefahrlose Überholvorgänge sind nur dann möglich, wenn reichliche Beschleunigungsreserven vom Motor her zur Verfügung stehen. So ist die ständige Steigerung der Leistungsgewichte in Deutschland zu erklären. Ebenso kommt der dichte Verkehr in den Städten dem Betrieb mit Föttinger-Getrieben entgegen, da er es gestattet, sich voll auf die Straße zu konzentrieren. Das verzögerungslose Reagieren des Strömungskreislaufes ist dabei von großer Bedeutung.

Viele, die das Föttinger-Getriebe im Kraftfahrzeugbau an sich bejahen, wollen wenigstens eine mechanische Überbrückung des hydraulischen Kreislaufs eingebaut wissen. Sie machen als Vorteil geltend, daß man dann Wandler einsetzen kann, die vor allem den Bedürfnissen der Drehmomentenwandlung angepaßt sind. Gelegentlich wird geäußert, daß der *Trilok*-Wandler *eine nicht ausreichende Wandlung mit einer schlechten Kupplung verbindet.* Demgegenüber müßte wohl klargestellt werden, daß die Höchstgeschwindigkeit bei Verwendung des Kupplungswandlers kaum von der im direkten Gang abweicht. Dazu kommt, daß durch die Schwingungsdämpfung und wegen des gänzlichen Fehlens der Drehmomentsprünge, ja wegen der ausgesprochen sanften Arbeitsweise des Getriebes die Haltbarkeit des ganzen Fahrzeuges gesteigert und der Reparaturbedarf so stark gesenkt wird, daß die geringen Kraftstoffmehrkosten bei weitem aufgewogen werden.

Wenn man ohne Gegenüberstellung direkter Meßwerte, z. B. für einen neuen Entwurf, die Zweckmäßigkeit eines Föttinger-Getriebes durch einen Vergleich mit einem Schaltgetriebe konventioneller Bauart nachweisen will, muß man eine Reihe von Vergleichspunkten in Betracht ziehen. Mindestens sollte man nach den vorhergehenden allgemeinen Ausführungen die Auswirkung auf die Höchstgeschwindigkeit, das Steigevermögen, die Beschleunigung und die Wirtschaftlichkeit untersuchen.

Zum Bestimmen der Zugkraft für den Wagen mit hydrodynamischem Wandler geht man von der Zusammenarbeitskurve von Motor und Wandler aus. Die Konstruktion einer solchen Kurve wurde bereits in Abschn. 2.41 erörtert. Auf dieselbe Art kann man aus dem Verlauf des Motormoments über der Drehzahl bei konstantem Parameter „Gramm-Kraftstoff pro 1000 Umdrehungen" auch Zugkraftkurven mit demselben Parameter erhalten. Es ist allerdings etwas schwierig, die Umrechnung auf „Liter-Kraftstoff pro 100 km Fahrstrecke" durchzuführen, da Motordrehzahl und Fahrgeschwindigkeit nicht einander proportional sind. Es ergibt sich eine etwas umständliche Rechnung, bei der man die Werte einzeln für jeden betrachteten Punkt ermitteln und Kurven mit dem neuen Parameter „Liter-Kraftstoff pro 100 km Fahrstrecke" in ein gesondertes Diagramm als Funktion der Geschwindigkeit eintragen muß. Dieses Diagramm zeigt, wie der Wert des neuen Parameters bei konstantem Parameter „Gramm-Kraftstoff je 1000 Umdrehungen" von der Geschwindigkeit abhängt. Die Schnittpunkte waagerechter Schnittlinien für runde Werte des gesuchten Parameters mit den Linien konstant gegebenen Parameters geben an, bei welcher Geschwindigkeit die entsprechenden Punkte im Zugkraftdiagramm liegen.

All diese Rechnungen beziehen sich nur auf vorgegebene Wandler, da andere Durchmesser andere Motorleistungsaufnahmen zur Folge haben.

Die Berechnung des Beschleunigervorganges für den Wagen mit Stufenschaltgetriebe ist viel einfacher. Man kann die entsprechende Gleichung selbst unter Einschluß der drehend zu beschleunigenden Massen graphisch integrieren.

$$t_2 - t_1 = \left(1 + \frac{m_r}{m}\right) \cdot m \cdot \int\limits_1^2 \frac{1}{S - W} \cdot dv$$

m_r bedeutet die reduzierte Masse, die drehend zu beschleunigen ist. Um einen Anhalt über ihren Einfluß zu geben sei bemerkt, daß sie in einem bestimmten Fall im ersten Gang etwa 25% der Wagenmasse, im dritten Gang nur etwa 5% ausmacht. Bei Verwendung von Föttinger-Getrieben ergeben sich nur kleine und gleichmäßige Drehzahländerungen des Motors, so daß der Einfluß der Beschleunigung der Motormassen sehr klein ist.

Für einen Wagen mit hydrodynamischem Wandler läßt sich die Bewegungsgleichung wegen der empirischen Funktion für die Übersetzung des Wandlers nicht geschlossen lösen.

Versuche haben ergeben, daß das Beschleunigungsvermögen für Fahrzeuge mit zweckentsprechendem Föttinger-Getriebe ungefähr gleich dem mit mechanischem Schaltgetriebe ist, weil beim hydrodynamischen Wandler die Schaltzeiten wegfallen. Dadurch kann unter Umständen das Fahrzeug mit Föttinger-Wandler sogar in kürzerer Zeit eine gewisse Geschwindigkeit erreichen. Man muß außerdem beachten, daß beim Schalten des Getriebes eine kurze Zugkraftunterbrechung eintritt, was Beschleunigungsänderung und starke Schwankungen der Motordrehzahl mit sich bringt.

Gerade im städtischen Omnibusverkehr hat sich der bereits an anderer Stelle hervorgehobene Vorteil des Antriebs mit hydrodynamischen Wandlern nachweisen lassen, das Gesamtfahrzeug zu schonen. Die Teile des Antriebes werden wesentlich niedriger, weil gleichmäßiger und ohne Spitzen beansprucht, so daß die Lebensdauer erheblich heraufgesetzt wird. Dieses gilt auch für den Motor, der außerdem in einem kleineren Drehzahlbereich mit Vollast betrieben wird. Damit bieten sich die erörterten Möglichkeiten, ihn anders auszulegen und höhere Verdichtung anzuwenden.

Zusammenfassend kann gesagt werden, daß sich Föttinger-Getriebe evtl. mit zusammengesetzten Gängen auch für europäische Wagen eignen. Die Ansicht vom höheren Verbrauch kann außer mit den vorstehenden Nachweisen vielleicht durch einen Hinweis auf ein ganz anderes Gebiet geschoben werden. Da im Gebiet mittlerer Geschwindigkeiten im direkten Gang beim Vollgasgeben bei einem Föttinger-Getriebe eine erhebliche Beschleunigungsmöglichkeit bequem zur Verfügung steht, wird diese in der Mehrzahl der Fälle auch ausgenutzt werden. Daß die damit verbundene zügigere Fahrweise zu erhöhtem Kraftstoffverbrauch führt, ist selbstverständlich.

3.33 Untersuchung der Beeinflussung des Zugkraftverlaufs bei einem Omnibusgetriebe durch verschiedene Wandler

Zu den Getrieben, die eine hohe Wandlung benötigen, gehören diejenigen für Stadtomnibusse. Bei Stadtomnibussen finden wir auch die ersten Anwendungen der Föttinger-Getriebe, weil sich hier die Notwendigkeit ergab, dem hohen Verschleiß der Kupplungen durch das häufige Anfahren zu begegnen und den Omnibusführer von der Schaltarbeit zu entlasten und zum Einmannbetrieb überzugehen.

Die enorme Anzahl der Schaltungen, die bei einem schwer beladenen Bus im gedrängten Stadtverkehr notwendig sind, stellte ein Unterhaltungsproblem sowohl für die Kupplung als auch für das ganze Schaltgetriebe dar. Daher wurden in Amerika bereits im Jahre 1938 Föttinger-Getriebe eingebaut, und es ergab sich eine allgemeine Anerkennung sowohl beim Publikum als auch bei den Fahrern und bei den Verkehrsgesellschaften.

Der Dienst der Stadtomnibusse besteht in großem Ausmaß im Halten und Anfahren, wobei fast ständig eine hohe Beschleunigung gebraucht wird. Es kann gar nicht hoch genug gewürdigt werden, wie wichtig eine gute Beschleunigung für einen Stadtomnibus ist. Bei jedem Anfahren muß der Bus in der Lage sein, seinen Platz im Verkehrsstrom zu halten, oder er wird ständig die anderen Fahrzeuge behindern oder selbst behindert sein und seinen Fahrplan nicht einhalten. Um die für diese Zwecke erforderliche hohe Beschleunigung zu erreichen, muß der Antrieb glatt und kontinuierlich sein, und dabei darf kein besonderes Geschick und keine besondere Aufmerksamkeit von seiten des Fahrers erforderlich werden, überhaupt keine andere Handhabung als die Bedienung des Gashebels.

In diesem Dienst ist niedrige Motordrehzahl beim Anfahren sowohl für schnellen Start als auch für sparsamen Brennstoffverbrauch vorteilhaft. Daher muß die

Kurve des Primärmoments bei den für Busgetriebe geeigneten Wandlern für $i_n \to 0$ genügend ansteigen. Einen Einblick in die hier notwendigen Überlegungen sollen die nachstehenden Untersuchungen bilden.

In der Abb. 3/112 sind für einen Omnibus von 155 PS die Zugkraftkurven und die dazugehörigen Motordrehzahlen bei der Verwendung verschiedener Getriebe eingetragen.

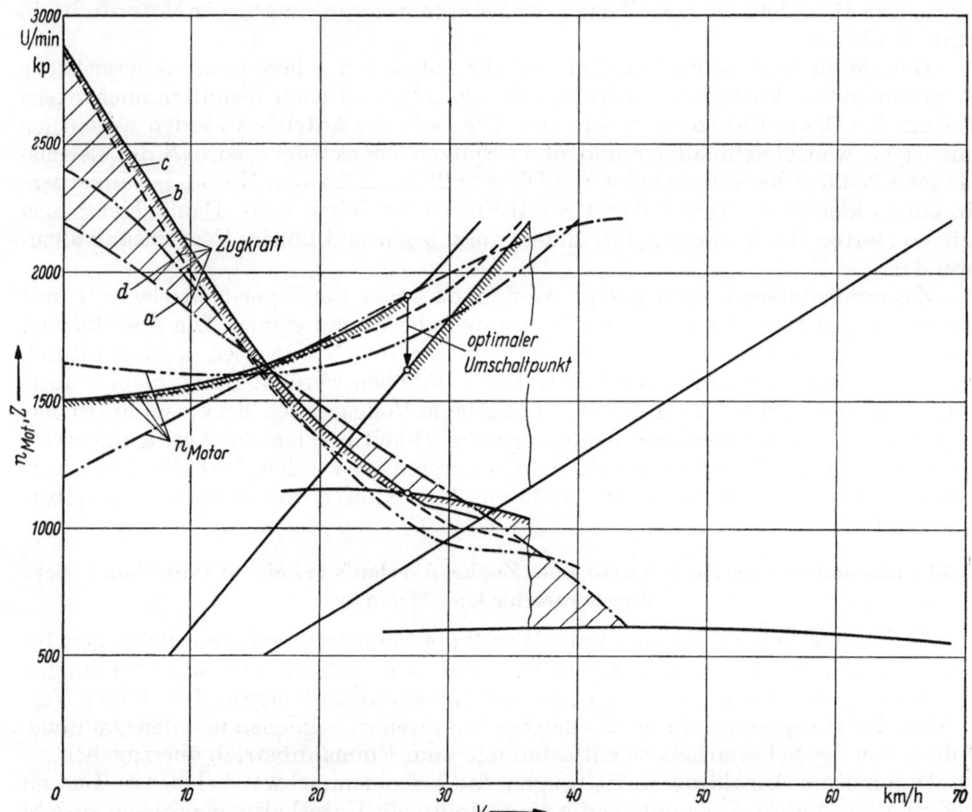

Abb. 3/112. Zugkraftkurven für einen Bus mit Motor von 155 PS bei Verwendung verschiedener 2-Gang-Getriebe mit Föttinger-Wandler
a Leistungsteilendes Wandlergetriebe mit $i = 1{,}39$; *b* Lastschaltgetriebe mit Trilok-Wandler 370 ø; *c* wie *b*, jedoch $i = 1{,}73$, ohne Durchkupplung; *d* wie *b*, jedoch $i = 1{,}56$ und Wandler 380 ø ohne Durchkupplung

Die strichpunktierte Kurve *a* stellt die Verhältnisse bei Verwendung eines Wandlergetriebes dar, das eine Leistungsverzweigung besitzt, wobei der Wandler selbst einen fast geradlinigen Verlauf der Primäraufnahme hat. Wie man sieht, wird der Motor bei dieser Einrichtung kräftig gedrückt. Die Anfahrwandlung ist nicht ganz so hoch wie bei den anderen Getrieben, dafür ergibt sich aber im mittleren Fahrbereich ein gewisser Zugkraftüberschuß, der zur Beschleunigung verwendet werden kann. Die anderen Wandler entsprechen den Grundkurven Abb. 3/113 und 3/114. Dazu ist einer dieser Wandler außerdem mit einer Überbrückungskupplung ausgerüstet, welche es gestattet, ihn willkürlich kurzzuschließen. Bei ihm ergeben sich gegenüber der anderen Lösung folgende Vorteile:

1. Durch die Überbrückung im Kupplungsbereich tritt eine Verbesserung des Wirkungsgrades ein, die bei dieser Ausführung etwa 10% beträgt.

2. Da der Schlupf fortfällt, läßt sich eine höhere Endgeschwindigkeit im ersten Gang erreichen.

3. Der Stufensprung für das nachgeschaltete Zahnradgetriebe kann dementsprechend im gleichen Verhältnis erhöht werden, im Beispiel von 1,73 auf 1,9.

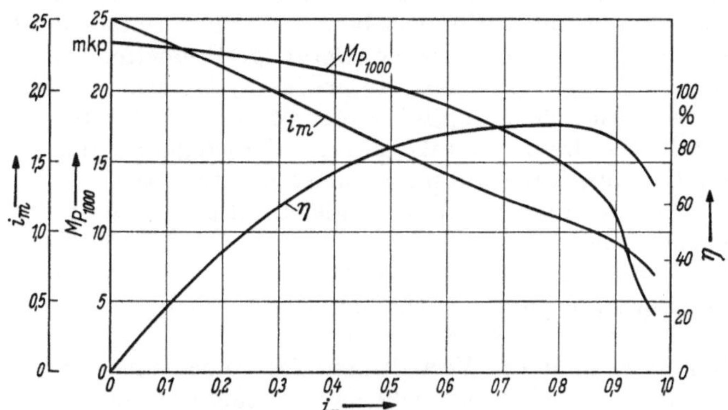

Abb. 3/113. Kennlinien eines Trilok-Wandlers 370 mm ⌀

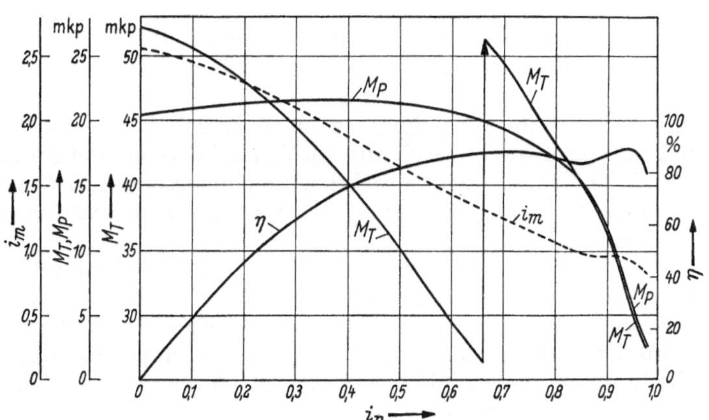

Abb. 3/114. Kennlinien eines Trilok-Wandlers 380 mm ⌀

4. Durch diesen höheren Stufensprung kann die Anfahrwandlung ohne Einbuße an Anfahrzugkraft in gleichem Umfang verringert werden. Im Beispiel von 2,75 auf 2,52.

5. Wandler mit geringer Anfahrwandlung i_{ma} besitzen im allgemeinen einen höheren Spitzenwirkungsgrad und eine stärkere Drückung als Wandler mit hoher Anfahrwandlung und ergeben daher oft und besonders im vorgelegten Beispiel Vorteile.

6. Bei Vorhandensein einer Überbrückungskupplung kann zur Erhöhung der Beschleunigung ein Wandler mit etwas geringerer Primäraufnahme gewählt werden, der den Motor in der Nähe des Kupplungspunktes weniger drückt, weil durch Überbrückung die Motordrehzahl jederzeit auf wirtschaftlich günstigere, d. h. auf niedrigere Werte, herabgesetzt werden kann.

7. Bei Verwendung eines Wandlers mit Überbrückungskupplung kann aus diesen Gründen, nämlich infolge geringerer Primäraufnahme und geringerer Anfahrwand-

lung, durch den eingangs genannten höheren Stufensprung eine Erhöhung des Zugkraftverlaufs für das Fahren im Wandlerbereich erreicht werden.

8. Bei einem normalen Wandler wird zur Ausnutzung der Motorbremsung bei schiebendem Fahrzeug bei geringeren Geschwindigkeiten mindestens ein sogenannter Bremsfreilauf erforderlich. Dieses Richtgesperre ist zwischen Pumpen- und Turbinenrad angeordnet und verhindert beim Fahren im Gefälle ein Überholen des Pumpenrades durch den Turbinenläufer. Derartige Bremsfreiläufe haben sich als schwierig zu beherrschende Bauelemente erwiesen, die meistens nur einwandfrei funktionieren, wenn ein Schwingungsdämpfer vorgeschaltet wird.

Durch Fortfall des Bremsfreilaufs und des Schwingungsdämpfers werden die Mehrkosten der Überbrückungskupplung meistens eingespart.

Durch die Überbrückungskupplung ist gleichzeitig sichergestellt, daß man den Motor bei Versagen der Anlaßeinrichtung durch Anschieben des Fahrzeugs in Gang setzen kann. Bei der konstruktiven Ausführung ist allerdings dann darauf zu achten, daß eine Sekundärpumpe vorhanden sein muß, die in diesem Fall Drucköl zuliefert.

In dem Diagramm sind die Verhältnisse für verschieden ausgelegte Wandler dargestellt, die entsprechend ihrer Größe zweckmäßig mit anderen Übersetzungen im ersten Gang ausgerüstet werden. Die sich ergebenden Betriebszustände sind auf der Abbildung genannt. Man sieht, daß die Zugkraftverläufe sehr wesentlich zu beeinflussen sind.

Die Abbildung kann nur einen ersten Anhalt geben. In einem konkreten Fall sind die Verhältnisse nach den gegebenen grundsätzlichen Untersuchungen zu studieren. Es wird besonders darauf hingewiesen, daß man auch bezüglich der Wirkung einer Überbrückungskupplung zu anderen Ergebnissen kommen kann. Das vorgelegte Diagramm bezieht sich auf die Vollastleistung. Bei Straßenlast verschieben sich die Verhältnisse recht erheblich und insbesondere ist entscheidend, ob es sich bei einem Fahrzeug um einen Lastwagen, einen Omnibus oder einen Personenkraftwagen handelt.

Die Endgeschwindigkeit eines Personenkraftwagens liegt heutzutage in einem Bereich, bei dem der Fahrwiderstand im wesentlichen vom Luftwiderstand bestimmt wird. Diese Kurve steigt bei Geschwindigkeiten über 120 km/h so steil an (s. Abb. 3/99), daß die Verbesserung durch die Überbrückungskupplung sich nur in einer Endgeschwindigkeit von 2—4 km/h auswirkt. Außerdem wird man bei Verwendung eines Wandlers nach dem Trilok-System bei einem Fahrzeug mit genügendem Leistungsüberschuß den Kupplungspunkt so früh wählen, daß in der Nähe der Endgeschwindigkeit ein Wirkungsgrad des Wandlers von vielleicht 95% erreicht wird.

Bei Fahrzeugen, die viel mit Vollast fahren müssen, wie Zugmaschinen und Lastkraftwagen, bei denen ein erheblicher Teil der Arbeitsleistung im mittleren Wandlerbereich liegt, sind die Verhältnisse ganz anders zu beurteilen.

3.34 Amerikanische Anschauungen über Automobilwandler und die Untersuchung eines kombinierten Automobilgetriebes

So vielgestaltig die in amerikanischen Personenkraftwagen eingebauten Getriebe mit Föttinger-Wandler im allgemeinen sind, so ergibt sich doch, nach Abschn. 3.32, eine weitgehende Übereinstimmung in den charakteristischen Merkmalen der Kurven. Im Zusammenhang mit einem hervorstechenden Vertreter, dem in Millionen von Fahrzeugen eingebauten Ford-Mercury-Wandlergetriebe, können insbesondere 5 charakteristische Forderungen, die als von erstrangiger Bedeutung dabei angesehen werden, genannt werden.

1. Die Anfahrwandlung. Sie übersteigt in den seltensten Fällen 2 : 1.

2. Die Drehzahldrückung. Sie wird übereinstimmend als wesentlich angesehen, so daß die Motordrehzahl mit der Fahrzeuggeschwindigkeit ansteigt. Damit ist eine vernünftige Anfahrbeschleunigung gegeben bis zu einer Geschwindigkeit, die hier ungefähr bei 80 km/h liegt.

3. Ein guter Wirkungsgrad des Wandlers im Bereich etwa der halben Höchstgeschwindigkeit. Dies ist ein wesentlicher Vorzug, da ein beträchtlicher Fahranteil in den höheren Geschwindigkeitsverhältnissen der Wandlung liegt, besonders wenn es sich hauptsächlich um Stadtfahrten handelt.

4. Wandler mit hoch gelegenem Kupplungspunkt und mit sehr geringem Schlupf, wenn er als Flüssigkeitskupplung arbeitet. Damit kommt zum Ausdruck, daß diese Wandler vom Trilok-Typ sind und das entspricht der Forderung, daß der Antrieb in allen Bereichen die Weichheit der Hydraulik behält.

5. *Die selbständige Luftkühlung des Aggregates.*

Was sich bei Erfüllung dieser Forderungen bei dem Ford-Mercury-Wandlergetriebe an Schlupf einstellt, zeigt die graphische Darstellung Abb. 3/115.

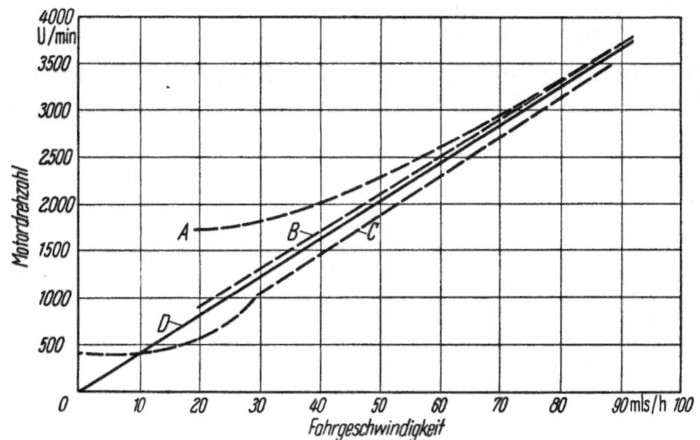

Abb. 3/115. Schlupf bei einem Ford-Mercury-Getriebe unter verschiedenen Fahrbedingungen

Die Kurve A zeigt die Motordrehzahl bei Vollgas über der Fahrgeschwindigkeit. B ergibt dasselbe, jedoch nicht bei Vollgas, sondern unter den Bedingungen der Straßenlast. Die gerade Linie D bedeutet die Motordrehzahl im Verhältnis zur Fahrgeschwindigkeit bei direkter Verbindung lediglich mit der Hinterachsübersetzung. C gibt die Drehzahl des Motors bei schiebendem Fahrzeug unter der Voraussetzung, daß die Maschine mit Leerlaufgas arbeitet und in Bergabfahrt bremst. Der Unterschied der Ordinaten der Kurven A und B zeigt den Schlupf des Wandlers, wie er sich bei Vollgas gegenüber Straßenlast einstellt. Man sieht, daß die beiden Kurven A und B bei höheren Geschwindigkeiten zusammenfallen.

Wie schon bei den allgemeinen Erörterungen festgestellt wurde, ist es für sparsamen Brennstoffverbrauch wichtig, eine hohe Fahrgeschwindigkeit bei relativ niedriger Motordrehzahl zu haben. An sich ist das der bekannte Effekt der Spargänge. Ökonomisch fahren bedeutet danach, daß man das Gaspedal nicht immer durchtritt, sondern bei mäßiger Beschleunigung die Drossel allmählich öffnet.

Bei der Fahrt mit schiebendem Fahrzeug, wenn der gedrosselte Motor bremsen muß, erscheint wieder der Wandlerschlupf. Bei sehr geringen Geschwindigkeiten, in unserem Beispiel unter 15 Meilen in der Stunde, kann die Maschine über den Wandler nicht mehr zum Bremsen herangezogen werden. Erst bei etwa 20 Meilen in der Stunde ändert sich das Bild. Der Schlupf macht sich wenig bemerkbar, ganz in derselben Art, wie es für hohe Fahrgeschwindigkeit mit ziehendem Motor gilt. Diese Erscheinung trifft grundsätzlich für alle Wandler in Automobilgetrieben zu, und es ist das Bestreben der Konstrukteure, den Schlupf gering zu halten, sowohl wenn der Motor das Fahrzeug zieht, als auch umgekehrt bei schiebendem Fahrzeug.

Die Wege, die man für die Entwicklung für aussichtsreich hält und was im allgemeinen von einem kombinierten amerikanischen Automobilgetriebe mit Föttinger-Wandler zu erwarten ist, erkennt man am besten bei einer genauen Durchrechnung und Analyse einer solchen Einheit. Dazu dient die folgende Untersuchung[1] des Borg-Warner-Getriebes DP 1036657.

Neben den bisher gebrauchten Abkürzungen werden dazu noch nachstehende Kurzzeichen eingeführt:

M_{P_K} Pumpenmoment bei $i_m = 1$,
M_R Moment der Reibungskupplung
M_{ab} Abtriebsmoment am Getriebeausgang,
n_M Motordrehzahl,
n_{M_K} Motordrehzahl bei Erreichung von $i_m = 1$ im Wandler,
n_{ab} Abtriebsdrehzahl am Getriebeausgang,
$n_{M_{K0}}$ gewählte Konstruktionsdrehzahl.

Nach der einfachen Darstellung der Patentschrift Abb. 3/116 handelt es sich bei diesem Vorschlag der Firma Borg-Warner um ein Getriebe mit Strömungswandler

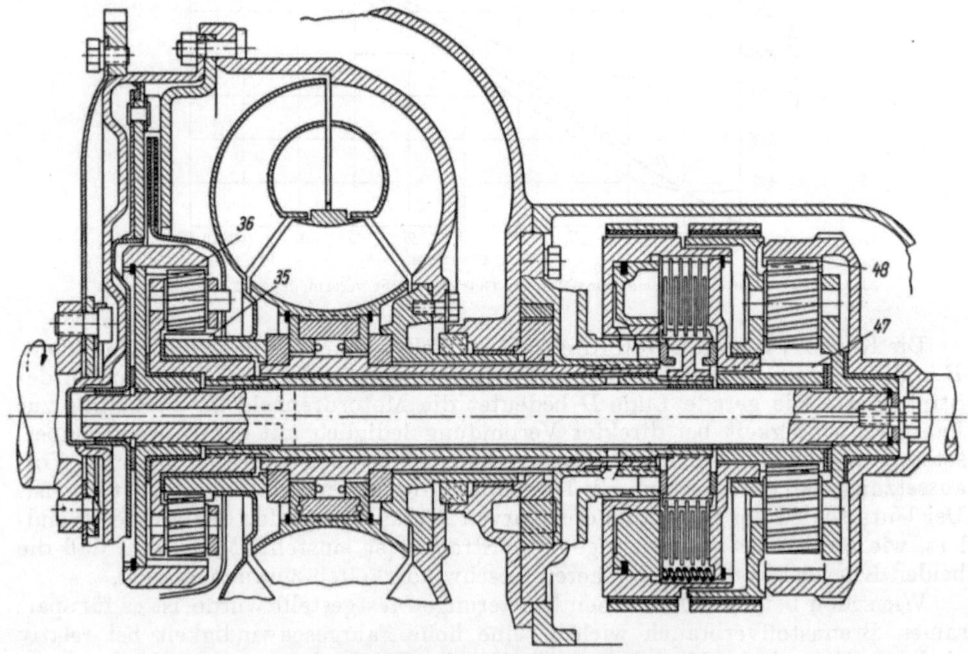

Abb. 3/116. Automobilgetriebe nach DP 1 036 657

und Reibungskupplung. Die Kraftübertragung zwischen Motor und Abtrieb verläuft in den einzelnen Gängen entsprechend den Prinzipzeichnungen der Patentschrift.

[1] Nach einer bisher unveröffentlichten Arbeit von R. Flechsig.

Abb. 3/117; 1. Gang
Motor–Strömungswandler–Planetengetriebe–Abtrieb.

Abb. 3/118; 2. Gang
Motor–$\left\{\begin{array}{l}\text{Strömungswandler}\\ \text{Reibungskupplung}\end{array}\right\}$–Planetengetriebe–Abtrieb.

Abb. 3/119; 3. Gang
Motor–$\left\{\begin{array}{l}\text{Strömungswandler}\\ \text{Reibungskupplung}\end{array}\right\}$–Planetengetriebe–Abtrieb.

Abb. 3/120; Rückwärtsgang
Motor–Strömungswandler–Planetengetriebe–Abtrieb.

Die Gänge werden durch eine Einscheibenkupplung, eine Lamellenkupplung und Bremsen, die auf verschiedene Elemente der Planetenrädersätze wirken, geschaltet.

1. Gang: Kupplung 1 gelöst, Kupplung 2 und Bremse 3 fest, Bremse 4 gelöst.
2. Gang: Kupplung 1 fest, Kupplung 2 gelöst, Bremse 3 fest, Bremse 4 gelöst.
3. Gang: Kupplung 1 fest, Kupplung 2 fest und Bremse 3 gelöst, Bremse 4 gelöst.

Rückwärtsgang: Kupplung 1 gelöst, Kupplung 2 fest und Bremse 3 gelöst, Bremse 4 fest.

Der Anteil der Leistungsübertragung von Kupplung bzw. Wandler ist abhängig vom Radienverhältnis ϱ_1 bzw. ϱ_2 und ergibt sich aus den Gleichgewichtsbedingungen für die Planetengetriebe.

Man erhält für den n-ten Gang das Verhältnis:

$$\frac{\text{Von der Reibungskupplung übertragener Momentanteil}}{\text{Von der Pumpe des Wandlers übertrag. Momentanteil}} = \frac{M_R}{M_P}_{n\text{-ter Gang}}$$

Für den 2. Gang ergibt sich

$$\frac{M_R}{M_P}_{2.\text{Gang}} = i_m\left(\frac{1}{\varrho_1} - 1\right) \tag{3/73}$$

und mit $i_m = 1$ erhält man daraus

$$\varrho_1 = \frac{1}{\left(\frac{M_R}{M_P}\right)_{2.\text{ Gang}} + 1} \tag{3/74}$$

d. h., will man den Anteil der Reibungskupplung an der Leistungsübertragung erhöhen, so muß ϱ_1 kleiner werden.

Das Momentenverhältnis für den 3. Gang ergibt sich zu

$$\left(\frac{M_R}{M_P}\right)_{3.\text{ Gang}} = i_m\left(\frac{1}{\varrho_1}\cdot\frac{1}{1-\varrho_2} - 1\right) \tag{3/75}$$

mit $i_m = 1$ erhält man dann

$$\varrho_2 = -\frac{1}{\left[\left(\frac{M_R}{M_P}\right)_{3.\text{ Gang}} + 1\right]\varrho_1} + 1 \tag{3/76}$$

Für die Bedingung $0 < \varrho_2$ gilt dann

$$\left(\frac{M_R}{M_{P_K}}\right)_{3.\text{ Gang}} > \frac{1}{\varrho_1} - 1$$

Es ergibt sich daraus und aus Gl. (3/73), bzw. Gl. (3/74), daß mit wachsendem Verhältnis $\left(\frac{M_R}{M_P}\right)_{2.\text{ Gang}}$ auch $\left(\frac{M_R}{M_P}\right)_{3.\text{ Gang}}$ wächst.

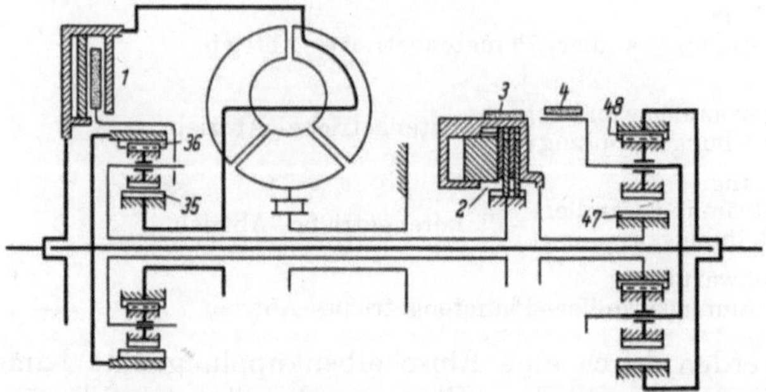

Abb. 3/117. Schaltschema für den 1. Gang für Getriebe nach Abb. 3/116

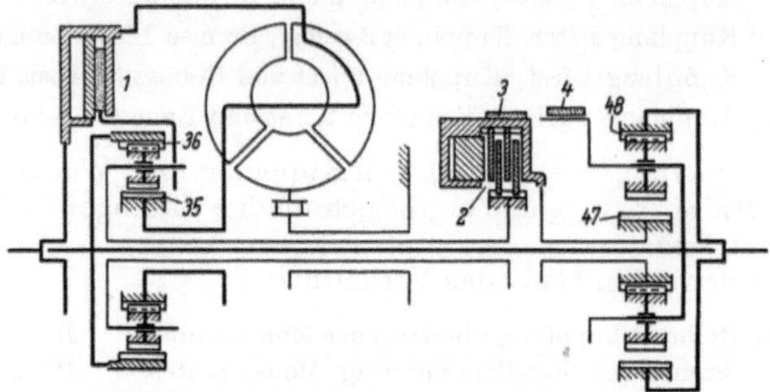

Abb. 3/118. Schaltschema für den 2. Gang für Getriebe nach Abb. 3/116

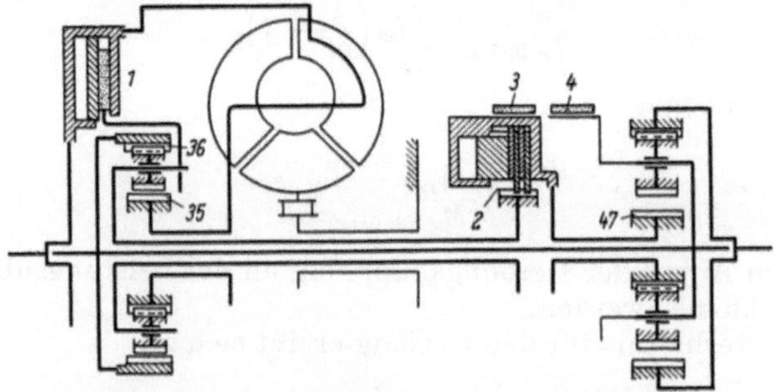

Abb. 3/119. Schaltschema für den 3. Gang für Getriebe nach Abb. 3/116

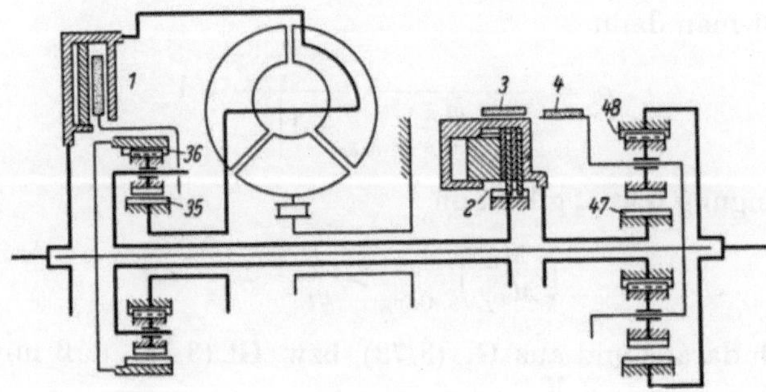

Abb. 3/120. Schaltschema für den Rückwärtsgang für Getriebe nach Abb. 3/116

Der Verlauf der Kurven für ϱ_1 und ϱ_2 bei $i_m = 1$ geht aus Kurvenblatt Abb. 3/121 hervor. Es ist dargestellt:

$$\varrho_1 = f\left(\frac{M_R}{M_P}\right)_{2.\ \text{Gang}} \quad \text{gemäß Gleichung (3/74)}$$

$$\varrho_2 = f\left(\frac{M_R}{M_P}\right)_{3.\ \text{Gang}} \cdot \varrho_1 \quad \text{gemäß Gleichung (3/76)}$$

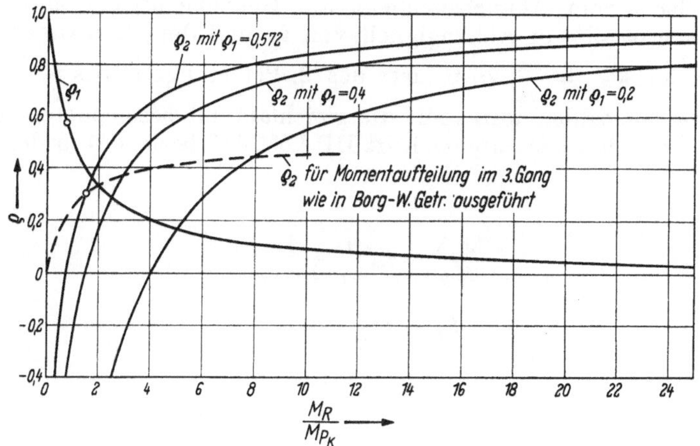

Abb. 3/121. ϱ_1 und ϱ_2 als Funktion von $\frac{MR}{MP}$ für Abb. 3/116

Für ϱ_1 ergibt sich eine Hyperbel mit den Asymptoten

$$\frac{M_R}{M_P} = -1 \quad \text{und} \quad \varrho_1 = 0$$

Für ϱ_2 ergibt sich eine Schar von Hyperbeln mit ϱ_1 als Parameter und den Asymptoten $\varrho_2 = 1$ und $\frac{M_R}{M_P} = -1$.

In dem untersuchten Getriebe DP 1036657 sind ϱ_1 und ϱ_2 so gewählt, daß im 3. Gang das Stegmoment des 2. Planetengetriebes gleich dem Moment des inneren Sonnenrades dieses Getriebes ist.

Damit gilt die Beziehung

$$i_m \cdot M_P \cdot \frac{1}{\varrho_1} \cdot \frac{\varrho_2}{1 - \varrho_2} = i_m \cdot M_P \cdot \left(\frac{1}{\varrho_1} - 1\right) \tag{3/77}$$

und es ergibt sich damit

$$\varrho_1 = 1 - \frac{\varrho_2}{1 - \varrho_2} \tag{3/77 a}$$

Dieser Ausdruck wird in die Gl. (3/76) eingesetzt und man erhält

$$\varrho_2 = \frac{\left(\frac{M_R}{M_P}\right)_{3.\ \text{Gang}}}{2\left[\left(\frac{M_R}{M_P}\right)_{3.\ \text{Gang}} + 1\right]} \tag{3/78}$$

Das ist eine Hyperbel mit den Asymptoten

$$\frac{M_R}{M_P} = -1 \quad \text{und} \quad \varrho_2 = 0{,}5$$

Es ergibt sich je 1 Schnittpunkt dieser Hyperbel mit jeder, die aus Gl. (3/76) durch Veränderung von ϱ_1 erhalten wurde. Jeder dieser Schnittpunkte gibt den zu dem jeweiligen ϱ_1 zugehörigen Wert von ϱ_2 an, für den die oben aufgeführte Aufteilung der Momente im 2. Planetengetriebe im 3. Gang eintritt. Gleichzeitig kann man auch durch Herunterloten vom Schnittpunkt auf die Abszisse den zugehörigen Wert von $\left(\frac{M_R}{M_P}\right)_{3.\,\mathrm{Gang}}$ ablesen.

Das Verhältnis vom Abtriebsmoment am Getriebeausgang M_{ab} zu Motormoment M_M ergibt sich in Abhängigkeit von i_m und dem Radienverhältnis des 1. Planetengetriebes $\varrho_1 = \frac{r_{35}}{r_{36}}$ sowie dem des 2. Planetengetriebes $\varrho_2 = \frac{r_{47}}{r_{48}}$ (wobei sich die arabischen Zahlenindizes auf die gleichlautend bezeichneten Glieder des Borg-Warner-Getriebes der Patentschrift DP 1036657 beziehen) in den einzelnen Gängen zu:

1. Gang

$$\frac{M_{ab}}{M_M} = i_m \frac{1}{\varrho_1} \frac{1}{1-\varrho_2} \tag{3/79}$$

mit

$$M_M = M_P \tag{3/79a}$$

2. Gang

$$\frac{M_{ab}}{M_M} = \frac{i_m}{1 + i_m\left(\frac{1}{\varrho_1} - 1\right)} \frac{1}{\varrho_1} \frac{1}{1-\varrho_2} \tag{3/80}$$

mit

$$M_M = M_P\left[1 + i_m\left(\frac{1}{\varrho_1} - 1\right)\right] \tag{3/80a}$$

3. Gang

$$\frac{M_{ab}}{M_M} = \frac{i_m}{1 + i_m\left(\frac{1}{\varrho_1} \cdot \frac{1}{1-\varrho_2} - 1\right)} \frac{1}{\varrho_1} \frac{1}{1-\varrho_2} \tag{3/81}$$

mit

$$M_M = M_P\left[1 + i_m\left(\frac{1}{\varrho_1} \frac{1}{1-\varrho_2} - 1\right)\right] \tag{3/81a}$$

Rückwärtsgang

$$\frac{M_{ab}}{M_M} = -i_m \frac{1}{\varrho_2}\left(\frac{1}{\varrho_1} - 1\right) \tag{3/82}$$

mit

$$M_M = M_P \tag{3/82a}$$

Das Verhältnis von Abtriebsdrehzahl n_{ab} zu Motordrehzahl n_M ergibt sich in den einzelnen Gängen zu:

1. Gang

$$\frac{n_{ab}}{n_M} = i_n \cdot \varrho_1 (1 - \varrho_2) \tag{3/83}$$

2. Gang

$$\frac{n_{ab}}{n_M} = i_n \cdot \varrho_1 (1 - \varrho_2) + (1 - \varrho_1)(1 - \varrho_2) \tag{3/84}$$

3. Gang

$$\frac{n_{ab}}{n_M} = i_n \cdot \varrho_1 (1 - \varrho_2) + \varrho_2 + (1 - \varrho_1)(1 - \varrho_2) \tag{3/85}$$

Rückwärtsgang

$$\frac{n_{ab}}{n_M} = i_n \frac{\varrho_1}{1-\varrho_2} \cdot \varrho_2 \tag{3/86}$$

Den Wirkungsgrad eines Ganges findet man durch Multiplikation seines Drehmomentverhältnisses mit dem Drehzahlverhältnis nach der Beziehung

$$\eta = \frac{M_{ab}}{M_M} \cdot \frac{n_{ab}}{n_M} \tag{3/87}$$

Unter Zugrundelegung der in DP 1036657 für den 2. und 3. Gang angegebenen Prozentsätze der Leistungsverzweigung für $i_m = 1$, nämlich im 2. Gang 57% Anteil des Wandlers und 43% Anteil der Reibungskupplung, sowie im 3. Gang 40% hydraulischer Anteil und 60% Anteil der Reibungskupplung, ergeben sich die Durchmesserverhältnisse zu:

$$\varrho_1 = 0{,}572 \quad \text{und} \quad \varrho_2 = 0{,}3 \cdot$$

Damit erhält man für die Drehmomentverhältnisse in den einzelnen Gängen folgende Beziehungen:

1. Gang

$$\frac{M_{ab}}{M_M} = i_m \cdot 2{,}5 \tag{3/79 b}$$

2. Gang

$$\frac{M_{ab}}{M_M} = \frac{i_n}{1 + i_m \cdot 0{,}75} \cdot 2{,}5 \tag{3/80 b}$$

3. Gang

$$\frac{M_{ab}}{M_M} = \frac{i_n}{1 + i_m \cdot 1{,}5} \cdot 2{,}5 \tag{3/81 b}$$

Rückwärtsgang

$$\frac{M_{ab}}{M_M} = -i_m \cdot 2{,}5 \tag{3/82 b}$$

und für die Drehzahlverhältnisse erhält man

1. Gang

$$\frac{n_{ab}}{n_M} = 0{,}4 \cdot i_n \tag{3/83 a}$$

2. Gang

$$\frac{n_{ab}}{n_M} = 0{,}4 \cdot i_n + 0{,}3 \tag{3/84 a}$$

3. Gang

$$\frac{n_{ab}}{n_M} = 0{,}4 \cdot i_n + 0{,}6 \tag{3/85 a}$$

Rückwärtsgang

$$\frac{n_{ab}}{n_M} = -0{,}4 \cdot i_n \tag{3/86 a}$$

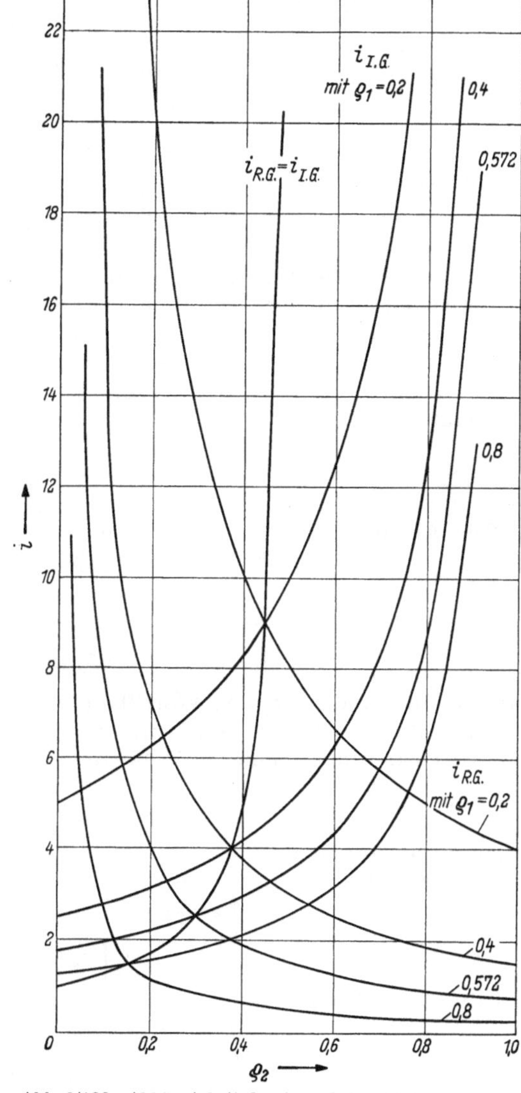

Abb. 3/122. Abhängigkeit des 1. und des Rückwärtsganges von den Radienverhältnissen ϱ_1 und ϱ_2

Die mechanischen Übersetzungen im 1. Gang und im Rückwärtsgang sind also gleich.

Die Abhängigkeit der Übersetzungen von ϱ_1 und ϱ_2 im 1. und im Rückwärtsgang

$$i_{1.} = \frac{1}{\varrho_1} \cdot \frac{1}{1-\varrho_2} \tag{3/88a}$$

$$i_R = \frac{1}{\varrho_2}\left(\frac{1}{\varrho_1} - 1\right) \tag{3/88b}$$

ist im Kurvenblatt Abb. 3/122 für verschiedene Werte von ϱ_1 über ϱ_2 aufgetragen.

Für die Bedingung

$$i_{1.} = i_R$$

erhält man für ϱ_1 als $f(\varrho_2)$ mit Hilfe der Gln. (3/88a) und (3/88b)

$$\frac{1}{\varrho_1} \frac{1}{1-\varrho_2} = \frac{1}{\varrho_2}\left(\frac{1}{\varrho_1} - 1\right)$$

die Beziehung

$$\varrho_1 = 1 - \frac{2}{1-\varrho_2} \tag{3/87a}$$

Diese Beziehung ist identisch der Gl. (3/77a).

Es ist also mit der Festsetzung, daß die mechanische Übersetzung im Rückwärtsgang gleich der im 1. Gang ist, die Aufteilung der Momente im Kupplungsbereich des Wandlers in mechanisch und hydraulisch übertragene Anteile im 2. und 3. Gang mit der Wahl von ϱ_1 oder ϱ_2 gegeben.

Beim Einsetzen von Gl. (3/87a) in Gl. (3/88a), oder Gl. (3/88b) erhält man

$$i_{1.} = i_R = \frac{1}{1 - 2\varrho_2} \tag{3/89}$$

Die Abhängigkeit der mechanischen Übersetzung im 1. bzw. Rückwärtsgang für $i_{1.} = i_R$ von ϱ_2 ist im Diagramm Abb. 3/122 durch die gezeichnete Kurve dargestellt.

Es ist daraus ersichtlich, daß für

$$1 \leqq i_{1.} = i_R$$

das Radienverhältnis ϱ_2 den Wert 0,5 nicht erreichen oder überschreiten kann.

Aufschluß über das Verhältnis der Motordrehzahl im 2. bzw. 3. Gang zur Motordrehzahl im 1. Gang in Abhängigkeit von i_n, ϱ_1, ϱ_2 und

$$\frac{M_{P\,1000}}{M_{P\,1000\,K}}$$

geben die Beziehungen:

für den 2. Gang

$$\frac{n_{M\,2.\,\text{Gang}}}{n_{M\,1.\,\text{Gang}}} = \frac{1}{\sqrt{i_m\left(\frac{1}{\varrho_1} - 1\right) + 1}} \tag{3/90}$$

und für den 3. Gang

$$\frac{n_{M\,3.\,\text{Gang}}}{n_{M\,1.\,\text{Gang}}} = \frac{1}{\sqrt{i_m\left(\frac{1}{\varrho_1}\,\frac{1}{1-\varrho_2} - 1\right) + 1}} \tag{3/91}$$

Die Gln. (3/90) und (3/91) gelten nur für

$$M_M = M_{P\,1000\,k}\left(\frac{n_{M_{K\,1.\,\text{Gang}}}}{1000}\right)^2 = \text{const}$$

Diese Bedingung muß für alle Werte von i_m bzw. i_n erfüllt sein. Man erhält für die Gln. (3/90) und (3/91) umfangreichere Ausdrücke, wenn M_M nicht konstant ist, sondern eine Funktion der Motordrehzahl.

Für einen Wandler, bei dem die Beziehung

$$i_m = 2{,}08 - 1{,}2\, i_n$$

gilt, erhält man beim Einsetzen dieses Ausdruckes in die Gln. (3/90), bzw. (3/91) die folgenden Gleichungen:

$$\frac{n_{M\,2.\,\text{Gang}}}{n_{M\,1.\,\text{Gang}}} = \frac{1}{\sqrt{(2{,}08 - 1{,}2\, i_n)\left(\frac{1}{\varrho_1} - 1\right) + 1}} \qquad (3/90\,\text{a})$$

und

$$\frac{n_{M\,3.\,\text{Gang}}}{n_{M\,1.\,\text{Gang}}} = \frac{1}{\sqrt{(2{,}08 - 1{,}2\, i_n)\left(\frac{1}{\varrho_1}\,\frac{1}{1-\varrho_2} - 1\right) + 1}} \qquad (3/91\,\text{a})$$

Da diese Verhältnisse besonders für den Kupplungspunkt im Wandler in Abhängigkeit von ϱ_1 und ϱ_2 interessieren, wurde dafür das Diagramm Abb. 3/123 gezeichnet.

Es ist dabei

$$n_{M_K\,1.\,\text{Gang}} = n_{M_K\,0}$$

Aus den Kurven geht hervor, daß im 2. Gang der Kupplungspunkt im Wandler mit fallendem ϱ_1 bei immer niedrigeren Werten von n_m liegt. Im 3. Gang sinkt die Motordrehzahl für den Kupplungspunkt mit fallendem ϱ_1 und steigendem ϱ_2.

Die Grenzen für die verwendbaren Werte von ϱ_1 und ϱ_2 sind gegeben durch die möglichen Größtmaße der äußeren Sonnenräder. Konstruktiv und kräftemäßig sind dann die Maße der inneren Sonnenräder für die untere Grenze, die Mindestabmessungen der Planetenräder für die obere Grenze ausschlaggebend.

Der Wirkungsgrad der einzelnen Gänge ergibt sich aus dem Produkt

$$\frac{M_{ab}}{M_M}\,\frac{n_{ab}}{n_M} = \eta \qquad (3/87)$$

Die Beziehungen für $\frac{M_{ab}}{M_M}$ und $\frac{n_{ab}}{n_M}$ sind für die einzelnen

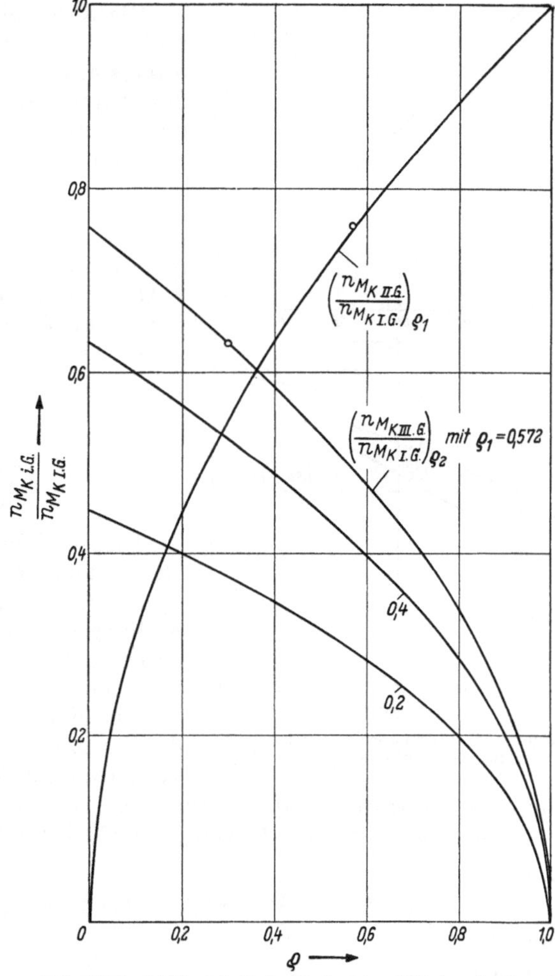

Abb. 3/123. Abhängigkeit der Drehzahlverhältnisse des 2. und 3. Ganges zum 1. Gang von ϱ_1 und ϱ_2 für das Getriebe Abb. 3/116

Gänge durch die Gln. (3/79) bis (3/86) gegeben. Man erhält damit für die verschiedenen Gänge:

$$\eta_{1.\,\text{Gang}} = i_m \cdot i_n$$

$$\eta_{2.\,\text{Gang}} = \frac{i_m \cdot i_n + i_m\left(\frac{1}{\varrho_1} - 1\right)}{1 + i_m\left(\frac{1}{\varrho_1} - 1\right)}$$

$$\eta_{3.\,\text{Gang}} = \frac{i_m \cdot i_n + i_m\left(\frac{1}{\varrho_1\,(1-\varrho_2)} - 1\right)}{1 + i_m\left(\frac{1}{\varrho_1\,(1-\varrho_2)} - 1\right)}$$

$$\eta_{R\text{-Gang}} = i_m \cdot i_n$$

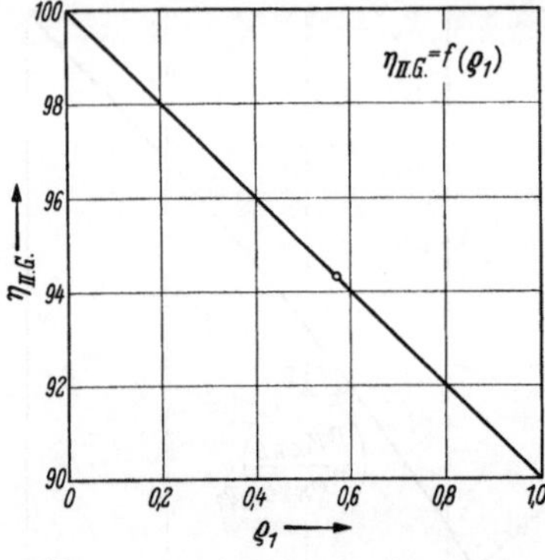

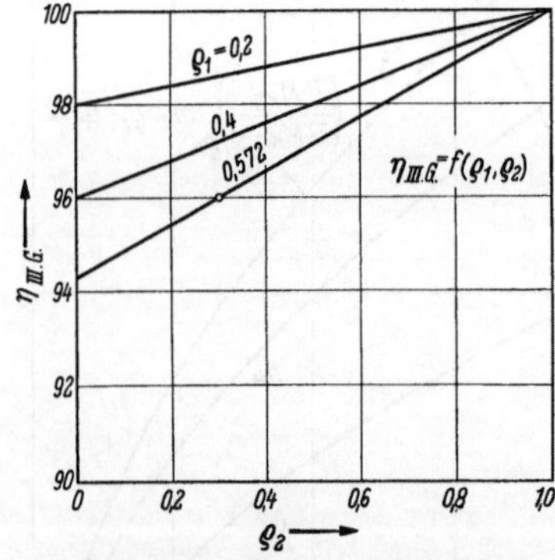

Abb. 3/124. Wirkungsgrade für den 2. und 3. Gang als Funktionen von ϱ_1 und ϱ_2

Die Abhängigkeit des Wirkungsgrades von ϱ_1 und ϱ_2 ist besonders für den Kupplungspunkt interessant. Zur Veranschaulichung dafür dient das Diagramm Abb. 3/124. Der Darstellung wurde der bereits oben angeführte fiktive i_m-Verlauf zugrunde gelegt:

$$i_m = 2{,}08 - 1{,}2\, i_n$$

Aus den Kurven ist ersichtlich, daß im 2. Gang der Wirkungsgrad mit fallendem ϱ_1 steigt. Im 3. Gang steigt der Wirkungsgrad mit steigendem ϱ_2 und mit fallendem ϱ_1.

Das Verhalten von η im 2. und 3. Gang entspricht qualitativ dem von $\frac{M_R}{M_{P_K}}$ als $f(\varrho_1, \varrho_2)$ und entgegengesetzt dem von

$$\frac{n_{M_{K\,i\,\text{Gang}}}}{n_{M_{K\,1.\,\text{Gang}}}} \text{ als } f(\varrho_1, \varrho_2).$$

Dieses Verhalten resultiert daraus, daß mit steigendem Anteil der Reibungskupplung an der Kraftübertragung der Einfluß des Wandlerwirkungsgrades auf den Gesamtwirkungsgrad und dabei auch die Drehzahl, bei der $i_m = 1$ im Wandler erreicht wird, sinkt.

Aus den Gln. (3/84) und (3/85) geht hervor, daß im 2, bzw. 3. Gang für $n_{ab} \to 0$ das Drehzahlverhältnis im Wandler negative Werte annehmen muß. Es interessiert nun, welche Werte i_n als Funktion von ϱ_1 und ϱ_2 annimmt.

Man erhält aus Gln. (3/84) und (3/85) durch 0-Setzen von n_{ab} für den

2. Gang

$$0 = i_n \varrho_1 (1 - \varrho_2) + (1 - \varrho_1)(1 - \varrho_2)$$

und für den

3. Gang

$$0 = i_n \varrho_1 (1 - \varrho_2) + \varrho_2 + (1 - \varrho_1)(1 - \varrho_2)$$

und daraus für den

2. Gang

$$i_n = 1 - \frac{1}{\varrho_1}$$

und den

3. Gang

$$i_n = 1 - \frac{1}{\varrho_1 (1 - \varrho_2)}$$

Hierzu wurden im Diagramm Abb. 3/125 die Kurve $i_{n\,2.\,\mathrm{Gang}} = f(\varrho_1)$ und für $i_{n\,3.\,\mathrm{Gang}} = f(\varrho_1, \varrho_2)$ verschiedene Kurven gezeichnet.

Es ergibt sich daraus, daß im 2. Gang mit fallendem ϱ_1 i_n sehr große negative Werte annimmt; im 3. Gang fällt i_n ebenfalls mit fallendem ϱ_1, jedoch mit steigendem ϱ_2.

Andererseits ergibt sich aus Diagramm Abb. 3/123 für den 2. Gang, daß mit fallendem ϱ_1 die Drehzahl, bei der $i_m = 1$ im Wandler erreicht wird, stark fällt. Im 3. Gang fällt die Drehzahl, bei der $i_m = 1$ im Wandler erreicht wird, ebenfalls mit fallendem ϱ_1 jedoch mit steigendem ϱ_2.

Daraus folgt, daß mit fallendem ϱ_1 und steigendem ϱ_2 der Wandlerbereich im 2. und 3. Gang immer enger wird und n_{ab} bei $i_n = 0$ immer näher an n_{ab} bei i_{nK} heranrückt. Im gleichen Maße sinkt also der von $i_n \to 0$ bis i_{nK} nutzbare Wandlerbereich des Gesamtgetriebes unter der Voraussetzung, daß die Turbinendrehrichtung nie der Pumpendrehrichtung entgegengesetzt sein soll. Damit gilt in den beiden oberen Gängen mehr und mehr die reine Kupplungskennung für das Getriebe.

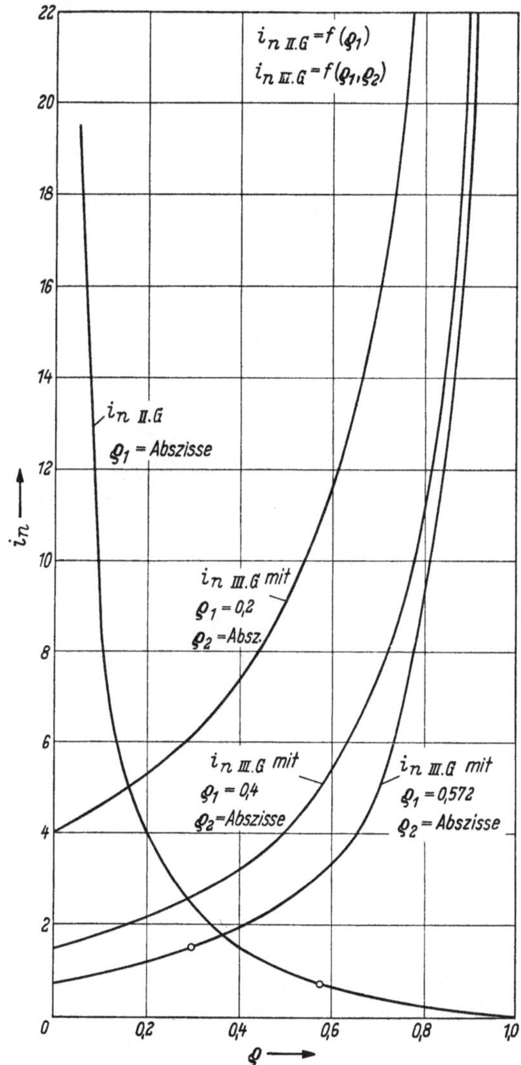

Abb. 3/125. Drehzahlverhältnis i_n für den 2. und 3. Gang als Funktion von ϱ_1 und ϱ_2

Die Drehmoment- und Drehzahlverhältnisse, wie sie in den Gln. (3/79b) bis (3/82b), sowie Gln. (3/83a) bis (3/86a) dargestellt sind, wurden der Diagrammdarstellung Abb. 3/126 zugrunde gelegt. Es wurden die Kurven für die Zusammenarbeit für einen Motor mit über der Drehzahl konstantem Drehmoment mit 2 verschiedenen fiktiven Strömungswandlern errechnet.

Die Kennlinien der fiktiven Wandler ergeben sich aus folgenden Beziehungen:
Wandler I

$$i_m = 2{,}08 - 1{,}2\, i_n$$

$$\frac{M_{P\,1000}}{M_{P\,1000\,K}} = 1$$

Wandler II

$$i_m = 2{,}08 - 1{,}2\, i_n$$

$$\frac{M_{P\,1000}}{M_{P\,1000\,K}} = 1{,}9 - 1{,}0\, i_n$$

Weiterhin wurde festgestellt, daß im 1. Gang $\frac{M_{P_K}}{M_M} = 1$ bei der der Konstruktion der Kurven zugrunde gelegten Konstruktionsdrehzahl n_{MK0} erreicht werde.

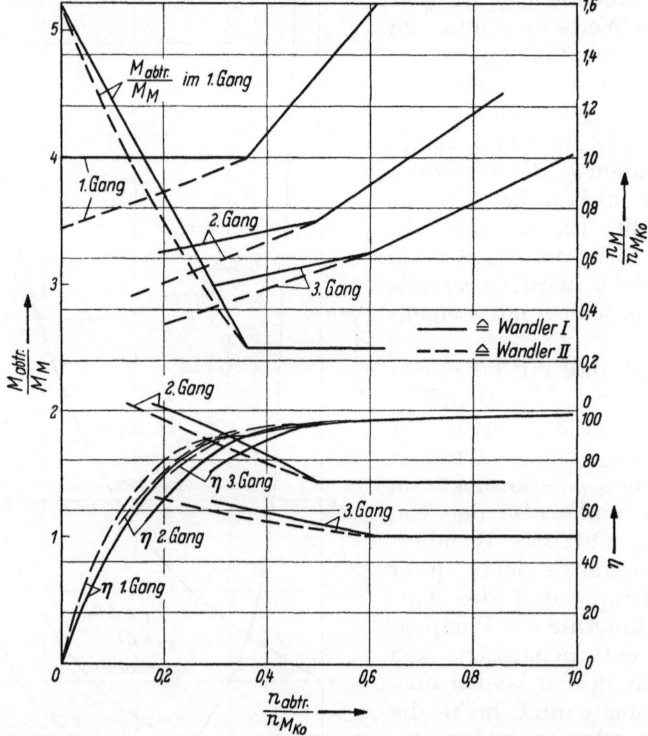

Abb. 3/126. Zusammenarbeitskurven eines Motors mit dem Föttinger-Getriebe nach Abb. 3/116 unter Zugrundelegung zweier fiktiver Wandler

Im Diagramm wurden für die einzelnen Gänge das Verhältnis von Abtriebsmoment zu Motormoment und von Motordrehzahl zu Konstruktionsdrehzahl über dem Verhältnis Abtriebs- zu Konstruktionsdrehzahl aufgetragen.

Die Kurven beginnen für alle Gänge bei einem Drehzahlverhältnis im Wandler von $i_n = 0$. Man erkennt auch hieraus das schon früher Gesagte, daß im 2. und 3. Gang die Abtriebsdrehzahl mit $i_n = 0$ noch einen endlichen positiven Wert hat, daß erst $n_{ab} = 0$ mit negativem i_n erreicht wird, und zwar hier im 2. Gang bei $i_n = -0{,}75$ und im 3. Gang bei $i_n = -1{,}5$.

Aus der Abb. 3/126 geht weiterhin hervor, daß mit zunehmendem Anteil der Reibungskupplung an der Kraftübertragung im Wandler $i_m = 1$ bei niedrigeren Motordrehzahlen erreicht wird.

Über den Verlauf der Wirkungsgrade ist zu sagen, daß sie wegen der Leistungsteilung in den höheren Gängen sehr viel besser liegen, als wenn der Wandler die

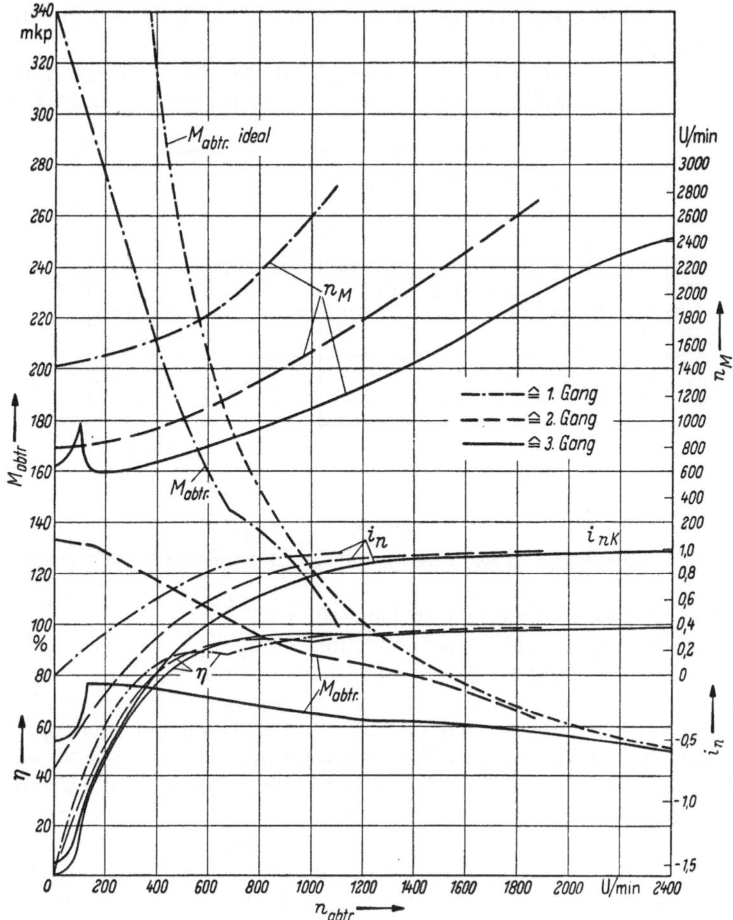

Abb. 3/127. Zusammenarbeitskurven des Motors KHD F 8 L 614 mit dem Kraftwagengetriebe nach Abb. 3/116

gesamte Leistung bei verschiedenen Übersetzungsstufen direkt übertragen müßte. Außerdem zeigt der Verlauf der Wirkungsgrade, daß ihre Erhöhung im Wandlerbereich bei Verwendung eines Wandlers mit größerer Drückung eintritt. Dabei muß allerdings ein geringeres Drehmoment, bezogen auf die gleiche Abtriebszahl in Kauf genommen werden.

Die vorstehenden allgemeinen Untersuchungen werden zweckmäßig an einem speziellen Fall näher verfolgt. Dazu bedarf es der Festlegung eines passenden Motors und eines Wandlers geeigneter Bauart.

Im Diagramm Abb. 3/127 sind der Motor KHD F 8 L 614 und ein KSB-Trilok-Wandler TW 370 verwendet. Für den Föttinger-Wandler muß dabei die vollständige Kennlinie bis $i_n = -1{,}5$ bekannt sein (Abb. 3/128). Der Motor ist so gewählt, daß im 1. Gang der Kupplungspunkt beim Wandler bei einer Eingangsdrehzahl von etwa 200 U/min erreicht wird.

Die Bestimmung von Abtriebsdrehmoment und Abtriebsdrehzahl der einzelnen Gänge wurde mittels der Gl. (3/79b) bis (3/82b) sowie Gln. (3/83a) bis (3/86a) durchgeführt.

Im Diagramm Abb. 3/127 wurden die Kurven von M_{ab}, i_n, n_M, η, und $M_{ab\,\text{ideal}}$ über n_{ab} aufgetragen.

Da die absolute Übersetzung im 1. Gang und im Rückwärtsgang die gleiche ist, erübrigt sich die Aufstellung besonderer Kurven für den Rückwärtsgang.

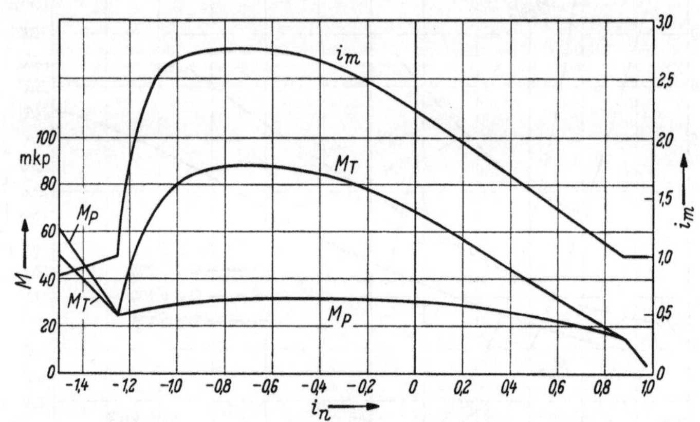

Abb. 3/128. Kennlinien des zum Diagramm Abb. 3/127 gehörenden Trilok-Wandlers

Zu den dargestellten Kurven ist zu bemerken:

Der Verlauf von M_{ab} ergibt in den einzelnen Gängen, besonders im Kupplungsbereich, eine gute Näherung an den idealen Verlauf von M_{ab}.

Der Fahrbereich in den oberen Gängen liegt weitgehend im Kupplungsgebiet.

Der Sprung im Verlauf von n_M und M_{ab} im 3. Gang bei niedriger Abtriebsdrehzahl ist durch den Verlauf der Wandlerkennlinie bei $i_n = -1{,}25$ zu erklären.

Im Kupplungsbereich des 2. und 3. Ganges liegt bei höheren Drehzahlen der Gesamtwirkungsgrad des 2. Ganges über dem des 3. Der Grund hierfür ist, daß vom Kupplungspunkt des Wandlers an für alle darüberliegenden Werte von $i_n i_m = 1$ gesetzt wurde. In Wirklichkeit sinkt jedoch i_m etwas unter 1, so daß damit der Wirkungsgrad des 2. Ganges hier niedriger als der des 3. Ganges sein wird.

Als Ergebnis der Untersuchung kann abschließend festgestellt werden:

Die beschriebene Getriebeausführung mit Leistungsverzweigung im 2. und 3. Gang zeichnet sich gegenüber einem Getriebe, bestehend aus Wandler mit nachgeschalteten Getriebestufen dadurch aus, daß mit zunehmendem Anteil des mechanischen Teils an der Leistungsübertragung der Einfluß des Wandlerwirkungsgrades auf den Gesamtwirkungsgrad entsprechend geringer und der bessere Wirkungsgrad des mechanischen Getriebeteiles wirksam wird.

Als nachteilig ist bei diesem Getriebe anzuführen, daß bei niedrigen Geschwindigkeiten im 2. und 3. Gang i_n negative Werte annimmt, was eine starke Erwärmung des Wandlers zur Folge hat. Es ist daher von Wichtigkeit, daß mit Sicherheit beim Absinken der Abtriebsdrehzahl zu Werten, bei denen i_n negativ würde, in die niedrigere Geschwindigkeitsstufe geschaltet wird.

3.35 Dieselhydraulische Antriebe für Lokomotiven[1]

Die Entwicklung dieselhydraulischer Antriebe für Lokomotiven und Triebwagen war eine Pionierleistung der Deutschen Bundesbahn. Der Erfolg ist so überzeugend, daß andere Länder bedeutende Lokomotivaufträge in der Bundesrepublik unterbringen. So lagen zur Jahreswende 1960/61 Aufträge für mehr als 250 Einheiten vor, wobei die Antriebsleistungen mitunter je 2000 PS überstiegen. Diese Bestellungen kommen von verschiedenen Eisenbahngesellschaften des Auslandes, wobei die Tatsache erwähnenswert erscheint, daß für mehrere starke Güterzuglokomotiven von je 4000 PS für schweren Liniendienst die USA als Käufer auftreten.

Dabei ist die Deutsche Bundesbahn keineswegs unwiderruflich auf dieselhydraulischen Antrieb eingestellt, sondern es wird von ihr ständig der technische Fortschritt beobachtet, insbesondere die scharfe Konkurrenz der elektrischen Antriebe. Es ist auch bekannt, daß die Linien mit dem schwersten Verkehr voll elektrifiziert worden sind.

Die Standardtype der dieselhydraulischen Zuglokomotive in Deutschland ist die V-200. Die ersten dieser Maschinen, die für Personen- und Güterzüge auf Hauptlinien bestimmt waren, wurden 1953 in Dienst gestellt. Inzwischen ist ihre Anzahl auf 86 gewachsen.

Ursprünglich wurden diese Maschinen mit zwei 1100 PS starken, schnelllaufenden Dieselmotoren ausgerüstet. Die Leistung wurde in den nächsten Jahren immer wieder gesteigert, und zur Zeit stellt man V-200-Lokomotiven mit 2700 PS in Dienst.

Daß die V-200 hauptsächlich im Personenverkehr laufen, ist eine Folge der seinerzeitigen Planung, da sie auf schnellen Strecken die Dampflokomotiven ersetzen sollten. Nach Verlautbarungen der Bundesbahn ist dies keineswegs als eine Bestätigung der oft vertretenen Ansicht aufzufassen, daß der dieselhydraulische Antrieb für Güterzüge ungeeignet ist. Es liegen im Gegenteil außerordentlich günstige Erfahrungen vor. Die V-200 haben sich bei besonderen Erprobungen als zuverlässig und geeignet für den schweren Güterzugdienst erwiesen.

Es muß hervorgehoben werden, daß sich die Zuverlässigkeit auch in dem Mangel an Reparaturanfälligkeit auswirkt. Nach dem im Augenblick geltenden Turnus werden die V-200 alle 3 Jahre überholt. Sie sind dann etwa 600000 km gelaufen, da sich bei täglichen Strecken von 1000 bis 1200 km ein Jahresdurchschnitt von etwa 220000 km ergibt. Nach den vorliegenden Erfahrungen ist dies jedoch nicht die obere Grenze, sondern das Überholungsintervall wird wahrscheinlich in Kürze auf 4 Jahre steigen.

Es sollte dabei betont werden, daß die Überholungsnotwendigkeit auch innerhalb dieses großen Zeitraumes keineswegs auf den hydraulischen Antrieb zurückzuführen ist, dessen Teile vollkommen im Ölbad arbeiten, so daß die Abnutzung ganz außerordentlich niedrig ist.

Nach den bisherigen Erfahrungen mit 86 Maschinen setzt man die Mindestlebensdauer auf 30 Jahre an und rechnet mit Kosten für Unterhalt von 0,3 DM per Kilometer.

Neben diesen schweren Einheiten für den Streckenverkehr ist die V-60 im Verschiebedienst eingesetzt, wobei es davon Mitte 1960 560 gab. Das hierfür von J. M. Voith gelieferte hydraulische Triebwerk L 37 wurde dabei systematisch überprüft. Man hat ständige Laufzeiten von 25000 Stunden erreicht, ohne daß ein An-

[1] Unterlagen sind der amerikanischen Zeitschrift: Railway Lokomotives and Cars, Sept. 1960, entnommen.

zeichen für eine notwendige Überholung gegeben war. Wegen der hervorragenden Zugeigenschaften der dieselhydraulischen Antriebe macht man sich die damit gemachten Erfahrungen bei der Entwicklung der elektrischen Antriebe zunutze. Man geht zum Teil davon ab, daß einzelne Elektromotoren die Achsen direkt antreiben, sondern verbindet die Antriebseinheiten mit dem Lokomotivkörper und geht mit einer Kardanwelle auf die Räder. Die Begründung für die hervorragenden Zugeigenschaften liegt aber wohl nicht darin, daß die Verbundachsen die Adhäsionskräfte günstig ausnutzen, sondern im wesentlichen in den inneren Eigenschaften der Hydraulik.

Das Drehmoment wird durch den Wandler oder die Kupplung rasch erzeugt aber nicht so schlagartig, wie es bei dem Einschalten des elektrischen Stromes beim elektrischen Antrieb auftritt.

Die Drehmomentkurve über der Geschwindigkeit aufgetragen fällt im Anfahrgebiet scharf ab. Dieses ist der Grund dafür, daß bei dieselhydraulischen Antrieben kein Rutschen der Räder eintritt. Wenn nur die Neigung besteht, daß die Räder schlüpfen, fällt das Drehmoment in solch einem Umfang ab, daß das Gleichgewicht zwischen Zugkraft und Adhäsion wiederhergestellt wird. Nimmt man zu dieser Tatsache noch den Umstand, daß mechanisch gekuppelte Achsen nicht so leicht zu einem Gleiten der Räder führen, wie der Einzelantrieb, so kommt man zu einem von bedeutenden Experten der DB ausgesprochenen Urteil, nämlich daß bei gleichem Lokomotivgewicht eine Zugmaschine mit hydraulischer Antriebsgruppe höhere Anzugskräfte entwickeln kann und fähiger sein wird, schnelle Züge auf Steigungen zu ziehen als jede andere.

Der hydraulische Antrieb erfüllt alle Anforderungen, die die ständige Zugarbeit der Lokomotive stellt. Bei geringen Geschwindigkeiten kann die volle Leistung der Dieselmaschine ohne zeitliche Begrenzung angewendet werden. Im Gegensatz zu den elektrischen Maschinen, bei denen der Erwärmung eine Grenze gesetzt ist, kann die in den Föttinger-Getrieben anfallende Wärme leicht beherrscht werden. Sie entsteht im Öl selbst, und wenn man beachtet, daß die spezifische Wärme des Öls mindestens 5mal so hoch ist wie die von Kupfer, erhält man leicht einen Begriff davon, wie man mit Hilfe von Kühlern und Wärmeaustauschern jede im hydrodynamischen Getriebe anfallende Wärmemenge steuern kann.

Die maximale Zugkraft kann sogar für eine praktisch unbegrenzte Zeit im Stillstand ausgeübt werden. Dieses ist wichtig für das Anfahren der Züge bei Frost oder wenn die Bremsen nicht vollständig gelöst sind. Der Nachweis wurde experimentell erbracht, indem man eine dieselhydraulische Verschiebelokomotive längere Zeit gegen einen Prellbock drücken ließ.

Wegen der üblichen Anordnung bei dieselhydraulischen Antrieben, bei denen die Maschinen am Lokomotivkörper elastisch aufgehängt sind und mit einer Kardanwelle auf die Antriebsräder arbeiten, sind die ungefederten Gewichte dieser Lokomotive besonders gering, und es ist daher nicht verwunderlich, daß ihre Fahreigenschaften hervorragend sind.

Von erstrangiger Bedeutung für die positive Beurteilung der dieselhydraulischen Antriebe ist das hohe Verhältnis der Drehmomentübersetzung, das zum Teil 10 : 1 beträgt. Dieses erlaubt die Einrichtung der Mehrzweckmaschinen, die sowohl Geschwindigkeiten bis 150 km/h entwickeln können als auch das volle Adhäsionsgewicht auszunutzen imstande sind.

Der Übertragungswirkungsgrad eines Föttinger-Wandlers erreicht im allgemeinen etwas über 85% und eine Föttinger-Kupplung kommt auf 93%. Wegen des im allgemeinen parabolischen Verlaufes des Wirkungsgrades eines hydrodynamischen Wandlers würde man in dem weiten Bereich, in dem eine Lokomotive arbeiten muß, bei Verwendung eines Föttinger-Getriebes bald in Gebiete mit ungünstigem Wirkungsgrad kommen. Durch besondere Maßnahmen ist es aber gelungen, vernünftige Wirkungsgrade im Gesamtbereich zu erzielen.

Beim Anfahren muß eine hohe Kraft am Zughaken aufgebracht werden und auf längeren Ste gungen die entsprechende Leistung vorhanden sein, aber ebensowohl müssen große ebene Strecken mit hoher Geschwindigkeit passiert werden.

Zwei grundsätzlich verschiedene Verfahren haben sich bisher im Einsatz bewährt. Am meisten durchgesetzt hat sich das in der Bundesrepublik hauptsächlich

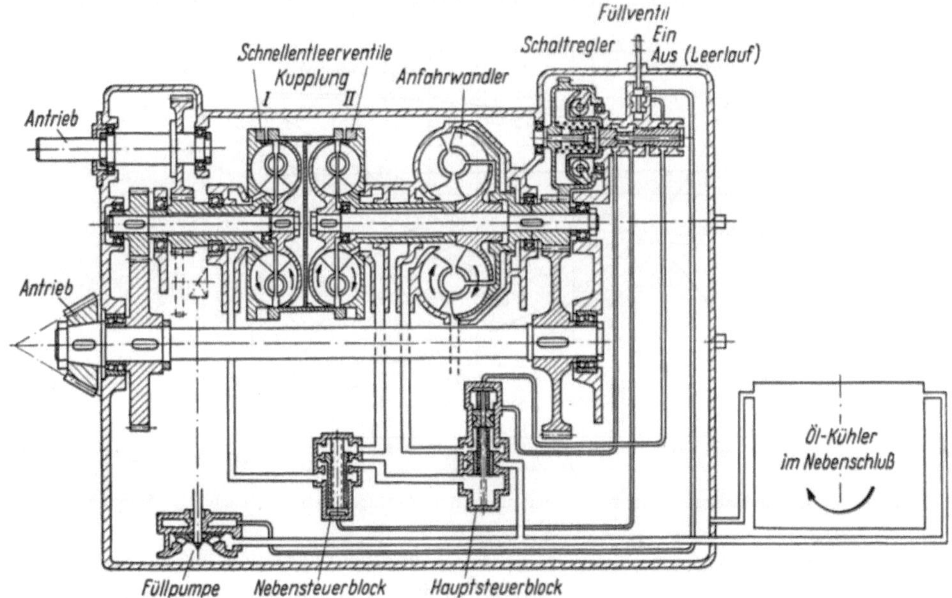

Abb. 3/129. Dreikreis-Föttinger-Getriebe für Lokomotiven

von J. M. Voith angewendete Verfahren, 2 oder 3 verschiedene hydraulische Getriebeeinheiten zu installieren, und zwar mit Drehmomentwandlern ausschließlich oder mit mindestens einer Föttinger-Kupplung. Jede der hydraulischen Einheiten ist dabei mit entsprechendem Zahnradgetriebe für einen Geschwindigkeitsbereich vorgesehen. Die Schaltung ist so ausgearbeitet, daß jeder der besonderen Übertragungskreisläufe in seinem optimalen Gebiet arbeitet, und die Inbetriebnahme der einzelnen Getriebe erfolgt durch Füllen und Entleeren. Dabei wird das Füllen und Entleeren derartig gesteuert, daß die Zugkraft niemals unterbrochen wird. Die Ausführung ist ohne weitere Beschreibung nach Abb. 3/129 verständlich.

Eine andere Methode, das Mekydroverfahren (s. Abschn. 4.5), verwendet einen Drehmomentwandler, der ständig gefüllt ist und dem ein mechanisch geschaltetes Getriebe mit 3 oder 4 Gängen nachfolgt.

Die Entwicklungsarbeiten der Bundesbahn für dieselhydraulische Lokantriebe begannen in den dreißiger Jahren und wurden im Krieg fortgesetzt. Als es nach dem Kriege galt, den Lokomotivpark zu erneuern, kam man zu dem Entschluß, für die nicht elektrifizierten Linien ausschließlich dieselhydraulische Maschinen zu verwenden.

Die Erfahrung bestätigt die Berechtigung dieses Entschlusses, denn es stellte sich heraus, daß die hydraulische Übertragung sicher und zuverlässig arbeitet, leicht zu kontrollieren und einfach in der Unterhaltung war. Besonders eingehende Untersuchungen der Bundesbahn haben überragende Vorzüge auch auf wirtschaftlichem Gebiet erwiesen.

3.36 Allgemeine Anwendung der Föttinger-Getriebe

3.361. Anwendung in der Industrie. In den Prospekten amerikanischer Wandlerfabriken findet man oft Diagramme entsprechend der Abb. 3/130. Mit diesen Kurven soll dem weitverbreiteten Irrtum entgegengetreten werden, daß der hydrodynamische Drehmomentwandler an sich ein unwirtschaftliches Gerät darstellt, das

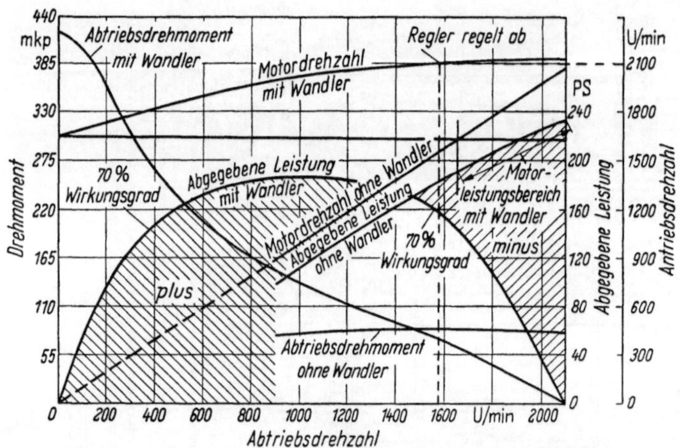

Abb. 3/130. Leistungsabgabe eines Motors mit und ohne Föttinger-Getriebe (nach J. B. SCHUBELER)

sich nur das reiche Amerika in großem Ausmaß leisten könnte. Diese Auffassung ist irrig, denn gerade in den USA genießt der Föttinger-Wandler seine große Verbreitung wegen seiner Fähigkeit, die Leistungsabgabe der mit ihm ausgerüsteten Maschinen zu steigern und damit mehr Gewinn durch die Kapitalanlage, die eine Maschine darstellt, zu erzielen. Man darf nicht immer nur an erhöhten Kraftstoffverbrauch durch schlechteren Wirkungsgrad denken, sondern wenn durch mehr Kraftstoff erhöhte Gesamtleistung erkauft wird, ist zu untersuchen, ob darin nicht ein entscheidender Vorteil liegt.

In der Abb. 3/130 ist die Leistungskurve eines bestimmten Dieselmotors dargestellt, der 234 PS bei 2100 UpM entwickelt. Leistungskurve und Drehmomentkurve sind über dem nutzbaren Drehzahlbereich zwischen 900 und 2100 UpM dargestellt. Die Zusammenarbeitskurve mit einem hier 3stufigen Wandler zeigt, daß die Höchstleistung allerdings um 28 PS geringer geworden ist, dafür deckt aber die Leistungsabgabe des Motors mit Wandler einen viel breiteren Bereich, wenn man die Abtriebsdrehzahl berücksichtigt. Durch Schraffur ist der gewonnene Leistungsbereich dargestellt, durch entgegengesetzte Schraffur die Minderleistung. Allerdings kann man durch eine der besprochenen Maßnahmen, durch eine mechanische Durchkupplung oder durch einen Wandler nach dem Trilok-System, auch dieses Gebiet teilweise zurückgewinnen.

Sehr interessant ist der Gewinn an Abtriebsdrehmoment. Die Drehmomentsteigerung, im Beispiel bis zum 5,35fachen, erfolgt selbsttätig und gleichmäßig in dem Maße, wie die Abtriebsdrehzahl durch zusätzliche Belastung herabgesetzt wird. Die Ausnutzung der Motorleistung in breitem Bereich wird dadurch erzielt, daß der Motor noch mit 1650 UpM laufen kann und 190 PS abgibt, wenn die Abtriebsseite stillsteht.

Es gibt zahlreiche Anwendungen von Föttinger-Getrieben bei industriellen Einrichtungen, aber jede von ihnen erfordert eine besondere Behandlung und eine individuelle Berücksichtigung der Verhältnisse. Im Grundsatz kann auf die Aufzählung verwiesen werden, die im Zusammenhang mit der Anwendung der Föttinger-Kupplung in Abschn. 2.4 gegeben wurde. Das Anwendungsgebiet der Wandler reicht aber in mancher Beziehung über das, was die Kupplung leisten kann hinaus, denn der Wandler kann im Gegensatz zur Kupplung nicht nur das maximale Drehmoment einer Antriebsmaschine in einem beliebigen Zusammenhang mit der Abtriebsdrehzahl zur Anwendung bringen, sondern er kann in gewissen Bereichen das zur Verfügung stehende Primärmoment vervielfachen. Vor allen Dingen nimmt er nur ein gewisses Drehmoment auf, so daß eine Überanstrengung mit Sicherheit ausgeschaltet werden kann. Es könnte etwa das maximale Anlaufmoment eines Förderbandes begrenzt werden.

Außer für Förderbänder, bei denen auch Kupplungen bereits gute Dienste tun, haben sich Wandler bei Kranen, Winden, Schaufelladern, Schrappern, Raupen und Rädertraktoren, Schienenfahrzeugen und Selbstladern bewährt sowie in Bohrfeldeinrichtungen eine umfangreiche Anwendung gefunden.

Man muß sich bewußt sein, daß der Drehmomentwandler sich bei diesen industriellen Anwendungen nur dann durchsetzen wird, wenn er dem Benutzer spürbare Vorteile verschafft, sei es, indem er den Unterhalt und die Reparaturzeiten der Geräte oder Fahrzeuge reduziert, mehr Arbeit über die Zeit ergibt, was die Amerikaner mit Verbesserung des Ausnutzungsgrades bezeichnen, oder indem er eine höhere Wirtschaftlichkeit in bezug auf den Primärkraftverbrauch verbürgt. Dies kann z. B. darin bestehen, daß eine Verbrennungskraftmaschine einen geringeren Brennstoffbedarf hat oder indem z. B. ein kleinerer Elektromotor gewählt werden kann, der sonst evtl. mit Rücksicht auf schweren Anlauf oder gelegentliche Überlastung im Betrieb zu groß dimensioniert werden muß und daher einen schlechten $\cos \varphi$ hat. In jedem Fall verbürgt der Drehmomentwandler, daß die Bedienung einfacher wird. Nur in gewissen Fällen wird dieses allein von ausschlaggebender Bedeutung sein, z. B. wenn in unterentwickelten Ländern für die Bedienung von Planierraupen ungeschultes Personal eingesetzt werden kann.

Die Industrieanwendungen erfordern glattes Anfahren ohne Stöße und müssen die Erhöhung der Geschwindigkeit bei unterschiedlichen Lastbedingungen gestatten. Einheiten, wie z. B. Traktoren, welche verschiedenartig eingesetzt werden, z. B. zum Planieren, Pflügen oder Baggern müssen unter Bedingungen starten und laufen, bei denen die Änderung der Geschwindigkeit durch Handschaltung unter Last eine schwere Aufgabe darstellt. Durchschalten auf andere Übersetzung endet bei diesen Maschinen bei sehr kleinen Geschwindigkeiten gewöhnlich mit ihrem Stillstand. Der sich automatisch den Lastbedingungen anpassende Drehmomentwandler ist die natürliche Lösung in solchen Fällen.

Im Zusammenhang mit der Beschreibung der Föttinger-Getriebe für ihre Verwendung im Kraftfahrzeug ist ihre besondere Eignung dafür betont worden. Dementsprechend ist auch ihr Einsatz in Fahrzeugen und ortsbeweglichen Arbeitsmaschinen der absoluten Stückzahl nach hoch und ins Auge fallend. Die Anwendung bei stationären Antriebseinheiten ist nicht so auffällig verbreitet, aber bei der großen Anzahl der Industriebetriebe schon jetzt von erheblicher Bedeutung. Die ständig steigenden Ansprüche an die Produktionsmittel, ihre Zuverlässigkeit, Wirtschaftlichkeit und leichte Bedienbarkeit zwingen dazu, dem Einsatz der Föttinger-Getriebe auch hier mehr und mehr Beachtung zu schenken.

Es kommt häufig vor, daß Arbeitsmaschinen, die wegen ihrer großen Schwungmassen oder aus anderen Gründen einen schweren Anlauf haben, öfters anfahren oder bei schwankender Drehzahl besondere Arbeitsspitzen bewältigen müssen. Abb. 3/131 zeigt am Beispiel einer Zentrifuge die einfache, technisch einwandfreie Lösung für diesen Fall durch einen stationären Föttinger-Wandler im Antrieb. Während man sonst wegen der Anlaufverhältnisse teure Elektromotoren mit besonderen Anlaßeinrichtungen verwenden mußte, genügt nunmehr ein einfacher Asynchronmotor, der noch nicht einmal für schweren Anlauf ausgelegt zu werden braucht.

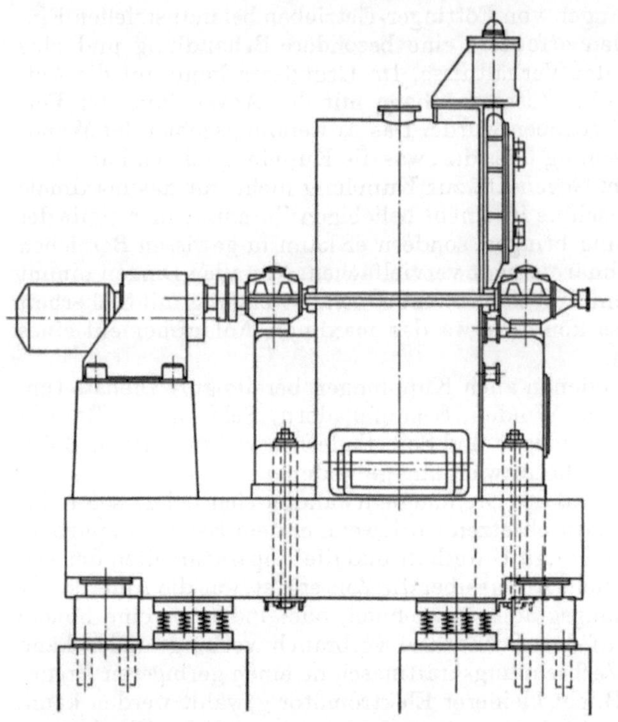

Abb. 3/131. Antriebsgruppe für eine Zentrifuge, bestehend aus Asynchronmotor, Föttinger-Wandler und Nachschaltgetriebe

Arbeitsspitzen, die etwa durch Beschicken der Zentrifugentrommel oder durch Ausschälen bedingt sind, stellen jetzt keinerlei Ansprüche an die Achtsamkeit der Bedienung, und man kann die Einheit über den Wandler auch beliebig oft und nahezu beliebig kräftig abbremsen. Da man ohne den zwischengeschalteten Wandler den Motor erheblich größer wählen müßte und die notwendige Anlaßeinrichtung ziemlich kostspielig würde, ermäßigt sich durch Einsatz des Wandlers oft schon der Anschaffungspreis. Im Betrieb ergeben sich Stromeinsparungen und vor allem erheblich geringere Reparaturkosten.

Abb. 3/132. Stationärer Föttinger-Wandler im Antrieb einer Vakuumpumpe der Firma Heraeus

Ganz andere Verhältnisse liegen beim Einsatz eines stationären Wandlers für den Antrieb einer Vakuumpumpe vor. Abb. 3/132 zeigt eine solche Einheit. Öfen, Kammern oder Trommeln müssen nach dem Beschicken schnell auf Vakuum gefahren werden. Die dabei vorzugsweise verwendeten Rootsgebläse erfordern zunächst ein hohes Drehmoment, das mit steigendem Vakuum zurückgeht. Der Wandler bewirkt automatisches Anpassen des Antriebs an die verschiedenen Bedingungen und volle Ausnutzung des Elektromotors in allen Betriebsbereichen.

Die Fülle der bestehenden Möglichkeiten kann hier nicht erschöpfend behandelt werden, daher soll es bei diesen Beispielen sein Bewenden haben.

3.362 Selbstfahrende Arbeitsmaschinen. Der Stückzahl nach liegt das Hauptanwendungsgebiet der Föttinger-Getriebe zweifellos bei den Kraftfahrzeugen, Automobilen, Omnibussen und Schienenfahrzeugen; die größere Mannigfaltigkeit der Aufgaben und der Baumuster findet sich jedoch bei den Maschinen auf Rädern oder Raupen, ohne die das Bauwesen die großen zeitbedingten Aufgaben nicht bewältigen könnte. Um nur die bekanntesten zu nennen:

Schaufellader,
Motorschürfkübel oder Scraper,
Planiergeräte oder Bulldozer,
Straßenhobel oder Grader,
Schlepper auf Rädern oder Raupen,
Krane,
Löffel- und Greiferbagger oder Exkavators.

Bei der Mehrzahl dieser Geräte werden große Leistungen umgesetzt. Es gibt Scraper, deren Schürfkübel weit über 10 t faßt. Daher spricht man in diesem Zusammenhang oft auch von Schwerfahrzeugen.

Es wird von Benutzern [*48*] angegeben, daß ihnen erhöhte Auslagen, die evtl. für Kraftstoff in Frage kommen, das 10fache als Reingewinn einbrachten. Mitunter war es überhaupt erst durch den Wandler möglich, z. B. im Straßenbau steile Hänge mühelos zu befahren, oder die mit Wandlern ausgerüsteten Sonderwinden für die Holzabfuhr machten es erst möglich, Wälder zu bearbeiten, die vorher unzugänglich waren. Bei Planierschleppern fällt z. B. das Anlernproblem weg. Während früher ein versierter Fachmann mit geübtem Ohr darüber wachen mußte, ob seine Planierraupe nicht steckenblieb, wird bei dem mit Wandler ausgerüsteten Fahrzeug einfach die Arbeitsgeschwindigkeit vorgewählt, und der Ungeübte und vielleicht auch Ungelernte kann sofort die Arbeit verrichten.

Die allgemeinen Erfahrungen, die man mit Föttinger-Getrieben bei Schwerfahrzeugen, Baggern und Baumaschinen aller Art gemacht hat, ergeben bei bedeutender Verlängerung der Betriebszeiten zwischen den Überholungspausen für Motor, Getriebe und Hinterachse bei gleichzeitiger wesentlicher Erhöhung der Leistungsfähigkeit trotz dieser erhöhten Leistungsfähigkeit eine wesentlich erhöhte Lebensdauer der Raupen von Traktoren und eine bedeutende Steigerung der Lebensfähigkeit der Drahtseile bei Baggern.

Eingehende Messungen, die schon vor 8 Jahren durch interessierte Firmen in Amerika durchgeführt worden sind, ließen auch die Ursachen für dieses überraschende Ergebnis erkennen. Nach einem Vortrag ([*45*] auch [*48*]), der bei der SAE darüber gehalten wurde, kann man als Ergebnis der genauen Messung der Beanspruchung einzelner Triebwerksteile festhalten:

Beim Anfahren mechanisch angetriebener schwer beladener Lastwagen war das Einkupplungsstoßdrehmoment ungefähr 4,28 mal so groß wie das beobachtete Anfahrdrehmoment in einer vergleichbaren mit Drehmomentwandler versehenen Kraftübertragung.

Durch schnellen Gangwechsel entstanden Stoßspannungen bei dem gleichen, aber mechanisch angetriebenen Fahrzeug, die 4,25 mal so groß waren wie bei dem mit Drehmomentwandler.

Die Lastschwankungen lagen bei normalen Betriebsbedingungen bei mechanisch angetriebenem Lastfahrzeug auf $\pm 28\%$ gegenüber $\pm 14\%$ bei Wandlerbetrieb. Die Lastschwankungen beim Gangwechsel stiegen gleicherweise auf $\pm 67\%$ bzw. $\pm 25\%$.

Im Zusammenhang mit ständig wiederkehrenden Beschädigungen hat eine deutsche Fabrik [*50*] durch genaue Messungen am Fahrzeug festgestellt, daß durch Drehschwingungen beim Kuppeln Stoßmomente auftreten, die ein Vielfaches der rechnerischen Normallast betragen. Bezeichnenderweise fand man, daß beim Schalten des direkten Ganges die höchsten Beanspruchungen auftraten. Sie lagen bei etwa dem 4,5fachen des Mittelwertes.

Angesichts solcher Beobachtungen ist die erstaunliche Auswirkung der Föttinger-Getriebe auf die Lebensdauer und die Reparaturbedürftigkeit der damit ausgerüsteten Kraftübertragungselemente verständlich. Nach sorgfältigen Beobachtungen kann man übernehmen [*48*], daß die Wandlerkraftübertragung eine ungefähr um 47% erhöhte Motorlebensdauer, um 400% erhöhte Getriebelebensdauer und um 93% erhöhte Differentiallebensdauer erzielt.

Gegner der Wandlergetriebe weisen darauf hin, daß diese bedeutende Ersparnis an Unterhalts- und Überholungskosten durch einen Verlust an effektiver Leistungsfähigkeit erkauft werden müßte. Ein wirksames Schaltgetriebe, das richtig betätigt wird, müßte vermöge seines höheren Wirkungsgrades die Leistungsfähigkeit des Drehmomentwandlers übertreffen.

Inzwischen ist diese Frage einwandfrei entschieden worden. Die Allis-Chalmers Manufacturing Comp., eine der ersten Großhersteller von Planierraupen, veröffentlichte einige sehr interessante Versuchsergebnisse darüber, die von der SAE nachgeprüft wurden [*53*].

Um zu Vergleichsmöglichkeiten zu gelangen, wurde der Begriff des Lastwechselfaktors und des Leistungsfaktors geprägt. Der Lastwechselfaktor wird definiert aus:

Maximale Last – durchschnittliche Last: maximale Last,

während der Leistungsfaktor

die Durchschnittsleistung: maximale Leistung

des Motors darstellt. Beim Planieren ergab sich für die mechanisch angetriebene Raupe ein Leistungsfaktor von 55%, während das gleiche Fahrzeug mit Wandler 65% erreicht. Das ergab eine Mehrleistung von ungefähr 22% an bearbeiteter Fläche. Diese Zahlenangaben haben natürlich keine Allgemeingültigkeit, sondern sie berücksichtigen spezielle Verhältnisse. Wie man damit entscheiden kann, was im einzelnen Fall günstiger ist, zeigt Abb. 3/133. Hier ist der Lastwechselfaktor als Ordinate und der Leistungsfaktor als Abszisse aufgetragen.

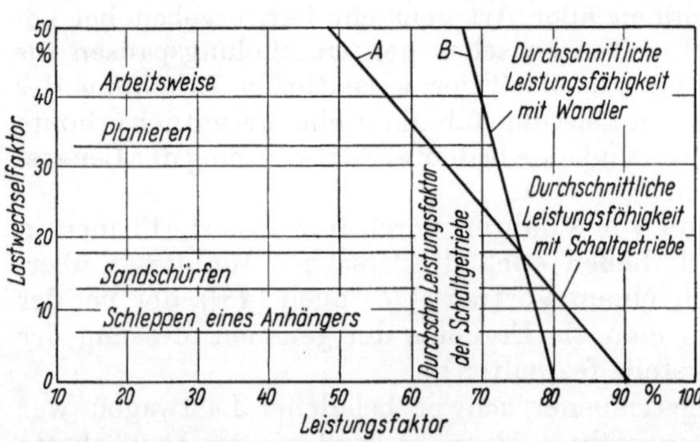

Abb. 3/133. Anwendungsbereiche der Föttinger- und der mechanischen Schaltgetriebe im Lastwechsel-Leistungsfaktordiagramm

Die Linie *A* stellt die Beziehung für eine Raupe mit Schaltgetriebe dar, Linie *B* diejenige für das gleiche Fahrzeug mit Wandler. Es handelt sich hier um Ergebnisse in der Praxis. Man kann ohne weiteres erkennen, wann es nicht angebracht ist, einen Wandler einzusetzen.

Nicht nur beim Betrieb von Traktoren, sondern auch bei den meisten Baumaschinen finden wir rasche Lastwechselbedingungen, die ein geeignetes Feld für den Wandlerbetrieb darstellen. Ein wichtiges Beispiel dafür ist ein Bagger mit einem Schürfkübel. Die Kraft zum Durchziehen des Löffels ist nicht nur abhängig vom jeweiligen Widerstand im Erdreich, sondern variiert auch noch mit der Stellung des Schürfkübels zum Auslegerarm.

Wenn man bei der Konstruktion des Baggers beachtet, daß ein Überschreiten der sicheren Grenzen der Seilbelastung oder der Stabilität nicht eintritt, ermöglicht der Einsatz eines Wandlers die Erfassung weitaus größerer Materialmengen, und zwar tritt, wie häufig beim Wandlereinsatz, neben dem reinen mechanischen Effekt ein günstiger Einfluß auf den Bedienungsmann hervor. Der Fahrer kann hier seine Maschine mit größerer Sicherheit einsetzen, in der Gewißheit, daß er sie weder umkippen noch den Motor abwürgen kann.

Beim Einbau eines Wandlers in einen Bagger muß immer berücksichtigt werden, daß die Drehbewegung wenig Kraft erfordert und daß evtl. ein vom Antrieb gesteuerter Motorregler vorgesehen werden muß, um eine Beschleunigung dieser Bewegung bei Wegfall der Arbeitslast zu verhindern. Das Schalten eines mechanischen Getriebes ist während des Arbeitsvorganges eines Baggers praktisch nicht möglich.

Die folgende Diskussion der bei den verschiedenen Maschinengattungen anstehenden Sonderaufgaben soll in das umfangreiche Anwendungsgebiet einführen.

Schaufellader. Fast alle heutzutage hergestellten Schaufellader mit Luftreifen werden mit Drehmomentwandlern ausgerüstet. Die Gründe für diese vollständige Aufnahme der Wandlergetriebe sind:

1. Kein Abwürgen der Maschine.
2. Stetige automatische Anpassung an die Erfordernisse von Drehmoment und Geschwindigkeit.
3. Die Fähigkeit gleichzeitiger Fahrbewegung und Schaufelbetätigung.

Die Auswahl des optimalen Drehmomentwandlers wird durch den hohen Anteil an Maschinenleistung, der durch die Hydraulikpumpe verlangt wird, ausschlaggebend beeinflußt. Diese hohe Leistung, die manchmal 50% der Maschinenleistung erreicht, ist erforderlich, um angemessene Schaufelgeschwindigkeiten für schnelle Arbeitsspiele zu gewährleisten.

Da die Hydraulikpumpe mit dem Motor entweder direkt oder über Zahnräder verbunden ist, kann es vorkommen, daß sowohl die Pumpe als auch der Fahrantrieb zur gleichen Zeit Leistung verlangen. Wenn einer oder gar beide dieser Antriebe nicht sorgfältig der Eigenart der Maschine angepaßt werden, kann eine außerordentliche Herabsetzung der Motordrehzahl eintreten, was eine geringere Ladeleistung bedeutet.

Der Motor wird weit weniger gedrückt, wenn die Hydraulikpumpe nicht läuft, und die Drückung bewegt sich in bescheidenen Grenzen, wenn die Pumpe allein arbeitet.

Die Zusammenarbeit von Motor und Wandler bei unbelasteter Hydraulikpumpe kann unter Berücksichtigung der normalen Leistungsverluste durch Ventilator, Dynamo und andere Hilfseinrichtungen berechnet werden. Dagegen muß auch der andere Fall berücksichtigt werden, daß die Hydraulikpumpe ihre volle Leistung verlangt. Es ergeben sich so zwei verschiedene Kurven, die die beiden Grenzwerte der ausgeschalteten und vollbelasteten Hydraulikpumpe erfassen. Diese beiden Kurven sind in der Abb. 3/134 eingetragen.

Im allgemeinen wird die Hydraulikpumpe während des größten Teiles des Arbeitszyklus nicht voll belastet werden. Vollast tritt nur ein, wenn die Schaufel angehoben oder gefüllt wird.

Das Beispiel weist darauf hin, daß die Antriebseinheit Motor und Wandler niemals für längere Zeit auf den gezeichneten Kurven arbeiten wird. Die ausgezogene und die gestrichelte Kurve zeigen nur die extremen Fälle, bei denen die Maschineneinheit arbeitet, wenn die Belastung der Hydraulikpumpe zwischen den Extremwerten schwankt.

Aus den Zusammenarbeitskurven kann entnommen werden, daß mehrstufige Wandler in festen Gehäusen für Schaufellader besonders geeignet sind. Ihre Konstruktion gestattet einfachen Einbau und beliebige Anschlüsse für Hilfsantriebe.

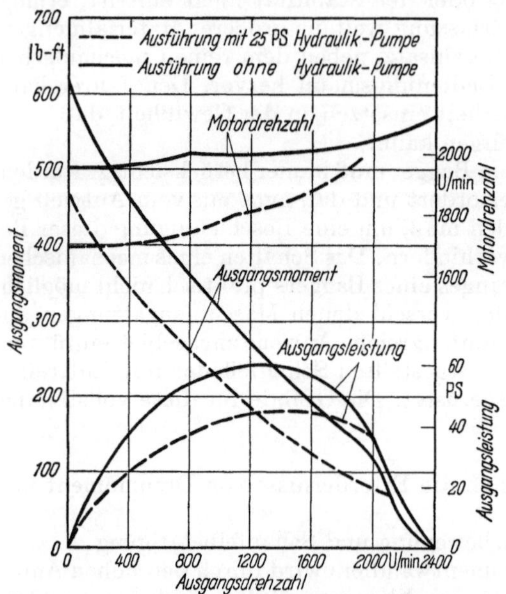

Abb. 3/134. Zusammenarbeitskurven von Motor und Föttinger-Getriebe bei einem Schaufellader

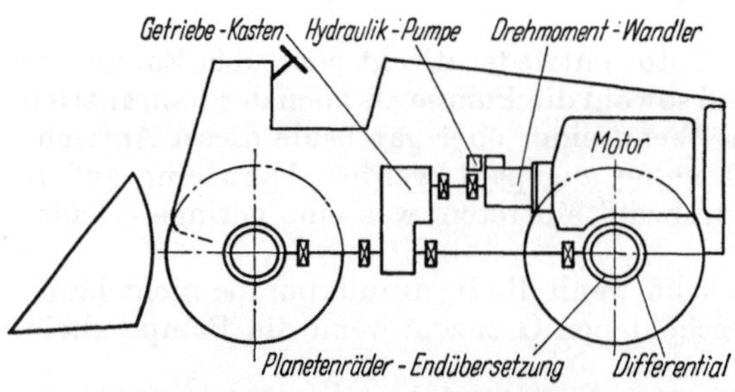

Abb. 3/135. Triebwerk eines Schaufelladers

In Abb. 3/135 ist eine typische Anordnung für den Schaufellader gezeichnet. Die Getriebe können ganz oder teilweise unter Last geschaltet werden. Bei teilweiser Lastschaltung sind für Vorwärts- und Rückwärtsschaltung Reibungskupplungen vorhanden und handbetätigte Klauenkupplungen zum Schalten der Gänge. Es gibt auch Ausführungen mit vielfältiger Schaltmöglichkeit.

Zur günstigen Ausnutzung der Schaufellader werden mindestens drei Geschwindigkeiten für Vorwärts- und Rückwärtsfahrt als notwendig angesehen. Manche Hersteller ziehen vier Geschwindigkeiten vor. Dabei liegt die Arbeitsgeschwindigkeit zwischen 0 und 6 km/h, während bei Fahrt mit Last 16 km/h und leer 40 km/h erreicht werden sollen.

Bei allen Erdbewegungsmaschinen ist es notwendig, das Kühlproblem sorgfältig zu studieren. Es muß daran gedacht werden, daß man die im normalen Anwendungsbereich bei allen Fahrzuständen anfallende Wärme wirklich beherrschen muß.

Motorschürfkübel. Der moderne, mit Rädern ausgerüstete Schleppermotorschürfkübel vereinigt beides: einen Schürflader, der bei langsamen Geschwindigkeiten arbeitet, und ein Transportgefährt, das höhere Geschwindigkeiten erreicht. Die Arbeitsgeschwindigkeit liegt bei 4 km/h, während für die Fortbewegung der Ladung 60 km/h anzusetzen sind.

Da man annimmt, daß der Transport der Füllung bei hoher Fahrgeschwindigkeit die Hauptforderung darstellt, ist es gebräuchlich, Trilok-Wandler mit rotierendem Gehäuse zu verwenden.

Gewöhnlich werden die Wandler mit Schaltgetrieben kombiniert, welche 3 oder 5 Vorwärts- und 1 Rückwärtsgeschwindigkeit haben. Bei langen Transportwegen ist eine Durchkupplung zur Verbesserung des Wirkungsgrades von Bedeutung. Für die Talfahrt mit schwerer Last ist es wichtig, daß außerdem eine hydraulische Bremse mit der Antriebseinheit verbunden ist.

Abb. 3/136 zeigt eine Zusammenarbeitskurve mit einem 5-Gang-Getriebe mit Durchkupplung des Wandlers. Die Verhältnisse sind passend für einen 4-Rad-Schlepper für 60 km/h Spitzengeschwindigkeit gewählt worden. Die Arbeitsgeschwindigkeit im ersten Gang sollte bei 4 km/h liegen. Diese Geschwindigkeit hat sich für das Stoßladen der Motorschürfkübeltraktoren als vorteilhaft erwiesen. Mit „Stoßladen" soll hier der Arbeitsgang bezeichnet werden, bei dem man eine Bewegung des Fahrzeuges gleichzeitig zur Füllung des Schürfkübels besonders bei hartem Boden oder zur Überwindung irgendwelchen Widerstandes heranzieht.

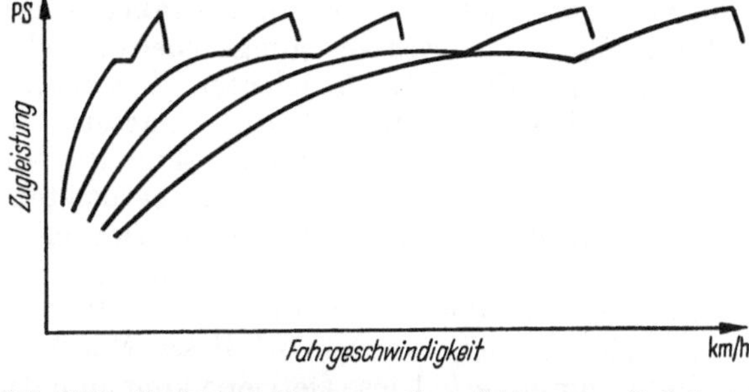

Abb. 3/136. Zugleistungsdiagramm eines Schleppers mit 5-Gang-Getriebe und Drehmomentwandler mit Durchkupplung

Abb. 3/137 zeigt schematisch die Anordnung bei einem Motorschürfkübelfahrzeug mit 4 Rädern. – Es gibt auch Lösungen, die nur 2 Räder verwenden. Diese Anordnung hat Vorzüge, da gewisse Fahrgestellschwingungen ausgeschaltet werden, aber es sind dabei andere zusätzliche Aufwendungen notwendig.

Neben der dargestellten ist auch eine andere Antriebsanordnung gebräuchlich, bei der der Wandler mit dem Getriebe zusammengebaut ist. Dabei ist der Wandler mit dem Motor durch eine Gelenkwelle gekuppelt. Diese Anordnung behebt Zusammenbauschwierigkeiten, läßt aber andere Störungen durch Drehschwingungen in den Antriebswellen in Erscheinung treten.

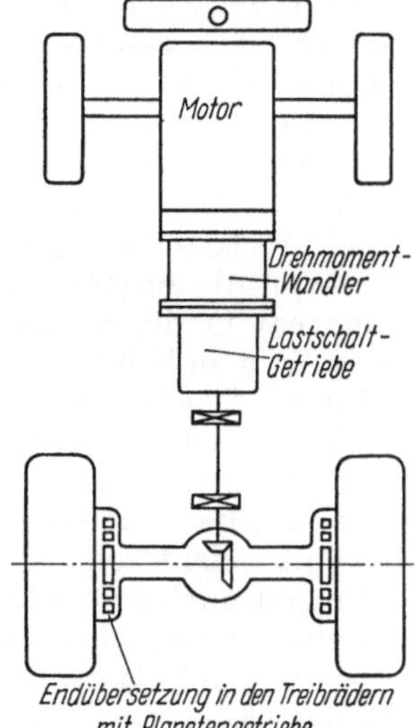

Abb. 3/137. Triebwerksanordnung eines Radschleppers mit Lastschaltgetriebe

Planiergeräte. Planiergeräte, auch als Bulldozer bekannt, werden als Radschlepper für spezielle Anwendungen gebaut, wenn Manövrierfähigkeit und Geschwindigkeit ausschlaggebend sind. Das Planiergerät hat nicht die Zugleistung eines Motorschürfkübels vergleichbaren Gewichts; dafür sind aber gewisse Arbeitsgänge schneller. Dieses gilt z. B. für das Zusammenschieben lockeren Erdreichs und das Beladen von Schaufeln bei günstigen Bodenbedingungen. Seine hohe Geschwindigkeit befähigt das Gerät, sich schneller von einem Arbeitsplatz zum anderen zu bewegen, wenn kürzere Entfernungen in Frage kommen. Die Arbeitsgeschwindigkeit liegt zwischen 0 und 16 km/h, während die Reisegeschwindigkeit 40 km/h erreichen kann.

Bei der Mehrzahl der Planiergeräte werden Drehmomentwandler vorgesehen, da bei ihnen die Anforderungen an Zugkraft und Geschwindigkeit ständig wechseln. Planiergeräte, die Drehmomentwandler mit hohem Wandlungseffekt haben, brauchen 2 oder 3 Geschwindigkeiten im Schaltgetriebe, während bei niedrigerer Wandlung 3 oder 4 zu schaltende Geschwindigkeiten in Frage kommen. Eine gleiche Anzahl von Rückwärtsgängen ist wünschenswert. Die meisten Ausführungen benutzen Lastschaltgetriebe. Eine Durchkupplung des Wandlers oder eine hydraulische Bremse werden nicht für erforderlich gehalten.

Straßenhobel. Straßenhobel oder Grader wurden ursprünglich für das Räumen schmutziger Landstraßen eingesetzt, aber mit zunehmender Verbesserung ihrer Ausrüstung erwies sich ihre Eignung für andere verschiedenartige schwere Arbeitsfälle. Sie werden jetzt außer in der Straßenunterhaltung auch für den Straßenbau und für allgemeine Erdbewegungsarbeiten gebraucht. Maschinen unter 100 PS Leistung dienen dabei für die leichtere Unterhaltungsarbeit, während die leistungsstärkeren bei schweren Bauarbeiten eingesetzt werden. Drehmomentwandler wurden zuerst bei den Baumustern eingesetzt, die eine hohe PS-Leistung aufwiesen.

Die mit Drehmomentwandlern ausgerüsteten Straßenhobel werden mit automatischen Drehzahlreglern für die Antriebsmotoren versehen, um gleichmäßige Arbeitsgeschwindigkeiten zu erzielen und den Bedienungsmann davon zu befreien, auf die Belastung des Motors zu achten, während er die Schaufel einstellt.

Lastschaltgetriebe werden bei diesen Maschinen gewöhnlich mit Drehmomentwandlern kombiniert. Diese Getriebe können entweder nur in den Vorwärtsgängen unter Last geschaltet werden oder sowohl für Vorwärts- als auch für Rückwärtsfahrt.

Straßenhobel benötigen eine sehr geringe Arbeitsgeschwindigkeit und dafür eine hohe Reisegeschwindigkeit auf der Straße, um sich von einer Arbeitsstelle zur anderen zu bewegen. 6 bis 8 Vorwärtsgeschwindigkeiten werden bei rein mechanischen Getrieben gebraucht, während das breite Wandlungsfeld des Föttinger-Getriebes diese Anforderung auf 3 oder 4 Geschwindigkeitsstufen herabsetzt.

Die Drehmomentwandler verhindern das Abwürgen der Maschine, wenn der Schild überlastet wird, oder wenn er auf einen verborgenen Widerstand trifft. Die Last kann die Ausgangswelle des Drehmomentwandlers festhalten, aber die Maschine hat in diesem Zustand immer noch soviel Kraftreserve, um den Schild hydraulisch zu heben.

Einige Straßenhobel benutzen einen mit dem Motor direkt verbundenen Wandler, welcher mit dem Schaltgetriebe durch kurze Gelenkwellen verbunden ist. Andere wiederum bevorzugen die Anordnung, daß der Wandler mit dem Getriebe zu einer Einheit zusammengebaut wird, während der Antrieb vom Motor über eine Gelenkwelle erfolgt.

Es gibt auch eine sehr kompendiöse Ausführung, bei der Motor, Wandler und Getriebe in einem einzigen Block vereinigt sind. Die gedrungene Anordnung ergibt eine geringere Belastung der Antriebsorgane und gestattet eine sehr kompakte Zusammenfassung der Nebentriebe.

Da das Gehäuse für den Endantrieb in diesem Fall unter dem Motor und dem Getriebe liegt, ist hierbei selten Platz für einen gemeinsamen Ölsumpf. Daher müssen getrennte Sümpfe angeordnet werden.

Einige Schaltgetriebe benutzen die Füllflüssigkeit des Drehmomentwandlers zur Betätigung der hydraulischen Kupplungen und zur Schmierung. In diesem Fall kann der Ölsumpf für das Getriebe mit dem Behälter für die Wandlerfüllung vereinigt werden. Vorteilhaft ist die dann mögliche gemeinsame Kühlung des Öls.

Hydraulisch betätigte Schaltkupplungen erfordern meistens einen höheren Druck als die Wandler. Daher ist eine besondere zweite Pumpe oder Stufenregelung des Öldrucks bei einer größeren Einzelpumpe vorgesehen, die den erforderlichen Flüssigkeitsdruck sowie eine genügende Flüssigkeitsmenge für den Wandler und das Getriebe liefert. Die Wandler werden mit einem Anschluß für eine zweite Hydraulikpumpe oder für einen mechanischen Antrieb ausgerüstet, um für die Schaltbewegungen Kraft bereitzustellen.

Die Abb. 3/138a—c geben im Schema einen Überblick der gebräuchlichsten Zusammenbauarten von Motor, Getriebe und Achstrieb für Planiergeräte.

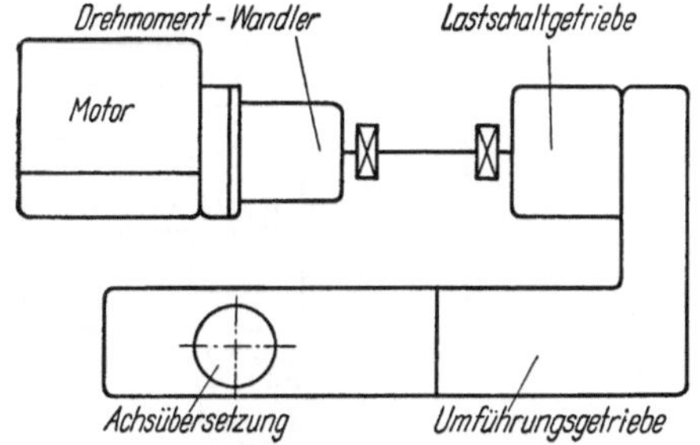

Abb. 3/138a. Triebwerk für Straßenhobel, bei dem Motor und Wandler einen Block bilden

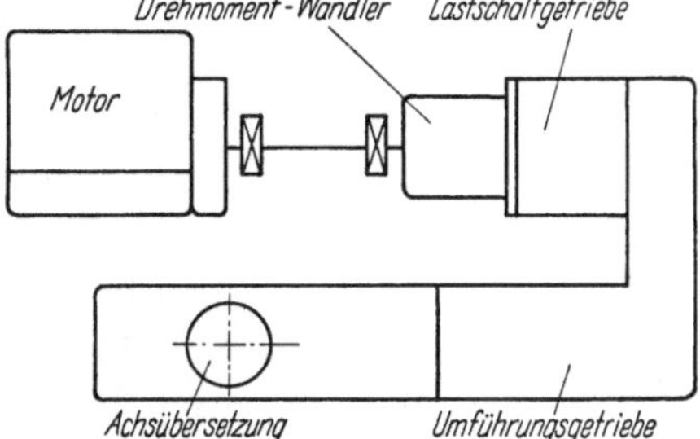

Abb. 3/138b. Triebwerk für einen Straßenhobel, mit vom Motor getrenntem Getriebeblock

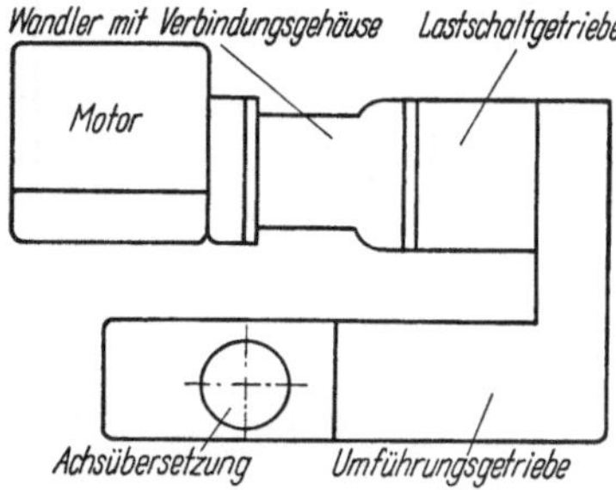

Abb. 3/138c. Triebwerk für Straßenhobel als Gesamtblock ausgeführt

Bei den Schürf- und Ladefahrzeugen kann man feststellen, daß die Fähigkeit des Drehmomentwandlers, sich momentan wechselnden Belastungen anzupassen, ausschlaggebend für die Schubbeladung der Schürfkübel und für die Vorgänge des Zusammenschiebens, Aufreißens und das Fortfahren beladener Kübel im Gelände ist. Der Fortfall der meisten Schaltvorgänge verkürzt die Zeit der Arbeitsspiele, und die Bedienung ist bei weitem nicht so ermüdend.

Allgemein ist ähnliches auch für Raupenfahrzeuge festgestellt, die für die Mehrzahl der vorher beschriebenen Arbeitsvorgänge gleichfalls bei gewissen Bedingungen eingesetzt werden und die besonders als Schlepper Verwendung finden.

Raupenfahrzeuge. Man kann sagen, daß zwei Grundformen der Drehmomentwandler in Raupenfahrzeugen angewendet werden: Mehrstufige, die ein hohes Wandlungsverhältnis ergeben und meistens in stationären Gehäusen untergebracht sind, oder einstufige Wandler mit rotierendem Gehäuse und niedrigerem Wandlungsverhältnis, die vorwiegend nach dem Trilok-Prinzip arbeiten.

Der mehrstufige Wandler hat den Vorteil der hohen Übersetzung und eines breiteren Nutzbereiches, so daß weniger mechanische Übersetzungsgänge vonnöten werden, während Trilok-Wandler von einfacherer Konstruktion sind und mit dem normalen Schmieröl des Motors gefahren werden, sofern man nicht eine besondere Wandlerflüssigkeit anwenden will. Die übersichtliche Konstruktion dieser Wandler gestattet die bequeme Anordnung von Zapfwellenantrieben und ähnlichen Abgängen für Nebenzwecke.

Eine im ganzen gesehene günstige Zugkraftkurve kann bei einem 3stufigen Wandler oder einer anderen Ausführung mit hohem Wandlungsverhältnis bei gleichzeitiger Anwendung von nur 2 mechanischen Übersetzungsstufen erzielt werden. Abb. 3/139 stellt eine Zugkraftkurve mit einer solchen Einheit dar. Einige Hersteller ziehen es allerdings vor, 3 oder 4 Geschwindigkeiten vorzusehen, um eine bessere Anpassung an die Arbeitsverhältnisse zu erzielen. Mit einem 1stufigen Wandler mit rotierendem Gehäuse, oder auch mit einem Föttinger-Getriebe mit Leistungsteilung, wären mindestens 3 Übersetzungsgeschwindigkeiten zu empfehlen, wie es in Abb. 3/140 dargestellt ist. Große Raupenschlepper sind mit einer

Spitzengeschwindigkeit von 10 bis 12 km/h auszulegen, während das Durchrutschen der Bänder bei ungefähr 2,5 km/h stattfinden sollte. Kleinere Schlepper erreichen geringere Geschwindigkeiten. Abb. 3/141 zeigt, wie eine solche Antriebseinheit mit

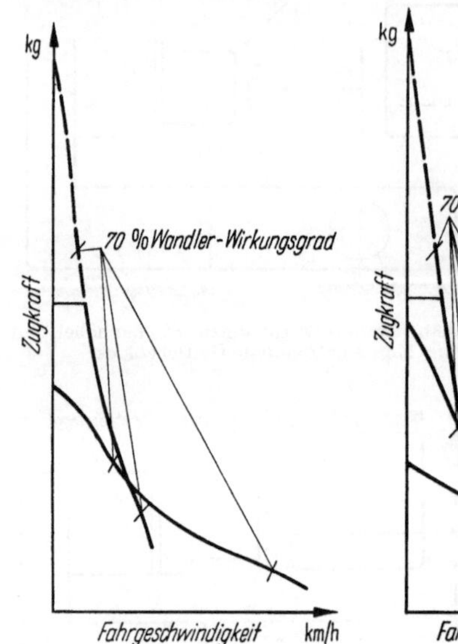

Abb. 3/139. Schürfkübelraupe mit 2-Gang-Getriebe

Abb. 3/140. Schürfkübelraupe mit 3-Gang-Getriebe

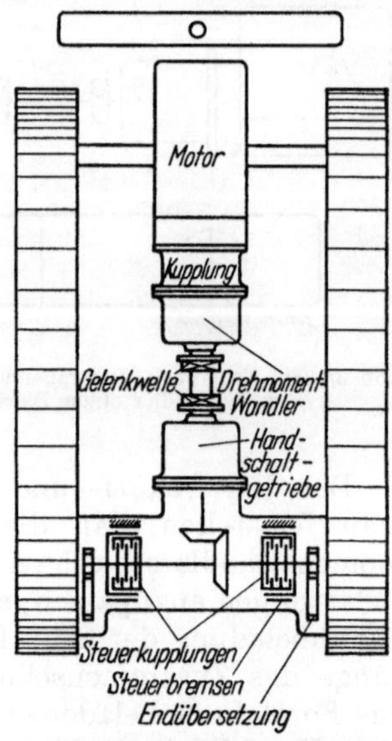

Abb. 3/141. Triebwerksanordnung eines Raupenschleppers mit Handschaltung

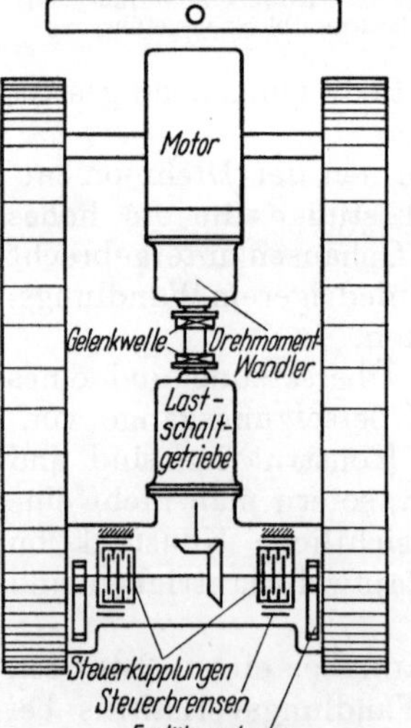

Abb. 3/142. Triebwerk eines Raupenschleppers mit Lastschaltgetriebe

Handschaltung und Wandler im stationären Gehäuse den Einbauverhältnissen richtig anzupassen ist, wenn man eine übliche am Schwungrad montierte Kupplung verwendet. Der Wandler im festen Gehäuse verzögert automatisch die Laufräder im Getriebe, sobald die Kupplung gelöst wird; dadurch wird ein normales Schalten ermöglicht.

Der Gebrauch von Trilok-Wandlern kann in dieser Anwendung einige Schwierigkeiten bringen, da die Schwungkraft der umlaufenden Teile ein leichtes Schalten der Gänge verhindert. In diesem Fall ist es zu empfehlen, eine Hauptkupplung am Ausgang des Wandlers anzuordnen und irgendwelche Mittel einzusetzen, um die Stufenräder des Getriebes zum leichten Schalten in der Drehzahl herabzusetzen.

Bei der anderen Anordnung nach Abb. 3/142 ist eine Hauptkupplung unnötig, weil zu jeder Geschwindigkeit eine Getriebekupplung gehört. Ein Lastschaltgetriebe kann mit jedem Wandler kombiniert werden, wenn genügend Geschwindigkeiten vorgesehen sind. Das unter Last schaltbare Getriebe beschleunigt die Arbeitsspiele, da nur geringe Zeit gebraucht wird, um es zu schalten, und auch das richtige Übersetzungsverhältnis wird leicht gefunden; aber es ist viel komplizierter und teurer als das Handschaltgetriebe.

Die in den Abbildungen gezeigten Schlußgetriebe sind dauererprobte Ausführungen der gewöhnlichen Bauart. Schlepper mit geteiltem Kraftfluß zu den Bändern sind auch gebräuchlich. Sie gestatten die individuelle Bedienung einer jeden Raupenkette.

Die Abfuhr der Wärme ist bei Raupenschleppern ein besonderes Konstruktionsproblem, weil der für den Austauscher verfügbare Platz gewöhnlich begrenzt ist. Man soll sich davor hüten, die Kühlung dieser Fahrzeuge nach Daumenregeln zu bestimmen. Es ist im Gegenteil notwendig, die gesamte Wärmeentwicklung der Maschine, des Wandlers, der Übersetzung und des Schlußgetriebes zu studieren und angemessene Kühlungsverhältnisse im ganzen Gebiet des normalen Einsatzes zu schaffen.

Raupenschleppermaschinen werden im allgemeinen so bestimmt, daß sie etwa 10 PS pro Tonne Schleppergewicht haben. Es ist aber eine spürbare Tendenz vorhanden, dieses Verhältnis wesentlich zu erhöhen, um die Arbeitsgänge bei Geschwindigkeiten, die über der Schlupfgrenze der Ketten liegen, zu beschleunigen.

Nachdem der Motor und der Wandler für den Einbau in ein Raupenfahrzeug ausgewählt worden sind, kann die Zusammenarbeitskurve für die gesamte Einheit berechnet und aufgezeichnet werden. Das wesentliche Merkmal für den Schlepper ist seine Zugkraftentfaltung oder seine Zugkraft über der Kontaktfläche zwischen den Raupenbändern und dem Boden, über dem der Schlepper arbeitet.

Die Schlepperketten werden gleiten, wenn die verfügbare Zugkraft so groß ist, daß die Kettenhaken die Oberfläche des Bodens wegreißen, über den der Schlepper fährt. Dieses Verhältnis wird durch das Getriebe und die Übersetzung des Schlußgetriebes, das Gewicht des Schleppers und den Adhäsionsfaktor bestimmt. Der Adhäsionsfaktor ändert sich mit den Bodenbedingungen und dem Feuchtigkeitsgehalt des Bodens. Ein guter Mittelwert dafür ist 0,85. Rutschen tritt ein, wenn das Produkt von Schleppergewicht und Adhäsionsfaktor kleiner ist als die verfügbare Zugkraft.

Die meisten Raupenschlepper sind mit derartig starken Maschinen und passenden Übersetzungsgetrieben ausgerüstet, daß die Ketten im ersten Gang rutschen und sogar noch im zweiten, wenn das Verhältnis von Motorleistung und Gewicht sehr hoch ist.

Bagger und Krane. Bei Baggern und Kranen ist der Einsatz von Drehmomentwandlern wirtschaftlich nur dann gerechtfertigt, wenn dieser eine bessere Arbeitsleistung oder eine Herabsetzung der Unterhaltungskosten bewirkt. Eine Maschine kann mit einem richtig ausgelegten Föttinger-Getriebe mehr Pferdekraftstunden leisten, als mit einem konventionellen Kupplungsgetriebe, weil der Wandler es der Maschine erlaubt, mit höheren Drehzahlen zu fahren und noch zu laufen, wenn die Ausgangswelle des Wandlers bis zum Stillstand gebremst wird. — Ein Beispiel für eine derartige bessere Ausnutzung ergibt sich aus Abb. 3/130.

Ein Kran üblicher Bauweise mit mechanischem Getriebe hat gewöhnlich einen Antriebsmotor von genügendem Drehmoment, um die maximale Last anzuheben. Die meiste Zeit wird jedoch nur mit leichteren Lasten gearbeitet, so daß die Antriebsmaschine nur zu einem Bruchteil ausgenutzt wird. Ist dagegen der Kran mit einer weniger leistungsstarken Maschine ausgerüstet, hat aber dafür ein Wandlergetriebe, so wird das gewandelte Moment ausreichen, um die maximalen Lasten zu heben. Bei den kleineren normalen Lasten wird die Maschine in der Nähe ihrer Leistungskapazität arbeiten, und Maschine und Wandler werden ihre Spitzenwirkungsgrade entfalten.

Die Maschine eines Löffelbaggers, einer Winde, eines Greifers oder eines Magnetkranes arbeiten gewöhnlich in der Nähe ihrer maximalen Leistungsfähigkeit. Bei ihnen sollte die Leistung nicht durch das Zwischenschalten eines Wandlers vermindert werden.

Die Arbeitsproduktivität hängt von der Geschwindigkeit ab, mit der die Kupplungen greifen, und von der Zeit, die nötig ist, um die Maschine auf ihre maximale Geschwindigkeit zu beschleunigen. Wandler gestatten ein schnelleres Schalten der Kupplungen. Ein Teil des Kupplungsschlupfes wird von ihnen auf die Flüssigkeit im Wandlerkreislauf verlagert, und der Stoß bei plötzlichem Schalten ist vermindert. Wegen dieser Sanftheit des Kupplungsvorganges und der Beschleunigung kann die geregelte Drehzahl der Antriebseinheit in einem mit einem Wandler ausgerüsteten Hebezeug etwa 10% größer sein als in einem vergleichbaren mit mechanischem Getriebe.

Während der normalen Betätigung der Maschine ist es wünschenswert, daß der Wandler in der Nähe der maximalen Leistung arbeitet. Das Übersetzungsverhältnis zwischen der Wandlerausgangswelle und der Windenhaspel sollte etwas größer gewählt werden als für eine normale Einrichtung mit mechanischem Antrieb. Bei einem 3stufigen Wandler wird die maximale Leistung etwa bei einem Geschwindigkeitsverhältnis von 0,5 ausgelegt. Tatsächlich dient der Wandler als Reduziergetriebe 2 : 1.

Es müssen auch die Bedingungen der Anfahrwandlung berücksichtigt werden. Wenn die Anfahrwandlung die erlaubten Grenzen überschreitet, muß entweder ein kleineres Übersetzungsverhältnis oder ein Drehmomentbegrenzer vorgesehen werden.

Da ein 3stufiger Wandler eine weitgestreckte Leistungskurve hat, ist eine Änderung der ausgelegten Maschinengeschwindigkeit für verschiedene Baggerbedingungen durch Verstellen des Reglers möglich.

Ein einstufiger Wandler sollte bei einer Geschwindigkeit der Sekundärseite von 0,75 bis 0,9 der geregelten Maschinengeschwindigkeit betrieben werden, allerdings hängt dieses Verhältnis von der Gesamtauslegung und der Maschinenkombination ab. Die geregelte Geschwindigkeit der Ausgangswelle sollte bei oder nahe bei dem Maximalpunkt liegen, da dies gewöhnlich dem Spitzenwirkungsgrad des Wandlers entspricht.

3.363 Anwendung bei Spezialfahrzeugen. Die zahlreichen Vorteile der hydrodynamischen Getriebe machen ihren Einbau in die Triebwerke von Militärfahrzeugen fast zur Notwendigkeit. Die in diesen Fällen auftretenden Aufgaben zwingen dazu, die bisher angesprochenen Vorzüge bis auf die Spitze der möglichen Ausführung zu treiben. Zu den mechanischen Erfordernissen muß bei Militärfahrzeugen der Wandler auch noch den Forderungen bezüglich des geringsten Unterhaltsbedarfs und maximaler Lebensdauer entsprechen sowie leichter Bedienbarkeit. Sparsamkeit wird nicht so sehr in bezug auf den Brennstoffverbrauch an sich, sondern als Voraussetzung für einen großen Aktionsradius und Kleinheit der Antriebseinheiten verlangt. Stoßsicherheit und mechanische Zuverlässigkeit sind selbstverständlich.

Eine der ersten Anwendungen war die für unbemannte Ladungsträger, deren Fernsteuerung durch den Einbau von Wandlern wesentlich vereinfacht werden konnte, da der Wandler ein automatisches Anpassen an Hindernisse auf dem Weg von sich aus sicherstellt.

3.4 Der Entwurf und die spezifischen Konstruktionselemente

3.41 Entwurf

Die Industrie bietet ein breites Feld von Wandlerserien aller möglichen Grundprinzipien an. Nur sehr selten wird der projektierende Ingenieur in die Verlegenheit kommen, selbst einen neuen Wandler zu entwerfen. Viel häufiger wird seine Aufgabe die sein, aus der Fülle der Angebote eine für den vorliegenden Verwendungszweck geeignete Bauausführung zu bestimmen. Der Ingenieur in der Wandlerfertigung wird bei dem Entwurf eines neuen Typs kaum von den Grundgleichungen ausgehen, *sondern in den meisten Fällen bewährte Konstruktionen nach Ähnlichkeitsgesetzen für andere Kennwerte umarbeiten.*

Bei Neuentwicklungen muß man zunächst grundsätzlich überlegen, welches Prinzip angewendet werden soll, also z. B. ob es sich um einen symmetrischen Wandler mit besonderer Eignung für Fahrzeugbetrieb handelt, oder ob andere Industrieanwendungen es geraten erscheinen lassen, Eigenschaften anzustreben, die nur mit einer Turbine zu erreichen sind, die die Schluckfähigkeit vergrößert. Nachdem dieses entschieden ist, wird man immer mit den in Abschn. 3.1 gegebenen allgemeinen Gleichungen sämtliche Kennlinien berechnen können. Liegen die Kennlinien in dimensionslosen Diagrammen vor, kann man die tatsächlichen Umlaufmengen und die benötigten Förderhöhen aus den Leistungsdaten der Aufgabenstellung bestimmen. Damit liegt dann aber auch der Durchmesser der Pumpen- und Turbinenräder fest und auch die Radbreite sowie die einzelnen Schaufelwinkel.

Ausgehend von einem allgemeinen Entwurf, bei dem die Innendurchmesser durch die Wellen, Lager und Freiläufe gegeben sind, bestimmt man vom Innendurchmesser ausgehend zunächst das Kreislaufprofil.

In Anlehnung an Konstruktionsvorschriften für Kreiselmaschinen, wie sie von PFLEIDERER *[9]* oder in der „Hütte" *[63]* angegeben sind, zeichnet man in den Meridianschnitt die einzelnen Strombahnen, wobei man sich damit begnügen kann, zu den Randstromlinien innen und außen den mittleren Stromfaden einzutragen. Den Verlauf dieser Linien legt man so fest, daß die Schluckfähigkeit der einzelnen Teilkreisläufe gleich wird. Wie weit man hierbei die längs einer Normallinie zu den Strombahnen verschieden hohe Geschwindigkeit berücksichtigt (Abschn. 3.17), ist eine Sache der Erfahrung. Eine Ausarbeitung nach der Potentialtheorie führt ohne Korrektur durch Erfahrungswerte meistens nicht zu günstigen Ergebnissen.

Liegen die Meridianschnitte fest, so kann man die Schaufeln nach verschiedenen Verfahren entwickeln, sobald man die Strömungsdreiecke gezeichnet hat. Man kann entweder graphisch vorgehen und die einzelnen Felder auf Kegel abwickeln, oder man kann auch den Verlauf punktweise errechnen. Das Verfahren ist meistens etwas schwieriger als bei Kreiselpumpen, da die Meridianschnitte wesentlich stärker gekrümmt sind. Den Rechnungsgang und den Entwurf kann etwa folgendes Schema leiten:

1. Bestimmung der Hauptabmessung nach Gleichung:

$$N = \gamma \cdot k \left(\frac{n}{100}\right)^3 \cdot D^5$$

2. Berechnung der theoretischen Wandlerkennlinien nach Abschn. 3.12. Stehen Elektronenrechner zur Verfügung, so kann man durch Variation der angenommenen Werte die günstigsten Verhältnisse feststellen. Sonst benutzt man zur Abschätzung des Einflusses der einzelnen Größen zweckmäßig die Angaben in Abschn. 3.13 und 3.155.

3. Nach Durchführung der Berechnungen Punkt 2 liegen die Werte für Durchmesser, Radienverhältnisse der Schaufelkanten und Strömungsgeschwindigkeiten nach Größe und Richtung fest. An Hand der Strömungsdreiecke kann man überprüfen, ob die Werte günstige oder wenigstens herstellbare Schaufelformen ergeben.

4. Die Angaben Punkt 3 genügen, um den Meridianschnitt zu entwickeln. In einem Vorentwurf ermittelt man die Wellendurchmesser und die Lagerabmessungen

und zeichnet mit dem bekannten Durchmesser und der Kanalbreite des Kreislaufs den Meridianschnitt. Nachdem der Gesamtquerschnitt entsprechend dem bereits in Punkt 2 festgelegten Verlauf der Meridiangeschwindigkeiten bestimmt wurde, ist

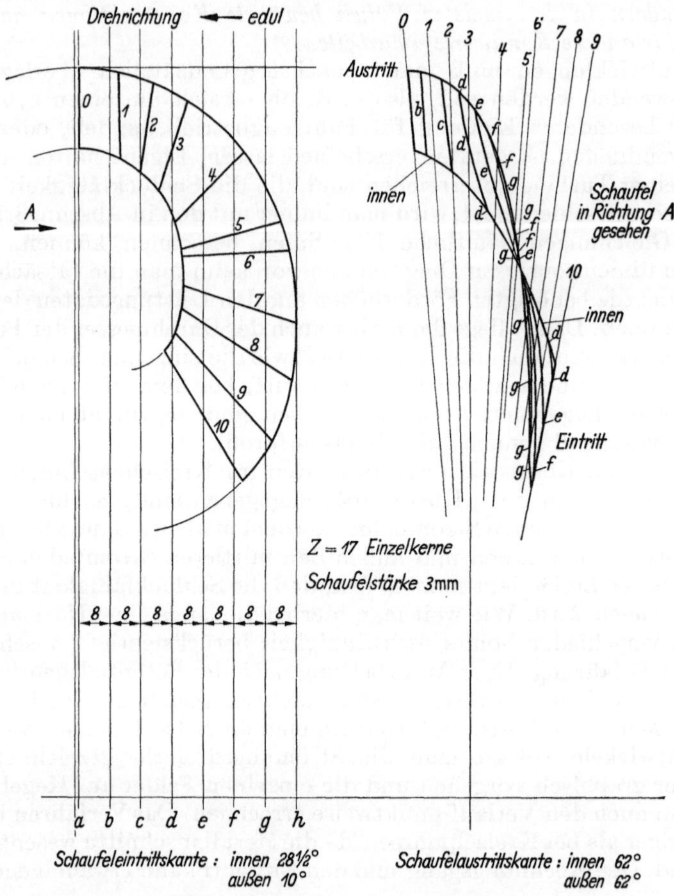

Abb. 3/143. Pumpenradschaufel zu einem Trilok-Kreislauf 380 mm ø. Schreinerschnitt

eine Unterteilung in Teilkreisläufe zweckmäßig. Dazu werden außer den Randlinien innen und außen ein bis zwei Stromlinien so bestimmt, daß Teilkreisläufe gleicher Schluckfähigkeit entstehen.

5. Die Ergebnisse von Punkt 2 und 3 werden nach Vorliegen des unterteilten Kreislaufs nach Punkt 4 überprüft. Eventuell müssen die Werte wiederholt korrigiert werden.

6. Die Schaufelflächen müssen auf ihre Belastung hin nachgerechnet werden. Angaben zur Durchführung dieser Arbeit finden sich in [*9*] und [*63*].

7. Jetzt werden nach einem der bekannten Verfahren die Schaufelpläne gezeichnet und die Angaben für die Modellherstellung ausgearbeitet.

Als Beispiel dafür dient Abb. 3/143. Sie enthält die sogenannten Schreinerschnitte, nach denen die Schaufel in der Modellwerkstatt aus einzelnen Brettchen vorgezeichneter Kontur und Dicke entsteht.

3.42 Fertigung und Kosten

Im Gebiet der maximalen Wirkungsgrade sollen nach der Auslegung die Stoßverluste verschwinden, so daß vorwiegend der Einfluß der Reibung übrigbleibt. Bei Trilok-Wandlern sind in diesen Gebieten die Umlaufmengen schon recht klein, und damit werden in diesem Bereich auch die REYNOLDSschen Zahlen klein und die Reibungskoeffizienten hoch. Die Oberflächenrauhigkeit macht sich daher erheblich bemerkbar. Bei den großen Stückzahlen der bei amerikanischen Automobilfirmen verwendeten Wandler hat man auch großzügige Vorsorge getroffen, im Strömungsteil glatte Oberflächen zu erzielen. Aus Leichtmetall gegossene Teile erreichen durch besondere Herstellungsverfahren Oberflächenrauhigkeiten von $30\,\mu$. Die Formgenauigkeit liegt in der Größenordnung von 0,1 mm. Ein weiterer Fortschritt wurde dann durch geprägte Blechschaufeln erzielt, die in gleichfalls geprägte Schalen eingesetzt wurden.

Trotz der starken Spezialisierung der Fertigungsverfahren betragen die Kosten für Getriebe mit hydrodynamischem Wandler ein Mehrfaches der überaus einfachen mechanischen Schaltgetriebe. Ein Standardwechselgetriebe kostet etwa 30 $, während ein automatisches Getriebe mit Drehmomentwandler bei einem Gewicht, das vielleicht 40% höher ist, annähernd 200 $ Mehrkosten verursacht. Es ist gelungen, die Baugröße gering zu halten. Bei diesen hohen Mehrkosten liegt der Nachdruck nicht so sehr auf dem hydrodynamischen Teil. Er ist auch durch die komplizierte automatische Schaltung mit ihren Lamellenkupplungen und Bremsbändern bedingt.

Die bei den Wandlern sonst angewendeten Herstellungsverfahren richten sich natürlich nach den aufgelegten Stückzahlen. Handelt es sich um eine ausgesprochene Massenfertigung, wie bei den Föttinger-Getrieben für Personenkraftwagen, so gelten dafür eigene Gesetze. Man wird sehr große Kapitalien für die Produktionsmittel investieren und durch weitgehende Mechanisierung bei geringstem Anfall von Putz- und Handarbeiten austauschbare Teile hoher Präzision herstellen. Der Materialaufwand beträgt durchschnittlich 40% des Fertigproduktes, so daß es wohl der Mühe lohnt, hier möglichst sparsam zu sein. Gußeisen wird nach Möglichkeit durch vergütetes Silumin ersetzt, das in Kokillen und anderen Dauerformen gegossen wird.

Am Aufwendigsten ist das Formen der Kreislaufräder besonders für Pumpen und Turbinen der Trilok-Wandler Abb. 1/1. Die verwundenen Schaufelkanäle werden durch Kernstücke dargestellt, die am besten im Croning-Verfahren gefertigt werden, da ihre große Stückzahl bei kleinen Abweichungen der Form Summenfehler ergibt, die sich beim Einlegen in die Form störend bemerkbar machen.

Im allgemeinen ergeben die Kernstücke da, wo sie in der Form zusammenstoßen, Gratstellen, und zwar meistens an den Eintrittskanten der Schaufeln. Die Schaufelnase ist aber von bestimmendem Einfluß auf die Strömung, so daß hier langwierige Putzarbeiten von Hand vorgenommen werden müssen. Zur Behebung dieser Schwierigkeit hat man viele Versuche angestellt, um die Schaufeln im Modell ziehbar auszuführen und geschlossene Kerne möglichst in einem einzigen Stück zu erhalten. Dieses gelingt aber nur bei besonderen Schaufelformen.

Ein anderer Weg, der aber nur durch die Massenfertigung gangbar ist, ist der Zusammenbau der Schaufelräder aus geprägten Blechteilen nach Abb. 3/144. Die gepreßten Schaufelbleche tragen am Rand kleine Lappen, die durch längere gestanzte Schlitze der gleichfalls gepreßten Seitenwände gesteckt werden. Entsprechend dem aus der Blechproduktion für Spielzeuge bekannten Verfahren werden diese Lappen dann umgerollt. Mitunter genügt sogar der Zusammenhalt, den solche Teile haben, wenn die Schaufeln bei der Montage federnd zusammengebogen werden müssen. Das früher bei aus Blechteilen zusammengebauten Laufrädern übliche Schweißen oder Hartlöten hat gegenüber diesem Verfahren den Nachteil, daß durch die Wärmeentwicklung ein Verziehen der Teile eintritt.

Abb. 3/144. Aus geprägten Blechteilen zusammengesetztes Turbinenrad eines Trilok-Wandlers

Im Zusammenhang mit den Ausführungen in Abschn. 3.23 ist die Möglichkeit erwähnt worden, in gewissen Fällen im Stück gezogene Tragflügelprofile als Schaufel im Wandlerbau einzusetzen. Davon wird besonders dann Gebrauch gemacht, wenn die Schaufeln verstellbar sind.

Die Tendenz geht jetzt offenbar zu einfacheren Getrieben hin, und man versucht auch, die Zahl der Einzelteile zu reduzieren, selbst wenn sie miteinander vernietet werden. Man glaubt, daß durch das bloße Vorhandensein vieler Einzelteile die maximale Betriebssicherheit nicht mehr gegeben ist. So ist man auch in der Massenfertigung zum Teil wieder auf homogene Gußstücke zurückgekommen, allerdings nur sofern es möglich ist, aus einzelnen Elementen aufgebaute Kerne zu vermeiden.

3.43 Mechanische Ausführung und Zahnradpumpen

Der amerikanische Werbeslogan, der so recht eigentlich den hohen Qualitätsstand der Föttinger-Getriebe in Kraftfahrzeugen illustriert, besagt: „Baue ein Föttinger-Getriebe in einen Kraftwagen ein und vergiß es!"

Diese Betriebssicherheit ist aber den Herstellern nicht in den Schoß gefallen, sondern sie ist das Ergebnis sorgfältigster Werkstattarbeit und ausgefeilter Konstruktion. Erst nachdem an den Kraftfahrzeugen sonst nichts mehr wesentlich zu verbessern war, gingen die amerikanischen Automobilfirmen daran, durch automatische Getriebe das Fahren sicher und angenehm zu machen, um ihr Fabrikat von demjenigen der Konkurrenz auszuzeichnen. Solche Getriebe, wenn man sich z. B. das Schnittbild Abb. 1/3 ansieht, enthalten im kompakten Zusammenbau fast so viel besten Maschinenbau, wie das ganze übrige Automobil. Die vielen ineinander und aufeinander laufenden Wellen, hydraulischen Räder, Kupplungen, Zahnräder und Bandbremsen, können in der Massenfertigung nur dann einwandfrei zusammenarbeiten, wenn die Genauigkeit der Fertigung bis an die Grenze des Möglichen getrieben ist. Daß alle Teile bis auf geringste Reste wuchtfrei laufen müssen, sei nur nebenbei erwähnt. Durch das Auflaufen von Summentoleranzen ist es noch nicht einmal möglich, nach Lehre gearbeitete Teile ohne weiteres zu montieren, sondern es muß sowohl beim Zusammenbau, als auch beim Einbau von Ersatzteilen, in jedem Fall noch einmal mit sehr genauen Meßinstrumenten geprüft werden, ob die für den Lauf erforderlichen Einbautoleranzen auch an jeder Stelle des Getriebes vorhanden sind.

Der Service, der für Automobile von ausschlaggebender Bedeutung ist, erlaubt erst dann Wandler in Serienfabrikaten auf den Markt zu bringen, wenn ihm auch die erforderlichen Sonderwerkzeuge für Kontrolle und Reparatur in ausreichendem Maße zur Verfügung gestellt werden.

Für den Ölumlauf und die Erhaltung des Überlagerungsdruckes in der Wandlerflüssigkeit sind Zahnradpumpen eingebaut, die in jedem Betriebszustand arbeiten müssen. Bei bestimmten Getrieben, bei denen die Wandler nicht immer mitlaufen, müssen mitunter zwei Pumpen vorgesehen werden, die zweite für die Schmierung und die hydrostatische Bedienung der Getriebe bei stillstehendem Wandler.

Besondere Rücksicht ist auch auf so seltene Betriebszustände zu nehmen wie etwa auf das Anschieben des Fahrzeuges. Sofern man bei geländegängigen Fahrzeugen mit anormalen Lagen im Raum rechnen muß, ist die Auswirkung auf die Ölspiegel in den Behältern, aus denen die Pumpen saugen, zu berücksichtigen. Angesaugte Luft führt zu Schaumbildung und zu Betriebsstörungen, die sich zum Teil in Schwingungen und Schlägen der Druckhalteventile bemerkbar machen. Es ist manchmal erforderlich, eine weitere Pumpe und Trockensumpfanordnung vorzusehen. Käufliche Zahnradpumpen werden mit Ketten oder über Rädervorgelege angetrieben. Den kompakten Zusammenbau gestattet eine besondere Bauart, für die sich zwei verschiedene Ausführungen mit in einem Hohlrad umlaufendem Zahnrad durchgesetzt haben. Der eine Typ hat viele Zähne, wie die Abb. 3/145 zeigt. In ihm bewirkt ein mondförmiges Stück eine bessere Abdichtung. Sie eignet sich besonders bei höheren Förderdrücken, die etwa bei 4 at beginnen, und geringeren

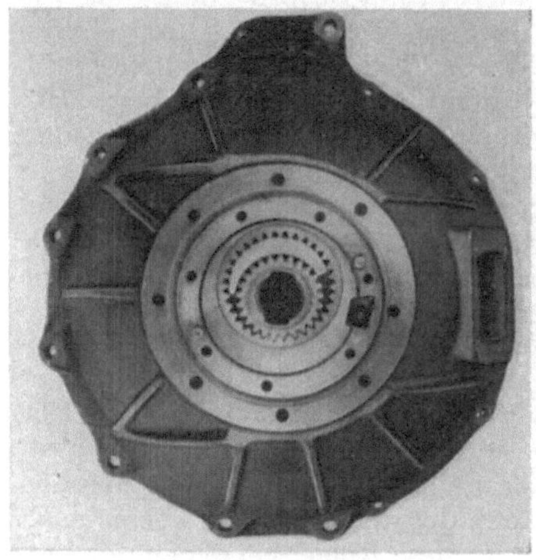

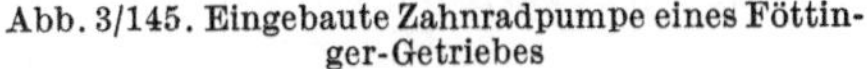

Abb. 3/145. Eingebaute Zahnradpumpe eines Föttinger-Getriebes

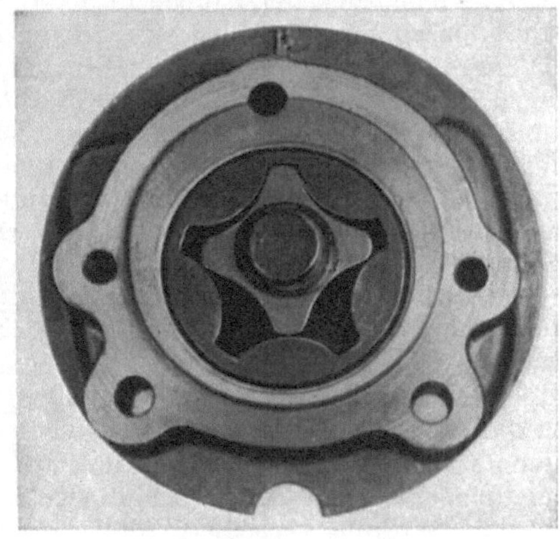

Abb. 3/146. Zahnradpumpe zum Einbau in ein Föttinger-Getriebe (Eaton-Pumpe)

Umlaufmengen. Die andere Ausführung nach Abb. 3/146 hat am inneren Rad mit Außenverzahnung ein Minimum von Zähnen, beispielsweise 4, und das Hohlrad eine Lücke mehr. Wesentliches Erfordernis bei beiden Ausführungen ist eine präzise Herstellung, die minimale Toleranzen ergibt, wobei aber garantiert sein muß, daß die Mindestspiele an jeder Stelle erhalten sind. Bei der Pumpe nach Abb. 3/145 muß das Außenzahnrad bei einem Durchmesser von etwa 120 mm etwa 0,1 mm

Luft haben, das Innenrad zum Mond mindestens 0,05 mm und beim engsten Zusammenschieben der Zähne muß auch zwischen den Zahnflanken mindestens 0,01—0,04 mm Luft sein. Das seitliche Spiel sollte auch wenigstens 0,05 mm betragen.

3.44 Dichtelemente

Bei Wandlern, hauptsächlich in Verbindung mit kompletten Getrieben, kommen fast alle Dichtungen vor, die es im Maschinenbau gibt:

Stationäre Dichtungen,
Dichtungen für hin- und hergehende Bewegung,
Dichtungen für rotierende Bewegung.

In allen Gruppen können außerdem nach dem heutigen Stand der speziellen Dichtungstechnik solche aus organischen und solche aus metallischen Werkstoffen unterschieden werden. Stationäre Dichtungen für Metallteile mit bearbeiteten Oberflächen, die zusammengeschraubt oder -genietet werden, bestehen in der Mehrzahl aus ausgestanztem Blattmaterial, wobei der eigentliche Werkstoff sowohl gewöhnliches Papier, als auch Kork oder Fiber sein kann, wobei besonders das letztere außerdem mit verschiedenartigem, meist synthetischem, gummiähnlichem Material getränkt oder überzogen ist. Auswahl und Dicke dieser Folie hängt von der Oberflächengüte und von ihrer eventuell erwünschten oder unerwünschten Elastizität ab. Falls die Dichtungen die Baumaße mitbestimmen, muß eine nur geringe Feuchtigkeitsaufnahme garantiert sein, um die nötige Maßstabilität während der Lagerung und des Zusammenbaues zu gewährleisten. Als Dichtung kommen auch vorbearbeitete Metallzwischenlagen und Kompositionen in Betracht, die flüssig aufgetragen werden und später mehr oder weniger erhärten.

Die Abdichtung der Kolben in Servo-Zylindern, etwa für die Betätigung von Bandbremsen oder ähnlich ausgebildeten Kolben von Kupplungen, wird gewöhnlich durch normale gußeiserne Kolbenringe oder aus Flachdraht gefertigten Stahlringen oder aus Ringen aus synthetischem Gummi verschiedener Querschnitte durchgeführt. Alle diese Abdichtungen erlauben eine ziemlich großzügige Behandlung der Spiele zwischen Kolben und Zylinder, da die Spannung der Kolbenringe oder die Formverquetschung der Gummiringe den gewünschten Dichtungseffekt erzielen. Die Gummiringe gleichen in gewissem Umfang auch eine fehlende Achsparallelität zwischen Kolben und Zylinder aus. Normale Stopfbuchsen kann man nicht verwenden. Wenn die Möglichkeit ihrer Anwendung räumlich gegeben wäre, müßte man wegen ihres Wartungsanspruchs auf sie verzichten. Dafür hat eine besondere Entwicklung für die Dichtung umlaufender Teile eingesetzt.

Gußeiserne Kolbenringe nehmen einen breiten Raum ein, wenn immer es sich um die Abdichtung von Öl handelt, das einen gewissen Druck besitzt. Dabei hat man erst eine genügende Abdichtung durch einen einzigen Ring erzielt, als es gelang, hierfür einen Hakenverschluß zu entwickeln, der den früheren offenen Spalt und seine Wirkung verbessert. Außerdem sind nur diese Ringe, bei denen der Verschluß das Aufspringen im nicht eingebauten Zustand verhindert, für den oft schwierigen Zusammenbau geeignet, besonders, wenn es sich um Ringe von kleinem Durchmesser handelt, da eine lange Abschrägung im Büchsenteil für den Zusammenbau vermieden werden kann.

Eine ausführliche Darstellung des Gebietes ist in [*43*] zu finden.

3.45 Freilaufkupplungen

Alle Föttinger-Getriebe der Trilok-Bauweise enthalten als wesentliches Konstruktionsglied einen Freilauf. Bei den älteren Ausführungen, z. B. bei dem von der

Klein, Schanzlin & Becker AG während des zweiten Weltkrieges in erheblichen Stückzahlen gebauten Wandler nach Abb. 3/30, Abschn. 3.152, bei dem das freilaufende Leitrad in gewissen Bereichen die Tendenz hatte, erheblich schneller zu drehen als die Turbine, wurde ein Gesperre benötigt, das bei diesen Betriebsbedingungen das Leitrad mit der Turbine verband. Die modernen Ausführungen kommen hier mit einem eigentlichen Freilauf meistens in der Ausführung als Klemmfreilauf aus. Nach der Bezeichnungsweise, die der Ausschuß für wirtschaftliche Fertigung benutzt, handelt es sich dabei um kraftschlüssige Klemmrichtgesperre. Bei allen diesen Ausführungen sind 4 Elemente vorhanden: der Keil oder Klemmkeil, die Innen- und Außenklemmflächen und die Federungseinrichtung.

Die Freiläufe bei den Wandlern müssen im allgemeinen sehr hohe Momente übertragen können und andererseits im Leerlauf möglichst keinen Verschleiß haben. Bei Beginn der Bewegung in Freilaufrichtung müssen die Klemmelemente leicht lösen, bei Beginn der Bewegung in Mitnahmerichtung sofort greifen.

Bei der Konstruktion vollständiger Getriebe dienen Freilaufkupplungen zur Erleichterung von Schaltvorgängen, wobei eine gewisse Automatik durch das selbsttätige Arbeiten des Freilaufs gegeben sein kann. Eine große Rolle spielt das Richtgesperre auch als sogenannter Bremsfreilauf. Wenn beim schiebenden Fahrzeug die Turbine schneller laufen will als die Pumpe, kann ein hier angeordneter Freilauf die direkte Mitnahme bewirken.

Ganz besondere Schwierigkeiten der Konstruktion bereiten unter Last lösbare Freiläufe, wie sie bei Kraftfahrzeugen mit automatischen Getrieben in sogenannten Bergstützen angeordnet werden müssen. Eine genaue Orientierung über das gesamte Gebiet vermittelt die in der Reihe der Konstruktionsbücher erschienene Arbeit [*44*], so daß hier auf weitere Einzelheiten verzichtet werden kann.

3.46 Leistungsverluste und Kühlung

Dem Verlauf der Wirkungsgradkurve eines Drehmomentwandlers entsprechend, sind im ganzen Arbeitsbereich Verluste vorhanden, die in Form von Wärme in Erscheinung treten. Die anfallende Wärmemenge läßt sich leicht berechnen, wenn ein Kennfeld vorliegt, in dem sowohl der Wirkungsgrad, als auch die Antriebsleistung gegeben sind. In der Zusammenarbeitskurve tritt der Wärmeanfall in einer besonderen Kurve entsprechend Abb. 3/147 in Erscheinung. Es hat sich als notwendig herausgestellt, das Medium im Wandler unter einem gewissen Druck zu halten, da sonst infolge Kavitation, besonders im Arbeitsbereich für $i_n \to 0$ der Wandlungseffekt abfällt. Die dazu notwendige Pumpe, die in einem vollständigen Getriebe auch für die Zirkulation des Öles zur Schmierung sorgt, sichert auch den Ölumlauf zur Abführung der Wärme. Der Ölkreislauf wird an geeigneter Stelle nach außen geführt und schließt einen Ölkühler in den Umlauf. Je nach den Erfordernissen wird man zur äußeren Kühlung Wasser oder Luft heranziehen. Man muß beachten, daß die Arbeit der Zahnradpumpe auch vollständig wieder in Wärme umgesetzt wird. Der Ölumlauf ist der Primärdrehzahl proportional, da zur Sicherstellung des Kreislaufs für jeden Betriebsfall die Umlaufpumpen gewöhnlich auf der Primärwelle sitzen. Wie sich ein Wandler erwärmt und wie in den einzelnen Fällen bei den verschiedenen Drehzahlen der Wärmeanfall verläuft, ist für einen Trilok-Wandler in Abb. 3/148 dargestellt. Man erkennt hier deutlich das Wirksamwerden der beiden auf Freiläufen sitzenden Leiträder dieses Wandlers.

Die Abführung der anfallenden Verlustwärme in geeigneten Kühlsystemen erfordert besondere Rücksichtnahme bei allen Getrieben, die hydrodynamische Übertragungen benutzen. Im allgemeinen dienen hohe mechanische Übersetzungen dazu, die Wärmebelastung niedrig zu halten, da der Gesamtwirkungsgrad der

Übertragung während der Beschleunigung höher ist und die Periode hohen Schlupfes im Wandler zeitlich verkürzt wird. Dieses bezieht sich auf Kraftfahrzeuge und kann dadurch nachgewiesen werden, daß die Getriebe, die derartig ausgelegt sind, mit Luftkühlung auskommen, während die anderen einen zusätzlichen Wärmetauscher benötigen.

Die ungünstigsten Bedingungen für ein Kraftfahrzeug treten auf, wenn bei einer langen Bergfahrt auf mittlerer Steigung gleichzeitig eine Last gezogen wird, z. B. ein Wohnanhänger von einem PkW. Ähnliche unangenehme Wirkung haben häufige Starts und Beschleunigungen im dichten, schnellfließenden Stadtverkehr und

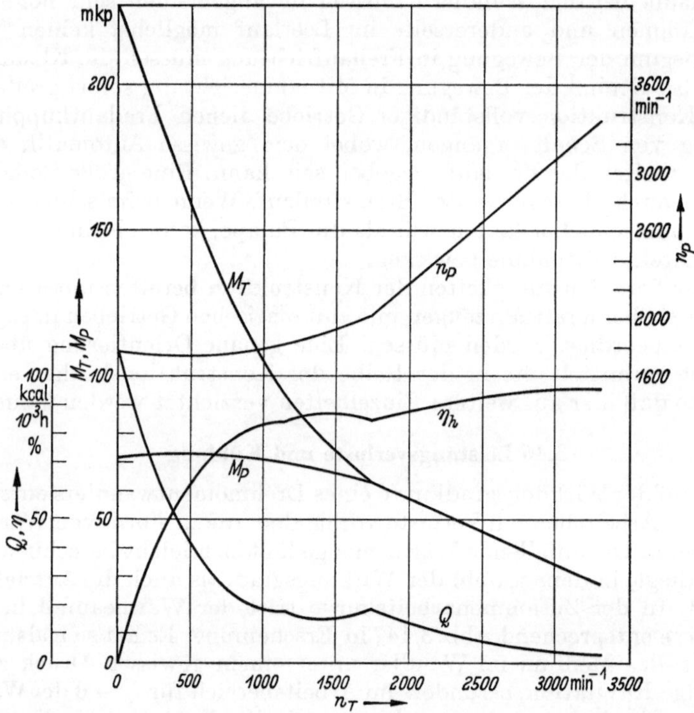

Abb. 3/147. Zusammenarbeitskurve eines Trilok-Wandlers mit einem Dieselmotor (Wärmeanfall Q)

das Befahren kurzer, aber sehr steiler Straßen. Bei Untersuchungen in Amerika wurde festgestellt, daß die härtesten Bedingungen durch die erste der genannten Möglichkeiten gegeben sind.

Um einen Begriff von den Verhältnissen zu geben, sei in Abb. 3/149 nach amerikanischen Messungen [*45*] der Wärmeanstieg über die Umgebungstemperatur im Zusammenhang mit der abgegebenen Wärme bei verschiedenen Fahrzeuggeschwindigkeiten aufgetragen. Die höhere Wärmeabgabe bei 20 Meilen in der Stunde gegenüber 5—10 Meilen in der Stunde hängt mit der höheren Leistung des Kühlventilators zusammen. Unter Berücksichtigung, daß es sich um eine aktive Oberfläche des Wandlers von etwa 0,125 m² handelt, kann man aus den Messungen einen Wärmeübergang von $150 \frac{\text{kcal}}{\text{m}^2\,{}^\circ\text{C}\cdot\text{h}}$ ermitteln. Die Kurvenwerte sind so sehr von den äußeren Bedingungen des Fahrzeuges abhängig, daß sich das Ergebnis auf

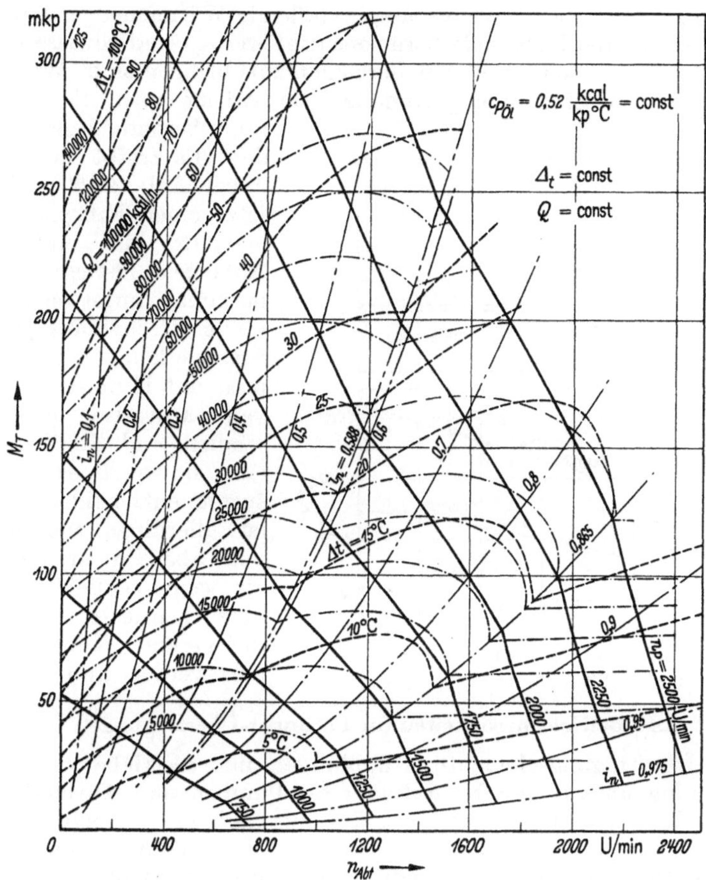

Abb. 3/148. Wärmekennfeld eines Trilok-Wandlers (Wandler mit Zahnradpumpe)

keinen Fall verallgemeinern läßt. Es kann sich nur um einen ungefähren Anhalt über die Größenordnung handeln.

Bei entsprechend ausgelegten Wandlern reicht die Luftkühlung für normalen Personenkraftwagen aus, wenn es sich entweder um lange durchgehende Fahrten handelt, oder wenn im Stadtverkehr häufig geschaltet wird.

Entsprechend Abb. 3/148 kann leicht für jeden Wandlungsgrad die entsprechende Wärmemenge angegeben werden, wobei diese außerdem noch von der primär zugeführten Leistung abhängig ist. Damit hat man aber noch keines-

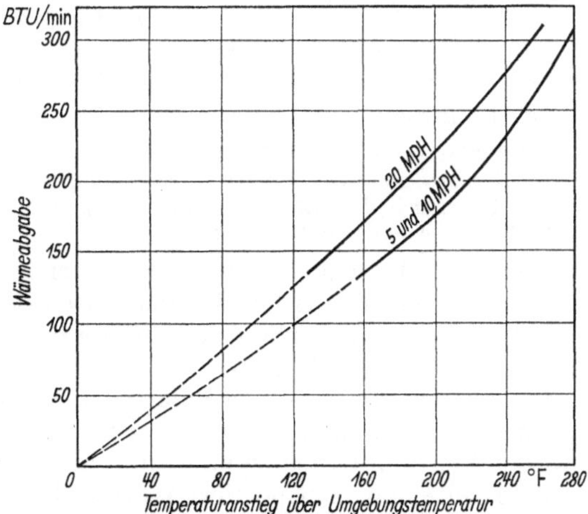

Abb. 3/149. Verteilung der bei einem 12″-Drehmomentwandler anfallenden Wärme (nach Versuchen [45])

wegs die in einem Fahrzeug betriebsmäßig anfallende Wärmemenge. Hier müßten jedesmal die besonderen Umstände berücksichtigt werden und gewisse Annahmen über die Zeiten, die in den jeweiligen Bereichen zuzubringen sind. Wie bei einem der instationären Beschleunigungsvorgänge die Wärme über die Zeit anfällt, muß besonders gemessen werden. Es ergibt sich nach [45] dabei Abb. 3/150. Wenn man jetzt einen Fahrplan zugrunde legt, der das Anhalten und Anfahren festlegt, sowie die maximal unterwegs einzuhaltende Geschwindigkeit, die im Stadtverkehr festliegt, so kann man mit Hilfe derartiger Kurven theoretisch ein Bild gewinnen und die Fragen über ein notwendiges Kühlungssystem entscheiden. Die Arbeit ist allerdings ziemlich mühevoll, aber immer noch billiger, als wenn schließlich in Fahrversuchen festgestellt wird, daß das gesamte Kühlsystem geändert werden muß.

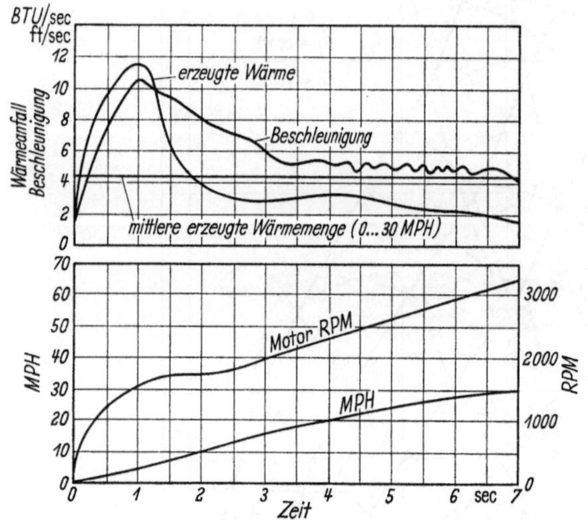

Abb. 3/150. Wärmeanfall bei Vollgasbeschleunigung eines PKW (nach [45])

3.47 Betriebsflüssigkeiten für Föttinger-Übertragungen

Föttinger-Übertragungselemente, Kupplungen und Getriebe verwenden zur Kraftübertragung umlaufende Kreiselräder als Pumpen und Turbinen. Für die Wirksamkeit des Gesamtaggregates ist die Auswahl eines geeigneten Arbeitsmediums, z. B. Wasser, Öl, Silicone und andere Flüssigkeiten, von Bedeutung. Nicht nur die Höhe des Wirkungsgrades wird durch die Strömungsverluste der Füllflüssigkeit bestimmt, sondern es ergeben sich auch eine ganze Reihe weiterer Bedingungen, denen sie entsprechen muß.

Bei den Fahrzeugen werden für die automatischen Getriebe mit Föttinger-Wandlern und nachgeschalteten mechanischen Systemen etwa 10 bis 12 Liter Füllung für den Wandler und das mechanische Getriebe benötigt.

Die Füllflüssigkeit hat dabei folgende Funktionen zu erfüllen:

1. Füllflüssigkeit, die im Föttinger-Wandler hydrodynamische Kräfte überträgt.
2. Schmiermittel für Zahnräder, Lager, Kupplungen usw.
3. Mittler für hydrostatische Kraftwirkungen (Schaltkupplungen).
4. Mittel für den Wärmetransport.

Die Vielzahl der notwendigen Funktionen erfordert einen Kompromiß bei der Wertung der physikalischen Eigenschaften der Füllflüssigkeit, wobei die Auswahl besonders durch den außerordentlich breiten Temperaturbereich erschwert wird, der von $-30°$ bis $+150°$ geht.

Das Füllmedium wird von Pumpen zu den verschiedenen Stellen unter Drücken zwischen 2–15 at bewegt und versorgt unter genügender Pressung die Wandler, betätigt Ventile, Druckzylinder für Bandbremsen und Kupplungen, schmiert bewegte Teile und transportiert Wärme. Bei 80 km/h Fahrgeschwindigkeit liefert die Förderpumpe beim Wandler eines PKW-Getriebes vielleicht 50 Liter in der Minute.

Die innere Zirkulation im Föttinger-Getriebe ändert sich mit den Übersetzungsverhältnissen, wobei der maximale Umlauf bei Anfahrbedingungen eintritt. Bei einem typischen Fahrzeuggetriebe dieser Art werden vom Wandler selbst im Anfahrzustand 600 m^3/h umgewälzt. Dabei beträgt die Austrittsgeschwindigkeit aus den Schaufelrädern etwa 8—10 m/s, während die Umlaufgeschwindigkeit um die Achse gleichzeitig vielleicht 25 m/s erreicht. Bei diesen verschiedenartigen und extremen Bedingungen müssen die Flüssigkeiten sehr gründlich auf ihre Eigenschaften untersucht werden.

In den ersten Anfängen wurde die Wandlerflüssigkeit sorgfältig von den Lagerungen abgetrennt. So benutzte Föttinger für seine großen Einheiten bei „Transformatoren" für Schiffe Seewasser oder Kesselspeisewasser. Im ersten Fall konnte er auf den Kühler verzichten und im zweiten wurde sogar die Verlustleistung des Wandlers über die Wärme wieder in Antriebsenergie umgesetzt. Wasser ist an sich ein ideales Mittel, da es nicht nur die geringste Viskosität besitzt, sondern auch schwerer ist als die meisten Mineralöle und eine hohe Wärmekapazität aufweist. Seewasser und auch aufbereitetes Kesselspeisewasser sind andererseits aggressiv und man muß sorgfältig das mit ihnen in Berührung kommende Material auswählen. Als man dann das Fernhalten der Betriebsflüssigkeiten von Lagern und Zahnrädern zugunsten einer einfacheren Konstruktion aufgab, aber auf dem Markt noch keine geeigneten Wandlerflüssigkeiten vorhanden waren, waren hochgestellte Anforderungen nur durch entsprechend hohe Viskosität der Betriebsöle zu erfüllen.

Durch den vergrößerten Markt und den dadurch gegebenen Anreiz, aber auch durch die inzwischen verbesserten Verfahren und die allgemeinen Fortschritte in der Ölchemie gelingt es jetzt, auch dünne Öle mit sehr guten Schmiereigenschaften herzustellen. Diese Tatsache ist von hervorragender Bedeutung, da für Föttinger-Getriebe damit der Weg für die Verwendung dünner Arbeitsmedien geöffnet ist, die höhere Wirkungsgrade mit einem günstigeren Schaumverhalten bei geeigneter Schmierfähigkeit verbinden.

Man mußte früher beim Einsatz der Füllmedien vorsichtig zu Werke gehen, und die meisten Herstellerfirmen haben in Dauerversuchen ermittelt, ob eine Ölsorte für die einwandfreie Gesamtfunktion eines Föttinger-Getriebes geeignet war. Ein Prüfstandsversuch war meistens nicht ausreichend, und erst im Betrieb konnte die Dauerwiderstandsfähigkeit z. B. bezüglich thermischer Beständigkeit nachgewiesen werden.

Man kann es sich heute nicht mehr leisten, das Risiko einzugehen, daß bei Versuchen beim Kunden Beschädigungen, wie z. B. das Anfressen von Zahnrädern, eintreten. Daher wird die Eignung einer Ölsorte durch eine Reihe von Einzeluntersuchungen geklärt, wobei gewisse Richtwerte durch die Erfahrung gegeben und festgelegt sind. Einer Tabelle, die von der Firma Voith aufgestellt wurde, sind solche Werte zu entnehmen.

Wenn man voraussetzt, daß die anderen Werte eines Wandleröles den Forderungen entsprechend gegeben sind, so sind nach den theoretischen Untersuchungen, die mit ihren Ergebnissen z. B. in den Abb. 2/11 und 3/18 dargestellt sind, Viskosität und Dichte ausschlaggebend. Danach wäre z. B. Quecksilber außerordentlich geeignet. Es kommt aber wegen seiner Giftigkeit doch nur in ganz bestimmten Fällen in Betracht.

Bei Wasser besteht außerdem im Gegensatz zu Öl die Gefahr der Korrosion durch Kavitation. Da die Wandleröle aus einer Mischung verschiedenartiger Kohlenwasserstoffgruppen mit unterschiedlichem Dampfdruck und abweichendem Siedeverhalten bestehen, weisen sie im Gegensatz zu Wasser keinen scharf bestimmten Dampfdruck auf. Die Kavitation durch Wasser wird bekanntlich durch das Zusammenstürzen der Dampfblasen herbeigeführt. Die bei Wandleröl entstehenden Hohlräume bleiben aber immer noch mit irgendeinem Dampfpolster versehen, so daß die beim Zusammenstürzen entstehenden Drücke wegen des elastischen Verhaltens der Gase niedrig bleiben. Es ist bekannt, daß bei Verwendung von Ölen Kavitationsschäden praktisch nicht auftreten. Dagegen beobachtet man mitunter einen Abfall des Wandlungsgrades für $i_n \to 0$. In diesem Gebiet ist die Strömung am stärksten, daher tritt hierbei am ehesten auch Kavitation auf. Um dem entgegenzuwirken, werden die Wandleröle bei voller Füllung unter einem gewissen Druck gehalten.

Tabelle 3/2 (nach [*51*])

Eigenschaft	Prüfmethode	Richtwerte
1. *Viskosität* zwischen 20 u. 100 °C	DIN 53650	a[1]) 1,5 – 2 °E bei 50 °C b[2]) 2 – 2,5 °E bei 50 °C VI = VP =
2. *Stockpunkt*	DIN 53662	gemäßigte Zonen – 25 bis – 30 °C arktische Zonen – 50 °C
3. *Flammpunkt*	DIN 53661	a) 160 °C b) 200 °C
4. *Brennpunkt*		a) 180 °C b) 220 °C
5. *Spezifische Wärme* zwischen 20 und 100 °C		0,45 bei 20 °C
6. *Spezifisches Gewicht* zwischen 20 und 100 °C	DIN 53653	0,87 bei 20 °C
7. *Entschäumung*		
8. *Schmierwert*		
gedopte Öle Viskositätsgruppe a und b	VKA-Schweiß-Wert[3] FZG-Zahnradkurztest[4] Almen-Wieland-Wert[5]	300 Laststufe 8
ungedopte Öle Viskositätsgruppe b	VKA-Schweiß-Wert[3] FZG-Zahnradkurztest[4] Almen-Wieland-Wert[5]	160 Laststufe 4
9. *Alterungsbeständigkeit* bei 130 °C und verschiedenen Metallen außer reinem Cu	DIN 53658, 56659	NZ = 0,3 VZ = 0,6
10. *Asche*	DIN 53657	
11. *Chemische Verträglichkeit* bei allen Temperaturen zwischen Stockpunkt und 130 °C mit		
1. allen Metallen außer reinem Cu		keine Einwirkung auf Metalle
2. Freudenberg Simmeringen Buna Qualität 21 Pe 716		Quellung 3% Verhärtung 3 shore
12. *Stabilität* bei allen Temperaturen zwischen Stockpunkt und 130 °C		keine Ausfällung einzelner Bestandteile, keine Lackbildung

[1] Untere Viskositätsgruppe.
[2] Obere Viskositätsgruppe.
[3] Vier-Kugel-Apparat.
[4] FZG-Zahnradkurztest bei Prof. Dr. Niemann. TH München, Sondertest C/8,3/95 mit einem spez. Verschleiß von 0,1 (bis 0,2) mg/PSh bis zur genannten Laststufe.
[5] Almen-Wieland-Wert zur Bestimmung der Schmierfähigkeit bei Gleitlagern.

Tabelle 3/3. *Daten der Getriebeflüssigkeiten für Föttinger-Getriebe*

	Natürl. Min.-Öl nach Kohle	Genodyn nach Kohle	Genodyn nach TH Karlsruhe	Kieselsäure Äthylhexylester	Äthylen Glykol	Englische Hydraulikflüssigkeiten				RPM-fluid	BASF Spezif. für Hydr. Öle
						Mineralölbasis		Nicht offiziell zugelassen			
						DTD 585	Lockheed 22	Skydrol	EEL 6		
Dichte bei 20 °C g/cm³	0,86	1,13	1,135	0,883	≈ 1,12	0,842	0,943	1,067	1,08	1,51	<0,9
Viskosität bei 50 °C °E	4–4,2	3,4	2,90	1,35	1,5	2,25					4–5
Säurezahl mgKOH/g	0,1	0,06–0,3									säurefrei
VKA-Wert kg	160/180	160–180	170	140	140						
Wieland-Wert Platten	≈ 7		18	13–14	12–13						
Oberflächenspannung dyn/cm	21	41									
Spez. Wärme 20 °C kcal/kggrd	0,42	0,53				0,456	0,60	0,43	0,785/80°		
Stockpunkt °C	– 20	– 10	– 41	– 78*	– 12/– 15	– 65	– 60	– 48	– 65	– 70	<–15
Flammpunkt °C	210	230	210	193	116						>200
Siedebereich bzw. Siedepunkt °C			102–308	155/0,01 mmHg	197	crackt unterhalb 760 mmHg	135**	300	100	crackt zu Phosgen bei hohen Temp.	
Wärmeleitfähigk. kcal/cms grd	*					3,24 . 10⁻⁴ 20°	3,0 . 10⁻⁴ 20°	5,3 . 10⁻⁴ 15°	9,61 . 10⁻⁴ 15°		
Stoffbasis	Min. Öl	Äthylenglykol?	Äthylenglykol?	Kieselsäureest.	Äthylenglykol	Min.-Öl	Rizinusöl	Phosphatester	Waterglykol	halogen. Min.-Öl	Min.-Öl
Hersteller	Diverse	Anorgana	Gendorf	BASF	BASF	Diverse	Lockheed USA	Monsanto	Esso England	Esso USA	Diverse

* Kein Kristallisat. — Punkt, erstarrt glasartig. — ** Ausdampfen von Äthylenglykol-Mono-Äthyläther vor Erreichen der Siedetemperatur.

Eine Flüssigkeit höherer Dichte ergibt kleinere Abmessungen, während die höhere spezifische Wärme es gestattet, den zur Abführung der Verlustwärme aus dem Kreislauf nach außen geführten Flüssigkeitsumlauf kleiner zu halten und damit Energie einzusparen.

Mit welchem Ergebnis die Industrie bisher tätig war, um geeignete Arbeitsflüssigkeiten für Föttinger-Übertragungselemente auf den Markt zu bringen, zeigt leider nach einem etwas älteren Stand die Tab. 3/3. Die Bezeichnungen der Flüssigkeiten sind inzwischen z. T. geändert, aber im Grundsatz ist zur Zeit noch keine wesentliche Änderung zu verzeichnen.

Ersichtlich muß ein Kompromiß bei der Beurteilung der Viskosität und des Viskositätsindexes angestrebt werden. Der hydraulische Teil könnte mit einem Öl geringer Viskosität gefüllt werden, um gute Übertragungskurven zu gewährleisten, wenn die Flüssigkeit nicht gleichzeitig dazu dienen müßte, Zahnräder, Lager, Pumpen und die notwendigen bewegten Teile zu schmieren. Außerdem ist das hydraulische System sehr empfindlich in bezug auf Viskositätsänderung, welche durch den weiten Temperaturbereich bedingt ist, der das Gesamtsystem durch die äußeren Umstände ausgesetzt wird. Dieses wiederum macht es erstrebenswert, eine Flüssigkeit mit einem hohen Viskositätsindex zu verwenden.

Aus den gleichen extremen Temperaturbedingungen ist ein niedriger Stockpunkt erforderlich, damit die Umwälzpumpen die Flüssigkeit auf jeden Fall aus den Sümpfen ansaugen können.

Die hohe Umwälzgeschwindigkeit und die teilweise geringen Umsetzungswirkungsgrade erzeugen beträchtliche Temperaturen in der Flüssigkeit. Zusammen mit der ständigen Durchmischung mit atmosphärischem Sauerstoff wird dadurch Schlamm- und Firnisbildung angeregt. Die Ablagerung davon, auch in kleineren Mengen, auf wesentliche Getriebeteile ist unerwünscht, da sie die mechanische Wirksamkeit behindern kann.

In einem Gesamtgetriebe, in dem der Übergang von einer mechanischen Übersetzung zur andern von der Betätigung von zwei oder mehr Reibungsgliedern abhängt, deren gleichzeitige Betätigung einen gewissen Schlupf bedingt, wird die „Oiliness" für den weichen Wechsel wichtig. Da aber die „Oiliness" gleichzeitig den Reibungskoeffizienten für andere Teile herabsetzt, bei denen dieses nicht erwünscht ist, ist äußerste Vorsicht bei der Beurteilung dieses Charaktermerkmals notwendig.

Außergewöhnliche Luftaufnahme und Schaumbildung kann in den Übertragungsflüssigkeiten nicht geduldet werden. Wenn man auch über die Auswirkung des Luftgehalts der Flüssigkeit in bezug auf die Kavitation, die von manchen amerikanischen Autoren hiermit in Zusammenhang gebracht wird, geteilter Meinung sein kann, so ist der Luftgehalt zweifellos Ursache störender Geräusche. Er bewirkt oft auch Unregelmäßigkeiten in der Förderung der Umlaufpumpen und Schwingungen der Druckhalteventile, die bis zu Federbrüchen führen können. Wichtig ist auch die Möglichkeit des Überfließens und der damit verbundenen Flüssigkeitsverluste und eine Erhöhung der Oxydationsgefährdung des Mediums.

Ein anderes wichtiges Erfordernis ist die Freiheit von schädlichen Beimengungen, die chemische Einwirkungen auf die Teile haben könnten, mit denen sie in Berührung kommen. Dabei handelt es sich um eine weit gesteckte Skala von Materialien, die von den verschiedenen Arten von Dichtungsmaterial über fast alle Metalle reicht.

In Amerika benutzt man oft Motoröl SAE 10, dagegen werden sonst Spezialflüssigkeiten der verschiedensten Ausführung empfohlen.

Um von dem Umfang dessen, was die Ölindustrie in Deutschland anbietet, einen gewissen Begriff zu vermitteln, sei je Firma wenigstens je eine Sorte in Tab. 3/4 genannt.

Tabelle 3/4

Lieferfirma	Bezeichnung
BP Olex	Energol Hydraulic SHF
BV	Aral Oel P 2100
Caltex	666 Torque Fluid 100
Castrol (Wakefield)	Hyspin 55
Esso	Teresso E PV—43
Gasolin	BGV
Goldgrabe & Scheft	Wisura Kineta 15
Mobil Oil	Mobil Fluid 93 und 120
Rheinpreußen	U 500/25
Shell	Donax T 6
Valvoline	BB und BBV
Veedol	Hydrauliköl 1080 D
Wenzel & Weidmann	HYL

Diese Wandleröle werden meistens von Mineralölen niedriger Viskosität abgeleitet und mit passenden Additiven versetzt; dadurch werden sie für die verschiedenartigen, sich oft geradezu widersprechenden Anforderungen geeignet gemacht.

3.48 Verkaufsunterlagen der Industrie

Dem projektierenden Ingenieur werden von den Herstellerfirmen, ähnlich wie bei den Kupplungen, die Kennwerte der Typenreihe in doppeltlogarithmischen Kennfeldern zur Verfügung gestellt, Abb. 3/151 ist [*49*] entnommen. Die einzelnen

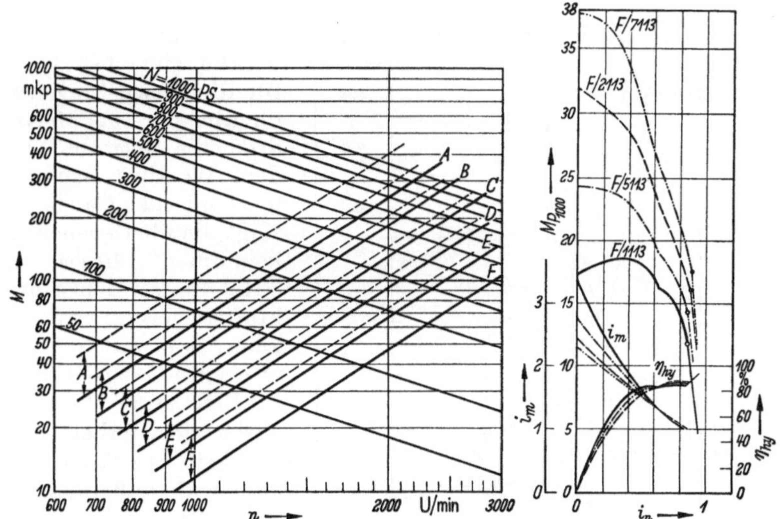

Abb. 3/151. Gruppenkennfeld von Serienwandlern

Wandlergrößen ordnen sich hier zwanglos in geradlinig begrenzten Bereichen und gestatten bequem, über der Drehzahl sowohl die zu übertragenden Momente, als auch die Leistungen abzulesen.

Bei der Abbildung handelt es sich um Trilok-Wandler, für deren einzelne Größen erhebliche Variationen durch Einbau verschiedener Radsätze möglich sind. Es ist erstaunlich, wie man gleichfalls rechts in der Abbildung sieht, welche Möglichkeiten sich hier bieten, und zwar nicht nur bezüglich der Verschiedenartigkeit der Wandlung, sondern auch besonders bezüglich der Primäraufnahme M_P. Man kann unter Berücksichtigung der durchgeführten Diskussionen aus diesen Aufnahmekurven ablesen, welche Rückwirkungen dabei auf die Antriebsmaschine ausgeübt werden. Die steil zu $i_n \to 0$ ansteigenden Werte bedeuten starke Drückung, während die niedrigen Werte von M_P dabei die andere Tendenz erkennen lassen. Auch der oft gemachte Hinweis auf den Zusammenhang der Aufnahmekurven mit der Wandlung und dem Verlauf des Wirkungsgrades wird hier gut illustriert.

4. Einige bekannte Ausführungen der Föttinger-Getriebe

4.1 „Hydromedia-Getriebe" der Zahnradfabrik Friedrichshafen

Die traditionsreiche Zahnradfabrik Friedrichshafen (ZF) hat eine Reihe ihrer Getriebe durch organische Verbindung mit Föttinger-Wandlern zu modernen Einheiten entwickelt, die sich auf Schiene und Straße sowie bei Baumaschinen, Staplern und in den sonstigen vielgestaltigen fahrenden Arbeitsmaschinen bewährt haben.

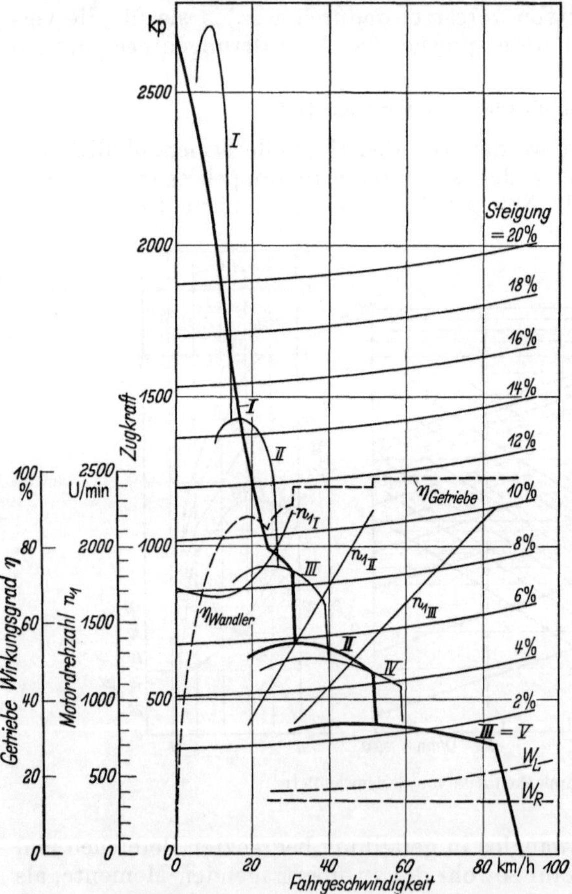

Abb. 4/1. Zugkraftkennlinie für das ZF-Hydromedia-Getriebe 3 HM 40 (starke Kurve) im Vergleich zu einem rein mechanisch geschalteten ZF-5-Gang-Getriebe AK 5-33 (schwache Kurve)

Die folgende nähere Beschreibung des „Hydromedia-Getriebes" kann nur einen Einblick in das Arbeitsprogramm vermitteln.

Die zunächst von der ZF für die Ausrüstung von Stadtomnibussen gelieferten „Hydromedia-Getriebe" besaßen 3 dem Wandler nachgeschaltete mechanische Gänge. Abb. 4/1 zeigt die überlegenen Zugkraftkennlinien dieses Getriebes 3 HM 40, mit dem dieselbe Zugkraftsteigerung erreicht werden kann, wie mit einem mechanischen 5-Gang-Getriebe.

Bei der Beschleunigung wirkt sich dabei die Stufenlosigkeit des Wandlers günstig aus und außerdem entfallen 2 Schaltpausen.

Das Getriebe besitzt Finger-Tipp-Schaltung und hat sich vor allem in Stadtomnibussen und Schienenfahrzeugen im In- und Ausland bestens bewährt. Infolge seines robusten und einfachen Aufbaues hat es Laufzeiten von mehreren 100000 km erreicht, ohne daß Nachstellarbeiten oder wesentliche Überholungen nötig gewesen wären.

Das 3 HM 40 hat besonders dort Anklang gefunden, wo die exakte Durchführung eines planmäßigen Linienbetriebes im Großstadtverkehr auch bei Steigungen und Gefälle verlangt wird.

Die guten Erfahrungen zeigten, daß ein Wandlergetriebe mit nur 2 Gängen ausreicht, wenn die Linienführung keine starken Steigungen aufweist. Bei den meisten Großstädten ist dieses der Fall, und daher wurde auf gleicher konstruktiver Grundlage ein vollautomatisches Baumuster dieser Art geschaffen: die Reihe der 2 HM 40 bis 2 HM 70.

Wandler und Automatik ergeben eine äußerst vereinfachte Fahrweise. Dem Fahrer steht nach Abb. 4/2 eine Bedienungseinrichtung zur Verfügung, die weder eine mechanische Hauptkupplung noch ein Kupplungspedal hat. Zum Anfahren

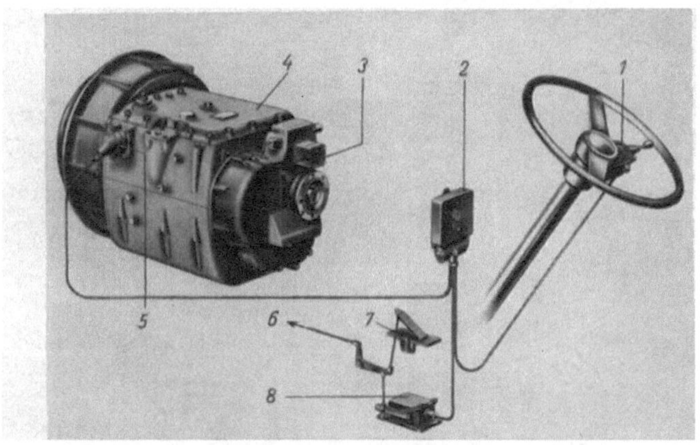

Abb. 4/2. Anordnung der Vollautomatik beim ZF-Hydromedia-Getriebe 2 HM 40/60 (Zahnradfabrik Friedrichshafen AG.). *1* Lenkradschalter; *2* Schaltautomat; *3* Generator (Geschwindigkeitsfühler); *4* Hydromedia-Getriebe; *5* Anschlußstecker; *6* Gestänge zur Einspritzpumpe; *7* Federnder Anschlag; *8* Schaltbeeinflussung (Gasfühler)

ist lediglich nach Wahl der Fahrtrichtung die Bedienung des Fahrpedals notwendig, und selbst in Steigungen ist eine besondere Geschicklichkeit des Fahrers nicht mehr erforderlich. — Die übrigen Vorzüge sind in Abschn. 3.32 genügend berücksichtigt worden.

Abb. 4/3 zeigt im Schnitt den einfachen Aufbau des Getriebes. Verwendet wird ein Föttinger-Drehmomentwandler der Trilok-Bauweise, der von der Klein, Schanzlin & Becker AG geliefert wird. Seine Konstruktion zeichnet sich durch größte Einfachheit aus, und er kann direkt mit dem Schwungrad des Motors verschraubt werden, so daß störende Schwingungserscheinungen, die zur Anordnung besonderer Dämpfer zwingen, hier ausgeschlossen sind.

Ein robustes 2-Gang-Getriebe bildet den mechanischen Teil. Die Schaltkupplungen für die Vorwärtsgänge sind Reibungskupplungen, die das volle Drehmoment übertragen. Ihre Lamellen werden durch Öldruck zusammengepreßt. Steuerschieber mit elektrischer Fernbetätigung führen den Öldruck zu oder sorgen umgekehrt für die Entlüftung.

Für den Ölumlauf im Wandler und den Überlagerungsdruck ist eine Zahnradpumpe vorhanden. Eine zweite, schmalere bedient die Schaltung.

Der Geschwindigkeitsfühler, ein kleiner Generator, der am Tachometeranschluß angebracht ist, ist mit dem Schaltgerät verbunden, in dem das Schaltrelais über einen Transistorkreis gesteuert wird. Das andere Kommando für die elektrisch geschaltete Automatik des Getriebes kommt vom Fahrpedal, dessen Stellung der

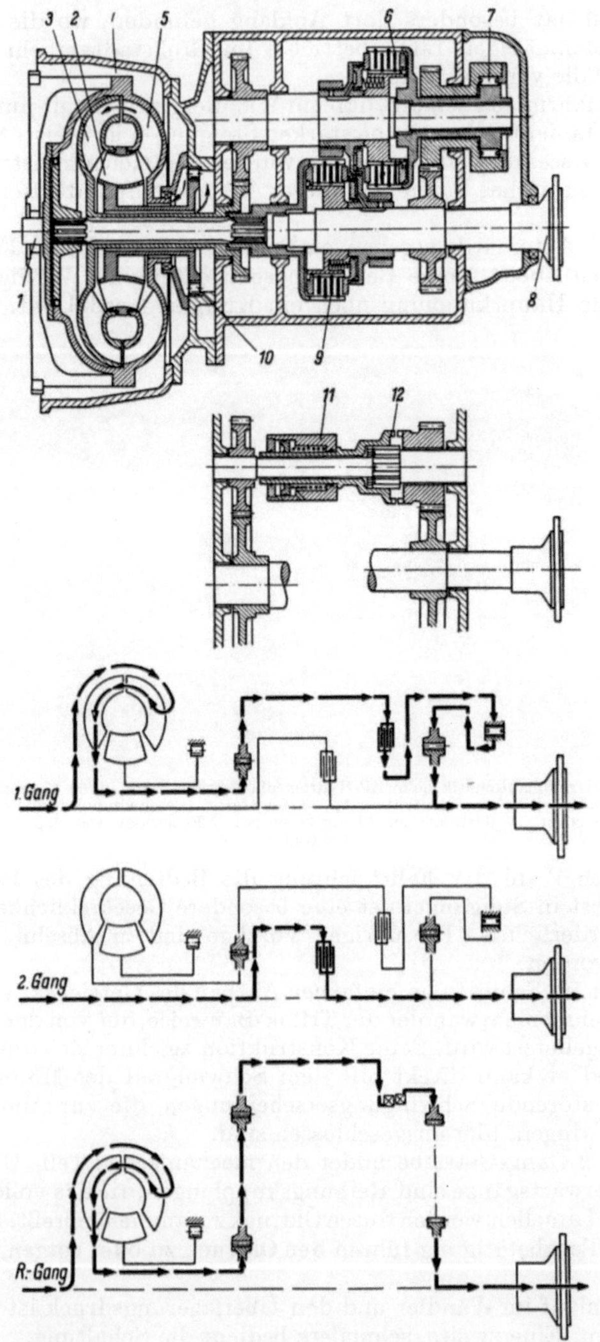

Abb .4/3. Aufbauschema und Wirkungsweise des ZF-Hydromedia-Getriebe nach [*50*]

Belastung des Motors entspricht. Das Zusammenwirken der in Abb. 4/3 erkennbaren Organe ergibt die passenden Schaltpunkte, die den Kraftstoffverbrauch niedrig halten, die Lebensdauer des Motors günstig beeinflussen und die Geräuschbildung begrenzen. Die Schaltung arbeitet störungsfrei und ohne jegliche Zugkraftunterbrechung. Außerdem gestattet das Getriebe, die volle Bremskraft des Motors bis zu geringen Geschwindigkeiten herab auszunutzen.

4.2 Diwabus-Föttinger-Getriebe von J. M. Voith

Die Firma J. M. Voith in Heidenheim beschäftigt sich bereits seit dem Jahre 1930 mit hydrodynamischen Kraftübertragungen nach Föttinger. Der Tradition des Hauses entsprechend hat man dort auch sehr große Einheiten gebaut. So erreichten z. B. Föttinger-Kupplungen für ein Speicherkraftwerk bereits in den dreißiger Jahren Einzelleistungen in der Größenordnung von 30000 kW.

Gestützt auf solche Erfahrungen im Strömungsgetriebebau, hat man bei J.M. Voith ein interessantes kleines Getriebe mit dem Prinzip der Leistungsteilung für den Fahrzeugbau entwickelt. Dieses Differential-Wandler-Omnibusgetriebe mit der Markenbezeichnung „Diwabus-Getriebe" ist ein vollautomatisches, hydraulisch-mechanisches Getriebe für Leistungen von 80—200 PS.

Im unteren und mittleren Geschwindigkeitsbereich wird die Antriebsleistung über einen hydraulischen und einen mechanischen Weg geleitet, wobei der mechanische Anteil mit wachsender Fahrgeschwindigkeit stetig zunimmt. Durch die Wirkung des Verteilergetriebes kann der Föttinger-Wandler bei erhöhtem Wirkungsgrad bis über die Hälfte der maximalen Fahrgeschwindigkeit verwendet werden.

Im oberen Geschwindigkeitsbereich wird die Leistung rein mechanisch übertragen, so daß hier nur geringe Verluste auftreten.

Der Wechsel vom hydraulischen in den mechanischen Betriebszustand erfolgt automatisch. Abhängig von der Motorfüllung und der Fahrgeschwindigkeit zwischen Stillstand und Höchstgeschwindigkeit findet nur ein Schaltvorgang durch einen druckölbetätigten Schaltkolben statt. Diese einfache Automatik bedarf keiner elektrischen Steuerorgane. Nach dem Wandler kann, je nach Bedarf, ein nachgeschaltetes Getriebe mit Plantensätzen für mehrere Stufen und Rückwärtsfahrt angeordnet werden. Der Drehzahlbereich eines jeden Ganges kann vom Stillstand bis zur Höchstwertgrenze durchfahren werden. Ein Wechsel der Vorwärtsgänge ohne Zugkraftunterbrechung ist während der Fahrt mittels des Gangwählhebels gleichfalls möglich.

Das Getriebe ist durch die Patentanmeldung [*42*] bekannt geworden. Aus den vereinfachten Abbildungen der Patentschrift ist das verwendete Prinzip und die grundsätzliche Anordnung gut zu ersehen, wie die Wiedergabe Abb. 4/4 zeigt.

Entsprechend dieser Abb. 4/4 ist dem Wandler ein Umlaufgetriebe ohne Außenkranz vorgeschaltet, dessen Planetenträger mit dem Pumpenrad verbunden ist. Die zentrifugal durchströmte Turbine, die, nach Abschn. 3.23, für diesen Anwendungsfall besonders gut geeignet sein sollte, ist über einen Freilauf mit der Abtriebswelle verbunden.

Die Analyse ist nach den Ergebnissen Abschn. 3.24 leicht durchzuführen und die Eigenschaften einfach zu übersehen. Für die bei Wandlern in Leistungsverzweigungen wichtige Kenngröße u_1 ergibt sich hier ein Wert von etwa -1. Der Wandler hat nach den in der Patentschrift gemachten Angaben ein $i_{ma} = 2{,}4$. Abb. 3/86, ergibt jetzt eine Senkung dieses Wertes auf etwa 1,7, während sich der optimale Wirkungsgrad entsprechend Abb. 3/84 um 8% erhöht.

Die niedrige Anfahrwandlung kann, wie in Abschn. 3.24 erläutert, durch eine mechanische Nachschaltstufe in eine ausreichende des Gesamtgetriebes geändert werden, allerdings ist diese Stufe dann materialmäßig so groß wie das Verteilergetriebe selbst.

Es ist vorgesehen, daß der Planetenträger durch eine mechanische Bremse festgesetzt werden kann; dadurch ist der Wandler ausgeschaltet, so daß die Leistungsübertragung rein mechanisch erfolgt. Das Verteilergetriebe arbeitet als Hochtrieb, wobei an dieser Stelle auf unangenehme Erfahrungen hingewiesen werden soll,

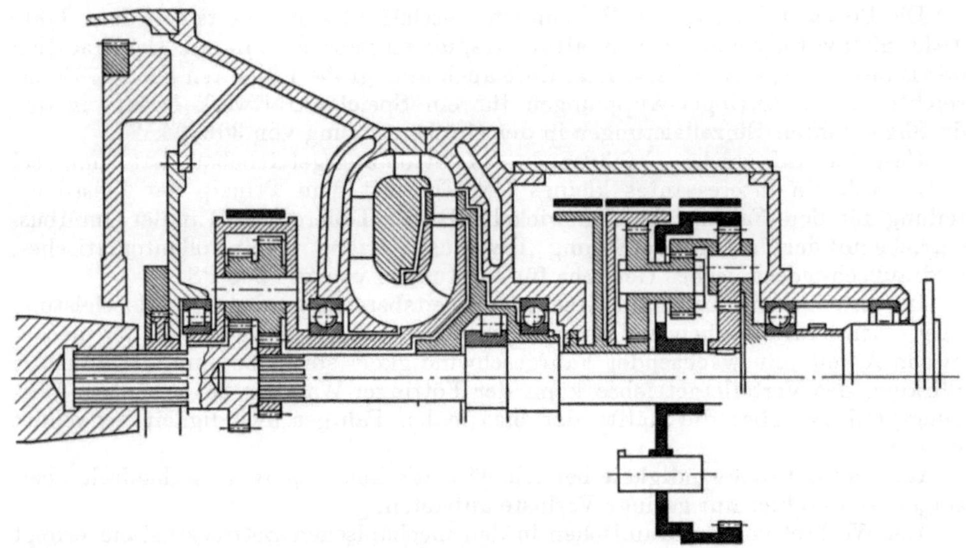

Abb. 4/4. Diwabus-Getriebe von J. M. Voith nach DP 932 053

die man in vielen Fällen bei vorgeschalteten Hochgängen, besonders beim Antrieb durch nicht gut ausgeglichene Dieselmotoren gemacht hat. Die dann anzuordnenden Schwingungsdämpfer haben eine beachtliche Größe.

Im mechanischen Direktgang ergibt das vorgeschaltete Verteilergetriebe in der dann vorliegenden Schaltung zusammen mit dem nachgeschalteten Getriebe etwa ein Übersetzungsverhältnis, das dem Direktgang einer normalen Anordnung entspricht.

Die Getriebekennlinien, Abb. 3/89, sind nach den Angaben in [*42*] und mit den Formeln in Abschn. 3.24 entwickelt. Der Motor wird stark gedrückt, obwohl der Wandler allein keine Turbinenrückwirkung hat. Die Motordrehzahl steigt von 0,45 bis 1 fast geradlinig an. In der Patentschrift ist das durchschnittliche Kennfeld eines Motors zugrunde gelegt, also nicht wie bei den hier früher durchgeführten Untersuchungen nach [*5e*] $M_{\text{mot}} = \text{const.}$ angenommen. Deshalb weichen die Kurven leicht ab und die N_1-Linie ist z. B. gekrümmt.

In der Darstellung Abb. 3/89 ist als Einheit das Motormoment bei $n_{1\,(\text{max})}$ gewählt worden und daher ist die an sich gesunkene Wandlung des Gesamtgetriebes immer noch 1,9.

Die Umschaltung auf einen direkten mechanischen Gang durch Festhalten des Pumpenrades gestattet eine Ausnutzung des Wandlers bis $i_m = 0{,}5$ und die nachgeschaltete Stufe verdoppelt das Ausgangsmoment.

Das gleiche gilt natürlich für die Anfahrwandlung, so daß von dem Diwabus-Getriebe ein beträchtlicher Übersetzungsbereich umspannt wird.

Wie bemerkt, ergeben die Wandler mit zentrifugal durchströmter Turbine keine Drückung. Der höhere Wirkungsgrad des Gesamtgetriebes gegenüber dem Wandler hat im ersten Teil der entsprechenden Kurve seine Ursache in der Verschiebung nach links durch die starke Drückung, die durch das Verteilergetriebe in dieser Anordnung bedingt ist. Daß auch $\eta_{\text{opt.}}$ beträchtlich erhöht ist, ist eine reine Folge der Leistungsteilung. Abb. 3/89 läßt dies deutlich erkennen, da die Wandlereingangsleistung nahezu konstant bleibt.

Die Firma J. M. Voith hat mit den nach diesem Patent gebauten Getrieben Erfolge erzielt. Es wäre zu überlegen, ob man bei gleichem Aufwand auch mit einem direkt arbeitenden Getriebe, etwa einem solchen der Trilok-Bauart, das Drückung, hohen Wirkungsgrad und günstige Verhältnisse im Kupplungsbereich ergibt, zu denselben Ergebnissen gelangen könnte.

4.3 Das JLO-matic-Getriebe

Eine interessante Bauart der Anordnung eines Wandlers in einer Leistungsverzweigung stellt das JLO-matic-Getriebe – System Weinrich – der JLO-Werke GmbH[1] dar.

Es handelt sich hier um ein vollautomatisches Getriebe für Fahrantriebe mit lastabhängiger Geschwindigkeitscharakteristik, das die Anforderungen an Getriebe dieser Art, hohe Wirkungsgrade über große Geschwindigkeitsbereiche, große Momentwandlungen beim Anfahren und geringe Herstellkosten bei kleinster Störanfälligkeit weitgehend erfüllt. Sein Vorteil gegenüber den bisherigen Getrieben ähnlicher Bauart, liegt in der hohen Wandlung des Kreislaufes in Verbindung mit der Leistungsverzweigung und seinem breiten Wirkungsgradfeld. Dadurch erfordert dieses Getriebe nur einen mechanischen Gang.

Für die damit ausgerüsteten Fahrzeuge werden vom Hersteller folgende Vorteile angegeben [*59*]:

Völlig ruckfreies Anfahren auch auf größten Steigungen,
keine Zugkraftunterbrechung beim Beschleunigen bis zur Höchstgeschwindigkeit,
Erreichen der gewünschten Fahrgeschwindigkeit in kürzester Zeit,
kein Kupplungsverschleiß, auch bei härtesten Beanspruchungen,
weitgehende Schonung von Motor, Triebwerkteilen und Bereifung,
der Fahrer wird durch das vollautomatische Getriebe weitgehend entlastet und kann seine Aufmerksamkeit anderen Aufgaben widmen,
Unempfindlichkeit des automatischen Schaltvorganges durch einfaches Regelprinzip, daher geringe Störanfälligkeit,
Motor arbeitet in günstigen Drehzahlbereichen, Brennstoffverbrauch wie bei Schaltgetrieben.

Abb. 4/5 zeigt, daß der Grundaufbau des JLO-matic-Getriebes, wie bei den in vorhergehenden Abschnitten (Abschn. 3.24) behandelten Getrieben mit Leistungsverzweigung, aus einem einfachen Differentialgetriebe D, dem Wandler W und dem Sammelgetriebe S besteht.

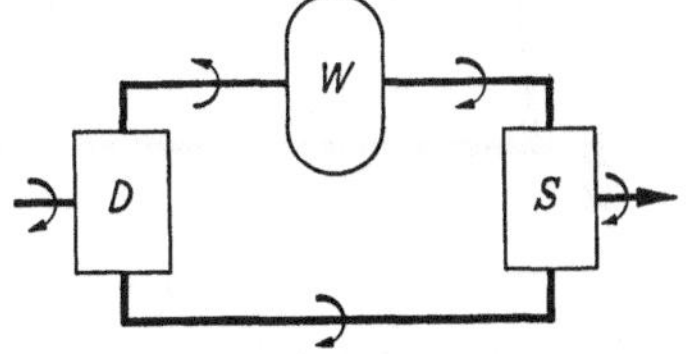

Abb. 4/5. Grundaufbau des JLO-matic-Getriebes

Dieses Sammelgetriebe ist hier als Turbinen- und Wendegetriebe S ausgebildet, da entgegen den bisher behandelten Föttinger-Getrieben die Turbine im JLO-matic-Getriebe entgegengesetzt wie die Pumpe umläuft und nach Abb. 4/6 als axiale Turbine T vor der Pumpe angeordnet ist.

[1] Jetzt von J. M. Voith unter dem Namen Diwamatic-Getriebe hergestellt und vertrieben.

Über eine elastische Kupplung wird der Außenkranz des Differentialgetriebes D vom Motor angetrieben. Das Sonnenrad ist mit der Pumpe P des Strömungskreises und der Planetenträger mit der Abtriebswelle A verbunden. Die Turbine gibt ihre Leistung über das Vorgelege auf die Hauptwelle ab.

Bei stillstehendem Fahrzeug, d. h. bei stillstehendem Planetenträger des Differentials, wird die gesamte Leistung der Pumpe P zugeführt. Mit steigender Fahrzeuggeschwindigkeit wird der Leistungsanteil, der über den Planetenträger direkt zur Abtriebswelle fließt, ständig größer. Am Ende des Wandlerbetriebes beträgt dieser Anteil, je nach Wahl des Differentials, etwa 60–70% der Gesamtleistung.

Mit dem Erreichen dieses Zustandes wird über den Regler R die Bremse B betätigt und das Pumpenrad P festgehalten. Die gesamte Leistung wird jetzt mechanisch über das als Planetengetriebe wirkende Differential mit seinem Untersetzungsverhältnis übertragen.

In diesem Zustand verhindert ein Freilauf F das Arbeiten der Turbine im ruhenden Öl des Strömungskreislaufes. Da es sich hier um ein vollständiges Fahrzeuggetriebe handelt, ist ein Rückwärtsgang erforderlich, der geschickt in die gesamte Konstruktion eingefügt ist. Er tritt in Tätigkeit, sobald die Schaltklaue S in der Abb. 4/6 nach rechts gelegt wird.

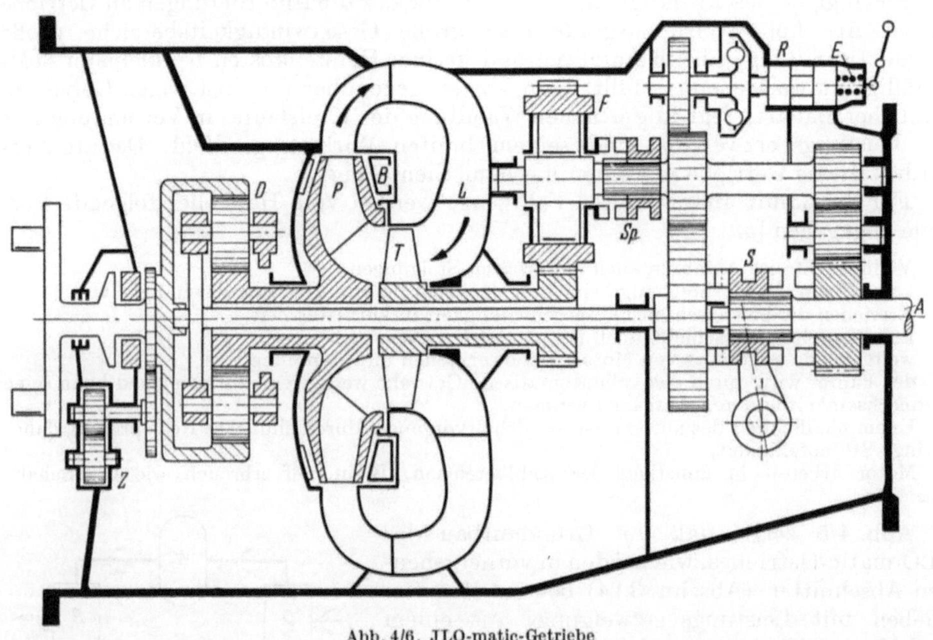

Abb. 4/6. JLO-matic-Getriebe

Der direkte Gang wird automatisch geschaltet. Zu seiner Betätigung wird die Bremse B bei einer bestimmten Geschwindigkeit des Fahrzeuges über den Regler R eingelegt.

Die Feder E, deren Spannung sich mit der Gashebelstellung ändert, beeinflußt diesen Umschaltpunkt zusätzlich. Bei Teilgas erfolgt die automatische Umschaltung in den mechanischen Gang wesentlich früher als bei Vollgas.

Auch die Bremsung des Fahrzeuges durch den Motor wird durch das Getriebe sichergestellt. Sie entspricht allerdings nur dem direkten Gang eines normalen

Getriebes, kann aber durch Anordnung einer zusätzlichen Freilaufsperre *Sp* erhöht werden.

Bei festgebremster Pumpe dreht die Turbine dann im ruhenden Öl, so daß etwa die Bremswirkung des mittleren Ganges bei einem 3-Gang-Getriebe erzielt wird.

Abb. 4/7 zeigt das interessante Ergebnis dieser Konstruktion als Kennungswandler bei einer kleinen Planierraupe. Die Vollastkurve rechts zeigt die Zugkraft über der Fahrgeschwindigkeit. Im Anfahrpunkt arbeitet der Motor etwa im Bereich seines höchsten Drehmoments. Bei Erreichen seiner Nenndrehzahl schaltet das Getriebe vollautomatisch in den mechanischen Gang um.

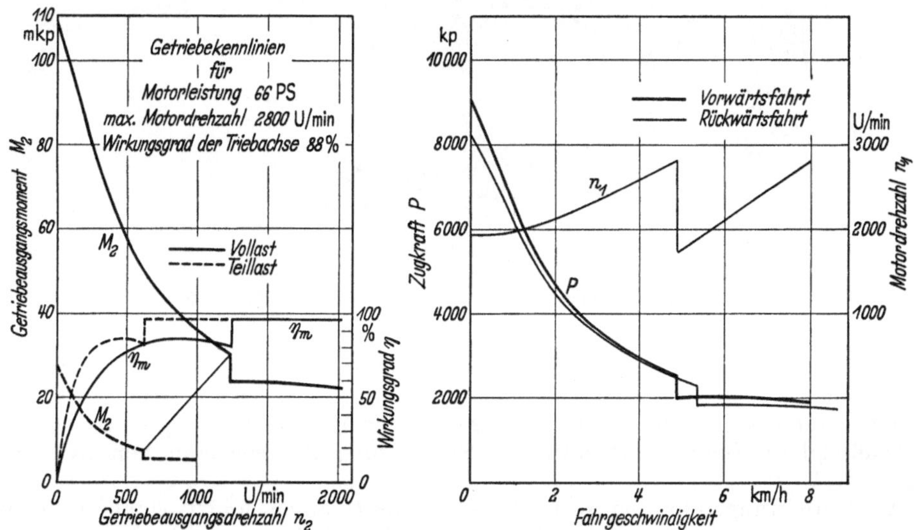

Abb. 4/7. Zusammenarbeitskurven des JLO-matic-Getriebes mit einem 66 PS-Motor für eine kleine Planierraupe

Die Eigenart des Strömungskreislaufes und die Anordnung von Pumpe und Turbine ermöglichen in Verbindung mit der Leistungsverzweigung ein ausnutzbares Drehzahlverhältnis i_n von annähernd 3. Beachtet man, daß das Momentenverhältnis i_{ma} etwa die Werte der üblichen einstufigen Fahrzeugwandler erreicht, so erkennt man die Möglichkeit, eine entsprechende mechanische Übersetzung vorzusehen, die die Anzugskraft etwa verdoppelt. Dies hat zur Folge, daß das JLO-matic-Getriebe mit einem mechanischen Gang fast die doppelte Anzugskraft entwickelt, wie ein einstufiges Trilok-Getriebe. Dadurch können in vielen Fällen Fahrzustände, z. B. langsames Fahren am Berg oder mittleres Beschleunigen in der Ebene, mit Teillast gefahren werden. Dieses hat geringeren Kraftstoffverbrauch und geringere Erwärmung von Motor und Getriebe zur Folge. Je nach der Momentenlinie des Motors und der Wahl des Differentials wird ein Verhältnis der Anfahrzugkraft zur Zugkraft bei maximaler Geschwindigkeit von 4,8 bis 6,5 erreicht.

4.4 Krupp-Föttinger-Getriebe

Krupp baut in Lizenz Verstellwandler nach Lysholm-Smith, wie sie in Abschn. 4.7 der Ausführung nach genauer beschrieben sind. Der Einsatz erfolgt vorwiegend in Lokomotivgetrieben. Auch in der Industrie und in Bohrfeldeinrichtungen werden Krupp-Wandler wegen ihrer besonderen Eigenschaften im steigenden Umfang angewendet.

Das Krupp-Strömungsgetriebe arbeitet im Gegensatz zu den in Abschn. 3.26 beschriebenen Regelwandlern von J. M. Voith mit verstellbaren Pumpenschaufeln. Die Schnittzeichnung Abb. 4/8 läßt die Einzelheiten gut erkennen.

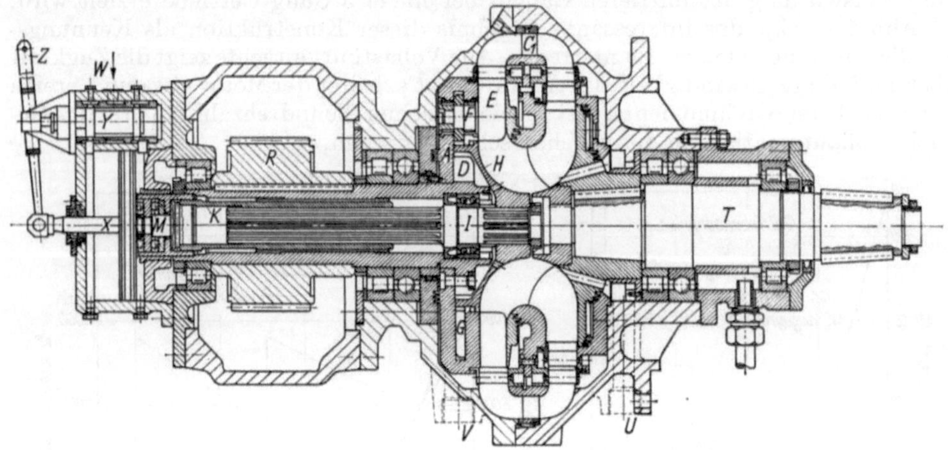

Abb. 4/8. Krupp-Strömungsgetriebe mit verstellbaren Pumpenschaufeln

Der Wandler ist während des Betriebes dauernd gefüllt; auch bei Leerlauf des Motors oder Abgabe nur geringer Leistungen, wie z. B. bei der Gangschaltung, Fahrtwendung oder anderem, findet nicht die geringste Entleerung statt. Die Betriebsflüssigkeit dient gleichzeitig zur Schmierung des mechanischen Getriebeteiles.

Als Abdichtungen an den Austrittsstellen von Pumpen- und Turbinenwelle aus dem Wandlergehäuse dienen berührungsfreie Spaltdichtungen, die dauernd eine kleine Menge Flüssigkeit austreten lassen, die zur Schmierung der wandlerseitigen Lager von Pumpe und Turbine dient. Diese Leckmenge wird dem Wandler im Betrieb wieder zugeführt. Bei Stillstand des Motors dagegen entweicht ein Teil der Flüssigkeit, so daß der Wandler nach längerem Stillstand etwa halb leer ist. Dadurch wird der Anlauf bei kaltem Öl erleichtert.

Die Pumpenschaufeln sind drehbar gelagert und können mit Hilfe einer Servoeinrichtung leicht, rasch und stufenlos in alle Stellungen zwischen ganz offen und ganz zu gebracht werden.

Dem Verstellen der Pumpenschaufeln entspricht eine Änderung der wirksamen Durchmesser und Schaufelwinkel, insbesondere am Austritt der Schaufeln, sowie der Durchflußquerschnitte.

Völliger Abschluß der Schaufeln wie bei einem Ventil läßt sich natürlich nicht erreichen. Es bleiben Spalte von wenigen zehntel Millimetern zwischen den Pumpenschaufeln bestehen, so daß eine kleine Menge Flüssigkeit zirkuliert und in der Turbine ein schwaches Drehmoment erzeugt. Mit dem Moment aus der Radseitenreibung zusammen ergibt sich das Restmoment der Turbine, welches so gering ist, daß das Wendegetriebe für die Schaltung ausreichend entlastet ist und die Lok auch bei nicht angelegter Bremse nicht wegläuft.

Die Schaufeln E des Pumpenrades A nach Schnittbild Abb. 4/8 sind mit ihren angeschmiedeten Lagerbolzen F auf Walzen im Pumpenrad drehbar gelagert. Die Verstellung erfolgt durch die Pumpenwelle hindurch auf Grund axialer Verschiebung der innen mit geraden und außen mit Drallnuten versehenen Schaltmuffe K, wodurch eine Relativdrehung der Verstellwelle J gegenüber der Pumpenwelle bewirkt wird. Die gleiche Drehung führt auch das auf der Verstellwelle J aufgekeilte Verstellrad H aus. Letzteres greift über eine Verzahnung in auf den Pumpenschaufeln befindliche Zahnsegmente G ein und leitet die gewünschte Drehung auf die Pumpenschaufeln über.

Zur Verstellung der Pumpenschaufeln ist eine Hilfs- oder Verstärkereinrichtung vorgesehen. Wesentlichster Bestandteil dieses Servo-Motors ist der mit Kolbenringen abgedichtete Kolben X. Dieser wirkt (zieht oder drückt) über das Wechsellager M auf die längsbewegliche Schaltmuffe K und öffnet oder schließt durch Verdrehen des Verstellrades H die Pumpenschaufeln E. Die Ölzufuhr wird durch den Steuerschieber Y gesteuert, dem Drucköl aus dem Ölkreislauf hinter dem Wandler bei W zugeleitet wird. Die Bewegung des Steuerschiebers wird ihrerseits mit Hilfe des Rückführhebels Z gesteuert. Dieser bewirkt, daß der Steuerschieber ganz selbsttätig auf Mittellage gestellt wird und damit die Ölzufuhr absperrt, sobald die an dem Rückführhebel oben eingestellte (vorgewählte) Lage des Kolbens erreicht ist.

Durch innen eingebaute Anschläge wird die Schaufelöffnung begrenzt.

Die Turbine ist bei der Normalausführung dreikränzig, der Leitapparat zweikränzig. Die Schaufeln sämtlicher Turbinen und Leitstufen sind tragflügelähnlich gestaltet, d. h. am Eintritt gut abgerundet, am Austritt völlig scharf. Die genieteten Schaufeln sind mit einem besonderen Zapfen versehen, um die Schaufeln gegen Verdrehen zu sichern. Die Schaufeln der 1. Leitstufe sind durch einen zusätzlichen inneren Ring, also sehr sicher, gegeneinander abgeschützt.

Insgesamt bietet die Krupp-Bauart folgende Vorteile:

Dauernde Betriebsbereitschaft,
Fehlen irgendwelchen Verschleißes,
Anwendung einer einzigen Betriebsflüssigkeit,
günstige Regelbarkeit, d. h. willkürliche, wirtschaftliche weil drosselfreie, feinfühlige, d. h. stufenlos beliebig langsam oder schnell, wirksame Veränderung der Leistung in ungewöhnlich weiten Grenzen.

4.5 Das Mekydro-Getriebe der Maybach-Motorenbau GmbH mit AEG-Ausrückwandler

Daß man einem Föttinger-Wandler mit Erfolg zusätzliche Funktionen übertragen kann, ist in dem Mekydro-Getriebe bewiesen worden. Es handelt sich hier um die einfachste Form einer mehrstufigen Kraftübertragung mit hydrodynamischem Wandler vorwiegend für Eisenbahnfahrzeuge mit 4 Gängen. Es wird nur ein einziger stets gefüllter Wandler besonderer Ausführung verwendet und die einzelnen Gänge mechanisch geschaltet. Die Ausführung steht damit im Gegensatz zu den Eisenbahngetrieben mit mehreren Wandlern oder Föttinger-Kupplungen, bei denen die Umschaltung durch Füllen und Entleeren der verschiedenen Föttinger-Übertragungen erfolgt. Die Begleiterscheinungen bei diesen letzteren, wie Zeitverlust, Eindringen von Luft in das Öl und hohe Überdrehzahl der leerlaufenden Wandler und Kupplungen werden als ungünstig empfunden.

Die Schaltung der einzelnen Gänge beim Mekydro-Getriebe vollzieht sich formschlüssig mit Hilfe der Maybach-Abweisklauen. Da diese nicht unter Last geschaltet werden können, muß der Kraftfluß im Moment des Schaltens unterbrochen werden, es müßte also eine Trennkupplung vorhanden sein. Diese hat man dadurch vermieden, daß der Turbinenteil des Wandlers axial verschiebbar angeordnet ist. Damit kann seine Beschaufelung aus dem Strömungskreislauf herausgezogen werden, und der Wandler selbst übernimmt die Funktion einer Trennkupplung. Gleichzeitig schaltet der Sekundärteil einen zweiten Schaufelkranz, der in Betriebsstellung nicht beaufschlagt wird und nur in ausgerücktem Zustand des Turbinenrades ein schwaches Rückwärtsdrehmoment ausübt. Hierdurch wird die Synchronisierarbeit des Gangwechsels unter Wegfall jedes Verschleißteiles in den Wandler verlegt.

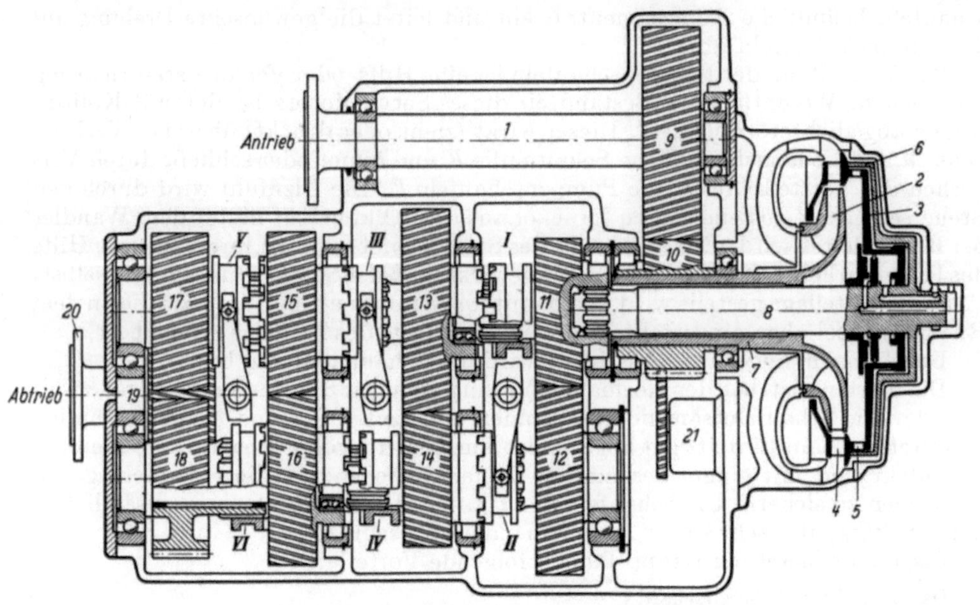

Abb. 4/9. Schnitt durch Mekydro-Getriebe [61]

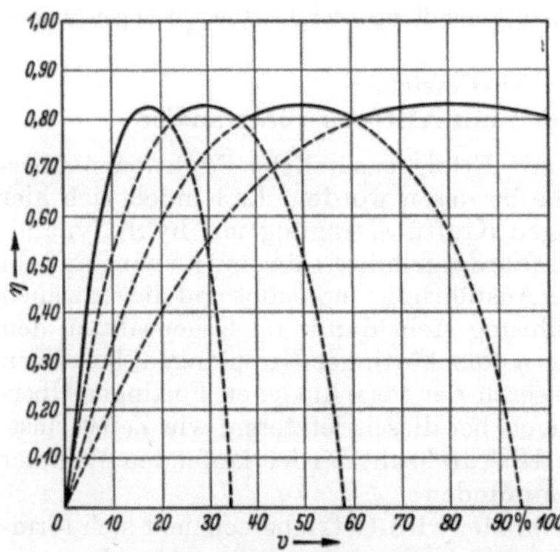

Abb. 4/10. Wirkungsgradverlauf einer viergängigen Kraftübertragung. Mekydro

Es braucht jetzt nach Bedarf beim Schalten nur die Vorwärts- oder Rückwärtsbeschaufelung eingerückt zu werden, um die zu kuppelnden Räder durch den Zustand des Gleichlaufs und die vorgewählten Maybach-Abweisklauen zum Eingriff zu bringen.

Der Motor läuft beim Schaltvorgang mit der jeweils eingestellten Drehzahl weiter und wird davon in keiner Weise berührt.

Abb. 4/9 zeigt den Wandler und das Getriebe im Schnitt. Der Wandlerkreislauf ist von einem Kühlmantel umgeben, der direkt vom Kühlwasser des Motors durchströmt wird, so daß die entstehende Wärme bequem abströmt. Der Wärmeanfall ist übrigens nicht sehr groß, da das Getriebe durch die vier mechanischen Gangstufen immer im Bereich des guten Wandlerwirkungsgrades gefahren werden kann, wie dies aus Abb. 4/10 hervorgeht. Wandler und Getriebe werden in mehreren Größen bis zu Leistungen von etwa 1800 PS ausgeführt.

4.6 Trilok-Getriebe der Klein, Schanzlin & Becker AG

Im Kap. 1 ist bereits erwähnt worden, daß die Klein, Schanzlin & Becker AG gleich anfangs die technische Auswertung der von der Trilok-Gemeinschaft entwickelten, patentrechtlich geschützten Wandlerbauarten übernommen hatte. Es entstanden in rascher Folge verschiedene fortschrittliche Getriebe für Personenkraftwagen, die sich jedoch nicht durchsetzen konnten, da damals noch so viel am Automobil selbst zu verbessern war, daß man dem erhöhten Fahrkomfort nicht die heutige Bedeutung zumaß.

Es werden bei der Firma auch jetzt noch vorwiegend Trilok-Wandler gebaut, z. B. der nach Abb. 1/1, und durchentwickelte Typenreihen bedecken das ganze Gebiet bis zu großen Leistungen. Es gibt auch besondere Ausführungen für hohe Drehzahlen sowie die verschiedenen möglichen Kombinationen von mit dem Wandler verbundenen mechanischen Kupplungen. Obwohl die Trilok-Wandler von KSB gute Wirkungsgrade im Kupplungsgebiet aufweisen, sind auch Ausführungen von Föttinger-Getrieben für Fahrzeuge vorhanden, die bei einer gewissen Drehzahl automatisch durchkuppeln [*49*].

Nach Abschn. 3.21 hängt es wesentlich von der Anordnung der Räder im Kreislauf ab, ob ein Trilok-Wandler günstige Kupplungseigenschaften hat. Nicht immer läßt sich ein Optimum bei der Befriedigung der vielfältigen Forderungen erzielen.

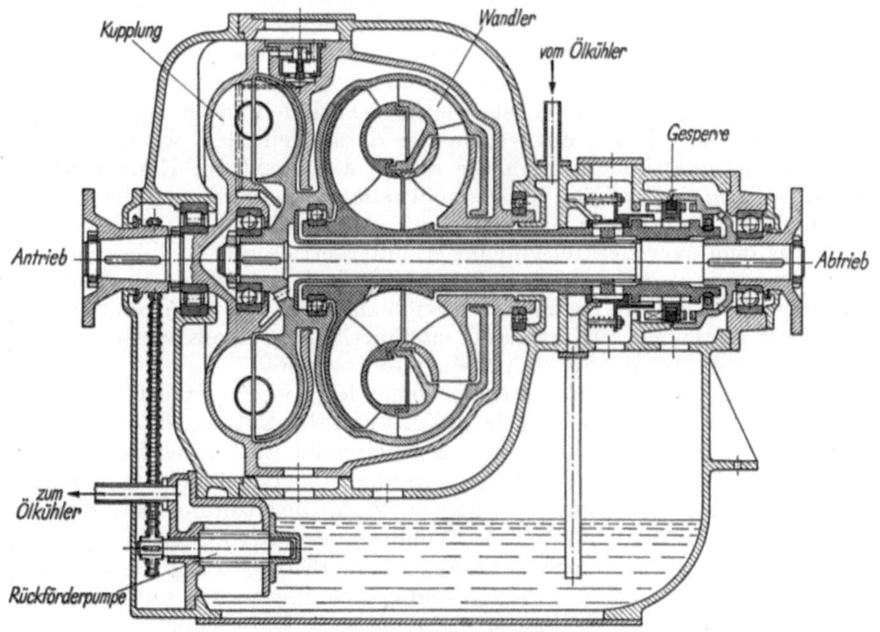

Abb. 4/11. Föttinger-Getriebe mit in gewissen Arbeitsbereichen selbst zuschaltender Föttinger-Kupplung [*49*]

Hohe Anfahrwandlung z. B. bedingt schlechte Kupplungseigenschaften und verminderte Wirkungsgrade. Um auch bei widersprüchlichen Forderungen zu einem einfachen rein hydraulisch automatisch arbeitenden Getriebe zu kommen, ist bei KSB entsprechend Abb. 4/11 eine interessante Konstruktion entwickelt worden. Die Lösung ist vielleicht nicht mehr aktuell, enthält aber konstruktive Gedanken, die befruchtend wirken.

Das Getriebe arbeitet in zwei Fahrbereichen, im Wandlergang und in der Kupplung. Es besteht aus zwei Kreisläufen, einem Wandlerkreislauf nach dem Trilok-Prinzip, der also als Wandler und Kupplung arbeitet, und einer zusätzlichen reinen Föttinger-Kupplung, die für die Beharrungsfahrt in der Ebene selbsttätig zu- und abgeschaltet wird. Die Umschaltung geschieht vollautomatisch bei 0,62 der Höchstgeschwindigkeit bei Vollgas. Da ein bestimmtes Verhältnis von n_P/n_T des Wandlers den Schaltvorgang steuert, kann die Umschaltung bei Teilgas auch bei kleinerer Geschwindigkeit erfolgen.

Der Wandlerkreislauf bleibt unabhängig vom Arbeitsgebiet ständig gefüllt. Das drehbar angeordnete Leitrad kuppelt sich über eine Doppelsynchronkupplung – ein Klauengesperre – selbsttätig im Wandlergang an das Gehäuse, im Kupplungsbetrieb an das Turbinenrad an. Die Föttinger-Hilfskupplung ist ganz normal ausgeführt, nur daß an ihrem äußeren Umfang zwei ölgesteuerte Ventile angeordnet sind, um eine rasche Entleerung des Kupplungskreislaufes beim Übergang vom Kupplungs- auf Wandlerbetrieb des Hauptgetriebes zu gewährleisten.

Füllung und Entleerung des Kupplungshilfskreislaufs werden abhängig vom Betriebszustand des Wandlers durch das auf der Leitradhohlwelle befestigte Klauengesperre bewirkt. Über eine mit Flachgewinde versehene Gewindebüchse wird eine mit Klauen und Innengewinde versehene Gewindemuffe, die durch Reibungsschluß mit einer am Getriebegehäuse und einer auf der Abtriebswelle befestigten Reibtrommel in Verbindung steht, je nach der Drehrichtung des Leitrades entweder mit den Klauen am festen Gehäuse oder dem Klauenring auf der Abtriebswelle in Verbindung gebracht. Verursacht wird dies durch die Beschaufelung des Leitrades, welches das Bestreben hat, im Wandlerbetrieb sich nach rückwärts zu drehen und im Kupplungsbetrieb das Turbinenrad zu überholen, jedoch in beiden Fällen durch das Klauengesperre daran gehindert wird. Bewegt sich (s. Zeichnungsschema) die Klauenmuffe aus dem Eingriff der Klauen des festen Gehäuses, so kann der auf der Leitradhohlwelle sitzende Ringschieber unter der Einwirkung von Federn sich nach der Seite des Abtriebs zu bewegen. Dadurch wird das aus dem Wandlerkreislauf im Wandlerbetrieb durch Bohrungen in der Leitradhohlwelle in das Gehäuse austretende Öl in dem jetzt beginnenden Kupplungsbetrieb durch weitere gegen den Abtrieb zu liegende Bohrungen der Leitradhohlwelle dem Kupplungshilfskreislauf zugeführt. Die beiden Kreisläufe sind dann also hinsichtlich des Ölumlaufes hintereinandergeschaltet.

Das dem Kupplungshilfskreislauf zuströmende Öl ist so geführt, daß es zuerst der Steuerkammer der Entleerventile zufließt und die Entleerventile dadurch geschlossen hält. Die mit Differentialwirkung arbeitenden Entleerventile werden dann unter Einwirkung des Zentrifugaldruckes in den Steuerkanälen, entgegen dem Öldruck des Kreislaufes geschlossen gehalten. Wird die Ölzufuhr zum Kupplungshilfskreislauf durch Rückschaltung des Wandlerkreislaufes in den Wandlerbetrieb abgesperrt, so kann das in den Steuerkanälen befindliche Öl durch die kleinen Bohrungen in den Entleerventilen ablaufen und die Ventile werden unter Einwirkung des Öldruckes im Kreislauf geöffnet, so daß eine rasche Entleerung durch die großen Öffnungen der Entleerventile gewährleistet ist.

4.7 Föttinger-Getriebe von Svenska Rotor Maskiner

Eine der Firmen, die eine wesentliche Entwicklung in Europa geleistet haben, ist die Ljungström Dampfturbinen Comp. in Schweden. Die Entwicklung ist mit den Namen Lysholm und Jan Smith verknüpft. Lysholm war damals Chefingenieur der Vorgängerin der Svenska Rotor Maskiner, der Ljungström Dampfturbinen Comp. und seine Arbeit führte zum Lysholm-Smith-Getriebe, welches wohl das erste serienmäßig gebaute Föttinger-Getriebe für Fahrzeuge war. Zur Zeit sind vielleicht 100000 Einheiten davon in Betrieb, eine große Anzahl davon im Einsatz für Triebwagen und Lokomotiven.

Von 250 PS für Triebwagen an sind Einheiten bis 1000 PS für Lokomotiven gebaut worden, während seit 1954 eine Neuentwicklung eine Reihe für Lokomotivbetrieb bis etwa 2000 PS gebracht hat.

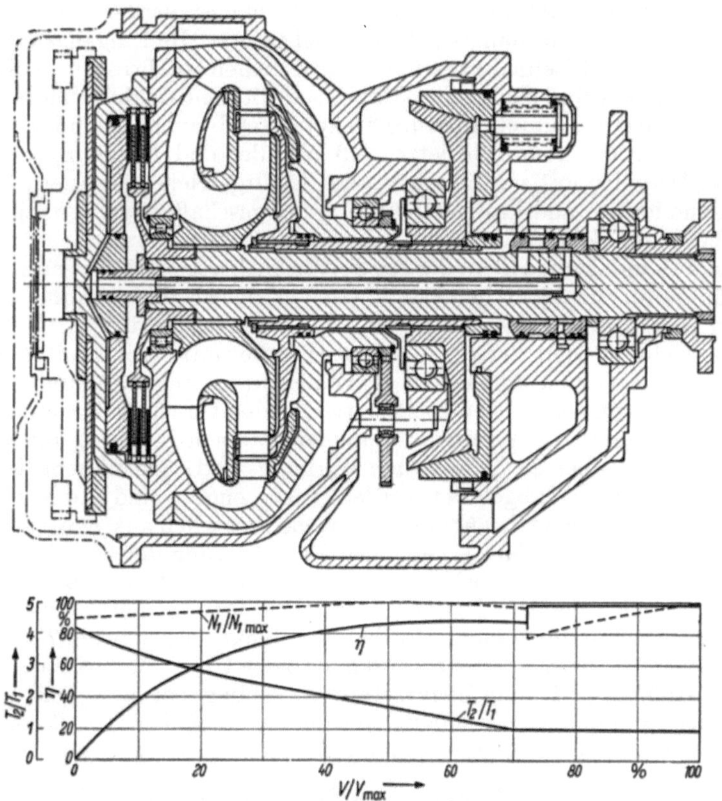

Abb. 4/12. „C'-Föttinger-Getriebe, ein Modell der Svenska Rotor Maskiner AB [*54*]

T_1 Zugkraft im Umschaltpunkt; T_2 Zugkraft; N_1 Motorleistung; $N_{1\,max}$ = max. Motorleistung; η Getriebe-Wirkungsgrad; V Abtriebsgeschwindigkeit

Die wesentlichen Ergebnisse der Fortentwicklung der Föttinger-Erfindung lagen in der Entwicklung von neuen Schaufelprofilen und in der Anwendung einer vielstufigen Turbine. Beides zusammen ergab eine weitgestreckte Wirkungsgradkurve mit hohem Maximum. Wichtig wurde für Triebwagen und Omnibusse die Einführung einer Überbrückung, welche im höheren Geschwindigkeitsbereich zu geringem Kraftstoffverbrauch führt und gleichzeitig wegen der Schonung der Maschine für diese geringere Reparaturanfälligkeit brachte.

Der nächste Schritt, der zunächst für die Anwendung außerhalb des Eisenbahnbereichs getan wurde, dann aber auch in Lokomotiven Anwendung fand, war die Einrichtung von Verstellwandlern. Diese Entwicklung ist besonders durch die Lizenznehmer in Deutschland und England bekannt geworden, in Deutschland durch Krupp und in England durch Variable Speed Gears Ltd. Bei diesen Getrieben gibt es keinen direkten Gang. Außer diesen Lizenznehmern gibt es noch viele in der ganzen Welt, in Finnland, Italien, Japan und Frankreich.

Die Firma beschäftigt sich weiter mit Entwicklungsarbeiten, die sowohl zum Ziel haben, den Wirkungsgrad über den Gesamtbereich zu verbessern, als auch vollautomatische Getriebe zu schaffen. Insbesondere legt man Wert auf ununterbrochene Zugkraft, die sich weich und stufenlos den Erfordernissen vom Start bis zur Spitzengeschwindigkeit anpaßt. Zum Programm gehören auch Antriebe, die entweder elektropneumatisch oder vollpneumatisch gesteuert werden.

Vor einigen Jahren hat man es sich zum Ziel gesetzt, die Eingangsleistungen bis zu den höchsten im Eisenbahnbetrieb erforderlichen zu bringen, wobei Einzelaggregate von 2000 PS geplant sind. Dabei soll die Entwicklung zu leichten und kompakten Aggregaten führen, die für Direktantrieb brauchbar sind. In derartigen Getrieben sollen nicht mehr wie jetzt 2—3 Wandler und Kupplungen verwendet werden oder Wandler mit nachgeschalteten Schaltgetrieben, sondern im Endziel soll eine kleine leichte und kräftige Übertragung geschaffen werden, die bei einem Minimum bewegter Teile ein Maximum an Zuverlässigkeit ergibt.

Von den 4 Standardmodellen, die zur Zeit in mehreren Größen serienmäßig von der Svenska Rotor Maskiner hergestellt werden, sei als Beispiel nur das Grundmodell C in Abb. 4/12 mit der dazugehörigen Kurve gebracht.

Wie man sieht, handelt es sich um einen Wandler mit einer zweikränzigen Turbine und einem zwischen den beiden Turbinenstufen angeordneten Leitapparat. Die Ausführung ergibt einen sich breit erstreckenden Geschwindigkeitsbereich und eine nicht unbeträchtliche Anfahrwandlung sowie einen in einem außerordentlich weiten Feld von i_n über 80% liegenden Wirkungsgrad. Aus diesem Grundmodell können weitere Getriebe abgeleitet werden. Insbesondere sind die Modelle *S* bzw. *DS* zu erwähnen, bei denen das über ein Getriebe zusätzlich ausgenutzte Reaktionsmoment des Leitrades zu einer erheblichen Vergrößerung der Wandlung führt. Es ergeben sich so letzten Endes die Wirkungen, die sonst nur Getriebe mit 2 Wandlern und einer hydraulischen Kupplung ergeben, oder aber ein Föttinger-Wandler mit 3 oder 4 nachgeschalteten Gängen. In den Kombinationsgetrieben *S* und *DS* muß als Vorteil besonders herausgestellt werden, daß der Übergang zwischen den einzelnen Stufen stoßfrei und ohne Zugkraftunterbrechung vor sich geht. Dies ergibt bei Industrieanwendungen die Möglichkeit schneller und glatter Beschleunigung und daß man in vielen Fällen eine kleinere Antriebsmaschine benutzen kann.

4.8 Föttinger-Wandler von Self Changing Gears Ltd.

Self Changing Gears Ltd., Coventrey, baut sowohl hydraulische Kupplungen als auch Drehmomentwandler, letztere in Reihen von 25—500 PS.

Es handelt sich bei dieser Firma um einen ausgesprochenen Trilok-Wandler nach dem System Schneider mit den bei diesem bekannten Eigenschaften. Die Ausführung der Kreislaufpartie ist sehr ähnlich der Abb. 1/1, aber ein sorgfältiger Vergleich mit der Abb. 4/13 zeigt bemerkenswerte Unterschiede. Auffällig ist die starke Abrundung der Schaufelein- und Schaufelaustrittskanten und schaufellose Räume von unterschiedlicher Erstreckung. Es werden Anfahrwandlungen von 3,1 : 1 erreicht, was für das einteilige Leitrad hoch ist, und dabei gute Wirkungsgrade erzielt. Eigentümlich ist das über i_n fast unveränderte Primärmoment. Dementsprechend gibt es auch keine Drückung.

Abb. 4/14 zeigt die Wandlerkurven. In den Abbildungen sind die Originalbezeichnungen beibehalten, so daß gleichzeitig die englischen Benennungen der Fachausdrücke und der einzelnen Organe hervorgehen.

Self Changing Gears Ltd. bietet die Wandler zusammen mit ihren automatischen mechanischen Getrieben für Kraftfahrzeuge und für selbstfahrende Arbeits-

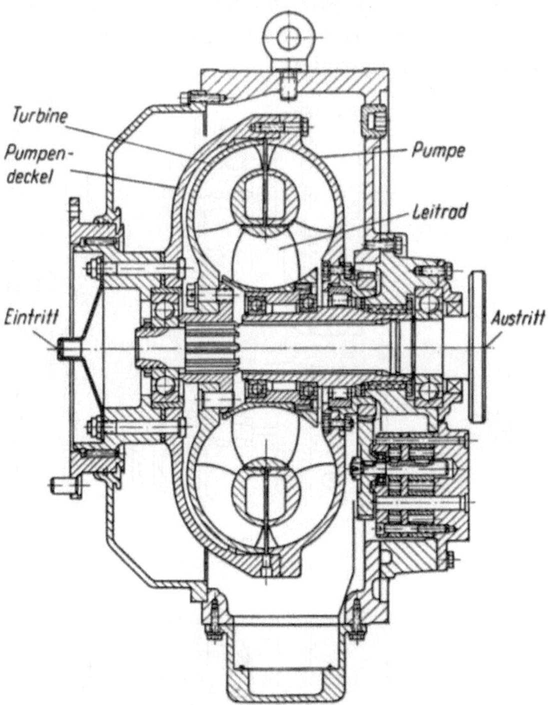

Abb. 4/13. Föttinger-Getriebe der Self Changing Gears Ltd. [55]

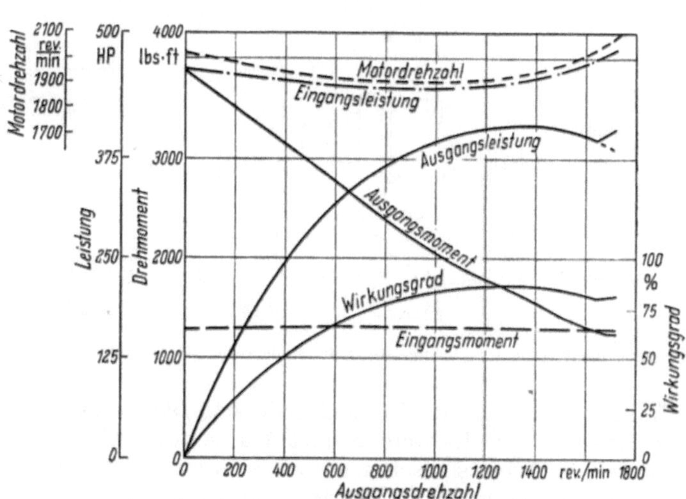

Abb. 4/14. Kennlinien eines Wandlers nach Abb. 4/13

maschinen an. Das Firmenprogramm enthält auch eine Reihe stationärer Wandler für den allgemeinen Einsatz in der Industrie.

4.9 Föttinger-Getriebe der Allison Torqumatic Drives, USA

ALLISON kam 1929 zu General Motors, und als sich 1945 nach dem Weltkrieg die Notwendigkeit ergab, das Programm des Werkes umzustellen, wurde mit den Erfahrungen der Besitzerfirma auf dem Gebiet der Automobilgetriebe eine Fertigung von Föttinger-Getrieben aufgezogen.

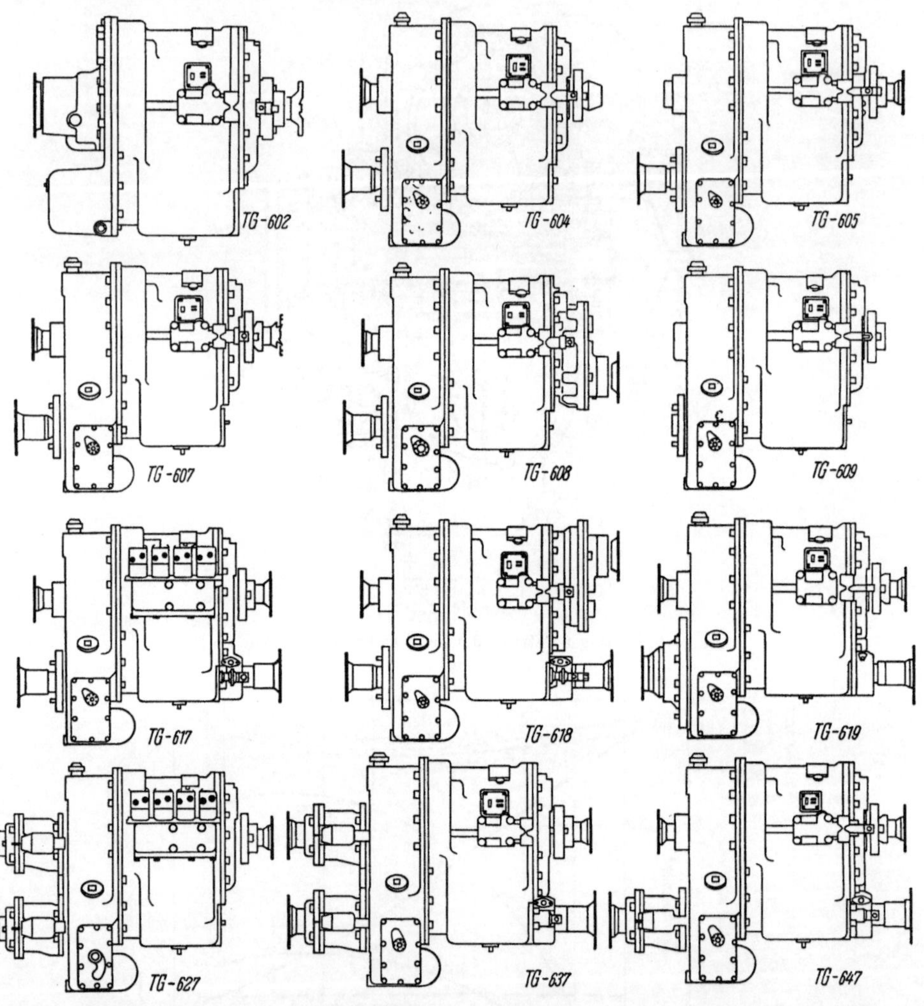

Abb. 4/15. Ausführungsmöglichkeiten der Föttinger-Getriebe Modellserie TG der Allison Torqumatic Drives [53]

Der erste Industriewandler wurde 1948 geliefert. 1957 waren bereits 100000 Wandlergetriebe ausgeliefert. Es werden dort u. a. schwere Getriebe für geländegängige, selbstfahrende Arbeitsmaschinen und schwere Lastkraftwagen gebaut, und nicht zuletzt die umfangreichen Getriebe für Tanks und andere Militärfahrzeuge. 1953 wurde das Lastkraftwagengetriebe durch eine eingebaute hydrodynamische Bremse vervollkommnet.

Der verwendete Föttinger-Wandler arbeitet nach dem Trilok-Prinzip und besitzt vorwiegend ein 2teiliges Leitrad. Damit ist es also möglich, hohe Anfahrwandlungen zu erzielen und gleichzeitig durch Freilauf des ersten Leitrades den Wirkungsgrad frühzeitig ansteigen zu lassen. Es ergibt sich im ganzen ein Verlauf der Kennlinien wie er etwa in Abb. 3/29 dargestellt ist. Auch die Primäraufnahme und die Drückung sind durch den Kreislauf in der früher beschriebenen Weise bestimmt. Die maximale Anfahrwandlung wird mit 3,6 angegeben.

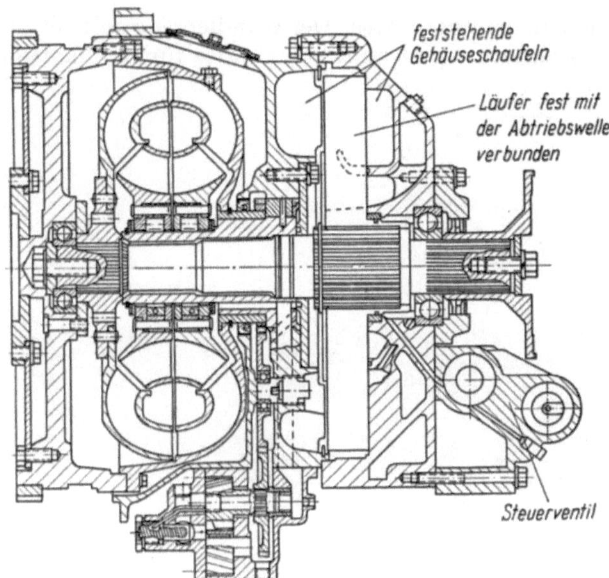

Abb. 4/16. Drehmomentwandler mit hydraulischer Bremse

Allison verfügt über ein sehr ausgebautes Programm, wobei nach einer Art Baukastensystem eine vielgestaltige Zusammenstellung möglich ist. Um einen Begriff von dieser Mannigfaltigkeit zu vermitteln, sind in Abb. 4/15 für die TG-Serie die Anordnungsmöglichkeiten zusammengestellt. Einen Einblick in die Ausführung eines Standardgetriebes mit eingebauter hydrodynamischer Bremse ergibt Abb. 4/16. Man beachte, daß die Zahnradpumpe hier weit herausgezogen ist und mit dem Sicherheitsventil in einem Block vereinigt bequem zugänglich angeordnet wurde.

4.10 Föttinger-Kupplungen und Föttinger-Getriebe der Twin Disc Clutch Co., USA

Die Twin Disc Clutch Co., die auch in Europa Niederlassungen unterhält und überhaupt weltweit vertreten ist, hat bereits frühzeitig Föttinger-Übertragungselemente in ihr Programm aufgenommen und baut seit 30 Jahren hydrodynamische Kupplungen. Besonders die Zwillingsanordnung nach Abb. 2/46, die von Axialkräften entlastet ist, wird in vielfältigen Anordnungen auf den Markt gebracht.

Twin Disc beliefert vorwiegend die Industrie und die robusten Kupplungen sind so eingerichtet, daß sie mannigfachen Anforderungen entsprechen. — Bekannt ist eine Ausführung als Keilriemenscheibe, die bereits in Abb. 2/22 gezeigt wurde.

Hierbei sitzt der Primärteil der Kupplung auf dem Wellenzapfen des Motors und die Turbine ist organisch mit einer Keilriemenscheibe vereinigt.

Das Programm der Firma wurde durch einen 3stufigen Föttinger-Wandler nach Lysholm frühzeitig auch auf hydrodynamische Getriebe erweitert und gleicherweise wie bei den Kupplungen alle möglichen Ausführungsanforderungen der Industrie berücksichtigt.

Abb. 4/17 zeigt die Schnittzeichnung dieses Wandlers in einer Ausführung mit mechanischer Ein- und Direktkupplung, wobei die 4 verschiedenen Möglichkeiten bequem durch ein Öldruckventil gesteuert werden können.

Diese Wandlertype *DF* ist besonders für schwere Lastfahrzeuge gedacht, die geländegängig sind und lange Fahrten bei sehr unterschiedlichen Terrainbedingungen machen müssen.

Abb. 4/18 zeigt die Kennlinien dieses Aggregates. Der Wandlergang mit bis zu 6facher Vervielfachung des Motormoments gibt starke Zugkräfte für Bergfahrten

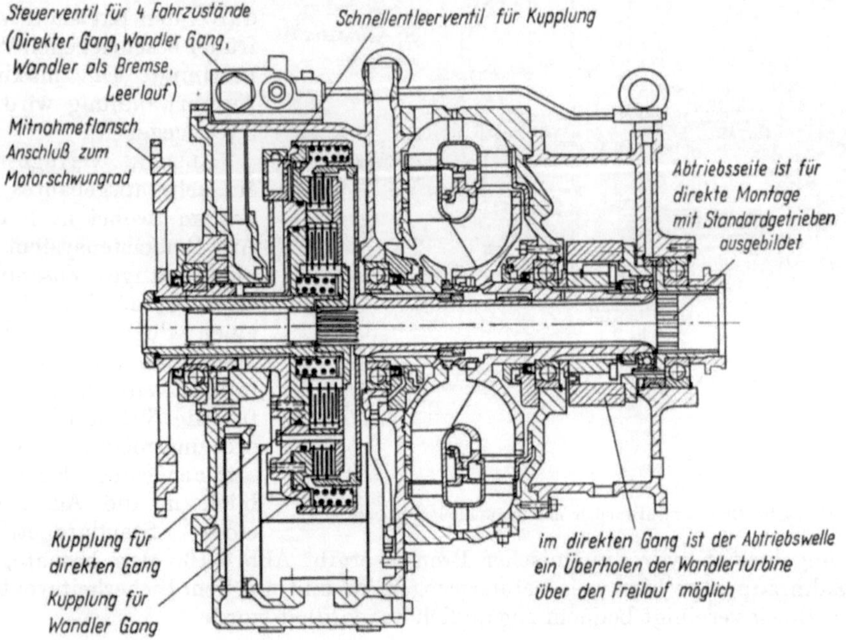

Abb. 4/17. Schnittbild eines dreistufigen Föttinger-Wandlers, Modell DF der Twin Disc Clutch Comp. USA

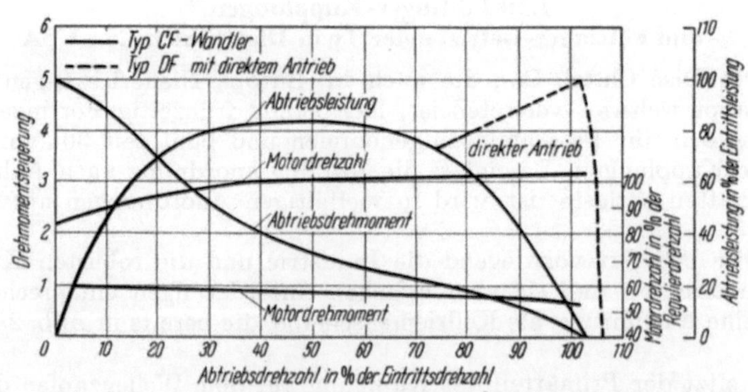

Abb. 4/18. Kennlinien eines dreistufigen Wandlers

und die hydrodynamische Bremse ermöglicht sicheres Abwärtsfahren an Steilhängen.

In der Neutralstellung des Kontrollventils sind beide Kupplungen frei, so daß weder über den Wandler noch direkt eine Verbindung zwischen Motor und Achse besteht. Erhält die äußere Kupplung allein Öldruck, so ist der Wandlergang im Getriebe eingeschaltet, während die Betätigung der inneren Kupplung bei gleichzeitigem Lösen der äußeren den direkten mechanischen Gang ergibt. Hierbei rotiert der Wandler gar nicht.

Es ist zu beachten, daß es sich hier um ein Föttinger-Getriebe mit feststehendem Gehäuse handelt. Bei diesem ergeben sich immer Verluste, wenn Räder umlaufen.

Um den Wandler als starke hydrodynamische Bremse zu benutzen, werden beide Kupplungen, sowohl die äußere als auch die innere, gleichzeitig geschlossen. Die Wagenräder treiben dann über den Direktgang den Wandler und die Maschine. Man kann dem Kennliniendiagramm Abb. 4/18 entnehmen, daß dabei ein großer Energieanteil im Wandler vernichtet wird.

Bewegen sich die Fahrzeuge nur im Gelände, was auf Baustellen oft der Fall ist, so verwendet man nach der Empfehlung von Twin Disc ein im Wandlerteil gleiches, in der Gesamtordnung jedoch einfacheres Modell *CF* dieses Föttinger-Getriebes.

Im Gegensatz zum Vorgang bei der Type *DF*, bei dem der Fahrzeugführer die hydrodynamische Bremse über das Kontrollventil einschaltet, bremst dieser einfachere Wandler automatisch, und zwar über eine Freilaufkupplung zwischen Pumpe und Turbine jedesmal, wenn Gas weggenommen wird.

Diese Bremseinrichtung ergibt zusätzlich zur Bremswirkung durch Reibung und Kompression des Motors eine positive Verzögerung durch Energievernichtung im Wandler. Insgesamt kann man eine Bremsleistung bis zu 90% der Maschinenleistung verwirklichen.

Die Wandler beider Serien werden bis zu Leistungen von 400 PS hergestellt und gewöhnlich direkt mit dem Schwungrad des Motors verbunden. Bei dem Modell *CF* muß eine normale federbelastete Trennkupplung vorgesehen werden; im Modell *DF* ist nach dem vorstehenden alles enthalten.

Zu dem dreistufigen Standardmodell hat die Twin Disc Clutch Co. in den letzten Jahren zwei einstufige Wandler von etwas ungewöhnlicher Bauart entwickelt.

Beide Arten benutzen wohl das gleiche Gehäuse, jedoch ergeben die Kreisläufe sehr unterschiedliche Kennlinien.

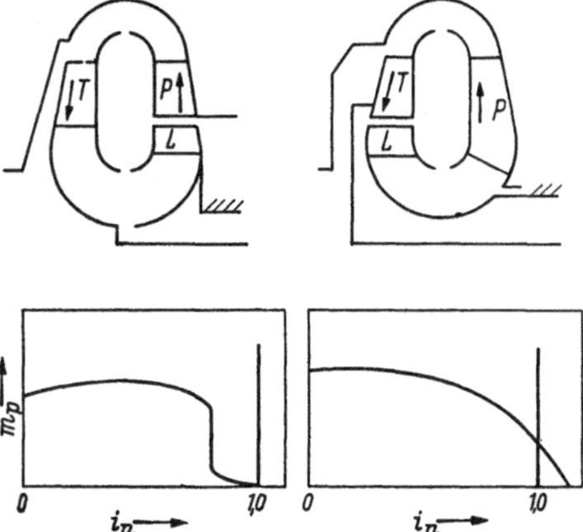

Abb. 4/19. Schemazeichnung von 2 einstufigen Wandlern

Abb. 4/19 zeigt die Kreislaufschemata und die zugehörigen Kurven. Die Meridianschnitte sind nach der bei der Firma üblichen Birnenform gestaltet, wodurch die Ausbildung der Schaufelein- und -austrittskanten auf Zylinderflächen erleichtert wird. Der Unterschied liegt in der Einstellung des Leitrades, das als Zentrifugal- oder Zentripetalleitrad vor der Pumpe bzw. hinter der Turbine angeordnet ist, während in einem direkten Gang Pumpe und Turbine zusammengekuppelt sind.

Befindet sich im Kreislauf das Leitrad vor der Pumpe, so tritt bei $i_n \approx 0{,}825$ volle Entlastung der Antriebsmaschine ein und die Sekundärdrehzahl des Wandlers ist begrenzt. Da in diesem Bereich fast gar keine Kraft auftreten wird ist es möglich, Turbine und Pumpe zu kuppeln, ohne besondere Rücksicht auf das Leitrad zu nehmen.

Falls die Anwendungsverhältnisse einen breiteren Geschwindigkeitsbereich verlangen, wird die Ausführung empfohlen, bei der das Leitrad der Turbine folgt. Das Drehzahlverhältnis i_n geht hier bis 1,15 und gleichzeitig ist die Aufnahme und die Wandlung beim Anfahren wesentlich höher. Die Firma nennt eine Anfahrwandlung von 3,5.

Literaturverzeichnis

[1] FÖTTINGER, H.: a) Eine neue Lösung des Schiffsturbinenproblems. Jahrbuch der Schiffbautechnischen Gesellschaft 1910, S. 157–225. – b) Die hydrodynamische Arbeitsübertragung, insbesondere durch Transformatoren, ein Rückblick und Ausblick. Jahrbuch der Schiffbautechnischen Gesellschaft B 31 (1930) S. 171–214. – c) Erörterung des Vortrages F. KUGEL. ATZ 1938, H. 11, S. 300–301. – d) Über die Fortbildung des Turbinenprinzips. Zeitschrift für angewandte Mathematik und Mechanik 1925, S. 490ff. – e) Eine Lösung des Schiffsturbinenproblems. Z. VDI 53 (1909), S. 2020–2022.

[2] SPANNHAKE, E. W. u. SPANNHAKE, W.: a) Die neueste Ausführung des Föttinger-Transformators. Z. VDI 57 (1913) S. 721–729 u. S. 766–777. – b) Hydrodynamic Power Tranmsission for Motor Cars. SAE Transactions 45 (Okt. 1939) No. 4. – c) Hydrodynamics of the Hydraulic Torque Converter. SAE Quarterly Transactions 3 (1949) No. 4, S. 592–608. – d) Kreiselräder als Pumpen und Turbinen. ONTI 1934, Originalausgabe: SPANNHAKE, W.: Kreiselräder als Pumpen und Turbinen. Berlin: Springer-Verlag 1931. – e) DRP 558445 vom 18. 6. 1929. – f) Untersuchung des Verhaltens einer hydraulischen Regelkupplung bei veränderlicher Füllung. Forschungsbericht 66 (1950), American Blower Corporation, Detroit, Michigan.

[3] –, KLUGE, H., u. A. UNRUH: Kritische Untersuchung der Leistungsübertragung durch Zahnradwechselgetriebe und hydrodynamische Getriebe auf Straßenfahrzeuge und Antrieb durch Brennkraftmaschinen. ATZ 1935, Sammelband II/1. und 2. Teil, S. 1–30, Sammelband III/3. und 4. Teil, S. 3–32.

[4] KOLLMANN, K., u. H. J. FÖRSTER: Amerikanische Fahrzeuggetriebe mit automatischer Gangschaltung oder stufenloser Drehmomentwandlung. ATZ 52 (1950) S. 89–110 u. 129–151.

[5] FÖRSTER, H. J.: a) Über den Einfluß der Föttinger-Getriebe auf den Brennstoffverbrauch. ATZ 1957, H. 9, S. 239–249 u. H. 10, S. 359–365. – b) Die Veränderung des Motorkennfeldes durch Getriebe. ATZ 1960, H. 8, S. 201–210. – c) Die Entwicklung des Dynaflow-Getriebes. ATZ 58 (1956) H. 9, S. 247–251. – d) Föttinger-Getriebe in Leistungsverzweigungen. VDI-Forschungsheft 444, Ausbabe B, Band 20, 1954. – e) Föttinger-Getriebe in Leistungsverzweigungen. Dissertation TH Karlsruhe 1953. – f) Föttinger-Wandler und -Kupplungen für Kraftfahrzeuge. Auto-Markt, Fachausgabe Automobil-Industrie (April 1960) H. 8. – g) Das neue automatische Getriebe von Daimler-Benz. ATZ 1961, H. 9, S. 279 bis 293.

[6] MARTYRER, E.: a) Über das Anfahrverhalten von Föttinger-Drehmomentwandlern. Z. VDI. 94 Nr. 5. – b) Neuere Untersuchungen an Föttinger-Kupplungen. Kupplungen 1958.

[7] THÜNGEN, H. v.: a) Leistungsverzweigungen in Getrieben. ATZ 54 (1952) S. 44–47. – b) Leistungsverzweigungen und Scheinleistungen in Getrieben. Z. VDI 83 (1939) S. 730 bis 734. – c) Übersichtliche Darstellung der Verhältnisse im Triebwerk eines Kraftfahrzeuges im vierteiligen Diagramm. ATZ 56 (1954) S. 34–37.

[8] MAIER, A.: a) Entwicklungen im Nutzfahrzeug-Getriebebau. ATZ 1955, H. 9, S. 241–253. – b) Kupplungen für Kraftfahrzeuggetriebe. Kupplungen 1958.

[9] PFLEIDERER, C.: Die Kreiselpumpen für Flüssigkeiten und Gase. 4. Aufl. Berlin/Göttingen/Heidelberg: Springer 1955.

[10] ECK, B.: Technische Strömungslehre. Berlin/Göttingen/Heidelberg: Springer 1954.

[11] KEUFFEL, A.: Das Trilok-Strömungsgetriebe. Z. VDI 1934 S. 1321–1322.

[12] SCHWAB, O.: ZF-Hydromedia-Getriebe. Verkehr und Technik, Sonderheft zur 38. IAA Frankfurt 1957, S. 46–48.

[13] KUGEL, F.: a) Strömungsgetriebe und Strömungskupplungen. Glückauf 1948, S. 639–646 u. S. 675–685. – b) Einfluß der Stufenzahl auf die Kennwerte von Drehmomentwandlern. Voith, Forschung und Konstruktion 1 (1955) H. 1. – c) Strömungskupplungen zum Antrieb von Kraftfahrzeugen. ATZ 1951, H. 3. – d) Triebwagen mit höherer Schleppleistung. Motorzugförderung, Beiheft 1 der MTZ S. 54–57. – e) Modellgesetz und Reihenbau bei hydrodynamischer Übertragung. Konstruktion 9 (April 1957) H. 4, S. 140–144. – f) Strömungsgetriebe und -kupplungen in der Kraftfahrtechnik. ATZ 1938, S. 296. – g) Föttinger-

Kupplungen für Straßenfahrzeuge. ATZ 55 (1953) Nr. 3, S. 60–61. – *h*) Eigenschaften der Föttinger-Kupplung. Kupplungen 1958. – *i*) Hydrodynamische Kraftübertragung. Ölhydraulik und Pneumatik 1959, H. 3, 5, 6 u. 7.

[*14*] Beck, E.: Fluchtlinientafel für Föttinger-Organe Z. VDI. 96 (März 1954) Nr. 8, S. 233ff.

[*15*] Diederichs, M.: Innere Leistungsverzweigung durch Föttinger-Wandler. Dissertation TH Karlsruhe 1956.

[*16*] Tomo-o-Ishihara: Eine Studie über hydraulische Drehmomentwandler. Dissertation Universität Tokio.

[*17*] Hennings, W.: Über das Kennfeld von Strömungsgetrieben. Dissertation TH Hannover 1952.

[*18*] Ziebart, E.: Untersuchungen an einem Föttinger-Getriebe mit axialdurchströmter Turbine. Dissertation TH Hannover 1953.

[*19*] Gaube, A.: Über die Zusammenarbeit von Schaufelgittern in Turbowandlern. Dissertation TH Darmstadt 1954.

[*20*] Dibelius, G.: Die Zusammenarbeit von Verbrennungsmotor, hydrodynamischem Wandler und Fahrzeug. Dissertation TH Darmstadt 1953.

[*21*] Marble, J. C.: Hydraulic Torque Converter. The Automobil Engineer, Oct. 1934, S. 379 bis 381.

[*22*] Knaak, R.: Fahrzeugtechnische Untersuchungen des Betriebsverhaltens von Föttinger-Wandlern. Dissertation TH Braunschweig 1954.

[*23*] Köchling, P.: Das Rieseler Getriebe. Der Motorwagen 1928, S. 142–145, u. Z. VDI 1928.

[*24*] Kelly, O. K.: Polyphase Torque Converter. SAE Quarterly Transactions 1952 6, No. 1, S. 138–142.

[*25*] Gsching, W.: *a*) Das Voith-Diwabus-Getriebe. ATZ 1953, S. 53–60. – *b*) Die theoretischen Grundlagen des Differential-Wandler-Getriebes. Voith-Forschung und Konstruktion H. 6, No. 1959.

[*26*] Koch, F.: Die kombinierte mechanisch-hydraulische Kraftübertragung. Motorzuförderung, Beiheft 1 der MTZ S. 39–42.

[*27*] Reichenbächer, H.: *a*) Verzweigungsgetriebe und Leistungsregelung bei motorbetriebenen Fahrzeugen. Z. VDI 87 (1943) S. 705–714. – *b*) Gestaltung von Fahrzeuggetrieben. Berlin/Göttingen/Heidelberg: Springer 1955.

[*28*] Kühner, K.: *a*) Der neuzeitliche Getriebebau und das ZF-Media-Getriebe. ATZ 55 (1953) H. 3, S. 63–68. – *b*) ZF-Hydro-Media-Getriebe. ATZ 56 (1954) H. 4, S. 106–107.

[*29*] Schaefer, R. M. u. J. A. Winter: The Hydraulic Torque Converter – its effect on the Power Train. Diesel Progress, Febr. 1953, S. 42–47.

[*30*] Chayne, Ch. A.: The Buick Dynaflow-Drive. Automotive Industries, May 1 1948, S. 39.

[*31*] Westrate, L.: Features of the Ford Mercury automatic transmission. Automotive Industries 1949, No. 1, S. 41, 62.

[*32*] Schulz, W.: *a*) Concerning the problem of sensitivity in the power control of drillig outfits with hydraulic torque converters. Proceedings of the third world petroleum congress. The Hague 1951, S. 74–88. – *b*) Hydraulische Drehmomentwandler in der Ausrüstung von Öl-Bohranlagen. Öl und Kohle IV (1945) S. 8–12.

[*33*] Krekler, K: Tiefbohrausrüstung mit Leistungsübertragung durch hydraulische Drehmomentwandler. Erdöle und Kohle II (1949) S. 442–445.

[*34*] Hermann, H.: 360 PS Diesel-Lokomotive mit Krupp-Strömungsgetriebe. Die Lokomotive 1940, Nr. 12, S. 165–168.

[*35*] Büttner, S.: Das Voith-Diwabus-Getriebe. Deutsche Eisenbahntechnik 1957, H. 6, S. 290–291.

[*36*] Reuter, H.: *a*) Das Maybach-Mekydrogetriebe. Lokomotiv- und Werkstättentechnik Mai/Juni 1952, S. 8. – *b*) Die dieselhydraulische Serienlokomotive der Baureihe V 200. Lokomotiv- und Werkstättentechnik 1957, H. 5/6, S. 2–7.

[*37*] Lysholm, A. u. H. F. Haworth: Progress in Design and Application of the Lysholm-Smith-Torque Converter with special Reference to the Development in England. The Institution of Mechanical Engineers, Proceedings 130 (1935).

[*38*] Timm, K.: Untersuchungen an Föttinger-Kupplungen. Dissertation TH Hannover 1958.

[*39*] Semitschastnow, J. F. u. S. Büttner: Hydraulische Getriebe für Schienenfahrzeuge. Berlin: VEB Verlag Technik 1959.

[*40*] Bussien, R.: Automobiltechnisches Handbuch Berlin 1953.

[*41*] Kutzbach, K.: Verzweigungsgetriebe. Maschinenbau-Betrieb 1928, S. 716–718.

[*42*] Patentschrift DP 932053.

[*43*] Trutnowsky, K.: Berührungsdichtungen an ruhenden und bewegten Maschinenteilen. Konstruktionsbücher Bd. 17. Berlin/Göttingen/Heidelberg: Springer 1958.

[*44*] Stölzle, K. u. S. Hart: Freilaufkupplungen. Konstruktionsbücher Bd. 19, Berlin/Göttingen/Heidelberg: Springer 1961.

[*45*] Sae: SAE Quarterly Transactions, January 1952, New York 18.
[*46*] Patentschriften Marguerre u. Spannhake: DP 572658, 592380, 621262, 820925, 820926.
[*47*] Lammerz, E.: *a*) Das Föttinger-Getriebe, Bauart Krupp, im Bohrfeld. Techn. Mitt. Krupp 15 (1957) S. 68–79. – *b*) Techn. Mitt. Krupp 16 (1958) Nr. 3. – *c*) Eigenart der Föttinger-Kreisläufe, insbesondere in Verbindung mit Mehrgangschaltgetrieben. Kupplungen. Essen: Vulkan-Verlag Dr. W. Classen 1957.
[*48*] Schubeler, J. B.: Über die Anwendung hydraulischer Wandler in amerikanischen Schwerfahrzeugen. ATZ März 1959, H. 3, S. 77ff.

Firmenschriften:

[*49*] KSB – Klein, Schanzlin & Becker AG, Frankenthal/Pfalz.
[*50*] ZF – Zahnradfabrik Friedrichshafen AG, Friedrichshafen/B.
[*51*] J. M. Voith GmbH., Heidenheim/Brenz.
[*52*] Twin Disc Clutch Company.
[*53*] Allison Division der General Motors Corporation.
[*54*] Svenska Rotor Maskiner.
[*55*] Self Changing Gears Ltd.
[*56*] Krupp.
[*57*] Carl Hurth, Maschinen- und Zahnradfabrik, München.
[*58*] AEG.
[*59*] JLO-Werke GmbH, Pinneberg.
[*60*] Demag.
[*61*] Maybach-Motorenbau GmbH, Friedrichshafen.
[*62*] Patentschriften: Föttinger- bzw. Vulcan-Patente 221422 / 249656, 238804 / 245858.
[*63*] Nachschlagewerk: „Hütte“ des Ingenieurs Taschenbuch. Bd. I–II A, 28. Auflage, Berlin: Ernst u. Sohn 1954.

Namen- und Sachverzeichnis

721/26/62